# 高 等 代 数

主 编 刘 扬 张 亮
副主编 向建林

内 容 简 介

高等代数是现代大学数学的基础。全书共分10章，系统地介绍了行列式、矩阵、线性方程组、矩阵的相似对角形、二次型、多项式、线性空间、线性变换、矩阵的标准形以及欧氏空间等重要概念与理论。每一章都贯穿实例与习题，以确保读者深入理解与灵活运用所学知识。通过本书的学习，读者将能够掌握代数学的核心概念和方法，为后续学科奠定坚实基础。

本书内容充实，体系完整，可作为高等学校数学类本科专业的高等代数课程教材，也可作为其他专业的本科生、研究生以及工程技术人员的线性代数参考书。

**图书在版编目(CIP)数据**

高等代数/刘扬，张亮主编.—武汉：武汉理工大学出版社，2024.1
ISBN 978-7-5629-6989-1

Ⅰ.①高…　Ⅱ.①刘…　②张…　Ⅲ.①高等代数-高等学校-教材　Ⅳ.①O15

中国国家版本馆CIP数据核字(2024)第005162号
**武汉理工大学本科教材建设专项基金项目**

**项目负责人**：陈军东　彭佳佳
**责任编辑**：彭佳佳
**责 任 校 对**：张明华
**版式设计**：芳华时代
**出 版 发 行**：武汉理工大学出版社
**社　　　址**：武汉市洪山区珞狮路122号
**邮　　　编**：430070
**网　　　址**：http://www.wutp.com.cn
**经　　　销**：各地新华书店
**印　　　刷**：武汉市洪林印务有限公司
**开　　　本**：787×1092　1/16
**印　　　张**：15.25
**字　　　数**：390千字
**版　　　次**：2024年1月第1版
**印　　　次**：2024年1月第1次印刷
**定　　　价**：45.00元
凡购本书，如有缺页、倒页、脱页等印装质量问题，请向出版社发行部调换。
本社购书热线电话：027-87523148　87664138　87515798

# 前　言

数学，作为人类智慧的结晶之一，自古以来一直伴随着人类文明的发展。它不仅是解决实际问题的重要工具，更是一种抽象思维的训练方式，是对逻辑推理的一种极致追求。而在数学的众多分支中，高等代数蕴藏着数学应用的诸多瑰宝，它为我们解决了许多实际问题，也为抽象数学提供丰富和深刻的思想源泉。

高等代数主要研究线性方程组、线性空间、线性映射等对象的代数性质，这些概念看似抽象，却渗透于方方面面。比如，我们在谈论物理学时，不可避免地会接触到向量空间的概念；而在经济学中，利用特征值、二次型等概念更是建立了许多重要的数学模型。同时，高等代数也是许多其他学科如计算机科学、控制理论、统计学、机器学习等学科的理论基石，这些都离不开对向量、矩阵等代数结构的理解与应用。

正因如此，本书旨在向读者介绍高等代数的基本理论和应用。我们将会从最基础的行列式和矩阵开始，逐步探讨向量的线性关系、线性方程组的解、特征值与特征向量、线性空间及线性变换等重要概念。通过大量的例子和习题，引导读者从直观的角度理解抽象的数学概念，同时在理论推导中培养读者的严谨思维。我们力求以通俗易懂的语言阐释抽象的数学理论，结合例子与应用，贯彻理论联系实践的教学理念。在每章的最后，我们提供了丰富的习题，旨在帮助读者巩固所学知识，培养解决问题的能力。

全书共 10 章，第 1 章至第 5 章由刘扬编写，第 6 章至第 10 章由张亮编写，向建林为每章提供了例题和课后习题，全书由刘扬统稿定稿。感谢吴传生教授在编写过程中提出了指导性意见和诸多宝贵建议。本书在编写过程中还得到了武汉理工大学数学系、武汉理工大学教务处和武汉理工大学出版社的大力支持，在此一并表示衷心的感谢！

由于编者水平有限，书中不当和错误之处在所难免，恳请广大同行和读者批评指正，我们将在今后的教学中不断完善。

编者

2023 年 10 月

# 目　录

# 1 行列式

行列式是高等代数中的一个重要概念，它在数学、工程技术以及经济学等领域有着非常广泛的应用.本章首先介绍行列式的定义、性质以及计算方法，然后介绍用行列式求解一类特殊线性方程组的克拉默(Cramer)法则.

## 1.1 行列式的定义

### 1.1.1 二阶行列式和三阶行列式

(1)二元线性方程组与二阶行列式的定义

解方程组是代数中的一个基本问题.在中学所学的代数中，我们解过二元以及三元一次方程组，这一章我们讨论如何求解一般的多元一次方程组，即线性方程组.首先，我们来回顾一下二元线性方程组的求解结果.对于二元线性方程组

$$\begin{cases} a_{11}x_1 + a_{12}x_2 = b_1, \\ a_{21}x_1 + a_{22}x_2 = b_2, \end{cases} \tag{1.1}$$

用消元法求解方程组(1.1)，当 $a_{11}a_{22}-a_{12}a_{21}\neq 0$ 时，此方程组有唯一解，即

$$x_1 = \frac{b_1a_{22}-a_{12}b_2}{a_{11}a_{22}-a_{12}a_{21}}, \quad x_2 = \frac{a_{11}b_2-b_1a_{21}}{a_{11}a_{22}-a_{12}a_{21}}.$$

为了方便记忆上述结果，我们引入二阶行列式的概念.

**定义 1** 将 $2\times 2$ 个数排成两行两列，并在左、右两侧各加一竖线所得符号

$$\begin{vmatrix} a_{11} & a_{12} \\ a_{21} & a_{22} \end{vmatrix} \tag{1.2}$$

称为**二阶行列式**(determinant).二阶行列式表示一个数，其值为 $a_{11}a_{22}-a_{12}a_{21}$，即

$$\begin{vmatrix} a_{11} & a_{12} \\ a_{21} & a_{22} \end{vmatrix} = a_{11}a_{22}-a_{12}a_{21}. \tag{1.3}$$

在二阶行列式(1.2)中，数 $a_{ij}$ $(i=1,2;j=1,2)$称为行列式的元素.元素 $a_{ij}$ 的第一个下标 $i$ 称为行标，表明该元素位于第 $i$ 行；它的第二个下标 $j$ 称为列标，表明该元素位于第 $j$ 列.

二阶行列式的计算公式(1.3)可用对角线法则来记忆，参见图 1-1.我们把 $a_{11}$ 到 $a_{22}$ 的实连线称为**主对角线**，$a_{12}$ 到 $a_{21}$ 的虚连线称为**次对角线**.于是，二阶行列式的值就是主对角线上两个元素之积减去次对角线上两个元素之积所得的差.

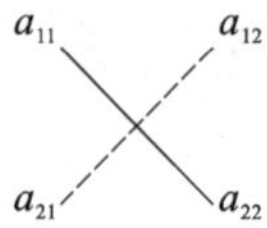


图 1-1 二阶行列式的对角线法则

若记

$$D=\begin{vmatrix} a_{11} & a_{12} \\ a_{21} & a_{22} \end{vmatrix},\quad D_1=\begin{vmatrix} b_1 & a_{12} \\ b_2 & a_{22} \end{vmatrix},\quad D_2=\begin{vmatrix} a_{11} & b_1 \\ a_{21} & b_2 \end{vmatrix},$$

则当 $D\neq 0$ 时,方程组(1.1)有唯一解:

$$x_1=\frac{D_1}{D},\quad x_2=\frac{D_2}{D}. \tag{1.4}$$

这里分母 $D$ 是由方程组(1.1)的系数所确定的二阶行列式,称之为系数行列式. $x_1$ 所在等式右端的分子 $D_1$ 是将 $D$ 中的第一列用方程组(1.1)的右端项 $b_1,b_2$ 替换而得到的二阶行列式; $x_2$ 所在等式右端的分子 $D_2$ 是将 $D$ 中的第二列用方程组(1.1)的右端项 $b_1,b_2$ 替换而得到的二阶行列式.

**【例 1】** 解二元方程组 $\begin{cases} 2x_1+3x_2=8, \\ x_1-2x_2=-3. \end{cases}$

**【解】** 首先计算系数行列式

$$D=\begin{vmatrix} 2 & 3 \\ 1 & -2 \end{vmatrix}=2\times(-2)-3\times 1=-7,$$

因为 $D\neq 0$,故方程组有唯一解. 然后计算

$$D_1=\begin{vmatrix} 8 & 3 \\ -3 & -2 \end{vmatrix}=8\times(-2)-3\times(-3)=-7,$$

$$D_2=\begin{vmatrix} 2 & 8 \\ 1 & -3 \end{vmatrix}=2\times(-3)-8\times 1=-14,$$

根据公式(1.4),得方程组的解为

$$x_1=\frac{D_1}{D}=\frac{-7}{-7}=1,\quad x_2=\frac{D_2}{D}=\frac{-14}{-7}=2.$$

(2)三元线性方程组与三阶行列式

对于三元线性方程组

$$\begin{cases} a_{11}x_1+a_{12}x_2+a_{13}x_3=b_1, \\ a_{21}x_1+a_{22}x_2+a_{23}x_3=b_2, \\ a_{31}x_1+a_{32}x_2+a_{33}x_3=b_3, \end{cases} \tag{1.5}$$

我们用消元法来求解它. 先利用方程组(1.5)的前两个式子消去 $x_3$,然后用后两个式子也消去 $x_3$,这样就得到只含有 $x_1$ 和 $x_2$ 的两个新线性方程. 再利用这两个新的方程消去 $x_2$,就得到

$$\begin{aligned}&(a_{11}a_{22}a_{33}+a_{12}a_{23}a_{31}+a_{13}a_{21}a_{32}-a_{11}a_{23}a_{32}-a_{12}a_{21}a_{33}-a_{13}a_{22}a_{31})x_1\\&=b_1a_{22}a_{33}+a_{12}a_{23}b_3+a_{13}b_2a_{32}-b_1a_{23}a_{32}-a_{12}b_2a_{33}-a_{13}a_{22}b_3.\end{aligned}$$

记 $x_1$ 的系数

$$D=a_{11}a_{22}a_{33}+a_{12}a_{23}a_{31}+a_{13}a_{21}a_{32}-a_{11}a_{23}a_{32}-a_{12}a_{21}a_{33}-a_{13}a_{22}a_{31},$$

当 $D\neq 0$ 时，可以得到

$$x_1=\frac{1}{D}(b_1a_{22}a_{33}+a_{12}a_{23}b_3+a_{13}b_2a_{32}-b_1a_{23}a_{32}-a_{12}b_2a_{33}-a_{13}a_{22}b_3). \tag{1.6}$$

类似地，利用消元法，我们可以计算得到

$$x_2=\frac{1}{D}(a_{11}b_2a_{33}+b_1a_{23}a_{31}+a_{13}a_{21}b_3-a_{11}a_{23}b_3-b_1a_{21}a_{33}-a_{13}b_2a_{31}), \tag{1.7}$$

$$x_3=\frac{1}{D}(a_{11}a_{22}b_3+a_{12}b_2a_{31}+b_1a_{21}a_{32}-a_{11}b_2a_{32}-a_{12}a_{21}b_3-b_1a_{22}a_{31}). \tag{1.8}$$

所以，当 $D\neq 0$ 的时候，方程组(1.5)有唯一解，如式(1.6)至式(1.8)所示. 为了便于记忆三元线性方程组的解，我们引进三阶行列式.

**定义 2** 将 $3\times 3$ 个数排成三行三列，并在两侧各加一竖线所得符号

$$\begin{vmatrix} a_{11} & a_{12} & a_{13} \\ a_{21} & a_{22} & a_{23} \\ a_{31} & a_{32} & a_{33} \end{vmatrix} \tag{1.9}$$

称为**三阶行列式**. 三阶行列式表示一个数，其值为 $a_{11}a_{22}a_{33}+a_{12}a_{23}a_{31}+a_{13}a_{21}a_{32}-a_{11}a_{23}a_{32}-a_{12}a_{21}a_{33}-a_{13}a_{22}a_{31}$，即

$$\begin{vmatrix} a_{11} & a_{12} & a_{13} \\ a_{21} & a_{22} & a_{23} \\ a_{31} & a_{32} & a_{33} \end{vmatrix}=a_{11}a_{22}a_{33}+a_{12}a_{23}a_{31}+a_{13}a_{21}a_{32}-a_{11}a_{23}a_{32}-a_{12}a_{21}a_{33}-a_{13}a_{22}a_{31}. \tag{1.10}$$

上述定义表明，三阶行列式含有六项，每项均为不同行不同列的三个元素的乘积再冠以正负号，其规律遵循图 1-2 所示的对角线法则：图中有三条实线可以看作是平行于主对角线的连线，三条虚线看作是平行于次对角线的连线，实线上的三个元素的乘积冠正号，虚线上三个元素的乘积冠负号.

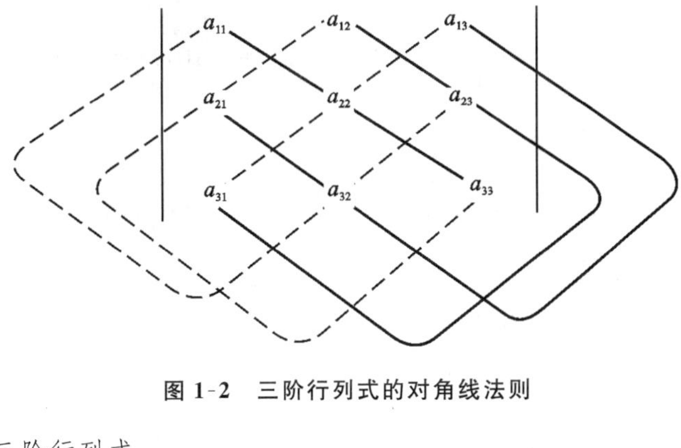


**图 1-2 三阶行列式的对角线法则**

**【例 2】** 计算三阶行列式

$$D=\begin{vmatrix} 1 & 2 & 3 \\ -1 & 0 & 2 \\ 4 & 1 & 1 \end{vmatrix}$$

的值.

【解】 按三阶行列式的对角线法则

$$D=1\times0\times1+2\times2\times4+3\times(-1)\times1-1\times2\times1-2\times(-1)\times1-3\times0\times4=13.$$

对于三元线性方程组(1.5),若记 $D=\begin{vmatrix} a_{11} & a_{12} & a_{13} \\ a_{21} & a_{22} & a_{23} \\ a_{31} & a_{32} & a_{33} \end{vmatrix}$,称为方程组的系数行列式.当 $D\neq 0$ 时,根据前面的分析,方程组(1.5)有唯一解

$$x_1=\frac{D_1}{D},\quad x_2=\frac{D_2}{D},\quad x_3=\frac{D_3}{D},$$

其中 $D_j(j=1,2,3)$ 是用常数项 $b_1,b_2,b_3$ 替换 $D$ 中的第 $j$ 列所得到的三阶行列式,即

$$D_1=\begin{vmatrix} b_1 & a_{12} & a_{13} \\ b_2 & a_{22} & a_{23} \\ b_3 & a_{32} & a_{33} \end{vmatrix},\quad D_2=\begin{vmatrix} a_{11} & b_1 & a_{13} \\ a_{21} & b_2 & a_{23} \\ a_{31} & b_3 & a_{33} \end{vmatrix},\quad D_3=\begin{vmatrix} a_{11} & a_{12} & b_1 \\ a_{21} & a_{22} & b_2 \\ a_{31} & a_{32} & b_3 \end{vmatrix}.$$

【例 3】 解三元线性方程组

$$\begin{cases} x_1-2x_2+x_3=-2, \\ 2x_1+x_2-3x_3=1, \\ -x_1+x_2-x_3=0. \end{cases}$$

【解】 系数行列式

$$\begin{aligned} D&=\begin{vmatrix} 1 & -2 & 1 \\ 2 & 1 & -3 \\ -1 & 1 & -1 \end{vmatrix} \\ &=1\times1\times(-1)+(-2)\times(-3)\times(-1)+1\times2\times1 \\ &\quad -1\times(-3)\times1-(-2)\times2\times(-1)-1\times1\times(-1) \\ &=-5\neq0, \end{aligned}$$

方程组有唯一解.另外计算

$$D_1=\begin{vmatrix} -2 & -2 & 1 \\ 1 & 1 & -3 \\ 0 & 1 & -1 \end{vmatrix}=-5,D_2=\begin{vmatrix} 1 & -2 & 1 \\ 2 & 1 & -3 \\ -1 & 0 & -1 \end{vmatrix}=-10,D_3=\begin{vmatrix} 1 & -2 & -2 \\ 2 & 1 & 1 \\ -1 & 1 & 0 \end{vmatrix}=-5,$$

故方程组的解为

$$x_1=\frac{D_1}{D}=1,\quad x_2=\frac{D_2}{D}=2,\quad x_3=\frac{D_3}{D}=1.$$

为了求解 $n$ 元线性方程组

$$\begin{cases} a_{11}x_1+a_{12}x_2+\cdots+a_{1n}x_n=b_1, \\ a_{21}x_1+a_{22}x_2+\cdots+a_{2n}x_n=b_2, \\ \cdots\cdots\cdots \\ a_{n1}x_1+a_{n2}x_2+\cdots+a_{nn}x_n=b_n, \end{cases}$$

我们需要将二阶、三阶行列式的概念进行推广,为此,我们先介绍排列与逆序数的概念,然后给出 $n$ 阶行列式的定义.

### 1.1.2 排列与逆序数

**定义 3** 由自然数 1,2,…,$n$ 组成的一个有序数组称为一个 $n$ **级排列**(简称**排列**(permutation)).

例如,1234 和 2341 都是 4 级排列,31425 是一个 5 级排列.

由 1,2,…,$n$ 这 $n$ 个数组成的 $n$ 级排列总共有

$$n\cdot(n-1)\cdot(n-2)\cdots2\cdot1=n!$$

个,其中 1,2,…,$n$ 这个排列具有自然顺序,我们称它为**自然排列**.

**定义 4** 在一个排列中,如果一对数的前后位置与大小顺序相反,即前面的数大于后面的数,则称数对为一个**逆序**;排列中逆序的总和称为这个排列的**逆序数**(the number of inversions).

逆序数为偶数的排序称为**偶排列**;逆序数为奇数的排列称为**奇排列**.

例如,在排列 2431 中,21,41,31,43 是逆序,2431 的逆序数是 4,它是偶排列.而排列 32514 的逆序数是 5,它是奇排列.自然排列 1,2,…,$n$ 的逆序数是 0,它是偶排列.

下面来介绍求逆序数的方法.设 $p_1p_2\cdots p_n$ 为 1,2,…,$n$ 的一个排列,考虑数 $p_i(i=1,2,\cdots,n)$,如果比 $p_i$ 大且排在 $p_i$ 前面的数有 $\tau_i$ 个,就称 $p_i$ 的逆序数为 $\tau_i$.每个数的逆序数之和即为这个排列的逆序数,记作 $\tau(p_1p_2\cdots p_n)$,简记为 $\tau$,即

$$\tau=\tau_1+\tau_2+\cdots+\tau_n.$$

**【例 4】** 求排列 24153 的逆序数.

**【解】** 在排列 24153 中:

第 1 个数是 2,它的逆序数是 0,即 $\tau_1=0$;

第 2 个数是 4,4 的前面没有比它大的数,它的逆序数也是 0,即 $\tau_2=0$;

第 3 个数是 1,排在 1 的前面并且比 1 大的数有两个(2,4),它的逆序数 $\tau_3=2$;

第 4 个数是 5,5 是这个排列中最大的数,它的逆序数 $\tau_4=0$;

第 5 个数是 3,排在 3 前面并且比 3 大的数有两个(4,5),它的逆序数 $\tau_5=2$.

于是这个排列的逆序数为

$$\tau=\tau_1+\tau_2+\tau_3+\tau_4+\tau_5=0+0+2+0+2=4.$$

**【例 5】** 求排列 $n(n-1)(n-2)\cdots321$ 的逆序数,并讨论其奇偶性.

**【解】** 排列的逆序数

$$\tau=0+1+2+\cdots+(n-1)=\frac{n(n-1)}{2}.$$

当 $n=4k$ 或 $4k+1$ 时,这个排列为偶排列;

当 $n=4k+2$ 或 $4k+3$ 时,这个排列为奇排列.

把一个排列中某两个数的位置互换,而其余的数不动,可以得到一个新的排列,这种变换过程称为一个**对换**.将相邻的两个元素对换,叫作**相邻对换**.

例如,对于奇排列 32514,交换 2 与 1 的位置得到一个排列 31524,注意它是一个偶排列,其逆序数为 4.关于对换和排列的奇偶性之间的联系,我们有如下结论.

**定理 1** 对换改变排列的奇偶性. 即经过一次对换,奇排列变成偶排列,偶排列变成奇排列.

【证】 先来看相邻对换的情形.

设一排列为 $p_1p_2\cdots p_s\,\boldsymbol{ab}\,q_1\cdots q_t$,对换 $\boldsymbol{a}$ 与 $\boldsymbol{b}$,变成排列 $p_1p_2\cdots p_s\,\boldsymbol{ba}\,q_1\cdots q_t$. 很明显,$p_1p_2\cdots p_s$;$q_1\cdots q_t$ 这些数的逆序数经过对换后并不发生改变,只有 $\boldsymbol{a}$ 和 $\boldsymbol{b}$ 的逆序数发生了变化. 当 $\boldsymbol{a}<\boldsymbol{b}$ 时,经过对换后 $\boldsymbol{a}$ 的逆序数增加 1 而 $\boldsymbol{b}$ 的逆序数不变;当 $\boldsymbol{a}>\boldsymbol{b}$ 时,经过对换后 $\boldsymbol{a}$ 的逆序数不变而 $\boldsymbol{b}$ 的逆序数减少 1. 所以无论是哪种情况,排列 $p_1p_2\cdots p_s\,\boldsymbol{ab}\,q_1\cdots q_t$ 的逆序数与 $p_1p_2\cdots p_s\,\boldsymbol{ba}\,q_1\cdots q_t$ 的逆序数相差 1,它们的奇偶性不同.

再来证一般的情形.

设一排列为 $p_1p_2\cdots p_m\,\boldsymbol{a}\,g_1\cdots g_k\,\boldsymbol{b}\,q_1\cdots q_j$,对换 $\boldsymbol{a}$ 与 $\boldsymbol{b}$,得到新的排列 $p_1p_2\cdots p_m\,\boldsymbol{b}\,g_1\cdots g_k\,\boldsymbol{a}\,q_1\cdots q_j$. 这个对换可以看作是把原排列先作 $k$ 次相邻对换,变成排列 $p_1p_2\cdots p_m\,\boldsymbol{ab}\,g_1\cdots g_kq_1\cdots q_j$,然后再做 $k+1$ 次相邻对换,变成排列 $p_1p_2\cdots p_m\,\boldsymbol{b}\,g_1\cdots g_k\boldsymbol{a}q_1\cdots q_j$. 总之,经过 $2k+1$ 次相邻对换,排列 $p_1p_2\cdots p_m\,\boldsymbol{a}\,g_1\cdots g_k\,\boldsymbol{b}\,q_1\cdots q_j$ 就可以变成排列 $p_1p_2\cdots p_m\,\boldsymbol{b}\,g_1\cdots g_k\,\boldsymbol{a}\,q_1\cdots q_j$,所以这两个排列的奇偶性相反. 证毕.

根据定理 1,可以得出以下推论.

**推论 1** 在所有 $n$ 级排列中,奇偶排列的个数相等,各有 $n!/2$ 个.

【证】 设在全部的 $n$ 级排列中,奇排列有 $s$ 个,偶排列有 $t$ 个. 将 $s$ 个奇排列中的前两个数字对换,得到 $s$ 个不同的偶排列,则 $s\leqslant t$. 同理 $t\leqslant s$,于是 $s=t$. 即奇、偶排列的个数相等,各有 $n!/2$ 个.

**定理 2** 任意一个 $n$ 级排列与自然排列都可以经过一系列对换互变,并且奇排列变成自然排列的对换次数为奇数,偶排列变成自然排列的对换次数为偶数.

【证】 先证明任意一个 $n$ 级排列都可以经过一系列对换变成自然排列 $12\cdots n$.

设排列为 $p_1p_2\cdots p_n$.

第一步,把 1 对换到排列的第一个位置:如果 $p_1=1$,我们直接跳到下一步;如果 $p_1\neq 1$,我们将 1 与 $p_1$ 作一次对换,这样排列就变成了 $1p_2'\cdots p_n'$.

第二步,把 2 对换到排列的第二个位置:如果 $p_2'=2$,我们直接跳到下一步;如果 $p_2'\neq 2$,我们将 2 与 $p_2'$ 作一次对换,这样排列就变成了 $12p_3''\cdots p_n''$.

依次下去,就可以把原排列变成自然排列 $12\cdots n$.

类似地,自然排列 $12\cdots n$ 也可以用一系列对换变成 $p_1p_2\cdots p_n$.

因为自然排列 $12\cdots n$ 是偶排列,其逆序数为 0,由定理 1 可知,要把奇排列变成自然排列需要经过奇数次对换,要把偶排列变成自然排列需要偶数次对换. 故定理成立.

### 1.1.3 $n$ 阶行列式的定义

为了给出 $n$ 阶行列式的定义,我们先来研究三阶行列式的结构. 由三阶行列式的定义

$$\begin{vmatrix} a_{11} & a_{12} & a_{13} \\ a_{21} & a_{22} & a_{23} \\ a_{31} & a_{32} & a_{33} \end{vmatrix}=a_{11}a_{22}a_{33}+a_{12}a_{23}a_{31}+a_{13}a_{21}a_{32}$$

$$-a_{11}a_{23}a_{32}-a_{12}a_{21}a_{33}-a_{13}a_{22}a_{31}, \tag{1.11}$$

可以看出：

(1)三阶行列式(1.11)等式右边的每一项都是三个元素的乘积，这三个元素位于不同的行、不同的列；而且其右端的任一项除符号外都可以写成 $a_{1p_1}a_{2p_2}a_{3p_3}$ 的形式；把每一项的三个元素按行指标呈自然顺序排列 123，其列指标 $p_1p_2p_3$ 是 1,2,3 三个数的某个排列，这样的排列共有 6 种，对应式(1.11)等号的右端共含有 6 项.

(2)各项的符号与列指标 $p_1p_2p_3$ 形成排列的奇偶性对应. 带正号的三项列指标排列是 123,231,321，它们都是偶排列. 带负号的三项列指标排列是 132,213,321，它们都是奇排列. 即当列指标形成的排列是偶排列时，该项带正号；当列指标形成的排列是奇排列时，该项带负号.

由此，三阶行列式可以写成

$$\begin{vmatrix} a_{11} & a_{12} & a_{13} \\ a_{21} & a_{22} & a_{23} \\ a_{31} & a_{32} & a_{33} \end{vmatrix} = \sum_{p_1p_2p_3}(-1)^{\tau(p_1p_2p_3)}a_{1p_1}a_{2p_2}a_{3p_3},$$

其中 $\sum\limits_{p_1p_2p_3}$ 是连加号，表示对所有 3 级排列求和，$\tau(p_1p_2p_3)$是排列 $p_1p_2p_3$ 的逆序数.

对于二阶行列式也有类似的结果. 仿此，我们把行列式的概念推广到一般情形.

**定义 5** 由 $n\times n$ 个元素 $a_{ij}(i,j=1,2,\cdots,n)$ 排成 $n$ 行 $n$ 列，并在两侧各加一竖线所得符号

$$\begin{vmatrix} a_{11} & a_{12} & \cdots & a_{1n} \\ a_{21} & a_{22} & \cdots & a_{2n} \\ \vdots & \vdots & & \vdots \\ a_{n1} & a_{n2} & \cdots & a_{nn} \end{vmatrix}$$

称为 **$n$ 阶行列式**. 它表示所有取自不同行、不同列的 $n$ 个元素乘积的代数和

$$\sum_{p_1p_2\cdots p_n}(-1)^{\tau(p_1p_2\cdots p_n)}a_{1p_1}a_{2p_2}\cdots a_{np_n},$$

即

$$\begin{vmatrix} a_{11} & a_{12} & \cdots & a_{1n} \\ a_{21} & a_{22} & \cdots & a_{2n} \\ \vdots & \vdots & & \vdots \\ a_{n1} & a_{n2} & \cdots & a_{nn} \end{vmatrix} = \sum_{p_1p_2\cdots p_n}(-1)^{\tau(p_1p_2\cdots p_n)}a_{1p_1}a_{2p_2}\cdots a_{np_n}, \tag{1.12}$$

其中 $p_1p_2\cdots p_n$ 是自然数 $1,2,\cdots,n$ 的一个排列，$\tau(p_1p_2\cdots p_n)$是排列 $p_1p_2\cdots p_n$ 的逆序数，$\sum\limits_{p_1p_2\cdots p_n}$ 表示对所有的 $n$ 级排列求和.

行列式通常简记为 $\det(a_{ij})$或$|a_{ij}|$，这里 $a_{ij}$ 称为行列式的元素.

由于 $1,2,\cdots,n$ 的排列总共有 $n!$个，因此式(1.12)等号右端求和符号 $\sum\limits_{p_1p_2\cdots p_n}$ 里是 $n!$项的和，每一项都是取自不同行、不同列的 $n$ 个元素的乘积，所谓的代数和指的是在 $n$ 个元素乘积前面添加了一个符号$(-1)^{\tau(p_1p_2\cdots p_n)}$后再求和. 这里的符号是这么规定的：把 $n$ 个元素按行指标呈自然顺序排列，当列指标形成的排列是偶排列时，该项带正号；当列指标形成的排列是奇排列时，该项带

负号.由推论1可知,求和符号中带正号的项和带负号的项各占一半.

前面用对角线法则定义的二阶、三阶行列式与此定义实际上是一致的,但要注意的是四阶及四阶以上的行列式是没有对角线法则的.当 $n=1$ 的时候,一阶行列式 $|a|=a$,注意不要与绝对值符号相混淆.

下面来看几个例子.

**【例6】** 计算行列式 $D=\begin{vmatrix} 2 & -1 & 0 & 1 \\ 0 & -1 & 2 & 2 \\ 0 & 0 & 5 & 9 \\ 0 & 0 & 0 & 6 \end{vmatrix}$ 的值.

**【解】** 根据行列式的定义 $D=\sum\limits_{p_1p_2p_3p_4}(-1)^{\tau(p_1p_2p_3p_4)}a_{1p_1}a_{2p_2}a_{3p_3}a_{4p_4}$,其代数和中含有 $4!=24$ 项.现考察其中不为零的项.由于第四行中有3个0,因此 $p_4$ 只能取4,此时 $a_{44}=6$ 才能使乘积项不为零.对于第三行中的元素 $a_{3p_3}$,$p_3$ 只能取3或4才能使乘积项不为零.由于代数和里每四个数乘积中的因子都是来自不同的行、不同的列,注意到第四行已经取了第四列的元素 $a_{44}$,因此第三行不能取第四列的元素 $a_{34}$,故 $p_3$ 只能取3,即第三行取 $a_{33}=5$ 才能使得乘积项不为零.类似地,第二行只能取 $a_{22}=-1$,第一行只能取 $a_{11}=2$ 才能使乘积项不为零.所以行列式中不为零的项只有一项 $a_{11}a_{22}a_{33}a_{44}$,由此可得

$$D=(-1)^{\tau(1234)}a_{11}a_{22}a_{33}a_{44}=(-1)^0\times2\times(-1)\times5\times6=-60.$$

一般地,可以得到下列结果:

$$\begin{vmatrix} a_{11} & a_{12} & \cdots & a_{1n} \\ & a_{22} & \cdots & a_{2n} \\ & & \ddots & \vdots \\ & & & a_{nn} \end{vmatrix}=a_{11}a_{22}\cdots a_{nn},$$

其中未写出的元素都是0.这个行列式称为 $n$ **阶上三角行列式**.

$$\begin{vmatrix} a_{11} & & & \\ a_{21} & a_{22} & & \\ \vdots & \vdots & \ddots & \\ a_{n1} & a_{n2} & \cdots & a_{nn} \end{vmatrix}=a_{11}a_{22}\cdots a_{nn},$$

这个行列式称为 $n$ **阶下三角行列式**.

特别地,

$$\begin{vmatrix} a_{11} & & & \\ & a_{22} & & \\ & & \ddots & \\ & & & a_{nn} \end{vmatrix}=a_{11}a_{22}\cdots a_{nn},$$

这个行列式称为 $n$ **阶对角行列式**.

**【例7】** 证明 $n$ 阶行列式

$$D=\begin{vmatrix} & & & a_{1,n} \\ & & a_{2,n-1} & \\ & \iddots & & \\ a_{n,1} & & & \end{vmatrix}=(-1)^{\frac{n(n-1)}{2}}a_{1,n}a_{2,n-1}\cdots a_{n,1}.$$

**【证】** 根据定义，$D=\sum\limits_{p_1p_2\cdots p_n}(-1)^{\tau(p_1p_2\cdots p_n)}a_{1p_1}a_{2p_2}\cdots a_{np_n}$，其一般项为

$$(-1)^{\tau(p_1p_2\cdots p_n)}a_{1p_1}a_{2p_2}\cdots a_{np_n},$$

现考察其中不为零的项.

注意到第一行只有 $a_{1,n}$ 可能不为零，故 $p_1$ 只能取 $n$. 同样的道理，只有当 $p_2$ 取 $n-1$，依次下去，$p_n$ 取 1 才可能使得乘积项不为零，故

$$D=(-1)^{\tau[n(n-1)\cdots 1]}a_{1,n}a_{2,n-1}\cdots a_{n,1}.$$

由例 5 的结果，我们知道，排列 $n(n-1)\cdots 1$ 的逆序数 $\tau=\dfrac{n(n-1)}{2}$，因此，

$$D=(-1)^{\frac{n(n-1)}{2}}a_{1,n}a_{2,n-1}\cdots a_{n,1}.$$

证毕.

类似地，可以得(次对角线)上三角行列式与下三角行列式的值为

$$\begin{vmatrix} a_{1,1} & \cdots & a_{1,n-1} & a_{1,n} \\ a_{2,1} & \cdots & a_{2,n-1} & \\ \vdots & \iddots & & \\ a_{n,1} & & & \end{vmatrix}=\begin{vmatrix} & & & a_{1,n} \\ & & a_{2,n-1} & a_{2,n} \\ & \iddots & \vdots & \vdots \\ a_{n,1} & \cdots & a_{n,n-1} & a_{n,n} \end{vmatrix}=(-1)^{\frac{n(n-1)}{2}}a_{1,n}a_{2,n-1}\cdots a_{n,1}.$$

下面来讨论行列式的另一种定义.

对于 $n$ 阶行列式定义 5 里的代数和 $\sum\limits_{p_1p_2\cdots p_n}(-1)^{\tau(p_1p_2\cdots p_n)}a_{1p_1}a_{2p_2}\cdots a_{np_n}$ 中的任意一项

$$(-1)^{\tau}a_{1p_1}\cdots a_{ip_i}\cdots a_{jp_j}\cdots a_{np_n},$$

其中 $1\cdots i\cdots j\cdots n$ 为自然排列，$\tau=\tau(p_1\cdots p_i\cdots p_j\cdots p_n)$是排列 $p_1\cdots p_i\cdots p_j\cdots p_n$的逆序数. 注意到数的乘法是可以交换的. 对换 $a_{ip_i}$ 与 $a_{jp_j}$ 得

$$(-1)^{\tau}a_{1p_1}\cdots a_{jp_j}\cdots a_{ip_i}\cdots a_{np_n},$$

此时，这一项的值未发生改变，但行标排列与列标排列同时作了一次相应的对换. 设新的行标排列 $1\cdots j\cdots i\cdots n$ 的逆序数为 $\gamma$，则 $\gamma$ 为奇数(原排列为自然排列，其逆序数为 0，是偶排列，对换一次改变排列的奇偶性)，设新的列标排列 $p_1\cdots p_j\cdots p_i\cdots p_n$ 的逆序数为 $\tau_1$，则

$$(-1)^{\tau}=-(-1)^{\tau_1}=(-1)^{\gamma+\tau_1},$$

于是

$$(-1)^{\tau}a_{1p_1}\cdots a_{ip_i}\cdots a_{jp_j}\cdots a_{np_n}=(-1)^{\gamma+\tau_1}a_{1p_1}\cdots a_{jp_j}\cdots a_{ip_i}\cdots a_{np_n}.$$

上式表明，对换一般项中两元素的次序，行标排列与列标排列同时做相应的对换，此时行标排列与列标排列的逆序数之和的奇偶性并未发生改变. 同理，经过多次对换后其行列标排列的逆序数之和的奇偶性也不会发生改变. 因此当列标排列 $p_1p_2\cdots p_n$(其逆序数为 $\tau$) 经过若干次对换变为自然排列(逆序数为 0)时，行标排列相应地从自然排列变为某个排列 $q_1q_2\cdots q_n$，其逆序数为 $s$，则

$$(-1)^{\tau}a_{1p_1}a_{2p_2}\cdots a_{np_n}=(-1)^{s}a_{q_1 1}a_{q_2 2}\cdots a_{q_n n}.$$

若 $p_i=j$，则 $q_j=i$，$a_{ip_i}=a_{ij}=a_{q_j j}$，这说明排列 $q_1q_2\cdots q_n$ 由排列 $p_1p_2\cdots p_n$ 所唯一确定.

根据上面的讨论，可得 $n$ 阶行列式的另一个定义.

**定理 3** $n$ 阶行列式

$$\begin{vmatrix} a_{11} & a_{12} & \cdots & a_{1n} \\ a_{21} & a_{22} & \cdots & a_{2n} \\ \vdots & \vdots & & \vdots \\ a_{n1} & a_{n2} & \cdots & a_{nn} \end{vmatrix} = \sum_{q_1 q_2 \cdots q_n} (-1)^{\tau(q_1 q_2 \cdots q_n)} a_{q_1 1} a_{q_2 2} \cdots a_{q_n n},$$

其中 $q_1 q_2 \cdots q_n$ 是自然数 $1,2,\cdots,n$ 的一个排列，$\tau(q_1 q_2 \cdots q_n)$ 是排列 $q_1 q_2 \cdots q_n$ 的逆序数，$\sum\limits_{q_1 q_2 \cdots q_n}$ 表示对所有的 $n$ 级排列求和.

# 1.2 行列式的性质

## 1.2.1 行列式的基本性质

根据行列式的定义，要计算一个 $n$ 阶行列式，需要做 $n!(n-1)$ 次乘法和 $n!$ 次加法运算. 当 $n$ 较大时，直接用定义来计算行列式的值计算量太大. 因此我们有必要讨论行列式的性质，并利用这些性质简化行列式的计算.

记 $n$ 阶行列式

$$D = \begin{vmatrix} a_{11} & a_{12} & \cdots & a_{1n} \\ a_{21} & a_{22} & \cdots & a_{2n} \\ \vdots & \vdots & & \vdots \\ a_{n1} & a_{n2} & \cdots & a_{nn} \end{vmatrix}, \ D^{\mathrm{T}} = \begin{vmatrix} a_{11} & a_{21} & \cdots & a_{n1} \\ a_{12} & a_{22} & \cdots & a_{n2} \\ \vdots & \vdots & & \vdots \\ a_{1n} & a_{2n} & \cdots & a_{nn} \end{vmatrix},$$

我们称行列式 $D^{\mathrm{T}}$ 为 $D$ 的**转置行列式**.

**性质 1** 行列式与它的转置行列式相等.

**【证】** 记

$$D^{\mathrm{T}} = \begin{vmatrix} b_{11} & b_{12} & \cdots & b_{1n} \\ b_{21} & b_{22} & \cdots & b_{2n} \\ \vdots & \vdots & & \vdots \\ b_{n1} & b_{n2} & \cdots & b_{nn} \end{vmatrix},$$

则 $b_{ij} = a_{ji}\ (i,j=1,2,\cdots,n)$. 根据行列式的定义

$$\begin{aligned} D^{\mathrm{T}} &= \sum_{p_1 p_2 \cdots p_n} (-1)^{\tau(p_1 p_2 \cdots p_n)} b_{1p_1} b_{2p_2} \cdots b_{np_n} \\ &= \sum_{p_1 p_2 \cdots p_n} (-1)^{\tau(p_1 p_2 \cdots p_n)} a_{p_1 1} a_{p_2 2} \cdots a_{p_n n}. \end{aligned}$$

由 1.1 节定理 3，有

$$D = \sum_{p_1 p_2 \cdots p_n} (-1)^{\tau(p_1 p_2 \cdots p_n)} a_{p_1 1} a_{p_2 2} \cdots a_{p_n n},$$

故 $D^{\mathrm{T}} = D$.

由这个性质可知，行列式中的行与列的地位是对等的，行列式的性质凡是对行成立的对列也同样成立，反之亦然.

**性质 2** 若行列式某行(列)有公因子 $k$，则 $k$ 可以提到行列式符号的外面. 即

$$D_1=\begin{vmatrix} a_{11} & a_{12} & \cdots & a_{1n} \\ \vdots & \vdots & & \vdots \\ ka_{i1} & ka_{i2} & \cdots & ka_{in} \\ \vdots & \vdots & & \vdots \\ a_{n1} & a_{n2} & \cdots & a_{nn} \end{vmatrix}=k\begin{vmatrix} a_{11} & a_{12} & \cdots & a_{1n} \\ \vdots & \vdots & & \vdots \\ a_{i1} & a_{i2} & \cdots & a_{in} \\ \vdots & \vdots & & \vdots \\ a_{n1} & a_{n2} & \cdots & a_{nn} \end{vmatrix}=kD.$$

**【证】** 根据行列式的定义

$$\begin{aligned} D_1 &= \sum_{p_1p_2\cdots p_n}(-1)^{\tau(p_1p_2\cdots p_n)}a_{1p_1}a_{2p_2}\cdots(ka_{ip_i})\cdots a_{np_n} \\ &= k\sum_{p_1p_2\cdots p_n}(-1)^{\tau(p_1p_2\cdots p_n)}a_{1p_1}a_{2p_2}\cdots a_{ip_i}\cdots a_{np_n} \\ &= kD. \end{aligned}$$

这个性质也可以理解为：用数 $k$ 去乘以行列式，等于用数 $k$ 乘该行列式的某一行(或某一列)的各元素.

根据性质 2 可知，如果行列式某行(列)的元素全为零，则该行列式的值为零.

**性质 3** 若行列式的某一行(列)的元素都是两个数之和，例如第 $i$ 行($j$ 列)的元素都是两个数之和，

$$D=\begin{vmatrix} a_{11} & a_{12} & \cdots & a_{1n} \\ a_{21} & a_{22} & \cdots & a_{2n} \\ \vdots & \vdots & & \vdots \\ a_{i1}+a'_{i1} & a_{i2}+a'_{i2} & \cdots & a_{in}+a'_{in} \\ \vdots & \vdots & & \vdots \\ a_{n1} & a_{n2} & \cdots & a_{nn} \end{vmatrix},$$

则 $D$ 等于两个行列式之和，即

$$D=\begin{vmatrix} a_{11} & a_{12} & \cdots & a_{1n} \\ a_{21} & a_{22} & \cdots & a_{2n} \\ \vdots & \vdots & & \vdots \\ a_{i1} & a_{i2} & \cdots & a_{in} \\ \vdots & \vdots & & \vdots \\ a_{n1} & a_{n2} & \cdots & a_{nn} \end{vmatrix}+\begin{vmatrix} a_{11} & a_{12} & \cdots & a_{1n} \\ a_{21} & a_{22} & \cdots & a_{2n} \\ \vdots & \vdots & & \vdots \\ a'_{i1} & a'_{i2} & \cdots & a'_{in} \\ \vdots & \vdots & & \vdots \\ a_{n1} & a_{n2} & \cdots & a_{nn} \end{vmatrix}.$$

**【证】** 根据行列式的定义，

$$D=\sum_{p_1p_2\cdots p_n}(-1)^{\tau(p_1p_2\cdots p_n)}a_{1p_1}a_{2p_2}\cdots(a_{ip_i}+a'_{ip_i})\cdots a_{np_n}$$

$$= \sum_{p_1p_2\cdots p_n} (-1)^{\tau(p_1p_2\cdots p_n)} a_{1p_1}a_{2p_2}\cdots a_{ip_i}\cdots a_{np_n} + \sum_{p_1p_2\cdots p_n} (-1)^{\tau(p_1p_2\cdots p_n)} a_{1p_1}a_{2p_2}\cdots a'_{ip_i}\cdots a_{np_n}$$

$$= \begin{vmatrix} a_{11} & a_{12} & \cdots & a_{1n} \\ a_{21} & a_{22} & \cdots & a_{2n} \\ \vdots & \vdots & & \vdots \\ a_{i1} & a_{i2} & \cdots & a_{in} \\ \vdots & \vdots & & \vdots \\ a_{n1} & a_{n2} & \cdots & a_{nn} \end{vmatrix} + \begin{vmatrix} a_{11} & a_{12} & \cdots & a_{1n} \\ a_{21} & a_{22} & \cdots & a_{2n} \\ \vdots & \vdots & & \vdots \\ a'_{i1} & a'_{i2} & \cdots & a'_{in} \\ \vdots & \vdots & & \vdots \\ a_{n1} & a_{n2} & \cdots & a_{nn} \end{vmatrix}.$$

**性质 4** 如果行列式有两行(列)完全相同,则此行列式等于零.

**【证】** 设行列式

$$D = \begin{vmatrix} a_{11} & a_{12} & \cdots & a_{1n} \\ \vdots & \vdots & & \vdots \\ a_{i1} & a_{i2} & \cdots & a_{in} \\ \vdots & \vdots & & \vdots \\ a_{k1} & a_{k2} & \cdots & a_{kn} \\ \vdots & \vdots & & \vdots \\ a_{n1} & a_{n2} & \cdots & a_{nn} \end{vmatrix}$$

中的第 $i$ 行和第 $k$ 行相同,即

$$a_{ij} = a_{kj} (j = 1,2,\cdots,n).$$

根据行列式的定义,

$$D = \sum_{p_1p_2\cdots p_n} (-1)^{\tau(p_1\cdots p_i\cdots p_k\cdots p_n)} a_{1p_1}\cdots a_{ip_i}\cdots a_{kp_k}\cdots a_{np_n}, \tag{1.13}$$

注意到在上式右端的求和符号里面,与项

$$(-1)^{\tau(p_1\cdots p_i\cdots p_k\cdots p_n)} a_{1p_1}\cdots a_{ip_i}\cdots a_{kp_k}\cdots a_{np_n}$$

对应的项

$$(-1)^{\tau(p_1\cdots p_k\cdots p_i\cdots p_n)} a_{1p_1}\cdots a_{ip_k}\cdots a_{kp_i}\cdots a_{np_n}$$

会成对出现. 比较这两项我们可以发现,这两项有相同的绝对值,其原因是

$$a_{ip_i} = a_{kp_i}, a_{ip_k} = a_{kp_k},$$

但是排列

$$p_1\cdots p_i\cdots p_k\cdots p_n \text{ 与 } p_1\cdots p_k\cdots p_i\cdots p_n$$

之间存在一个对换,因而具有相反的奇偶性,所以这两项的符号相反,它们的和等于 0. 式(1.13)右端的和式中含有 $n!$项,它们都可以按照上述形式两两配对,因此,在式 (1.13)的右端,每一项都有一个数值相同但符号相反的项与之成对出现,从而行列式 $D=0$.

利用这条性质,结合性质 2,我们可以很容易推出:如果行列式中有两行(列)的元素对应成比例,则行列式的值等于零.

**性质 5** 把行列式的某一行 (列)的各元素乘以同一个数然后加到另一行 (列)对应的元素上去,行列式的值不变.

【证】 设行列式

$$D=\begin{vmatrix} a_{11} & a_{12} & \cdots & a_{1n} \\ \vdots & \vdots & & \vdots \\ a_{i1} & a_{i2} & \cdots & a_{in} \\ \vdots & \vdots & & \vdots \\ a_{k1} & a_{k2} & \cdots & a_{kn} \\ \vdots & \vdots & & \vdots \\ a_{n1} & a_{n2} & \cdots & a_{nn} \end{vmatrix},$$

把 $D$ 的第 $i$ 行中的元素乘以常数 $t$ 加到第 $k$ 行对应的元素上，得

$$D_1=\begin{vmatrix} a_{11} & a_{12} & \cdots & a_{1n} \\ \vdots & \vdots & & \vdots \\ a_{i1} & a_{i2} & \cdots & a_{in} \\ \vdots & \vdots & & \vdots \\ a_{k1}+ta_{i1} & a_{k2}+ta_{i2} & \cdots & a_{kn}+ta_{in} \\ \vdots & \vdots & & \vdots \\ a_{n1} & a_{n2} & \cdots & a_{nn} \end{vmatrix},$$

要证明 $D_1=D$. 根据性质 3

$$D_1=\begin{vmatrix} a_{11} & a_{12} & \cdots & a_{1n} \\ \vdots & \vdots & & \vdots \\ a_{i1} & a_{i2} & \cdots & a_{in} \\ \vdots & \vdots & & \vdots \\ a_{k1} & a_{k2} & \cdots & a_{kn} \\ \vdots & \vdots & & \vdots \\ a_{n1} & a_{n2} & \cdots & a_{nn} \end{vmatrix}+\begin{vmatrix} a_{11} & a_{12} & \cdots & a_{1n} \\ \vdots & \vdots & & \vdots \\ a_{i1} & a_{i2} & \cdots & a_{in} \\ \vdots & \vdots & & \vdots \\ ta_{i1} & ta_{i2} & \cdots & ta_{in} \\ \vdots & \vdots & & \vdots \\ a_{n1} & a_{n2} & \cdots & a_{nn} \end{vmatrix}=D+0=D.$$

**性质 6** 互换行列式的两行(列)，行列式变号.

【证】 设行列式

$$D=\begin{vmatrix} a_{11} & a_{12} & \cdots & a_{1n} \\ \vdots & \vdots & & \vdots \\ a_{i1} & a_{i2} & \cdots & a_{in} \\ \vdots & \vdots & & \vdots \\ a_{k1} & a_{k2} & \cdots & a_{kn} \\ \vdots & \vdots & & \vdots \\ a_{n1} & a_{n2} & \cdots & a_{nn} \end{vmatrix}\begin{matrix} \\ \\ \leftarrow \text{第 } i \text{ 行} \\ \\ \leftarrow \text{第 } k \text{ 行} \\ \\ \\ \end{matrix},$$

交换行列式的第 $i$ 行和第 $k$ 行，得

$$D_1=\begin{vmatrix} a_{11} & a_{12} & \cdots & a_{1n} \\ \vdots & \vdots & & \vdots \\ a_{k1} & a_{k2} & \cdots & a_{kn} \\ \vdots & \vdots & & \vdots \\ a_{i1} & a_{i2} & \cdots & a_{in} \\ \vdots & \vdots & & \vdots \\ a_{n1} & a_{n2} & \cdots & a_{nn} \end{vmatrix}\begin{matrix} \\ \\ \leftarrow \text{第 } i \text{ 行} \\ \\ \leftarrow \text{第 } k \text{ 行} \\ \\ \\ \end{matrix},$$

要证明 $D_1=-D$.

$$D=\begin{vmatrix} a_{11} & a_{12} & \cdots & a_{1n} \\ \vdots & \vdots & & \vdots \\ a_{i1} & a_{i2} & \cdots & a_{in} \\ \vdots & \vdots & & \vdots \\ a_{k1}+a_{i1} & a_{k2}+a_{i2} & \cdots & a_{kn}+a_{in} \\ \vdots & \vdots & & \vdots \\ a_{n1} & a_{n2} & \cdots & a_{nn} \end{vmatrix}\begin{matrix} \\ \\ \leftarrow \text{第 } i \text{ 行} \\ \\ \leftarrow \text{第 } k \text{ 行} \\ \\ \\ \end{matrix}$$

$$=\begin{vmatrix} a_{11} & a_{12} & \cdots & a_{1n} \\ \vdots & \vdots & & \vdots \\ -a_{k1} & -a_{k2} & \cdots & -a_{kn} \\ \vdots & \vdots & & \vdots \\ a_{k1}+a_{i1} & a_{k2}+a_{i2} & \cdots & a_{kn}+a_{in} \\ \vdots & \vdots & & \vdots \\ a_{n1} & a_{n2} & \cdots & a_{nn} \end{vmatrix}\begin{matrix} \\ \\ \leftarrow \text{第 } i \text{ 行} \\ \\ \leftarrow \text{第 } k \text{ 行} \\ \\ \\ \end{matrix}$$

$$=\begin{vmatrix} a_{11} & a_{12} & \cdots & a_{1n} \\ \vdots & \vdots & & \vdots \\ -a_{k1} & -a_{k2} & \cdots & -a_{kn} \\ \vdots & \vdots & & \vdots \\ a_{i1} & a_{i2} & \cdots & a_{in} \\ \vdots & \vdots & & \vdots \\ a_{n1} & a_{n2} & \cdots & a_{nn} \end{vmatrix}\begin{matrix} \\ \\ \leftarrow \text{第 } i \text{ 行} \\ \\ \leftarrow \text{第 } k \text{ 行} \\ \\ \\ \end{matrix}$$

$$=-D_1.$$

上式中，前三个等号成立都是利用性质 5：第一步把行列式 $D$ 的第 $i$ 行乘以数 1 加到第 $k$ 行，行列式的值不变；第二步，把第 $k$ 行乘以 $-1$ 加到第 $i$ 行；第三步，把第 $i$ 行加到第 $k$ 行. 最后把第 $i$ 行的公因子 $-1$ 提出即得结论成立.

### 1.2.2 利用行列式的性质计算行列式

在以上所介绍的几个性质中，性质 2、性质 5、性质 6 常用于行列式的计算和化简. 为了方便说明，我们引入几个记号来描述行列式的运算.

(1) $r_i \leftrightarrow r_j$ 表示交换行列式的第 $i$ 行与第 $j$ 行；$c_i \leftrightarrow c_j$ 表示交换行列式的第 $i$ 列与第 $j$ 列.

(2)$r_i \times k$ 表示将行列式中第 $i$ 行的所有元素乘以 $k$；$c_j \times k$ 表示将行列式中第 $j$ 列的所有元素乘以 $k$.

(3)$r_i + kr_j$ 表示将行列式的第 $j$ 行乘以数 $k$ 加到第 $i$ 行上；$c_i + kc_j$ 表示将行列式的第 $j$ 列乘以数 $k$ 加到第 $i$ 列上.

利用上面的三类运算，可以把行列式中的许多元素化为 0，从而简化行列式的计算. 特别地，我们经常用 $r_i + kr_j$ 把行列式化为三角形行列式，利用已知的结论计算行列式的值. 下面来看几个具体的例子.

**【例 1】** 计算行列式

$$D=\begin{vmatrix} 2 & -5 & 1 & 2 \\ -3 & 7 & -1 & 4 \\ 5 & -9 & 2 & 7 \\ 4 & -6 & 1 & 2 \end{vmatrix}$$

**【解】**

$$D \xlongequal{c_1 \leftrightarrow c_3} -\begin{vmatrix} 1 & -5 & 2 & 2 \\ -1 & 7 & -3 & 4 \\ 2 & -9 & 5 & 7 \\ 1 & -6 & 4 & 2 \end{vmatrix} \xlongequal[\substack{r_3 - 2r_1 \\ r_4 - r_1}]{r_2 + r_1} -\begin{vmatrix} 1 & -5 & 2 & 2 \\ 0 & 2 & -1 & 6 \\ 0 & 1 & 1 & 3 \\ 0 & -1 & 2 & 0 \end{vmatrix}$$

$$\xlongequal{r_2 \leftrightarrow r_4} \begin{vmatrix} 1 & -5 & 2 & 2 \\ 0 & -1 & 2 & 0 \\ 0 & 1 & 1 & 3 \\ 0 & 2 & -1 & 6 \end{vmatrix} \xlongequal[r_4 + 2r_2]{r_3 + r_2} \begin{vmatrix} 1 & -5 & 2 & 2 \\ 0 & -1 & 2 & 0 \\ 0 & 0 & 3 & 3 \\ 0 & 0 & 3 & 6 \end{vmatrix}$$

$$\xlongequal{r_4 - r_3} \begin{vmatrix} 1 & -5 & 2 & 2 \\ 0 & -1 & 2 & 0 \\ 0 & 0 & 3 & 3 \\ 0 & 0 & 0 & 3 \end{vmatrix} = -9.$$

在上述步骤中，我们首先作 $c_1 \leftrightarrow c_3$，其目的是把 $a_{11}$ 置换成 1，从而避免在计算过程中出现分数运算. 当利用行列式的性质将行列式化为上三角形后，行列式的值等于其主对角线上元素的乘积.

这里特别要注意的是运算 $r_i + r_j$ 与 $r_j + r_i$ 的区别. 运算 $r_i + r_j$ 表示把行列式的第 $j$ 行乘以数 1 加到第 $i$ 行上，其改变的是行列式第 $i$ 行的元素，而 $r_j + r_i$ 表示把行列式的第 $i$ 行乘以数 1 加到第 $j$ 行上，其改变的是第 $j$ 行的元素，这两种运算的结果是不一样的. 因此记号 $r_i + kr_j$ 不能写作 $kr_j + r_i$. 对于列运算 $c_i + kc_j$ 也要注意同样的问题.

**【例 2】** 计算 $n$ 阶行列式

$$D_n = \begin{vmatrix} a & b & b & \cdots & b \\ b & a & b & \cdots & b \\ b & b & a & \cdots & b \\ \vdots & \vdots & \vdots & & \vdots \\ b & b & b & \cdots & a \end{vmatrix}$$

的值，其中 $a \neq b$.

**【解】** 注意到行列式每行元素之和均为 $a+(n-1)b$，我们将第 $2,3,\cdots,n$ 列依次加到第一列上去，得

$$D_n \xlongequal{c_1+c_2+\cdots+c_n} \begin{vmatrix} a+(n-1)b & b & b & \cdots & b \\ a+(n-1)b & a & b & \cdots & b \\ a+(n-1)b & b & a & \cdots & b \\ \vdots & \vdots & \vdots & & \vdots \\ a+(n-1)b & b & b & \cdots & a \end{vmatrix}$$

$$=[a+(n-1)b]\begin{vmatrix} 1 & b & b & \cdots & b \\ 1 & a & b & \cdots & b \\ 1 & b & a & \cdots & b \\ \vdots & \vdots & \vdots & & \vdots \\ 1 & b & b & \cdots & a \end{vmatrix}$$

$$\xlongequal[r_3-r_1,\cdots,r_n-r_1]{r_2-r_1}[a+(n-1)b]\begin{vmatrix} 1 & b & b & \cdots & b \\ 0 & a-b & 0 & \cdots & 0 \\ 0 & 0 & a-b & \cdots & 0 \\ \vdots & \vdots & \vdots & & \vdots \\ 0 & 0 & 0 & \cdots & a-b \end{vmatrix}$$

$$=[a+(n-1)b](a-b)^{n-1}.$$

上述例题都是利用行列式的性质将行列式化为上三角行列式进行计算，并且主要是利用行运算 $r_i+kr_j$ 把行列式化为上三角行列式. 实际上，我们也可以利用行运算 $r_i+kr_j$ 把行列式化为下三角行列式进行计算，其计算步骤类似，这里不再重复. 类似地，利用列运算 $c_i+kc_j$ 也可以把行列式化为上三角行列式或下三角行列式.

一般地，任意 $n$ 阶行列式都可以利用行列式的性质将其化为上三角或下三角行列式进行计算. 当 $n$ 比较大时，用这种方法计算一个 $n$ 阶行列式，只需要做大约 $\frac{n^3}{3}$ 次乘法和除法，这个方法与直接利用行列式的定义计算其值相比，优越性十分明显. 同时还可以注意到，这个方法完全是机械的，非常适合于让计算机来完成这个工作.

**【例 3】** 设行列式

$$D=\begin{vmatrix} a_{11} & \cdots & a_{1k} & 0 & \cdots & 0 \\ \vdots & & \vdots & \vdots & & \vdots \\ a_{k1} & \cdots & a_{kk} & 0 & \cdots & 0 \\ c_{11} & \cdots & c_{1k} & b_{11} & \cdots & b_{1n} \\ \vdots & & \vdots & \vdots & & \vdots \\ c_{n1} & \cdots & c_{nk} & b_{n1} & \cdots & b_{nn} \end{vmatrix},$$

$$D_1=\begin{vmatrix} a_{11} & \cdots & a_{1k} \\ \vdots & & \vdots \\ a_{k1} & \cdots & a_{kk} \end{vmatrix},\quad D_2=\begin{vmatrix} b_{11} & \cdots & b_{1n} \\ \vdots & & \vdots \\ b_{n1} & \cdots & b_{nn} \end{vmatrix},$$

证明 $D=D_1\cdot D_2$.

**【证】** 对 $D_1$ 作行运算 $r_i+\lambda r_j$，把 $D_1$ 化为下三角行列式，设为

$$D_1 = \begin{vmatrix} p_{11} & \cdots & 0 \\ \vdots & & 0 \\ p_{k1} & \cdots & p_{kk} \end{vmatrix} = p_{11}\cdots p_{kk},$$

对 $D_2$ 作列运算 $c_i+\beta c_j$，把 $D_2$ 化为下三角行列式，设为

$$D_2 = \begin{vmatrix} q_{11} & \cdots & 0 \\ \vdots & & 0 \\ q_{n1} & \cdots & q_{nn} \end{vmatrix} = q_{11}\cdots q_{nn}.$$

于是先对 $D$ 的前 $k$ 行作行运算 $r_i+\lambda r_j$，然后对 $D$ 的后 $n$ 列作列运算 $c_i+\beta c_j$，可以把 $D$ 化为下三角行列式

$$D = \begin{vmatrix} p_{11} & \cdots & 0 & 0 & \cdots & 0 \\ \vdots & & \vdots & \vdots & & \vdots \\ p_{k1} & \cdots & p_{kk} & 0 & \cdots & 0 \\ c_{11} & \cdots & c_{1k} & q_{11} & \cdots & 0 \\ \vdots & & \vdots & \vdots & & \vdots \\ c_{n1} & \cdots & c_{nk} & q_{n1} & \cdots & q_{nn} \end{vmatrix},$$

因此

$$D = p_{11}\cdots p_{kk}\cdot q_{11}\cdots q_{nn} = D_1\cdot D_2.$$

**定义 1** 若 $n$ 阶行列式 $|a_{ij}|$ 的元素满足 $a_{ij}=a_{ji}(i,j=1,2,\cdots,n)$，我们称它为**对称行列式**；若 $a_{ij}=-a_{ji}(i,j=1,2,\cdots,n)$，我们称它为**反对称行列式**.

**【例 4】** 证明奇数阶反对称行列式的值等于零.

**【证】** 根据反对称行列式的定义，有

$$a_{ii}=-a_{ii},$$

即反对称行列式对角线上的元素 $a_{ii}=0(i=1,2,\cdots,n)$.

设 $D$ 为 $n$ 阶反对称行列式，则 $D$ 可以表示为

$$D = \begin{vmatrix} 0 & a_{12} & a_{13} & \cdots & a_{1n} \\ -a_{12} & 0 & a_{23} & \cdots & a_{2n} \\ -a_{13} & -a_{23} & 0 & \cdots & a_{3n} \\ \vdots & \vdots & \vdots & & \vdots \\ -a_{1n} & -a_{2n} & -a_{3n} & \cdots & 0 \end{vmatrix}$$

由行列式的性质，可以得到

$$D = D^{\mathrm{T}} = \begin{vmatrix} 0 & -a_{12} & -a_{13} & \cdots & -a_{1n} \\ a_{12} & 0 & -a_{23} & \cdots & -a_{2n} \\ a_{13} & a_{23} & 0 & \cdots & -a_{3n} \\ \vdots & \vdots & \vdots & & \vdots \\ a_{1n} & a_{2n} & a_{3n} & \cdots & 0 \end{vmatrix}$$

$$
= (-1)^n \begin{vmatrix} 0 & a_{12} & a_{13} & \cdots & a_{1n} \\ -a_{12} & 0 & a_{23} & \cdots & a_{2n} \\ -a_{13} & -a_{23} & 0 & \cdots & a_{3n} \\ \vdots & \vdots & \vdots & & \vdots \\ -a_{1n} & -a_{2n} & -a_{3n} & \cdots & 0 \end{vmatrix}
$$

$$
= (-1)^n D.
$$

当 $n$ 为奇数时，$D=-D$，因此 $D=0$.

## 1.3 行列式的展开

### 1.3.1 行列式按行（列）展开

对于三阶行列式，存在下面这样的一个等式，

$$
\begin{vmatrix} a_{11} & a_{12} & a_{13} \\ a_{21} & a_{22} & a_{23} \\ a_{31} & a_{32} & a_{33} \end{vmatrix} = a_{11}\begin{vmatrix} a_{22} & a_{23} \\ a_{32} & a_{33} \end{vmatrix} - a_{12}\begin{vmatrix} a_{21} & a_{23} \\ a_{31} & a_{33} \end{vmatrix} + a_{13}\begin{vmatrix} a_{21} & a_{22} \\ a_{31} & a_{32} \end{vmatrix},
$$

即三阶行列式可以表示成二阶行列式的和差. 一般地，低阶行列式的计算比高阶行列式的计算简便，于是，我们考虑是否能将高阶行列式转化为低阶行列式来计算. 为此，我们引入余子式和代数余子式的概念.

**定义 1** 在 $n$ 阶行列式 $D=\det(a_{ij})$ 中，把元素 $a_{ij}$ 所在的第 $i$ 行和第 $j$ 列划去后，余下的元素按原来的顺序组成的 $n-1$ 阶行列式，称为 $a_{ij}$ 的**余子式**(minor)，记为 $M_{ij}$；记 $A_{ij}=(-1)^{i+j}M_{ij}$，称 $A_{ij}$ 为元素 $a_{ij}$ 的**代数余子式**(cofactor).

例如在 4 阶行列式

$$
D = \begin{vmatrix} a_{11} & a_{12} & a_{13} & a_{14} \\ a_{21} & a_{22} & a_{23} & a_{24} \\ a_{31} & a_{32} & a_{33} & a_{34} \\ a_{41} & a_{42} & a_{43} & a_{44} \end{vmatrix}
$$

中，元素 $a_{23}$ 的余子式和代数余子式分别为

$$
M_{23} = \begin{vmatrix} a_{11} & a_{12} & a_{14} \\ a_{31} & a_{32} & a_{34} \\ a_{41} & a_{42} & a_{44} \end{vmatrix}, \quad A_{23} = (-1)^{2+3}M_{23} = -M_{23}.
$$

为了研究如何将高阶行列式转化为低阶行列式进行计算，我们首先看一个引理.

**引理 1** 一个 $n$ 阶行列式 $D=\det(a_{ij})$，如果其第 $i$ 行所有元素除 $a_{ij}$ 外都为零，则该行列式等于 $a_{ij}$ 与它的代数余子式的乘积，即

$$
D=a_{ij}A_{ij}.
$$

**【证】** 先看一种特殊情形，$a_{ij}$ 位于 $D$ 的第 1 行第 1 列，即 $i=j=1$，此时

$$D=\begin{vmatrix} a_{11} & 0 & \cdots & 0 \\ a_{21} & a_{22} & \cdots & a_{2n} \\ \vdots & \vdots & & \vdots \\ a_{n1} & a_{n2} & \cdots & a_{nn} \end{vmatrix},$$

由 1.2 节例 3 的结果可知

$$D=a_{11}\cdot M_{11}=a_{11}\cdot(-1)^{1+1}\cdot M_{11}=a_{11}\cdot A_{11},$$

结论成立.

一般地,设行列式

$$D=\begin{vmatrix} a_{11} & \cdots & a_{1j} & \cdots & a_{1n} \\ \vdots & & \vdots & & \vdots \\ 0 & \cdots & a_{ij} & \cdots & 0 \\ \vdots & & \vdots & & \vdots \\ a_{n1} & \cdots & a_{nj} & \cdots & a_{nn} \end{vmatrix},$$

其中第 $i$ 行的元素 $a_{ij}\neq0$. 将 $D$ 的第 $i$ 行依次与第 $i-1$ 行,第 $i-2$ 行,…,第 1 行对换,这样元素 $a_{ij}$ 就换到了第 1 行第 $j$ 列的位置上. 再将所得到的行列式的第 $j$ 列依次与第 $j-1$ 列,第 $j-2$列,…,第 1 列对换,元素 $a_{ij}$ 就换到了第 1 行第 1 列的位置上. 这一过程总共经过了$(i-1)+(j-1)=i+j-2$ 次对换,故

$$D=(-1)^{i+j-2}\begin{vmatrix} a_{ij} & 0 & \cdots & 0 & 0 & \cdots & 0 \\ a_{1j} & a_{11} & \cdots & a_{1,j-1} & a_{1,j+1} & \cdots & a_{1n} \\ \vdots & \vdots & & \vdots & \vdots & & \vdots \\ a_{nj} & a_{n1} & \cdots & a_{n,j-1} & a_{n,j+1} & \cdots & a_{nn} \end{vmatrix}=(-1)^{i+j}a_{ij}M_{ij}=a_{ij}A_{ij}.$$

**定理 1** 一个 $n$ 阶行列式 $D=\det(a_{ij})$ 的值等于它的任一行(列)的各元素与其对应的代数余子式乘积之和,即

$$D=a_{i1}A_{i1}+a_{i2}A_{i2}+\cdots+a_{in}A_{in}\quad(i=1,2,\cdots,n),$$

或

$$D=a_{1j}A_{1j}+a_{2j}A_{2j}+\cdots+a_{nj}A_{nj}\quad(j=1,2,\cdots,n).$$

**【证】** 把行列式 $D$ 的第 $i$ 行表示成下面的形式,并利用行列式的性质,可以得到

$$D=\begin{vmatrix} a_{11} & a_{12} & \cdots & a_{1n} \\ \vdots & \vdots & & \vdots \\ a_{i1}+0+\cdots+0 & 0+a_{i2}+\cdots+0 & \cdots & 0+0+\cdots+a_{in} \\ \vdots & \vdots & & \vdots \\ a_{n1} & a_{n2} & \cdots & a_{nn} \end{vmatrix}$$

$$=\begin{vmatrix} a_{11} & a_{12} & \cdots & a_{1n} \\ \vdots & \vdots & & \vdots \\ a_{i1} & 0 & \cdots & 0 \\ \vdots & \vdots & & \vdots \\ a_{n1} & a_{n2} & \cdots & a_{nn} \end{vmatrix}+\begin{vmatrix} a_{11} & a_{12} & \cdots & a_{1n} \\ \vdots & \vdots & & \vdots \\ 0 & a_{i2} & \cdots & 0 \\ \vdots & \vdots & & \vdots \\ a_{n1} & a_{n2} & \cdots & a_{nn} \end{vmatrix}+\cdots+\begin{vmatrix} a_{11} & a_{12} & \cdots & a_{1n} \\ \vdots & \vdots & & \vdots \\ 0 & 0 & \cdots & a_{in} \\ \vdots & \vdots & & \vdots \\ a_{n1} & a_{n2} & \cdots & a_{nn} \end{vmatrix},$$

根据引理 1,即得

$$D = a_{i1}A_{i1} + a_{i2}A_{i2} + \cdots + a_{in}A_{in} \quad (i = 1,2,\cdots,n).$$

类似地,若按列证明,可得

$$D = a_{1j}A_{1j} + a_{2j}A_{2j} + \cdots + a_{nj}A_{nj} \quad (j = 1,2,\cdots,n).$$

这个定理称为**行列式按行(列)展开公式**,利用这个公式可以将高阶行列式化为低阶行列式计算. 由定理 1,还可以得到下述重要推论.

**推论 1** 一个 $n$ 阶行列式 $D=\det(a_{ij})$ 某一行(列)的元素与另一行(列)的对应元素的代数余子式乘积之和等于零,即

$$a_{i1}A_{j1}+a_{i2}A_{j2}+\cdots+a_{in}A_{jn}=0, \quad i\neq j,$$

或

$$a_{1i}A_{1j}+a_{2i}A_{2j}+\cdots+a_{ni}A_{nj}=0, \quad i\neq j.$$

**【证】** 把行列式 $D=\det(a_{ij})$ 按第 $j$ 行展开,有

$$D = \begin{vmatrix} a_{11} & a_{12} & \cdots & a_{1n} \\ \vdots & \vdots & & \vdots \\ a_{i1} & a_{i2} & \cdots & a_{in} \\ \vdots & \vdots & & \vdots \\ a_{j1} & a_{j2} & \cdots & a_{jn} \\ \vdots & \vdots & & \vdots \\ a_{n1} & a_{n2} & \cdots & a_{nn} \end{vmatrix} = a_{j1}A_{j1} + a_{j2}A_{j2} + \cdots + a_{jn}A_{jn},$$

把上式中的 $a_{jk}$ 替换成 $a_{ik}(k=1,2,\cdots,n)$,其他元素不变,可得

$$a_{i1}A_{j1} + a_{i2}A_{j2} + \cdots + a_{in}A_{jn} = \begin{vmatrix} a_{11} & a_{12} & \cdots & a_{1n} \\ \vdots & \vdots & & \vdots \\ a_{i1} & a_{i2} & \cdots & a_{in} \\ \vdots & \vdots & & \vdots \\ a_{i1} & a_{i2} & \cdots & a_{in} \\ \vdots & \vdots & & \vdots \\ a_{n1} & a_{n2} & \cdots & a_{nn} \end{vmatrix} \begin{matrix} \\ \\ \leftarrow \text{第 } i \text{ 行} \\ \\ \leftarrow \text{第 } j \text{ 行} \\ \\ \\ \end{matrix}.$$

当 $i\neq j$ 时,上式右端行列式中有两行对应元素相同,故行列式等于零,即

$$a_{i1}A_{j1} + a_{i2}A_{j2} + \cdots + a_{in}A_{jn} = 0(i \neq j),$$

同理,可得

$$a_{1i}A_{1j} + a_{2i}A_{2j} + \cdots + a_{ni}A_{nj} = 0(i \neq j).$$

综合定理 1 及推论 1,可得关于代数余子式的如下性质. 设 $n$ 阶行列式 $D=\det(a_{ij})$,则

$$\sum_{k=1}^{n} a_{ik}A_{jk} = \begin{cases} D, i = j, \\ 0, \ i \neq j, \end{cases}$$

或

$$\sum_{k=1}^{n} a_{ki}A_{kj} = \begin{cases} D, i = j, \\ 0, \ i \neq j. \end{cases}$$

### 1.3.2 利用行列式的展开计算行列式

下面来看几个利用行列式展开公式计算行列式的例子.

**【例 1】** 计算行列式

$$D=\begin{vmatrix}5&3&-1&2&0\\1&7&2&5&2\\0&-2&3&1&0\\0&-4&-1&4&0\\0&2&3&5&0\end{vmatrix}.$$

**【解】** 这个行列式的最后一列只有一个元素不为零,故先按最后一列展开计算.

$$D=(-1)^{2+5}\cdot 2\begin{vmatrix}5&3&-1&2\\0&-2&3&1\\0&-4&-1&4\\0&2&3&5\end{vmatrix}=-2\cdot 5\begin{vmatrix}-2&3&1\\-4&-1&4\\2&3&5\end{vmatrix}$$

$$\xlongequal[r_3+r_1]{r_2-2r_1}-10\begin{vmatrix}-2&3&1\\0&-7&2\\0&6&6\end{vmatrix}=(-10)\times(-2)\begin{vmatrix}-7&2\\6&6\end{vmatrix}$$

$$=20\times(-42-12)$$

$$=-1080.$$

这里第一个等号右端是把题目所给的行列式按第 5 列展开得到的结果,第二个等号右端是把所得到的四阶行列式按第 1 列展开,从而将题目所给的五阶行列式的计算归结为计算一个三阶行列式,简化了行列式的计算复杂度.

仿照推论 1 的证明过程,在 $n$ 阶行列式 $D=\det(a_{ij})$ 按第 $i$ 行展开的展开式

$$D=a_{i1}A_{i1}+a_{i2}A_{i2}+\cdots+a_{in}A_{in}$$

中,用 $t_1,t_2,\cdots,t_n$ 依次替换 $a_{i1},a_{i2},\cdots,a_{in}$,可得

$$\begin{vmatrix}a_{11}&a_{12}&\cdots&a_{1n}\\\vdots&\vdots&&\vdots\\a_{i-1,1}&a_{i-1,2}&\cdots&a_{i-1,n}\\t_1&t_2&\cdots&t_n\\a_{i+1,1}&a_{i+1,2}&\cdots&a_{i+1,n}\\\vdots&\vdots&&\vdots\\a_{n1}&a_{n2}&\cdots&a_{nn}\end{vmatrix}=t_1A_{i1}+t_2A_{i2}+\cdots+t_nA_{in}. \tag{1.14}$$

其实,把式(1.14)左端的行列式按第 $i$ 行展开,注意到它的第 $i$ 行第 $j$ 列的元素的代数余子式与行列式 $D=\det(a_{ij})$ 的第 $i$ 行第 $j$ 列的元素的代数余子式 $A_{ij}$ $(j=1,2,\cdots,n)$ 相同,可知式(1.14)成立.

类似地,用 $t_1,t_2,\cdots,t_n$ 替换 $D=\det(a_{ij})$ 的第 $j$ 列,可得

$$\begin{vmatrix} a_{11} & \cdots & a_{1,j-1} & t_1 & a_{1,j+1} & \cdots & a_{1n} \\ a_{21} & \cdots & a_{2,j-1} & t_2 & a_{2,j+1} & \cdots & a_{2n} \\ \vdots & & \vdots & \vdots & \vdots & & \vdots \\ a_{n1} & \cdots & a_{n,j-1} & t_n & a_{n,j+1} & \cdots & a_{nn} \end{vmatrix} = t_1A_{1j}+t_2A_{2j}+\cdots+t_nA_{nj}. \tag{1.15}$$

**【例 2】** 已知行列式

$$D=\begin{vmatrix} 1 & 0 & 1 & 2 \\ -1 & 1 & 0 & 3 \\ 1 & 1 & 1 & 0 \\ -1 & 2 & 5 & 4 \end{vmatrix},$$

$D$ 中元素 $a_{ij}$ 的余子式和代数余子式分别记作 $M_{ij}$ 和 $A_{ij}$. 计算 $A_{41}+A_{42}+A_{43}+A_{44}$ 以及 $M_{12}+M_{22}+M_{42}$.

**【解】** $A_{41}+A_{42}+A_{43}+A_{44}=1\cdot A_{41}+1\cdot A_{42}+1\cdot A_{43}+1\cdot A_{44}$，按式(1.14)，它等于用 1,1,1,1 替换 $D$ 的第 4 行所得的行列式，即

$$A_{41}+A_{42}+A_{43}+A_{44}=\begin{vmatrix} 1 & 0 & 1 & 2 \\ -1 & 1 & 0 & 3 \\ 1 & 1 & 1 & 0 \\ 1 & 1 & 1 & 1 \end{vmatrix} \xlongequal{r_4-r_3} \begin{vmatrix} 1 & 0 & 1 & 2 \\ -1 & 1 & 0 & 3 \\ 1 & 1 & 1 & 0 \\ 0 & 0 & 0 & 1 \end{vmatrix}$$

$$=(-1)^{4+4}\cdot 1\cdot \begin{vmatrix} 1 & 0 & 1 \\ -1 & 1 & 0 \\ 1 & 1 & 1 \end{vmatrix} \xlongequal[r_3-r_1]{r_2+r_1} \begin{vmatrix} 1 & 0 & 1 \\ 0 & 1 & 1 \\ 0 & 1 & 0 \end{vmatrix} = (-1)^{1+1}\cdot 1\cdot \begin{vmatrix} 1 & 1 \\ 1 & 0 \end{vmatrix}$$

$$=-1.$$

类似地，利用式(1.15)，可以得到

$$M_{12}+M_{22}+M_{42}=-1\cdot A_{12}+1\cdot A_{22}+0\cdot A_{32}+1\cdot A_{42}=\begin{vmatrix} 1 & -1 & 1 & 2 \\ -1 & 1 & 0 & 3 \\ 1 & 0 & 1 & 0 \\ -1 & 1 & 5 & 4 \end{vmatrix}=24.$$

**【例 3】** 证明 $n$ 阶行列式

$$D_n=\begin{vmatrix} \cos\theta & 1 & & & \\ 1 & 2\cos\theta & 1 & & \\ & \ddots & \ddots & \ddots & \\ & & 1 & 2\cos\theta & 1 \\ & & & 1 & 2\cos\theta \end{vmatrix}=\cos n\theta.$$

**【证】** 用数学归纳法.

当 $n=1$ 时，结论显然成立.

当 $n=2$ 时，$D_2=\begin{vmatrix} \cos\theta & 1 \\ 1 & 2\cos\theta \end{vmatrix}=2\cos^2\theta-1=\cos 2\theta$，结论也成立.

假设结论对于 $n-1$ 阶和 $n-2$ 阶行列式成立. 对于 $n$ 阶行列式 $D_n$，把 $D_n$ 按最后一列展开，可得

$$D_n = (-1)^{n+n} \cdot 2\cos\theta \cdot \begin{vmatrix} \cos\theta & 1 & & & \\ 1 & 2\cos\theta & 1 & & \\ & \ddots & \ddots & \ddots & \\ & & 1 & 2\cos\theta & 1 \\ & & & 1 & 2\cos\theta \end{vmatrix}_{n-1}$$

$$+ (-1)^{n-1+n} \cdot 1 \cdot \begin{vmatrix} \cos\theta & 1 & & & \\ 1 & 2\cos\theta & 1 & & \\ & \ddots & \ddots & \ddots & \\ & & 1 & 2\cos\theta & 1 \\ & & & 0 & 1 \end{vmatrix}_{n-1},$$

然后再把上式右端第二个行列式按最后一行展开，有

$$D_n = 2\cos\theta D_{n-1} - D_{n-2},$$

由归纳假设，$D_{n-1} = \cos(n-1)\theta, D_{n-2} = \cos(n-2)\theta$，代入上式，可得

$$D_n = 2\cos\theta \cdot \cos(n-1)\theta - \cos(n-2)\theta = \cos n\theta.$$

**【例 4】** 证明当 $n \geqslant 2$ 时，范德蒙德(Vandermonde)行列式

$$D_n = \begin{vmatrix} 1 & 1 & \cdots & 1 \\ x_1 & x_2 & \cdots & x_n \\ x_1^2 & x_2^2 & \cdots & x_n^2 \\ \vdots & \vdots & & \vdots \\ x_1^{n-1} & x_2^{n-1} & \cdots & x_n^{n-1} \end{vmatrix} = \prod_{1 \leqslant i < j \leqslant n} (x_j - x_i), \tag{1.16}$$

其中符号“$\prod$”表示全体因子的乘积.

**【证】** 用数学归纳法.

当 $n=2$ 时，

$$D_2 = \begin{vmatrix} 1 & 1 \\ x_1 & x_2 \end{vmatrix} = x_2 - x_1 = \prod_{1 \leqslant i < j \leqslant 2} (x_j - x_i)$$

成立. 假设式(1.16)对于 $n-1$ 阶范德蒙行列式成立，要证式(1.16)对 $n$ 阶范德蒙行列式成立，为此我们把 $D_n$ 降阶，从第 $n$ 行开始直到第 2 行，用当前行减去上一行的 $x_n$ 倍，有

$$D_n = \begin{vmatrix} 1 & 1 & \cdots & 1 & 1 \\ x_1 - x_n & x_2 - x_n & \cdots & x_{n-1} - x_n & 0 \\ x_1(x_1 - x_n) & x_2(x_2 - x_n) & \cdots & x_{n-1}(x_{n-1} - x_n) & 0 \\ \vdots & \vdots & & \vdots & \vdots \\ x_1^{n-2}(x_1 - x_n) & x_2^{n-2}(x_2 - x_n) & \cdots & x_{n-1}^{n-2}(x_{n-1} - x_n) & 0 \end{vmatrix}_n,$$

然后按最后一列展开，可得

$$D_n = (-1)^{1+n} \cdot 1 \cdot \begin{vmatrix} x_1 - x_n & x_2 - x_n & \cdots & x_{n-1} - x_n \\ x_1(x_1 - x_n) & x_2(x_2 - x_n) & \cdots & x_{n-1}(x_{n-1} - x_n) \\ \vdots & \vdots & & \vdots \\ x_1^{n-2}(x_1 - x_n) & x_2^{n-2}(x_2 - x_n) & \cdots & x_{n-1}^{n-2}(x_{n-1} - x_n) \end{vmatrix}_{n-1},$$

提取每一列的公因子 $x_i - x_n (i=1,2,\cdots,n-1)$，并注意到上式等号右端的符号项 $(-1)^{1+n}$，

就有

$$D_n=(x_n-x_1)(x_n-x_2)\cdots(x_n-x_{n-1})\begin{vmatrix}1&1&\cdots&1\\x_1&x_2&\cdots&x_{n-1}\\\vdots&\vdots&&\vdots\\x_1^{n-2}&x_2^{n-2}&\cdots&x_{n-1}^{n-2}\end{vmatrix}_{n-1}.$$

上式等号右端的行列式是一个 $n-1$ 阶范德蒙德行列式，由归纳假设它等于 $\prod\limits_{1\leqslant i<j\leqslant n-1}(x_j-x_i)$，于是

$$\begin{aligned}D_n&=(x_n-x_1)(x_n-x_2)\cdots(x_n-x_{n-1})\prod_{1\leqslant i<j\leqslant n-1}(x_j-x_i)\\&=\prod_{1\leqslant i<j\leqslant n}(x_j-x_i).\end{aligned}$$

**【例 5】** 计算 $n$ 阶行列式

$$D_n=\begin{vmatrix}1&1&&&&\\1&2&2&&&\\1&0&3&3&&\\\vdots&\vdots&\vdots&\ddots&\ddots&\\1&0&0&\cdots&n-1&n-1\\1&0&0&\cdots&0&n\end{vmatrix}.$$

**【解】** 将行列式按最后一行展开，得

$$\begin{aligned}D_n&=(-1)^{n+n}\cdot n\cdot\begin{vmatrix}1&1&&&&\\1&2&2&&&\\1&0&3&3&&\\\vdots&\vdots&\vdots&\ddots&\ddots&\\1&0&0&\cdots&n-2&n-2\\1&0&0&\cdots&0&n-1\end{vmatrix}\\&\quad+(-1)^{n+1}\cdot 1\cdot\begin{vmatrix}1&&&&&\\2&2&&&&\\0&3&3&&&\\\vdots&\vdots&\ddots&\ddots&&\\0&0&\cdots&n-2&n-2&\\0&0&\cdots&0&n-1&n-1\end{vmatrix}\\&=nD_{n-1}+(-1)^{n+1}(n-1)!,\end{aligned}$$

由此得到 $D_n$ 与 $D_{n-1}$ 之间的递推关系. 类似地，有

$$D_{n-1}=(n-1)D_{n-2}+(-1)^{(n-1)+1}(n-2)!,$$

把上式代入 $D_n$ 的表达式，可得

$$\begin{aligned}D_n&=n[(n-1)D_{n-2}+(-1)^n(n-2)!]+(-1)^{n+1}(n-1)!\\&=n(n-1)D_{n-2}+(-1)^n\frac{n!}{n-1}+(-1)^{n+1}\frac{n!}{n},\end{aligned}$$

依次类推，有

$$D_n = n(n-1)\cdots 3 \cdot D_2 + (-1)^4 \frac{n!}{3} + \cdots + (-1)^n \frac{n!}{n-1} + (-1)^{n+1} \frac{n!}{n}. \qquad (1.17)$$

因为

$$D_2 = \begin{vmatrix} 1 & 1 \\ 1 & 2 \end{vmatrix} = 2-1 = (-1)^2 \cdot 2 + (-1)^3 \cdot 1,$$

把它代入式(1.17),可以得到

$$D_n = n!\left[\frac{(-1)^2}{1} + \frac{(-1)^3}{2} + \frac{(-1)^4}{3} + \cdots + \frac{(-1)^{n+1}}{n}\right].$$

**【例 6】** 证明:通过平面内两个不同点 $P_1(x_1, y_1)$,$P_2(x_2, y_2)$的直线方程为

$$\begin{vmatrix} 1 & x & y \\ 1 & x_1 & y_1 \\ 1 & x_2 & y_2 \end{vmatrix} = 0,$$

且平面内三个不同点 $P_0(x_0, y_0)$,$P_1(x_1, y_1)$,$P_2(x_2, y_2)$不共线的充分必要条件为

$$\begin{vmatrix} 1 & x_0 & y_0 \\ 1 & x_1 & y_1 \\ 1 & x_2 & y_2 \end{vmatrix} \neq 0,$$

其中$(x_i, y_i)$表示点 $P_i(i=1,2,3)$的坐标.

**【证】** 把行列式

$$D = \begin{vmatrix} 1 & x & y \\ 1 & x_1 & y_1 \\ 1 & x_2 & y_2 \end{vmatrix}$$

按第一行展开,得

$$D = -\begin{vmatrix} 1 & y_1 \\ 1 & y_2 \end{vmatrix} x + \begin{vmatrix} 1 & x_1 \\ 1 & x_2 \end{vmatrix} y + \begin{vmatrix} x_1 & y_1 \\ x_2 & y_2 \end{vmatrix},$$

它是一个关于变量 $x$ 和 $y$ 的一次函数.在平面解析几何中,$ax+by+c=0$($a,b,c$ 为常数)表示平面直线方程,因此,$D=0$ 表示的就是一条平面直线.把 $P_1$ 和 $P_2$ 点的坐标$(x_1, y_1)$和$(x_2, y_2)$分别代入到方程

$$D = \begin{vmatrix} 1 & x & y \\ 1 & x_1 & y_1 \\ 1 & x_2 & y_2 \end{vmatrix} = 0 \qquad (1.18)$$

中,都可以使得等式成立,故式(1.18)表示的是通过点 $P_1(x_1, y_1)$和 $P_2(x_2, y_2)$的直线方程.

如果三个点 $P_0(x_0, y_0)$,$P_1(x_1, y_1)$,$P_2(x_2, y_2)$不共线,则点 $P_0$ 不在通过点 $P_1$ 和 $P_2$ 的直线上,即把 $P_0$ 点的坐标$(x_0, y_0)$代入方程式(1.18)不会使得等式成立.因此三个不同点 $P_0(x_0, y_0)$,$P_1(x_1, y_1)$,$P_2(x_2, y_2)$不共线的充分必要条件为

$$\begin{vmatrix} 1 & x_0 & y_0 \\ 1 & x_1 & y_1 \\ 1 & x_2 & y_2 \end{vmatrix} \neq 0.$$

## 1.4 克拉默法则

下面我们把行列式应用于求解线性方程组的问题.在这里我们只考虑一类特殊的线性方程组,即方程的个数与未知变量的个数相等的情形.考虑线性方程组

$$\begin{cases} a_{11}x_1+a_{12}x_2+\cdots+a_{1n}x_n=b_1, \\ a_{21}x_1+a_{22}x_2+\cdots+a_{2n}x_n=b_2, \\ \cdots\cdots\cdots \\ a_{n1}x_1+a_{n2}x_2+\cdots+a_{nn}x_n=b_n, \end{cases} \tag{1.19}$$

下面的定理给出与本章1.1节中求解二元和三元线性方程组类似的公式.

**定理 1(克拉默法则)** 如果线性方程组(1.19)的系数行列式不等于零,即

$$D=\begin{vmatrix} a_{11} & a_{12} & \cdots & a_{1n} \\ a_{21} & a_{22} & \cdots & a_{2n} \\ \vdots & \vdots & & \vdots \\ a_{n1} & a_{n2} & \cdots & a_{nn} \end{vmatrix}\neq 0,$$

那么线性方程组(1.19)有唯一解

$$x_1=\frac{D_1}{D},x_2=\frac{D_2}{D},\cdots,x_n=\frac{D_n}{D}, \tag{1.20}$$

其中 $D_j(j=1,2,\cdots,n)$ 是把系数行列式 $D$ 中第 $j$ 列的元素用方程组右端的常数项代替后所得到的 $n$ 阶行列式,即

$$D_j=\begin{vmatrix} a_{11} & \cdots & a_{1,j-1} & b_1 & a_{1,j+1} & \cdots & a_{1n} \\ a_{21} & \cdots & a_{2,j-1} & b_2 & a_{2,j+1} & \cdots & a_{2n} \\ \vdots & & \vdots & \vdots & \vdots & & \vdots \\ a_{n1} & \cdots & a_{n,j-1} & b_n & a_{n,j+1} & \cdots & a_{nn} \end{vmatrix} \quad (j=1,2,\cdots,n).$$

**【证】** 这个定理分两步来证明.首先证明,如果方程组(1.19)有解,它的解必由式(1.20)给出.用系数行列式 $D$ 中第 $j$ 列元素的代数余子式 $A_{1j},A_{2j},\cdots,A_{nj}$ 依次乘方程组(1.19)中的 $n$ 个方程,得

$$\begin{cases} (a_{11}x_1+a_{12}x_2+\cdots+a_{1n}x_n)A_{1j}=b_1A_{1j}, \\ (a_{21}x_1+a_{22}x_2+\cdots+a_{2n}x_n)A_{2j}=b_2A_{2j}, \\ \cdots\cdots\cdots \\ (a_{n1}x_1+a_{n2}x_2+\cdots+a_{nn}x_n)A_{nj}=b_nA_{nj}, \end{cases}$$

再把 $n$ 个方程相加,可得

$$\left(\sum_{k=1}^{n}a_{k1}A_{kj}\right)x_1+\cdots+\left(\sum_{k=1}^{n}a_{kj}A_{kj}\right)x_j+\cdots+\left(\sum_{k=1}^{n}a_{kn}A_{kj}\right)x_n=\sum_{k=1}^{n}b_kA_{kj},$$

由行列式的展开定理可知:上式中 $x_j$ 的系数等于 $D$,而其余 $x_i(i\neq j)$ 的系数均为零;另外等式的右端为 $D_j$ 的展开式.于是有

$$Dx_j=D_j \quad (j=1,2,\cdots,n), \tag{1.21}$$

当 $D\neq 0$ 时,方程组(1.21)有唯一的一组解:

$$x_1=\frac{D_1}{D},\ x_2=\frac{D_2}{D},\ \cdots,\ x_n=\frac{D_n}{D}. \tag{1.22}$$

这就证明了，对于线性方程组(1.19)，如果有解，那么解就一定是式(1.22)，并且是唯一的.

然后我们来证明式(1.20)是方程组(1.19)的解，即要验证

$$a_{i1}\frac{D_1}{D}+a_{i2}\frac{D_2}{D}+\cdots+a_{in}\frac{D_n}{D}=b_i\quad(i=1,2,\cdots,n),$$

或

$$a_{i1}D_1+a_{i2}D_2+\cdots+a_{in}D_n=b_iD\quad(i=1,2,\cdots,n) \tag{1.23}$$

成立.

我们来构造一个有两行元素对应相同的 $n+1$ 阶行列式

$$\begin{vmatrix} b_i & a_{i1} & \cdots & a_{ij} & \cdots & a_{in} \\ b_1 & a_{11} & \cdots & a_{1j} & \cdots & a_{1n} \\ \vdots & \vdots & & \vdots & & \vdots \\ b_i & a_{i1} & \cdots & a_{ij} & \cdots & a_{in} \\ \vdots & \vdots & & \vdots & & \vdots \\ b_n & a_{n1} & \cdots & a_{nj} & \cdots & a_{nn} \end{vmatrix}_{n+1}, \tag{1.24}$$

它的第 1 行第 $j+1$ 列的元素 $a_{ij}$ 的代数余子式是

$$(-1)^{1+(j+1)}\begin{vmatrix} b_1 & a_{11} & \cdots & a_{1,j-1} & a_{1,j+1} & \cdots & a_{1n} \\ \vdots & \vdots & & \vdots & \vdots & & \vdots \\ b_i & a_{i1} & \cdots & a_{i,j-1} & a_{i,j+1} & \cdots & a_{in} \\ \vdots & \vdots & & \vdots & \vdots & & \vdots \\ b_n & a_{n1} & \cdots & a_{n,j-1} & a_{n,j+1} & \cdots & a_{nn} \end{vmatrix}$$

$$=(-1)^{j+2}\cdot(-1)^{j-1}\begin{vmatrix} a_{11} & \cdots & a_{1,j-1} & b_1 & a_{1,j+1} & \cdots & a_{1n} \\ \vdots & & \vdots & \vdots & \vdots & & \vdots \\ a_{i1} & \cdots & a_{i,j-1} & b_i & a_{i,j+1} & \cdots & a_{in} \\ \vdots & & \vdots & \vdots & \vdots & & \vdots \\ a_{n1} & \cdots & a_{n,j-1} & b_n & a_{n,j+1} & \cdots & a_{nn} \end{vmatrix}$$

$$=-D_j.$$

把 $n+1$ 阶行列式(1.24)按第 1 行展开，同时注意到它有两行元素对应相同，它的值等于 0，所以我们有

$$0=b_iD-a_{i1}D_1-a_{i2}D_2-\cdots-a_{in}D_n,$$

这个式子对于 $i=1,2,\cdots,n$ 都成立，适当调整一下顺序，可得式(1.23)是成立的. 这说明式(1.20)是方程组(1.19)的解.

撇开求解公式(1.20)，克拉默法则可以用下面更加简洁的形式来描述.

**定理 2** 如果线性方程组(1.19)的系数行列式 $D\neq 0$，则它一定有解，并且解是唯一的.

这个定理的逆否命题为：如果线性方程组(1.19)无解或有两个不同的解，则它的系数行列式 $D=0$.

线性方程组(1.19)右端的常数项 $b_1,b_2,\cdots,b_n$ 不全为零时,我们称它为**非齐次线性方程组**(non-homogeneous linear system);当右端的常数项 $b_1,b_2,\cdots,b_n$ 全为零时,我们称它为**齐次线性方程组**(homogeneous linear system).

对于齐次线性方程组

$$\begin{cases} a_{11}x_1+a_{12}x_2+\cdots+a_{1n}x_n=0, \\ a_{21}x_1+a_{22}x_2+\cdots+a_{2n}x_n=0, \\ \cdots\cdots\cdots \\ a_{n1}x_1+a_{n2}x_2+\cdots+a_{nn}x_n=0, \end{cases} \tag{1.25}$$

它总是有解的,因为 $x_1=x_2=\cdots=x_n=0$ 就是它的一个解.这个解称为齐次线性方程组(1.25)的**零解**.对于齐次线性方程组,我们关心的问题是,它除了零解以外还有没有其他的解.这里所说的其他的解指的是一组不全为零的解,我们称它为**非零解**.

将克拉默法则应用于齐次线性方程组(1.25),可得如下定理.

**定理 3** 如果齐次线性方程组(1.25)的系数行列式 $D\neq0$,则它只有零解.

**【证】** 由克拉默法则,行列式 $D_j$ 中有一列为零,故 $D_j=0(j=1,2,\cdots,n)$.这也就是说,当方程组(1.25)的系数行列式 $D\neq0$ 时,它只有唯一解

$$x_j=\frac{D_j}{D}=0\quad(j=1,2,\cdots,n).$$

定理 3 的逆否命题为:如果齐次线性方程组(1.25)有非零解,则它的系数行列式 $D$ 必等于零.定理 3 及其逆否命题说明,系数行列式 $D=0$ 是齐次线性方程组有非零解的必要条件,在第 3 章中,我们还将证明这个条件也是充分的.

**【例 1】** 已知三次曲线 $y=f(x)=a_1+a_2x+a_3x^2+a_4x^3$ 在 4 个点 $x=\pm1,x=\pm2$ 处的值分别为:$f(1)=f(-1)=f(2)=6,f(-2)=-6$,试求其系数 $a_1,a_2,a_3,a_4$.

**【解】** 将三次曲线在 4 个点处的值代入方程,得到关于 $a_1,a_2,a_3,a_4$ 的非齐次线性方程组

$$\begin{cases} a_1+a_2+a_3+a_4=6, \\ a_1+(-1)a_2+(-1)^2a_3+(-1)^3a_4=6, \\ a_1+2a_2+2^2a_3+2^3a_4=6, \\ a_1+(-2)a_2+(-2)^2a_3+(-2)^3a_4=-6. \end{cases}$$

它的系数行列式

$$D=\begin{vmatrix} 1 & 1 & 1 & 1 \\ 1 & -1 & (-1)^2 & (-1)^3 \\ 1 & 2 & (2)^2 & (2)^3 \\ 1 & -2 & (-2)^2 & (-2)^3 \end{vmatrix}$$

是一个范德蒙德行列式,因此

$$D=(-1-1)(2-1)(-2-1)(2+1)(-2+1)(-2-2)=72\neq0,$$

于是,由克拉默法则可知,方程组有唯一解.然后计算

$$D_1=\begin{vmatrix}6&1&1&1\\6&-1&(-1)^2&(-1)^3\\6&2&(2)^2&(2)^3\\-6&-2&(-2)^2&(-2)^3\end{vmatrix}=576,\ D_2=\begin{vmatrix}1&6&1&1\\1&6&(-1)^2&(-1)^3\\1&6&(2)^2&(2)^3\\1&-6&(-2)^2&(-2)^3\end{vmatrix}=-72,$$

$$D_3=\begin{vmatrix}1&1&6&1\\1&-1&6&(-1)^3\\1&2&6&(2)^3\\1&-2&-6&(-2)^3\end{vmatrix}=-144,\ D_4=\begin{vmatrix}1&1&1&6\\1&-1&(-1)^2&6\\1&2&(2)^2&6\\1&-2&(-2)^2&-6\end{vmatrix}=72,$$

所以三次曲线的系数

$$a_1=\frac{D_1}{D}=8,\ a_2=\frac{D_2}{D}=-1,\ a_3=\frac{D_3}{D}=-2,\ a_4=\frac{D_4}{D}=1,$$

这组解是唯一的，所以通过题目所给 4 个点确定了唯一的一条三次曲线，其方程为

$$f(x)=8-x-2x^2+x^3.$$

**【例 2】** 试求 $\lambda$ 取何值时，齐次线性方程组

$$\begin{cases}\lambda x_1+x_2+x_3=0,\\x_1+\lambda x_2+x_3=0,\\x_1+x_2+\lambda x_3=0\end{cases}$$

有非零解.

**【解】** 由定理 3，如果方程组有非零解，那么它的系数行列式

$$D=\begin{vmatrix}\lambda&1&1\\1&\lambda&1\\1&1&\lambda\end{vmatrix}=(\lambda+2)(\lambda-1)^2=0,$$

由此得 $\lambda=-2$ 或 $\lambda=1$. 容易验证，当 $\lambda=-2$ 或 $\lambda=1$ 时，方程组确实有非零解.

用克拉默法则求解系数行列式不为零的 $n$ 元非齐次线性方程组时，需要计算 $n+1$ 个 $n$ 阶行列式，其计算量很大. 实际上，对于各种类型的线性方程组，很少采用克拉默法则求解，一般会采用第 3 章中的消元法及其改进的快速算法. 克拉默法则主要是具有理论上的意义，特别是给出了方程组的解与系数之间的关系.

## 习题 1

1. 用对角线法则计算下列三阶行列式.

(1) $\begin{vmatrix}3&-1&1\\2&2&7\\1&-2&1\end{vmatrix}$； (2) $\begin{vmatrix}a&b&c\\b&c&a\\c&a&b\end{vmatrix}$； (3) $\begin{vmatrix}x&y&x+y\\y&x+y&x\\x+y&x&y\end{vmatrix}$.

2. 解三元线性方程组 $\begin{cases}2x_1-4x_2+x_3=1,\\x_1-5x_2+3x_3=2,\\x_1-x_2+x_3=-1.\end{cases}$

3. 解方程 $\begin{vmatrix} 3 & 1 & x \\ 4 & x & 0 \\ 1 & 0 & x \end{vmatrix}=0$.

4. 证明 $\begin{vmatrix} a_{11} & a_{12} & a_{13} \\ a_{21} & a_{22} & a_{23} \\ a_{31} & a_{32} & a_{33} \end{vmatrix}=a_{11}\begin{vmatrix} a_{22} & a_{23} \\ a_{32} & a_{33} \end{vmatrix}-a_{12}\begin{vmatrix} a_{21} & a_{23} \\ a_{31} & a_{33} \end{vmatrix}+a_{13}\begin{vmatrix} a_{21} & a_{22} \\ a_{31} & a_{32} \end{vmatrix}$.

5. 计算下列排列的逆序数并讨论它们的奇偶性.

(1) 2413； (2) 217986354； (3) $135\cdots(2n-1)24\cdots(2n)$；

(4) $135\cdots(2n-1)(2n)(2n-2)\cdots42$.

6. 判断下列乘积是不是五阶行列式$|a_{ij}|$的项，若是，确定其所带的符号.

(1) $a_{21}a_{13}a_{45}a_{54}a_{22}$； (2) $a_{32}a_{41}a_{15}a_{24}a_{53}$.

7. 如果排列 $p_1p_2\cdots p_n$ 的逆序数为 $k$，排列 $p_np_{n-1}\cdots p_1$ 的逆序数是多少？

8. 用定义计算下列行列式.

(1) $\begin{vmatrix} 0 & 1 & 0 & \cdots & 0 \\ 0 & 0 & 2 & \cdots & 0 \\ \vdots & \vdots & \vdots & & \vdots \\ 0 & 0 & 0 & \cdots & n-1 \\ n & 0 & 0 & \cdots & 0 \end{vmatrix}$； (2) $\begin{vmatrix} 0 & \cdots & 0 & 1 & 0 \\ 0 & \cdots & 2 & 0 & 0 \\ \vdots & & \vdots & \vdots & \vdots \\ n-1 & \cdots & 0 & 0 & 0 \\ 0 & \cdots & 0 & 0 & n \end{vmatrix}$.

9. 用行列式的定义证明

$$\begin{vmatrix} a_1 & a_2 & a_3 & a_4 & a_5 \\ b_1 & b_2 & b_3 & b_4 & b_5 \\ c_1 & c_2 & 0 & 0 & 0 \\ d_1 & d_2 & 0 & 0 & 0 \\ e_1 & e_2 & 0 & 0 & 0 \end{vmatrix}=0.$$

10. 用行列式的定义计算

$$f(x)=\begin{vmatrix} 2x & x & 1 & 2 \\ 1 & x & 1 & -1 \\ 3 & 2 & x & 1 \\ 1 & 1 & 1 & x \end{vmatrix}$$

中 $x^4$ 与 $x^3$ 的系数，并说明理由.

11. 计算下列行列式的值.

(1) $\begin{vmatrix} 3 & 1 & -1 & 2 \\ -5 & 1 & 3 & -4 \\ 2 & 0 & 1 & -1 \\ 1 & -5 & 3 & -3 \end{vmatrix}$； (2) $\begin{vmatrix} 0 & 4 & 5 & -1 & 2 \\ -5 & 0 & 2 & 0 & 1 \\ 7 & 2 & 0 & 3 & -4 \\ -3 & 1 & -1 & -5 & 0 \\ 2 & -3 & 0 & 1 & 3 \end{vmatrix}$；

(3) $\begin{vmatrix} 1 & 2 & 3 & 4 \\ 2 & 3 & 4 & 1 \\ 3 & 4 & 1 & 2 \\ 4 & 1 & 2 & 3 \end{vmatrix}$；　(4) $\begin{vmatrix} a^2 & (a+1)^2 & (a+2)^2 & (a+3)^2 \\ b^2 & (b+1)^2 & (b+2)^2 & (b+3)^2 \\ c^2 & (c+1)^2 & (c+2)^2 & (c+3)^2 \\ d^2 & (d+1)^2 & (d+2)^2 & (d+3)^2 \end{vmatrix}$；

(5) $\begin{vmatrix} a^2+1 & ab & ac \\ ab & b^2+1 & bc \\ ac & bc & c^2+1 \end{vmatrix}$；　(6) $\begin{vmatrix} 1+x & 1 & 1 & 1 \\ 1 & 1-x & 1 & 1 \\ 1 & 1 & 1+y & 1 \\ 1 & 1 & 1 & 1-y \end{vmatrix}$.

12. 证明

(1) $\begin{vmatrix} a_1+b_1 & b_1+c_1 & c_1+a_1 \\ a_2+b_2 & b_2+c_2 & c_2+a_2 \\ a_3+b_3 & b_3+c_3 & c_3+a_3 \end{vmatrix}=2\begin{vmatrix} a_1 & b_1 & c_1 \\ a_2 & b_2 & c_2 \\ a_3 & b_3 & c_3 \end{vmatrix}$；

(2) $\begin{vmatrix} a_0 & 1 & 1 & \cdots & 1 \\ 1 & a_1 & 0 & \cdots & 0 \\ 1 & 0 & a_2 & \cdots & 0 \\ \vdots & \vdots & \vdots & & \vdots \\ 1 & 0 & 0 & \cdots & a_n \end{vmatrix}=a_1a_2\cdots a_n\left(a_0-\sum_{i=1}^{n}\frac{1}{a_i}\right)$（其中 $a_i\neq 0, i=1,2,\cdots,n$）.

13. 求方程 $\begin{vmatrix} a_1 & a_2 & a_3 & a_4+x \\ a_1 & a_2 & a_3+x & a_4 \\ a_1 & a_2+x & a_3 & a_4 \\ a_1+x & a_2 & a_3 & a_4 \end{vmatrix}=0$ 的全部根.

14. 利用行列式的展开计算下列行列式.

(1) $\begin{vmatrix} 1 & 0 & 0 & 0 & 0 \\ -1 & 3 & 1 & 0 & 6 \\ 0 & 0 & 4 & -2 & 6 \\ 1 & -2 & 5 & 0 & 9 \\ 0 & 2 & -9 & 3 & -9 \end{vmatrix}$；　(2) $\begin{vmatrix} -2 & 2 & -4 & 0 & 0 \\ 4 & -1 & 3 & 0 & 5 \\ 7 & 9 & -5 & 2 & 4 \\ 3 & 1 & -2 & 0 & -3 \\ 2 & 0 & 5 & 0 & 1 \end{vmatrix}$.

15. 设行列式

$$D=\begin{vmatrix} 3 & 1 & -1 & 2 \\ -5 & 1 & 3 & -4 \\ 2 & 0 & 1 & -1 \\ 1 & -5 & 3 & -3 \end{vmatrix},$$

计算 $A_{31}+3A_{32}-2A_{33}+2A_{34}$.

15. 计算下列 $n$ 阶行列式的值.

(1) $\begin{vmatrix} 1+a_1 & a_2 & \cdots & a_n \\ a_1 & 1+a_2 & \cdots & a_n \\ \vdots & \vdots & & \vdots \\ a_1 & a_2 & \cdots & 1+a_n \end{vmatrix}$；　(2) $\begin{vmatrix} 1 & 2 & 2 & \cdots & 2 \\ 2 & 2 & 2 & \cdots & 2 \\ 2 & 2 & 3 & \cdots & 2 \\ \vdots & \vdots & \vdots & & \vdots \\ 2 & 2 & 2 & \cdots & n \end{vmatrix}$；

(3) $\begin{vmatrix} 1 & 2 & 3 & \cdots & n \\ 2 & 3 & 4 & \cdots & 1 \\ 3 & 4 & 5 & \cdots & 2 \\ \vdots & \vdots & \vdots & & \vdots \\ n & 1 & 2 & \cdots & n-1 \end{vmatrix}$； (4) $\begin{vmatrix} x & a & a & \cdots & a & a \\ -a & x & a & \cdots & a & a \\ -a & -a & x & \cdots & a & a \\ \vdots & \vdots & \vdots & & \vdots & \vdots \\ -a & -a & -a & \cdots & -a & x \end{vmatrix}$；

(5) $\begin{vmatrix} a_1-b_1 & a_1-b_2 & \cdots & a_1-b_n \\ a_2-b_1 & a_2-b_2 & \cdots & a_2-b_n \\ \vdots & \vdots & & \vdots \\ a_n-b_1 & a_n-b_2 & \cdots & a_n-b_n \end{vmatrix}$； (6) $\begin{vmatrix} 1 & 2 & 3 & \cdots & n-1 & n \\ 1 & -1 & 0 & \cdots & 0 & 0 \\ 0 & 2 & -2 & \cdots & 0 & 0 \\ \vdots & \vdots & \vdots & & \vdots & \vdots \\ 0 & 0 & 0 & \cdots & n-1 & 1-n \end{vmatrix}$；

(7) $D_n=\begin{vmatrix} a & 0 & \cdots & 0 & 1 \\ 0 & a & \cdots & 0 & 0 \\ \vdots & \vdots & & \vdots & \vdots \\ 0 & 0 & \cdots & a & 0 \\ 1 & 0 & \cdots & 0 & a \end{vmatrix}$； (8) $D_n=\begin{vmatrix} \alpha+\beta & \alpha\beta & 0 & \cdots & 0 & 0 \\ 1 & \alpha+\beta & \alpha\beta & \cdots & 0 & 0 \\ 0 & 1 & \alpha+\beta & \cdots & 0 & 0 \\ \vdots & \vdots & \vdots & & \vdots & \vdots \\ 0 & 0 & 0 & \cdots & 1 & \alpha+\beta \end{vmatrix}$；

(9) $D_n=\begin{vmatrix} 1+\alpha_1 & 1 & 1 & \cdots & 1 \\ 1 & 1+\alpha_2 & 1 & \cdots & 1 \\ 1 & 1 & 1+\alpha_3 & \cdots & 1 \\ \vdots & \vdots & \vdots & & \vdots \\ 1 & 1 & 1 & \cdots & 1+\alpha_n \end{vmatrix}$（其中 $\alpha_i\neq 0, i=1,2,\cdots,n$）；

(10) $\begin{vmatrix} x & a & a & \cdots & a & a \\ b & x & a & \cdots & a & a \\ b & b & x & \cdots & a & a \\ \vdots & \vdots & \vdots & & \vdots & \vdots \\ b & b & b & \cdots & x & a \\ b & b & b & \cdots & b & x \end{vmatrix}$； (11) $\begin{vmatrix} \lambda & c & c & c & \cdots & c \\ b & \alpha & \beta & \beta & \cdots & \beta \\ b & \beta & \alpha & \beta & \cdots & \beta \\ b & \beta & \beta & \alpha & \cdots & \beta \\ \vdots & \vdots & \vdots & \vdots & & \vdots \\ b & \beta & \beta & \beta & \cdots & \alpha \end{vmatrix}$；

(12) $D_{2n}=\begin{vmatrix} a_n & & & & & b_n \\ & \ddots & & & \iddots & \\ & & a_1 & b_1 & & \\ & & c_1 & d_1 & & \\ & \iddots & & & \ddots & \\ c_n & & & & & d_n \end{vmatrix}$，其中未写出的元素都是 0.

16. 证明

(1) $\begin{vmatrix} 1 & 1 & 1 & 1 \\ a & b & c & d \\ a^2 & b^2 & c^2 & d^2 \\ a^4 & b^4 & c^4 & d^4 \end{vmatrix}$

$=(a-b)(a-c)(a-d)(b-c)(b-d)(c-d)(a+b+c+d)$；

(2) $\begin{vmatrix} x & 0 & 0 & \cdots & 0 & a_0 \\ -1 & x & 0 & \cdots & 0 & a_1 \\ 0 & -1 & x & \cdots & 0 & a_2 \\ \vdots & \vdots & \vdots & & \vdots & \vdots \\ 0 & 0 & 0 & \cdots & x & a_{n-2} \\ 0 & 0 & 0 & \cdots & -1 & x+a_{n-1} \end{vmatrix}$

$=x^n+a_{n-1}x^{n-1}+\cdots+a_1x+a_0$.

17. 计算下列行列式的值.

(1) $\begin{vmatrix} a_1^n & a_1^{n-1}b_1 & \cdots & a_1b_1^{n-1} & b_1^n \\ a_2^n & a_2^{n-1}b_2 & \cdots & a_2b_2^{n-1} & b_2^n \\ \vdots & \vdots & & \vdots & \vdots \\ a_n^n & a_n^{n-1}b_n & \cdots & a_nb_n^{n-1} & b_n^n \\ a_{n+1}^n & a_{n+1}^{n-1}b_{n+1} & \cdots & a_{n+1}b_{n+1}^{n-1} & b_{n+1}^n \end{vmatrix}$; (2) $\begin{vmatrix} 1 & 1 & \cdots & 1 \\ x_1 & x_2 & \cdots & x_n \\ x_1^2 & x_2^2 & \cdots & x_n^2 \\ \vdots & \vdots & & \vdots \\ x_1^{n-2} & x_2^{n-2} & \cdots & x_n^{n-2} \\ x_1^n & x_2^n & \cdots & x_n^n \end{vmatrix}$.

18. 用克拉默法则求解下列线性方程组.

(1) $\begin{cases} 2x_1+2x_2-x_3+x_4=4, \\ 4x_1+3x_2-x_3+2x_4=6, \\ 8x_1+5x_2-3x_3+4x_4=12, \\ 3x_1+3x_2-2x_3+2x_4=6; \end{cases}$ (2) $\begin{cases} 5x_1+6x_2=1, \\ x_1+5x_2+6x_3=0, \\ x_2+5x_3+6x_4=0, \\ x_3+5x_4=1. \end{cases}$

19. 问 $\lambda$ 取何值时，齐次线性方程组

$$\begin{cases} (1-\lambda)x_1-2x_2+4x_3=0, \\ 2x_1+(3-\lambda)x_2+x_3=0, \\ x_1+x_2+(1-\lambda)x_3=0 \end{cases}$$

有非零解.

20. 设线性方程组

$$\begin{cases} x_1+x_2+x_3=a+b+c, \\ ax_1+bx_2+cx_3=a^2+b^2+c^2, \\ bcx_1+cax_2+abx_3=3abc, \end{cases}$$

试问 $a,b,c$ 满足什么条件时，方程组有唯一解，并在有唯一解时求其唯一解.

21. 设多项式

$$f(x)=\begin{vmatrix} 1 & 0 & 0 & 0 & \cdots & 0 & x \\ 1 & 2 & 0 & 0 & \cdots & 0 & x^2 \\ 1 & 3 & 3 & 0 & \cdots & 0 & x^3 \\ \vdots & \vdots & \vdots & \vdots & & \vdots & \vdots \\ 1 & n & C_n^2 & C_n^3 & \cdots & C_n^{n-1} & x^n \\ 1 & n+1 & C_{n+1}^2 & C_{n+1}^3 & \cdots & C_{n+1}^{n-1} & x^{n+1} \end{vmatrix},$$

试求 $f(x+1)-f(x)$.

22. 证明

(1) $$\begin{vmatrix} a_{11}+x & a_{12}+x & \cdots & a_{1n}+x \\ a_{21}+x & a_{22}+x & \cdots & a_{2n}+x \\ \vdots & \vdots & & \vdots \\ a_{n1}+x & a_{n2}+x & \cdots & a_{nn}+x \end{vmatrix} = \begin{vmatrix} a_{11} & a_{12} & \cdots & a_{1n} \\ a_{21} & a_{22} & \cdots & a_{2n} \\ \vdots & \vdots & & \vdots \\ a_{n1} & a_{n2} & \cdots & a_{nn} \end{vmatrix} + x\sum_{i=1}^{n}\sum_{j=1}^{n}A_{ij},$$

其中 $A_{ij}$ 是行列式 $D=\det(a_{ij})$ 的代数余子式；

(2) $$\sum_{i=1}^{n}\sum_{j=1}^{n}A_{ij} = \begin{vmatrix} a_{11}-a_{12} & a_{12}-a_{13} & \cdots & a_{1,n-1}-a_{1n} & 1 \\ a_{21}-a_{22} & a_{22}-a_{23} & \cdots & a_{2,n-1}-a_{2n} & 1 \\ \vdots & \vdots & & \vdots & \vdots \\ a_{n1}-a_{n2} & a_{n2}-a_{n3} & \cdots & a_{n,n-1}-a_{nn} & 1 \end{vmatrix}.$$

23. 证明

$$\frac{\mathrm{d}}{\mathrm{d}x}\begin{vmatrix} a_{11}(x) & a_{12}(x) & \cdots & a_{1n}(x) \\ a_{21}(x) & a_{22}(x) & \cdots & a_{2n}(x) \\ \vdots & \vdots & & \vdots \\ a_{n1}(x) & a_{n2}(x) & \cdots & a_{nn}(x) \end{vmatrix} = \sum_{j=1}^{n}\begin{vmatrix} a_{11}(x) & \cdots & \frac{\mathrm{d}}{\mathrm{d}x}a_{1j}(x) & \cdots & a_{1n}(x) \\ a_{21}(x) & \cdots & \frac{\mathrm{d}}{\mathrm{d}x}a_{2j}(x) & \cdots & a_{2n}(x) \\ \vdots & & \vdots & & \vdots \\ a_{n1}(x) & \cdots & \frac{\mathrm{d}}{\mathrm{d}x}a_{nj}(x) & \cdots & a_{nn}(x) \end{vmatrix}.$$

24. 设 $a_1,a_2,\cdots,a_n$ 是 $n$ 个不同的实数，$b_1,b_2,\cdots,b_n$ 是任意一组给定的实数. 证明存在唯一的 $n-1$ 阶多项式 $f(x)=c_0+c_1x+c_2x^2+\cdots+c_{n-1}x^{n-1}$，使得

$$f(a_i)=b_i \quad (i=1,2,\cdots,n).$$

25. 如果线性方程组

$$\begin{cases} a_{11}x_1+a_{12}x_2+\cdots+a_{1n}x_n=b_1, \\ a_{21}x_1+a_{22}x_2+\cdots+a_{2n}x_n=b_2, \\ \cdots\cdots\cdots \\ a_{n1}x_1+a_{n2}x_2+\cdots+a_{nn}x_n=b_n, \\ a_{n+1,1}x_1+a_{n+1,2}x_2+\cdots+a_{n+1,n}x_n=b_{n+1} \end{cases}$$

有解，证明行列式

$$D=\begin{vmatrix} a_{11} & a_{12} & \cdots & a_{1n} & b_1 \\ a_{21} & a_{22} & \cdots & a_{2n} & b_2 \\ \vdots & \vdots & & \vdots & \vdots \\ a_{n1} & a_{n2} & \cdots & a_{nn} & b_n \\ a_{n+1,1} & a_{n+1,2} & \cdots & a_{n+1,n} & b_{n+1} \end{vmatrix}=0.$$

26. 证明平面上三条不同的直线

$$ax+by+c=0, \quad bx+cy+a=0, \quad cx+ay+b=0$$

相交于一点的充分必要条件是

$$a+b+c=0.$$

# 2 矩　阵

矩阵是代数研究的主要对象和重要工具.在本课程中,我们主要用矩阵研究线性方程组的解、向量的线性相关性以及线性交换等重要内容.随着现代科学技术的发展,矩阵在自然科学、工程技术、经济管理等领域具有广泛的应用.

## 2.1　矩阵的概念

### 2.1.1　引例

**【引例 1】** 线性方程组

$$\begin{cases} a_{11}x_1 + a_{12}x_2 + \cdots + a_{1n}x_n = b_1, \\ a_{21}x_1 + a_{22}x_2 + \cdots + a_{2n}x_n = b_2, \\ \cdots\cdots\cdots \\ a_{m1}x_1 + a_{m2}x_2 + \cdots + a_{mn}x_n = b_m \end{cases}$$

的系数 $a_{ij}(i=1,2,\cdots,m;j=1,2,\cdots,n)$ 以及右端项 $b_i(i=1,2,\cdots,m)$ 按原位置构成一数表

$$\begin{pmatrix} a_{11} & a_{12} & \cdots & a_{1n} & b_1 \\ a_{21} & a_{22} & \cdots & a_{2n} & b_2 \\ \vdots & \vdots & & \vdots & \vdots \\ a_{m1} & a_{m2} & \cdots & a_{mn} & b_m \end{pmatrix},$$

该表中的元素决定了线性方程组是否有解以及解的性态,研究这张表中的数就可以得出线性方程组的相关结果.我们把这样一张数表称为矩阵.除线性方程组外,还有大量的表面上无联系,甚至性质完全不相同的问题也都与矩阵相关,且这些问题的研究常常归结为对矩阵某些性质的研究.

**【引例 2】** 某企业生产四种产品,各产品的季度产值如表 2-1 所示.

**表 2-1　产品的季度产值**

| 季度 | 产值(单位:万元) | | | |
|---|---|---|---|---|
| | 产品 A | 产品 B | 产品 C | 产品 D |
| 1 | 17 | 33 | 23 | 42 |
| 2 | 15 | 28 | 15 | 35 |

续表 2-1

| 季度 | 产值(单位:万元) | | | |
|---|---|---|---|---|
| | 产品 A | 产品 B | 产品 C | 产品 D |
| 3 | 20 | 38 | 17 | 30 |
| 4 | 18 | 40 | 26 | 39 |

用数表

$$\begin{pmatrix} 17 & 33 & 23 & 42 \\ 15 & 28 & 15 & 35 \\ 20 & 38 & 17 & 30 \\ 18 & 40 & 26 & 39 \end{pmatrix}$$

可以描述这家企业各种产品的季度产值.同时也揭示了产品随季度变化的规律和年产量等情况.

**【引例 3】** 某航空公司在 1,2,3,4 四城市之间开辟了若干航线.图 2-1 表示四个城市间的航班图,如果从城市 1 到城市 2 有航班,则用带箭头的线连接 1 与 2.

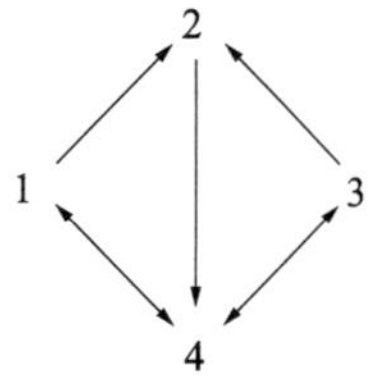


**图 2-1 航班图**

令

$$a_{ij}=\begin{cases} 1, & \text{从城市 } i \text{ 到城市 } j \text{ 有单向航线}, \\ 0, & \text{从城市 } i \text{ 到城市 } j \text{ 无单向航线}, \end{cases}$$

则图 2-1 可以用一数表表示为

$$\begin{pmatrix} 0 & 1 & 0 & 1 \\ 0 & 0 & 0 & 1 \\ 0 & 1 & 0 & 1 \\ 1 & 0 & 1 & 0 \end{pmatrix},$$

该数表表示四个城市之间的航线情况.

## 2.1.2 矩阵的概念

通过上述三个引例,这里给出矩阵的概念.

**定义 1** 由 $m\times n$ 个数 $a_{ij}(i=1,2,\cdots,m;j=1,2,\cdots,n)$ 排成 $m$ 行 $n$ 列的数表,并在左右两侧加上括弧 ,所得的符号

$$\begin{pmatrix} a_{11} & a_{12} & \cdots & a_{1n} \\ a_{21} & a_{22} & \cdots & a_{2n} \\ \vdots & \vdots & & \vdots \\ a_{m1} & a_{m2} & \cdots & a_{mn} \end{pmatrix}$$

称为 $m$ **行** $n$ **列的矩阵**,简称 $m\times n$ **阶矩阵**(matrix).

矩阵是一个整体,这 $m\times n$ 个数称为矩阵的**元素**(entry),简称**元**.数 $a_{ij}$ 位于矩阵的第 $i$ 行第 $j$ 列.以 $a_{ij}(i=1,2,\cdots,m;j=1,2,\cdots,n)$ 为元的矩阵可简记为 $(a_{ij})_{m\times n}$ 或 $(a_{ij})$.通常用大写黑斜体字符 $\boldsymbol{A}_{m\times n}$ 表示一个 $m\times n$ 阶矩阵,或简记为 $\boldsymbol{A}$,即

$$\boldsymbol{A}=\boldsymbol{A}_{m\times n}=\begin{pmatrix}a_{11}&a_{12}&\cdots&a_{1n}\\a_{21}&a_{22}&\cdots&a_{2n}\\\vdots&\vdots&&\vdots\\a_{m1}&a_{m2}&\cdots&a_{mn}\end{pmatrix},$$

也可简记为

$$\boldsymbol{A}=(a_{ij})_{m\times n}\text{或}\boldsymbol{A}=(a_{ij}).$$

如果一个矩阵中的元素都是实数,这样的矩阵称为**实矩阵**(real matrix);如果一个矩阵中的元素含有复数,这样的矩阵称为**复矩阵**(complex matrix).本书中的矩阵除特别说明外,都指的是实矩阵.

两个矩阵具有相同的行数与相同的列数,则称它们是**同型矩阵**(homotypical matrices).

如果 $\boldsymbol{A}=(a_{ij})$ 与 $\boldsymbol{B}=(b_{ij})$ 是同型矩阵,并且它们对应的元素相等,即

$$a_{ij}=b_{ij}\quad(i=1,2,\cdots,m;j=1,2,\cdots,n),$$

则称矩阵 $\boldsymbol{A}$ 与矩阵 $\boldsymbol{B}$ 相等,记作

$$\boldsymbol{A}=\boldsymbol{B}.$$

所有元素均为零的矩阵称为**零矩阵**,通常记作 $\boldsymbol{O}$. 注意不同型的零矩阵是不相等的.

若矩阵 $\boldsymbol{A}=(a_{ij})$ 的行数与列数都等于 $n$,则称 $\boldsymbol{A}$ 为 $n$ 阶方阵,记为 $\boldsymbol{A}_n$.

### 2.1.3 几类特殊矩阵

(1)行向量(row vector)

由 $n$ 个元素组成的只有一行的矩阵

$$\boldsymbol{A}=(a_1\quad a_2\quad\cdots\quad a_n)$$

称为 $n$ **阶行矩阵**或 $n$ **阶行向量**. 为避免元素间的混淆,行向量也记作

$$\boldsymbol{A}=(a_1,a_2,\cdots,a_n).$$

(2)列向量(column vector)

由 $m$ 个元素组成的只有一列的矩阵

$$\boldsymbol{B}=\begin{pmatrix}b_1\\b_2\\\vdots\\b_m\end{pmatrix}$$

称为 $m$ **阶列矩阵**或 $m$ **阶列向量**.

(3)对角矩阵(diagonal matrix)

$n$ 阶方阵

$$\boldsymbol{\Lambda}=\begin{pmatrix}\lambda_1&0&\cdots&0\\0&\lambda_2&\cdots&0\\\vdots&\vdots&&\vdots\\0&0&\cdots&\lambda_n\end{pmatrix}$$

称为 $n$ **阶对角矩阵**,对角矩阵通常记为 $\boldsymbol{\Lambda}=\mathrm{diag}(\lambda_1,\lambda_2,\cdots,\lambda_n)$.

(4)单位矩阵(identity matrix)

$n$ 阶方阵

$$E=\begin{pmatrix}1&0&\cdots&0\\0&1&\cdots&0\\\vdots&\vdots&&\vdots\\0&0&\cdots&1\end{pmatrix}$$

称为 $n$ **阶单位矩阵**. $n$ 阶单位矩阵也记作 $\boldsymbol{E}_n,\boldsymbol{I}_n$ 或 $\boldsymbol{I}$.

(5)数量矩阵(scalar matrix)

若 $n$ 阶对角矩阵 $\boldsymbol{A}$ 的主对角线上的元素全部相等且等于某一个数 $a$ 时,即

$$\boldsymbol{A}=\begin{pmatrix}a&0&\cdots&0\\0&a&\cdots&0\\\vdots&\vdots&&\vdots\\0&0&\cdots&a\end{pmatrix},$$

则称 $\boldsymbol{A}$ 为 $n$ **阶数量矩阵**.

(6)三角矩阵(triangular matrix)

形如

$$\begin{pmatrix}a_{11}&a_{12}&\cdots&a_{1n}\\0&a_{22}&\cdots&a_{2n}\\\vdots&\vdots&&\vdots\\0&0&\cdots&a_{nn}\end{pmatrix}$$

的矩阵称为**上三角矩阵**. 其特征是主对角线以下的元素全为零. 类似地,主对角线以上的元素全为零的矩阵

$$\begin{pmatrix}a_{11}&0&\cdots&0\\a_{21}&a_{22}&\cdots&0\\\vdots&\vdots&&\vdots\\a_{n1}&a_{n2}&\cdots&a_{nn}\end{pmatrix}$$

称为**下三角矩阵**.

## 2.2 矩阵的运算

### 2.2.1 矩阵的线性运算

(1)矩阵的加法

**定义 1** 设有两个 $m\times n$ 阶矩阵 $\boldsymbol{A}=(a_{ij})$ 和 $\boldsymbol{B}=(b_{ij})$,矩阵 $\boldsymbol{A}$ 与矩阵 $\boldsymbol{B}$ 的和记作 $\boldsymbol{A}+\boldsymbol{B}$,规定为

$$\boldsymbol{A}+\boldsymbol{B}=\begin{pmatrix}a_{11}+b_{11}&a_{12}+b_{12}&\cdots&a_{1n}+b_{1n}\\a_{21}+b_{21}&a_{22}+b_{22}&\cdots&a_{2n}+b_{2n}\\\vdots&\vdots&&\vdots\\a_{m1}+b_{m1}&a_{m2}+b_{m2}&\cdots&a_{mn}+b_{mn}\end{pmatrix}.$$

矩阵加法实际上就是两个矩阵对应元素相加. 需要注意的是,只有两个矩阵是同型矩阵时,才能定义矩阵的加法. 由于矩阵的加法归结为它们对应元素的加法,即数的加法,所以,不

难验证矩阵的加法满足下列运算规律(设 $\boldsymbol{A},\boldsymbol{B},\boldsymbol{C}$ 都是 $m\times n$ 阶矩阵):

① 交换律 $\boldsymbol{A}+\boldsymbol{B}=\boldsymbol{B}+\boldsymbol{A}$;

② 结合律 $(\boldsymbol{A}+\boldsymbol{B})+\boldsymbol{C}=\boldsymbol{A}+(\boldsymbol{B}+\boldsymbol{C})$.

设矩阵 $\boldsymbol{A}=(a_{ij})_{m\times n}$,把矩阵

$$\begin{pmatrix} -a_{11} & -a_{12} & \cdots & -a_{1n} \\ -a_{21} & -a_{22} & \cdots & -a_{2n} \\ \vdots & \vdots & & \vdots \\ -a_{m1} & -a_{m2} & \cdots & -a_{mn} \end{pmatrix}$$

称为 $\boldsymbol{A}$ 的**负矩阵**,记为 $-\boldsymbol{A}$. 显然有

$$\boldsymbol{A}+(-\boldsymbol{A})=\boldsymbol{O}.$$

由此矩阵 $\boldsymbol{A}$ 与矩阵 $\boldsymbol{B}$ 的减法可以定义为

$$\boldsymbol{A}-\boldsymbol{B}=\boldsymbol{A}+(-\boldsymbol{B}).$$

(2)数与矩阵相乘

**定义 2** 数 $k$ 与矩阵 $\boldsymbol{A}=(a_{ij})_{m\times n}$ 的乘积记作 $k\boldsymbol{A}$ 或 $\boldsymbol{A}k$,规定为

$$k\boldsymbol{A}=\boldsymbol{A}k=\begin{pmatrix} ka_{11} & ka_{12} & \cdots & ka_{1n} \\ ka_{21} & ka_{22} & \cdots & ka_{2n} \\ \vdots & \vdots & & \vdots \\ ka_{m1} & ka_{m2} & \cdots & ka_{mn} \end{pmatrix}.$$

容易验证,数乘矩阵满足下列运算律(设 $\boldsymbol{A},\boldsymbol{B}$ 为 $m\times n$ 阶矩阵,$k,l$ 为数)

① $(kl)\boldsymbol{A}=k(l\boldsymbol{A})$;

② $(k+l)\boldsymbol{A}=k\boldsymbol{A}+l\boldsymbol{A}$;

③ $k(\boldsymbol{A}+\boldsymbol{B})=k\boldsymbol{A}+k\boldsymbol{B}$;

④ 若 $k\boldsymbol{A}=\boldsymbol{O}$,则 $k=0$ 或 $\boldsymbol{A}=\boldsymbol{O}$.

矩阵的加法与数乘运算统称为矩阵的**线性运算**.

## 2.2.2 矩阵的乘法

**定义 3** 设矩阵

$$\boldsymbol{A}_{m\times n}=\begin{pmatrix} a_{11} & a_{12} & \cdots & a_{1n} \\ a_{21} & a_{22} & \cdots & a_{2n} \\ \vdots & \vdots & & \vdots \\ a_{m1} & a_{m2} & \cdots & a_{mn} \end{pmatrix},\ \boldsymbol{B}_{n\times s}=\begin{pmatrix} b_{11} & b_{12} & \cdots & b_{1s} \\ b_{21} & b_{22} & \cdots & b_{2s} \\ \vdots & \vdots & & \vdots \\ b_{n1} & a_{n2} & \cdots & b_{ns} \end{pmatrix},$$

$m\times n$ 阶矩阵 $\boldsymbol{A}$ 与 $n\times s$ 阶矩阵 $\boldsymbol{B}$ 的乘积是一个 $m\times s$ 阶矩阵 $\boldsymbol{C}$,记作 $\boldsymbol{C}=\boldsymbol{AB}$,并规定

$$\boldsymbol{C}=\boldsymbol{AB}=(c_{ij})_{m\times s}=\begin{pmatrix} c_{11} & c_{12} & \cdots & c_{1s} \\ c_{21} & c_{22} & \cdots & c_{2s} \\ \vdots & \vdots & & \vdots \\ c_{m1} & c_{m2} & \cdots & c_{ms} \end{pmatrix},$$

其中 $c_{ij}=a_{i1}b_{1j}+a_{i2}b_{2j}+\cdots+a_{in}b_{nj}=\sum\limits_{k=1}^{n}a_{ik}b_{kj}\quad(i=1,2,\cdots,m;j=1,2,\cdots,s)$.

记号 $\boldsymbol{AB}$ 读作 $\boldsymbol{A}$ 左乘 $\boldsymbol{B}$ 或 $\boldsymbol{B}$ 右乘 $\boldsymbol{A}$.

根据矩阵乘法的定义,矩阵 $\boldsymbol{A}$ 能够左乘矩阵 $\boldsymbol{B}$,要求 $\boldsymbol{A}$ 的列数必须等于 $\boldsymbol{B}$ 的行数;若 $\boldsymbol{AB}=\boldsymbol{C}$,则 $\boldsymbol{C}$ 的第 $i$ 行第 $j$ 列处的元素 $c_{ij}$ 等于 $\boldsymbol{A}$ 的第 $i$ 行与 $\boldsymbol{B}$ 的第 $j$ 列对应元素的乘积之和.

**【例 1】** 设 $\boldsymbol{A}=\begin{pmatrix}1&2&3\\3&0&1\end{pmatrix}$,$\boldsymbol{B}=\begin{pmatrix}4&0&1\\2&1&1\\-1&2&2\end{pmatrix}$,求 $\boldsymbol{AB}$,并问 $\boldsymbol{BA}$ 是否有意义?

**【解】**

$$\begin{aligned}\boldsymbol{AB}&=\begin{pmatrix}1&2&3\\3&0&1\end{pmatrix}\begin{pmatrix}4&0&1\\2&1&1\\-1&2&2\end{pmatrix}\\&=\begin{pmatrix}1\times4+2\times2+3\times(-1)&1\times0+2\times1+3\times2&1\times1+2\times1+3\times2\\3\times4+0\times2+1\times(-1)&3\times0+0\times1+1\times2&3\times1+0\times1+1\times2\end{pmatrix}\\&=\begin{pmatrix}5&8&9\\11&2&5\end{pmatrix}.\end{aligned}$$

由于 $\boldsymbol{B}$ 的列数等于 3,$\boldsymbol{A}$ 的行数等于 2,它们不相等,因此 $\boldsymbol{BA}$ 无意义.

**【例 2】** 设 $\boldsymbol{A}=(1\quad2\quad3)$,$\boldsymbol{B}=\begin{pmatrix}4\\5\\6\end{pmatrix}$,求 $\boldsymbol{AB}$ 与 $\boldsymbol{BA}$.

**【解】**

$$\boldsymbol{AB}=(1\quad2\quad3)\begin{pmatrix}4\\5\\6\end{pmatrix}=(1\times4+2\times5+3\times6)=(32)=32.$$

$$\boldsymbol{BA}=\begin{pmatrix}4\\5\\6\end{pmatrix}(1\quad2\quad3)=\begin{pmatrix}4\times1&4\times2&4\times3\\5\times1&5\times2&5\times3\\6\times1&6\times2&6\times3\end{pmatrix}=\begin{pmatrix}4&8&12\\5&10&15\\6&12&18\end{pmatrix}.$$

这里 $\boldsymbol{A}$ 与 $\boldsymbol{B}$ 的乘积是一个 1 阶方阵,也就是一个数.尽管 $\boldsymbol{BA}$ 也有意义,但很明显 $\boldsymbol{AB}\neq\boldsymbol{BA}$.

**【例 3】** 设 $\boldsymbol{A}=\begin{pmatrix}1&0\\1&0\end{pmatrix}$,$\boldsymbol{B}=\begin{pmatrix}0&0\\1&1\end{pmatrix}$,求 $\boldsymbol{AB}$ 与 $\boldsymbol{BA}$.

**【解】**

$$\boldsymbol{AB}=\begin{pmatrix}1&0\\1&0\end{pmatrix}\begin{pmatrix}0&0\\1&1\end{pmatrix}=\begin{pmatrix}0&0\\0&0\end{pmatrix}.$$

$$\boldsymbol{BA}=\begin{pmatrix}0&0\\1&1\end{pmatrix}\begin{pmatrix}1&0\\1&0\end{pmatrix}=\begin{pmatrix}0&0\\2&0\end{pmatrix}.$$

这个例子表明,即使 $\boldsymbol{AB}$ 与 $\boldsymbol{BA}$ 都有意义,并且 $\boldsymbol{AB}$ 与 $\boldsymbol{BA}$ 的阶数相同,$\boldsymbol{AB}$ 也可能不等于 $\boldsymbol{BA}$. 矩阵 $\boldsymbol{A}\neq\boldsymbol{O},\boldsymbol{B}\neq\boldsymbol{O}$,却有 $\boldsymbol{AB}=\boldsymbol{O}$. 这说明矩阵 $\boldsymbol{A}$ 与 $\boldsymbol{B}$ 的乘积 $\boldsymbol{AB}=\boldsymbol{O}$ 时,我们一般不能得出 $\boldsymbol{A}=\boldsymbol{O}$ 或 $\boldsymbol{B}=\boldsymbol{O}$ 的结论.

通过上面几个例子可以看出,矩阵的乘法一般不满足交换律,即 $\boldsymbol{AB}\neq\boldsymbol{BA}$. 但可以验证矩阵的乘法满足结合律和分配律(假设矩阵的运算是可行的),即

① $(\boldsymbol{AB})\boldsymbol{C}=\boldsymbol{A}(\boldsymbol{BC})$；

② $k(\boldsymbol{AB})=(k\boldsymbol{A})\boldsymbol{B}=\boldsymbol{A}(k\boldsymbol{B})$，其中 $k$ 为数；

③ $\boldsymbol{A}(\boldsymbol{B}+\boldsymbol{C})=\boldsymbol{AB}+\boldsymbol{AC}$，$(\boldsymbol{A}+\boldsymbol{B})\boldsymbol{C}=\boldsymbol{AC}+\boldsymbol{BC}$.

虽然矩阵的乘法不满足交换律，但是注意并非所有的矩阵相乘都不能交换. 例如，设

$$\boldsymbol{A}=\begin{pmatrix}1&1\\0&1\end{pmatrix},\ \boldsymbol{B}=\begin{pmatrix}1&2\\0&1\end{pmatrix},$$

则

$$\boldsymbol{AB}=\begin{pmatrix}1&1\\0&1\end{pmatrix}\begin{pmatrix}1&2\\0&1\end{pmatrix}=\begin{pmatrix}1&3\\0&1\end{pmatrix}=\begin{pmatrix}1&2\\0&1\end{pmatrix}\begin{pmatrix}1&1\\0&1\end{pmatrix}=\boldsymbol{BA}.$$

一般地，如果矩阵 $\boldsymbol{A}$ 与 $\boldsymbol{B}$ 的乘积与次序无关，即 $\boldsymbol{AB}=\boldsymbol{BA}$，则称 $\boldsymbol{A}$ 与 $\boldsymbol{B}$ 可交换.

此外，矩阵乘法一般也不满足消去律，即当 $\boldsymbol{AB}=\boldsymbol{AC}$ 且 $\boldsymbol{A}\neq\boldsymbol{O}$ 时，一般不能推出 $\boldsymbol{B}=\boldsymbol{C}$. 例如，设

$$\boldsymbol{A}=\begin{pmatrix}1&0\\1&0\end{pmatrix},\boldsymbol{B}=\begin{pmatrix}1&0\\2&3\end{pmatrix},\boldsymbol{C}=\begin{pmatrix}1&0\\0&4\end{pmatrix},$$

则

$$\boldsymbol{AB}=\begin{pmatrix}1&0\\1&0\end{pmatrix}\begin{pmatrix}1&0\\2&3\end{pmatrix}=\begin{pmatrix}1&0\\1&0\end{pmatrix}=\begin{pmatrix}1&0\\1&0\end{pmatrix}\begin{pmatrix}1&0\\0&4\end{pmatrix}=\boldsymbol{AC}.$$

但 $\boldsymbol{B}\neq\boldsymbol{C}$.

对于单位矩阵 $\boldsymbol{E}$，容易验证 $\boldsymbol{E}_m\boldsymbol{A}_{m\times n}=\boldsymbol{A}_{m\times n}=\boldsymbol{A}_{m\times n}\boldsymbol{E}_n$，或简写成 $\boldsymbol{EA}=\boldsymbol{A}=\boldsymbol{AE}$. 可见单位矩阵 $\boldsymbol{E}$ 在矩阵乘法中的作用类似于数 1 在数的乘法中的作用.

数量矩阵 $\boldsymbol{A}$ 可以表示为

$$\boldsymbol{A}=\begin{pmatrix}a&&&\\&a&&\\&&\ddots&\\&&&a\end{pmatrix}=a\boldsymbol{E},$$

设 $\boldsymbol{B}$ 为方阵，由于$(a\boldsymbol{E})\boldsymbol{B}=a\boldsymbol{B}$，$\boldsymbol{B}(a\boldsymbol{E})=a\boldsymbol{B}$，即 $\boldsymbol{AB}=\boldsymbol{BA}$. 这表明数量矩阵与任何同阶方阵是可以交换的.

利用矩阵的乘法，可以定义**矩阵的幂**. 设 $\boldsymbol{A}$ 是 $n$ 阶方阵，定义

$$\boldsymbol{A}^1=\boldsymbol{A},\ \boldsymbol{A}^2=\boldsymbol{A}^1\boldsymbol{A}^1,\cdots,\ \boldsymbol{A}^{k+1}=\boldsymbol{A}^k\boldsymbol{A}^1,$$

其中 $k$ 为正整数. 这个定义表明，$\boldsymbol{A}^k$ 是 $k$ 个 $\boldsymbol{A}$ 连乘. 显然，只有当矩阵 $\boldsymbol{A}$ 为方阵时，它的幂才有意义.

由于矩阵乘法满足结合律，所以矩阵的幂满足如下运算规律：

$$\boldsymbol{A}^k\boldsymbol{A}^s=\boldsymbol{A}^{k+s},\ (\boldsymbol{A}^k)^s=\boldsymbol{A}^{ks},$$

其中 $k,s$ 为正整数.

但要注意，由于矩阵乘法一般不满足交换律，所以对于两个 $n$ 阶方阵 $\boldsymbol{A}$ 与 $\boldsymbol{B}$，一般说来 $(\boldsymbol{AB})^k\neq\boldsymbol{A}^k\boldsymbol{B}^k$，只有当 $\boldsymbol{A}$ 与 $\boldsymbol{B}$ 可交换时，才有$(\boldsymbol{AB})^k=\boldsymbol{A}^k\boldsymbol{B}^k$.

对于线性方程组

$$\begin{cases} a_{11}x_1 + a_{12}x_2 + \cdots + a_{1n}x_n = b_1, \\ a_{21}x_1 + a_{22}x_2 + \cdots + a_{2n}x_n = b_2, \\ \cdots\cdots\cdots \\ a_{m1}x_1 + a_{m2}x_2 + \cdots + a_{mn}x_n = b_m, \end{cases} \tag{2.1}$$

若令

$$\boldsymbol{A} = \begin{pmatrix} a_{11} & a_{12} & \cdots & a_{1n} \\ a_{21} & a_{22} & \cdots & a_{2n} \\ \vdots & \vdots & & \vdots \\ a_{m1} & a_{m2} & \cdots & a_{mn} \end{pmatrix}, \boldsymbol{x} = \begin{pmatrix} x_1 \\ x_2 \\ \vdots \\ x_n \end{pmatrix}, \boldsymbol{b} = \begin{pmatrix} b_1 \\ b_2 \\ \vdots \\ b_m \end{pmatrix},$$

根据矩阵乘法,方程组(2.1)可以写成

$$\begin{pmatrix} a_{11} & a_{12} & \cdots & a_{1n} \\ a_{21} & a_{22} & \cdots & a_{2n} \\ \vdots & \vdots & & \vdots \\ a_{m1} & a_{m2} & \cdots & a_{mn} \end{pmatrix} \begin{pmatrix} x_1 \\ x_2 \\ \vdots \\ x_n \end{pmatrix} = \begin{pmatrix} b_1 \\ b_2 \\ \vdots \\ b_m \end{pmatrix},$$

即

$$\boldsymbol{Ax} = \boldsymbol{b}. \tag{2.2}$$

式(2.2)称为方程组(2.1)的**矩阵方程**.其中 $\boldsymbol{A}$ 称为方程组(2.1)的**系数矩阵**.特别地,若方程组(2.1)右端的常数全部为零,则它是一个齐次线性方程组,齐次线性方程组的矩阵方程为

$$\boldsymbol{Ax} = \boldsymbol{0}.$$

### 2.2.3 矩阵的转置(transpose)

**定义 4** 把矩阵 $\boldsymbol{A}$ 的行换成同序数的列所得到的矩阵,称为 $\boldsymbol{A}$ 的**转置矩阵**,记作 $\boldsymbol{A}^{\mathrm{T}}$(或 $\boldsymbol{A}'$).

若

$$\boldsymbol{A} = \begin{pmatrix} a_{11} & a_{12} & \cdots & a_{1n} \\ a_{21} & a_{22} & \cdots & a_{2n} \\ \vdots & \vdots & & \vdots \\ a_{m1} & a_{m2} & \cdots & a_{mn} \end{pmatrix},$$

则

$$\boldsymbol{A}^{\mathrm{T}} = \begin{pmatrix} a_{11} & a_{21} & \cdots & a_{m1} \\ a_{12} & a_{22} & \cdots & a_{m2} \\ \vdots & \vdots & & \vdots \\ a_{1n} & a_{2n} & \cdots & a_{mn} \end{pmatrix},$$

根据定义,$m\times n$ 阶矩阵 $\boldsymbol{A}$ 的转置矩阵 $\boldsymbol{A}^{\mathrm{T}}$ 是 $n\times m$ 阶矩阵.

不难验证,矩阵的转置满足以下运算规律(假设运算是可行的):

① $(\boldsymbol{A}^{\mathrm{T}})^{\mathrm{T}}=\boldsymbol{A}$;

② $(\boldsymbol{A}+\boldsymbol{B})^{\mathrm{T}}=\boldsymbol{A}^{\mathrm{T}}+\boldsymbol{B}^{\mathrm{T}}$;

③ $(k\boldsymbol{A})^{\mathrm{T}}=k\boldsymbol{A}^{\mathrm{T}}$，其中 $k$ 为数；

④ $(\boldsymbol{AB})^{\mathrm{T}}=\boldsymbol{B}^{\mathrm{T}}\boldsymbol{A}^{\mathrm{T}}$.

这里仅证明④．设 $\boldsymbol{A}=(a_{ij})_{m\times n}$，$\boldsymbol{B}=(b_{ij})_{n\times s}$，则 $(\boldsymbol{AB})^{\mathrm{T}}$ 与 $\boldsymbol{B}^{\mathrm{T}}\boldsymbol{A}^{\mathrm{T}}$ 均为 $s\times m$ 阶矩阵. 矩阵 $(\boldsymbol{AB})^{\mathrm{T}}$ 的第 $j$ 行第 $i$ 列的元素是 $\boldsymbol{AB}$ 中第 $i$ 行第 $j$ 列的元素

$$\sum_{k=1}^{n} a_{ik}b_{kj}=a_{i1}b_{1j}+a_{i2}b_{2j}+\cdots+a_{in}b_{nj},$$

而矩阵 $\boldsymbol{B}^{\mathrm{T}}\boldsymbol{A}^{\mathrm{T}}$ 第 $j$ 行第 $i$ 列的元素，应为矩阵 $\boldsymbol{B}^{\mathrm{T}}$ 的第 $j$ 行元素与 $\boldsymbol{A}^{\mathrm{T}}$ 的第 $i$ 列对应元素乘积之和，即矩阵 $\boldsymbol{B}$ 的第 $j$ 列元素与矩阵 $\boldsymbol{A}$ 的第 $i$ 行对应元素乘积之和

$$\sum_{k=1}^{n} b_{kj}a_{ik}=b_{1j}a_{i1}+b_{2j}a_{i2}+\cdots+b_{nj}a_{in},$$

所以 $(\boldsymbol{AB})^{\mathrm{T}}=\boldsymbol{B}^{\mathrm{T}}\boldsymbol{A}^{\mathrm{T}}$.

例如，设

$$\boldsymbol{A}=(1,-1,2),\quad \boldsymbol{B}=\begin{pmatrix}2&-1&0\\1&1&3\\4&2&1\end{pmatrix},$$

于是

$$\boldsymbol{AB}=(1,-1,2)\begin{pmatrix}2&-1&0\\1&1&3\\4&2&1\end{pmatrix}=(9,2,-1),$$

$$\boldsymbol{A}^{\mathrm{T}}=\begin{pmatrix}1\\-1\\2\end{pmatrix},\ \boldsymbol{B}^{\mathrm{T}}=\begin{pmatrix}2&1&4\\-1&1&2\\0&3&1\end{pmatrix},$$

因此，

$$\boldsymbol{B}^{\mathrm{T}}\boldsymbol{A}^{\mathrm{T}}=\begin{pmatrix}2&1&4\\-1&1&2\\0&3&1\end{pmatrix}\begin{pmatrix}1\\-1\\2\end{pmatrix}=\begin{pmatrix}9\\2\\-1\end{pmatrix}=(9,2,-1)^{\mathrm{T}}=(\boldsymbol{AB})^{\mathrm{T}}.$$

**定义 5** 设 $\boldsymbol{A}$ 为 $n$ 阶方阵，如果满足 $\boldsymbol{A}^{\mathrm{T}}=\boldsymbol{A}$，即

$$a_{ij}=a_{ji}(i,j=1,2,\cdots,n),$$

则称 $\boldsymbol{A}$ 为**对称矩阵**(symmetric matrix)；若 $n$ 阶方阵 $\boldsymbol{A}$ 满足 $\boldsymbol{A}^{\mathrm{T}}=-\boldsymbol{A}$，则称 $\boldsymbol{A}$ 为**反对称矩阵**(skew-symmetric matrix).

对称矩阵的特点：它的元素以主对角线为对称轴对应相等.

例如矩阵

$$\boldsymbol{A}=\begin{pmatrix}1&2&7\\2&-1&-3\\7&-3&3\end{pmatrix}$$

就是一个对称矩阵；而矩阵

$$\boldsymbol{B}=\begin{pmatrix}0&1&-3\\-1&0&7\\3&-7&0\end{pmatrix}$$

是一个反对称矩阵.反对称矩阵的特点:主对角线上的元素都是 0,以主对角线为对称轴对应的元素符号相反.

### 2.2.4 方阵的行列式

**定义 6** 由 $n$ 阶方阵 $\boldsymbol{A}$ 的元素所构成的行列式(各元素的位置不变),称为**方阵 $\boldsymbol{A}$ 的行列式**,记作 $|\boldsymbol{A}|$ 或 $\det(\boldsymbol{A})$.

应该注意,方阵与行列式是两个不同的概念. $n$ 阶方阵是 $n^2$ 个数按一定方式排成的数表,而 $n$ 阶行列式是 $n^2$ 个数按一定的运算法则所确定的一个数或代数式.只有方阵才有对应的行列式,不是方阵的矩阵没有对应的行列式.

对于 $n$ 阶方阵 $\boldsymbol{A}$,如果 $|\boldsymbol{A}|\neq 0$,我们称 $\boldsymbol{A}$ 是**非退化矩阵**,否则称为**退化矩阵**.

若 $\boldsymbol{A},\boldsymbol{B}$ 为 $n$ 阶方阵,$k$ 为数,则它们的行列式满足下列运算规则:

① $|\boldsymbol{A}^{\mathrm{T}}|=|\boldsymbol{A}|$;

② $|k\boldsymbol{A}|=k^n|\boldsymbol{A}|$;

③ $|\boldsymbol{A}\boldsymbol{B}|=|\boldsymbol{A}||\boldsymbol{B}|$.

上面的三个性质中,① ② 比较容易验证,这里我们仅证明③ .设 $\boldsymbol{A}=(a_{ij})_{n\times n}$,$\boldsymbol{B}=(b_{ij})_{n\times n}$,记 $2n$ 阶行列式

$$D=\begin{vmatrix} a_{11} & \cdots & a_{1n} & 0 & \cdots & 0 \\ \vdots & & \vdots & \vdots & & \vdots \\ a_{n1} & \cdots & a_{nn} & 0 & \cdots & 0 \\ -1 & & & b_{11} & \cdots & b_{1n} \\ & \ddots & & \vdots & & \vdots \\ & & -1 & b_{n1} & \cdots & b_{nn} \end{vmatrix}=\begin{vmatrix} \boldsymbol{A} & \boldsymbol{O} \\ -\boldsymbol{E} & \boldsymbol{B} \end{vmatrix},$$

由第 1 章 1.2 节例 3 可知 $D=|\boldsymbol{A}||\boldsymbol{B}|$,而在 $D$ 中以 $b_{1j}$ 乘第 1 列,$b_{2j}$ 乘第 2 列,…,$b_{nj}$ 乘第 $n$ 列,都加到第 $n+j$ 列上($j=1,2,\cdots,n$),有

$$D=\begin{vmatrix} \boldsymbol{A} & \boldsymbol{C} \\ -\boldsymbol{E} & \boldsymbol{O} \end{vmatrix},$$

其中 $\boldsymbol{C}=(c_{ij})_{n\times n}$,$c_{ij}=b_{1j}a_{i1}+b_{2j}a_{i2}+\cdots+b_{nj}a_{in}$,故 $\boldsymbol{C}=\boldsymbol{AB}$.

再对 $D$ 的行作 $r_j\leftrightarrow r_{n+j}$($j=1,2,\cdots,n$),有

$$D=(-1)^n\begin{vmatrix} -\boldsymbol{E} & \boldsymbol{O} \\ \boldsymbol{A} & \boldsymbol{C} \end{vmatrix},$$

从而 $D=(-1)^n|-\boldsymbol{E}||\boldsymbol{C}|=(-1)^n(-1)^n|\boldsymbol{C}|=|\boldsymbol{C}|=|\boldsymbol{AB}|$,即 $|\boldsymbol{AB}|=|\boldsymbol{A}||\boldsymbol{B}|$.

对于 $n$ 阶方阵 $\boldsymbol{A},\boldsymbol{B}$,虽然一般 $\boldsymbol{AB}\neq\boldsymbol{BA}$,但 $|\boldsymbol{AB}|=|\boldsymbol{A}||\boldsymbol{B}|=|\boldsymbol{B}||\boldsymbol{A}|=|\boldsymbol{BA}|$.

### 2.2.5 矩阵多项式

**定义 7** 设 $f(x)=a_mx^m+a_{m-1}x^{m-1}+\cdots+a_1x+a_0$ 为 $m$ 次多项式($a_m\neq 0$),$\boldsymbol{A}$ 为 $n$ 阶方阵,记

$$f(\boldsymbol{A})=a_m\boldsymbol{A}^m+a_{m-1}\boldsymbol{A}^{m-1}+\cdots+a_1\boldsymbol{A}+a_0\boldsymbol{E},$$

其中 $\boldsymbol{E}$ 为 $n$ 阶单位矩阵. $f(\boldsymbol{A})$ 仍是一个 $n$ 阶方阵,称它为**方阵 $\boldsymbol{A}$ 的多项式**.

【例 4】 设 $f(x)=x^n+2x^2+1, \boldsymbol{A}=\begin{pmatrix}1&1\\0&1\end{pmatrix}$，求 $f(\boldsymbol{A})$.

【解】 因为

$$\boldsymbol{A}^2=\boldsymbol{A}\boldsymbol{A}=\begin{pmatrix}1&1\\0&1\end{pmatrix}\begin{pmatrix}1&1\\0&1\end{pmatrix}=\begin{pmatrix}1&2\\0&1\end{pmatrix},$$

$$\boldsymbol{A}^3=\boldsymbol{A}^2\boldsymbol{A}=\begin{pmatrix}1&2\\0&1\end{pmatrix}\begin{pmatrix}1&1\\0&1\end{pmatrix}=\begin{pmatrix}1&3\\0&1\end{pmatrix},$$

用数学归纳法，设

$$\boldsymbol{A}^{n-1}=\begin{pmatrix}1&n-1\\0&1\end{pmatrix},$$

则

$$\boldsymbol{A}^n=\boldsymbol{A}^{n-1}\boldsymbol{A}=\begin{pmatrix}1&n-1\\0&1\end{pmatrix}\begin{pmatrix}1&1\\0&1\end{pmatrix}=\begin{pmatrix}1&n\\0&1\end{pmatrix}.$$

因此

$$f(\boldsymbol{A})=\boldsymbol{A}^n+2\boldsymbol{A}^2+\boldsymbol{E}=\begin{pmatrix}1&n\\0&1\end{pmatrix}+2\begin{pmatrix}1&2\\0&1\end{pmatrix}+\begin{pmatrix}1&0\\0&1\end{pmatrix}=\begin{pmatrix}4&n+4\\0&4\end{pmatrix}.$$

### 2.2.6 共轭矩阵

**定义 8** 设 $\boldsymbol{A}=(a_{ij})$ 为复矩阵，记 $\overline{\boldsymbol{A}}=(\overline{a_{ij}})$，其中 $\overline{a_{ij}}$ 表示 $a_{ij}$ 的共轭复数，称 $\overline{\boldsymbol{A}}$ 为 $\boldsymbol{A}$ 的共轭矩阵.

例如

$$\boldsymbol{A}=\begin{pmatrix}1+i&5&-1+3i\\0&7&2-i\end{pmatrix},$$

则

$$\overline{\boldsymbol{A}}=\begin{pmatrix}1-i&5&-1-3i\\0&7&2+i\end{pmatrix}.$$

设 $\boldsymbol{A},\boldsymbol{B},\boldsymbol{D}$ 为复矩阵，$k$ 为复数，且矩阵的阶数满足相应的运算规则，容易验证复矩阵满足下述运算规律：

① $\overline{\boldsymbol{A}}+\overline{\boldsymbol{B}}=\overline{\boldsymbol{A}+\boldsymbol{B}}$；

② $\overline{k}\,\overline{\boldsymbol{A}}=\overline{k\boldsymbol{A}}$；

③ $\overline{\boldsymbol{A}}\,\overline{\boldsymbol{D}}=\overline{\boldsymbol{A}\boldsymbol{D}}$；

④ $\overline{\boldsymbol{A}}^{\mathrm{T}}=\overline{\boldsymbol{A}^{\mathrm{T}}}$.

## 2.3 逆 矩 阵

### 2.3.1 逆矩阵的概念

在上一节我们看到，矩阵与实数相仿，有加、减、乘三种运算. 这里自然会思考一个问题：矩阵的乘法是否也和实数一样有逆运算呢？在数的乘法中，如果常数 $a\neq 0$，则存在 $a$ 的逆 $a^{-1}=\frac{1}{a}$，使得 $a^{-1}a=aa^{-1}=1$. 这使得在求解一元线性方程 $ax=b$ 时，只要在方程的左右两端都左乘 $a^{-1}$，即得 $x=a^{-1}b$. 在矩阵的乘法中，单位矩阵 $\boldsymbol{E}$ 起着数 1 在数量乘法中类似的作用. 因此要问，对 $n$ 阶方阵 $\boldsymbol{A}$，是否也存在逆，即是否存在一个 $n$ 阶矩阵 $\boldsymbol{B}$，使得 $\boldsymbol{BA}=\boldsymbol{AB}=\boldsymbol{E}$. 为此，引入逆矩阵的定义.

**定义 1** 对于 $n$ 阶方阵 $\boldsymbol{A}$，如果存在一个 $n$ 阶方阵 $\boldsymbol{B}$，使得

$$\boldsymbol{BA}=\boldsymbol{AB}=\boldsymbol{E}, \tag{2.3}$$

则称 $\boldsymbol{A}$ 是**可逆的**(invertible)，并把矩阵 $\boldsymbol{B}$ 称为 $\boldsymbol{A}$ 的**逆矩阵**(inverse matrix)，记作 $\boldsymbol{A}^{-1}$，即$\boldsymbol{B}=\boldsymbol{A}^{-1}$.

如果方阵 $\boldsymbol{A}$ 可逆，则它的逆矩阵是唯一的. 这是因为，不妨设 $\boldsymbol{B},\boldsymbol{C}$ 都是 $\boldsymbol{A}$ 的逆矩阵，则由逆矩阵的定义有

$$\boldsymbol{AB}=\boldsymbol{BA}=\boldsymbol{E},\ \boldsymbol{AC}=\boldsymbol{CA}=\boldsymbol{E},$$

于是

$$\boldsymbol{B}=\boldsymbol{BE}=\boldsymbol{B}(\boldsymbol{AC})=(\boldsymbol{BA})\boldsymbol{C}=\boldsymbol{EC}=\boldsymbol{C},$$

所以 $\boldsymbol{A}$ 的逆矩阵是唯一的.

注意，在定义 1 中，$\boldsymbol{A}$ 与 $\boldsymbol{B}$ 的地位是对称的，即如果式(2.3)成立，则 $\boldsymbol{B}$ 也可逆，并且 $\boldsymbol{B}^{-1}=\boldsymbol{A}$. 通常可逆矩阵也称为**非奇异矩阵**(non-singular matrix).

**【例 1】** 已知矩阵 $\boldsymbol{A}=\begin{pmatrix}2 & 1\\ -1 & 0\end{pmatrix}$，求 $\boldsymbol{A}$ 的逆矩阵.

**【解】** 设 $\boldsymbol{A}$ 的逆矩阵 $\boldsymbol{B}=\begin{pmatrix}a & b\\ c & d\end{pmatrix}$，由 $\boldsymbol{AB}=\boldsymbol{E}$，有

$$\begin{pmatrix}2 & 1\\ -1 & 0\end{pmatrix}\begin{pmatrix}a & b\\ c & d\end{pmatrix}=\begin{pmatrix}2a+c & 2b+d\\ -a & -b\end{pmatrix}=\begin{pmatrix}1 & 0\\ 0 & 1\end{pmatrix},$$

则可得方程组

$$\begin{cases}2a+c=1,\\ 2b+d=0,\\ -a=0,\\ -b=1.\end{cases}$$

解上述方程组得

$$a=0,b=-1,c=1,d=2,$$

故

$$\boldsymbol{B}=\begin{pmatrix}0 & -1\\ 1 & 2\end{pmatrix}.$$

容易验证 $\boldsymbol{BA}=\boldsymbol{E}$，所以 $\boldsymbol{A}^{-1}=\boldsymbol{B}$.

**【例 2】** 已知矩阵 $\boldsymbol{A}=\begin{pmatrix}a_1 & & & \\ & a_2 & & \\ & & \ddots & \\ & & & a_n\end{pmatrix}$，其中 $a_i\neq 0(i=1,2,\cdots,n)$，求 $\boldsymbol{A}$ 的逆矩阵.

【解】 由定义容易验证

$$A^{-1}=\begin{pmatrix} a_1^{-1} & & & \\ & a_2^{-1} & & \\ & & \ddots & \\ & & & a_n^{-1} \end{pmatrix}.$$

## 2.3.2 伴随矩阵及其与逆矩阵的关系

对于一般的方阵 $\boldsymbol{A}$,下面来研究它在什么条件下是可逆的. 如果 $\boldsymbol{A}$ 可逆,如何计算 $\boldsymbol{A}^{-1}$. 为此,引入下面这个定义.

**定义 2** 矩阵 $\boldsymbol{A}=(a_{ij})_{n\times n}$,行列式 $|\boldsymbol{A}|$ 中元素 $a_{ij}$ 的代数余子式 $\boldsymbol{A}_{ij}$ 所构成的如下矩阵

$$\boldsymbol{A}^*=\begin{pmatrix} \boldsymbol{A}_{11} & \boldsymbol{A}_{21} & \cdots & \boldsymbol{A}_{n1} \\ \boldsymbol{A}_{12} & \boldsymbol{A}_{22} & \cdots & \boldsymbol{A}_{n2} \\ \vdots & \vdots & & \vdots \\ \boldsymbol{A}_{1n} & \boldsymbol{A}_{2n} & \cdots & \boldsymbol{A}_{nn} \end{pmatrix}$$

称为矩阵 $\boldsymbol{A}$ 的**伴随矩阵**(adjoint matrix).

关于伴随矩阵,有如下重要结论.

**定理 1** 设 $\boldsymbol{A}^*$ 是方阵 $\boldsymbol{A}$ 的伴随矩阵,则 $\boldsymbol{A}\boldsymbol{A}^*=\boldsymbol{A}^*\boldsymbol{A}=|\boldsymbol{A}|\boldsymbol{E}$.

【证】

$$\begin{aligned}\boldsymbol{A}\boldsymbol{A}^* &= \begin{pmatrix} a_{11} & a_{12} & \cdots & a_{1n} \\ a_{21} & a_{22} & \cdots & a_{2n} \\ \vdots & \vdots & & \vdots \\ a_{n1} & a_{n2} & \cdots & a_{nn} \end{pmatrix}\begin{pmatrix} A_{11} & A_{21} & \cdots & A_{n1} \\ A_{12} & A_{22} & \cdots & A_{n2} \\ \vdots & \vdots & & \vdots \\ A_{1n} & A_{2n} & \cdots & A_{nn} \end{pmatrix} \\ &= \begin{pmatrix} |\boldsymbol{A}| & & & \\ & |\boldsymbol{A}| & & \\ & & \ddots & \\ & & & |\boldsymbol{A}| \end{pmatrix} \\ &= |\boldsymbol{A}|\boldsymbol{E},\end{aligned}$$

类似地,可以证明 $\boldsymbol{A}^*\boldsymbol{A}=|\boldsymbol{A}|\boldsymbol{E}$,故结论成立.

由定理 1 可知,若 $|\boldsymbol{A}|\neq 0$,则

$$\boldsymbol{A}\left(\frac{1}{|\boldsymbol{A}|}\boldsymbol{A}^*\right)=\left(\frac{1}{|\boldsymbol{A}|}\boldsymbol{A}^*\right)\boldsymbol{A}=\boldsymbol{E},$$

即

$$\boldsymbol{A}^{-1}=\frac{1}{|\boldsymbol{A}|}\boldsymbol{A}^*.$$

反之,若 $\boldsymbol{A}$ 可逆,由 $\boldsymbol{A}\boldsymbol{A}^{-1}=\boldsymbol{E}$,在等式的两边取行列式可得

$$|\boldsymbol{A}|\,|\boldsymbol{A}^{-1}|=1\Rightarrow|\boldsymbol{A}|\neq 0.$$

由此，可以得到矩阵 $\boldsymbol{A}$ 可逆的充分必要条件.

**定理 2** 方阵 $\boldsymbol{A}$ 可逆的充分必要条件是 $|\boldsymbol{A}|\neq 0$，并且当 $|\boldsymbol{A}|\neq 0$ 时，$\boldsymbol{A}^{-1}=\frac{1}{|\boldsymbol{A}|}\boldsymbol{A}^*$.

这个定理实际上提供了求逆矩阵的一种方法.

**【例 3】** 已知 $\boldsymbol{A}=\begin{pmatrix}1&0&1\\2&1&0\\-3&2&-5\end{pmatrix}$，求 $\boldsymbol{A}^{-1}$.

**【解】** 因为 $|\boldsymbol{A}|=2\neq 0$，故 $\boldsymbol{A}$ 存在逆矩阵，

$$A_{11}=(-1)^{1+1}\cdot\begin{vmatrix}1&0\\2&-5\end{vmatrix}=-5,\ A_{12}=(-1)^{1+2}\cdot\begin{vmatrix}2&0\\-3&-5\end{vmatrix}=10,$$

$$A_{13}=(-1)^{1+3}\cdot\begin{vmatrix}2&1\\-3&2\end{vmatrix}=7,$$

类似地，有

$$A_{21}=2,\ A_{22}=-2,\ A_{23}=-2,$$
$$A_{31}=-1,\ A_{32}=2,\ A_{33}=1,$$

故

$$\boldsymbol{A}^*=\begin{pmatrix}A_{11}&A_{21}&A_{31}\\A_{12}&A_{22}&A_{32}\\A_{13}&A_{23}&A_{33}\end{pmatrix}=\begin{pmatrix}-5&2&-1\\10&-2&2\\7&-2&1\end{pmatrix},$$

所以

$$\boldsymbol{A}^{-1}=\frac{1}{|\boldsymbol{A}|}\boldsymbol{A}^*=\frac{1}{2}\begin{pmatrix}-5&2&-1\\10&-2&2\\7&-2&1\end{pmatrix}.$$

**推论 1** 若 $n$ 阶方阵 $\boldsymbol{A},\boldsymbol{B}$ 满足 $\boldsymbol{AB}=\boldsymbol{E}$（或 $\boldsymbol{BA}=\boldsymbol{E}$），则 $\boldsymbol{B}=\boldsymbol{A}^{-1}$.

**【证】** $|\boldsymbol{A}||\boldsymbol{B}|=|\boldsymbol{AB}|=|\boldsymbol{E}|=1$，故 $|\boldsymbol{A}|\neq 0$，从而 $\boldsymbol{A}^{-1}$ 存在，于是

$$\boldsymbol{B}=\boldsymbol{EB}=(\boldsymbol{A}^{-1}\boldsymbol{A})\boldsymbol{B}=\boldsymbol{A}^{-1}(\boldsymbol{AB})=\boldsymbol{A}^{-1}\boldsymbol{E}=\boldsymbol{A}^{-1}.$$

利用这个推论验证矩阵 $\boldsymbol{B}$ 是不是 $\boldsymbol{A}$ 的逆矩阵比用定义验证减少一半的计算量.

### 2.3.3 逆矩阵的性质

方阵的逆矩阵满足如下一些基本性质：

① 若 $n$ 阶方阵 $\boldsymbol{A}$ 可逆，则 $\boldsymbol{A}^{-1}$ 也可逆，并且 $(\boldsymbol{A}^{-1})^{-1}=\boldsymbol{A}$；

② 若 $\boldsymbol{A}$ 可逆，数 $\lambda\neq 0$，则 $\lambda\boldsymbol{A}$ 可逆，并且 $(\lambda\boldsymbol{A})^{-1}=\frac{1}{\lambda}\boldsymbol{A}^{-1}$；

③ 若 $\boldsymbol{A},\boldsymbol{B}$ 为同阶可逆矩阵，则 $\boldsymbol{AB}$ 也可逆，并且 $(\boldsymbol{AB})^{-1}=\boldsymbol{B}^{-1}\boldsymbol{A}^{-1}$；

④ 若 $\boldsymbol{A}$ 可逆，则 $\boldsymbol{A}^{\mathrm{T}}$ 也可逆，并且 $(\boldsymbol{A}^{\mathrm{T}})^{-1}=(\boldsymbol{A}^{-1})^{\mathrm{T}}$；

⑤若 $\boldsymbol{A}$ 可逆，则 $|\boldsymbol{A}^{-1}|=|\boldsymbol{A}|^{-1}$.

**【证】** 下面仅给出③ ④ 的证明，① ② ⑤的证明留作练习.

③ 因为$(\boldsymbol{AB})\cdot(\boldsymbol{B}^{-1}\boldsymbol{A}^{-1})=\boldsymbol{A}(\boldsymbol{BB}^{-1})\boldsymbol{A}^{-1}=\boldsymbol{AEA}^{-1}=\boldsymbol{AA}^{-1}=\boldsymbol{E}$,由推论 1 可知$\boldsymbol{AB}$可逆,且$(\boldsymbol{AB})^{-1}=\boldsymbol{B}^{-1}\boldsymbol{A}^{-1}$;

④ 因为$\boldsymbol{A}^{\mathrm{T}}\cdot(\boldsymbol{A}^{-1})^{\mathrm{T}}=(\boldsymbol{A}^{-1}\boldsymbol{A})^{\mathrm{T}}=\boldsymbol{E}^{\mathrm{T}}=\boldsymbol{E}$,故$(\boldsymbol{A}^{\mathrm{T}})^{-1}=(\boldsymbol{A}^{-1})^{\mathrm{T}}$.

当$|\boldsymbol{A}|\neq0$时,可以定义

$$\boldsymbol{A}^{0}=\boldsymbol{E},\ \boldsymbol{A}^{-k}=(\boldsymbol{A}^{-1})^{k},$$

其中$k$为正整数.这样,当$|\boldsymbol{A}|\neq0,k,l$为整数时,有

$$\boldsymbol{A}^{k}\boldsymbol{A}^{l}=\boldsymbol{A}^{k+l},(\boldsymbol{A}^{k})^{l}=\boldsymbol{A}^{kl}.$$

对于线性方程组

$$\begin{cases}a_{11}x_1+a_{12}x_2+\cdots+a_{1n}x_n=b_1,\\a_{21}x_1+a_{22}x_2+\cdots+a_{2n}x_n=b_2,\\\cdots\cdots\cdots\\a_{n1}x_1+a_{n2}x_2+\cdots+a_{nn}x_n=b_n.\end{cases}\tag{2.4}$$

设$\boldsymbol{A}=(a_{ij})_{n\times n}$, $\boldsymbol{x}=(x_1,x_2,\cdots,x_n)^{\mathrm{T}}$, $\boldsymbol{b}=(b_1,b_2,\cdots,b_n)^{\mathrm{T}}$,线性方程组(2.4)可以表示成矩阵形式

$$\boldsymbol{Ax}=\boldsymbol{b},\tag{2.5}$$

若$|\boldsymbol{A}|\neq0$,$\boldsymbol{A}$可逆.将式(2.5)两边左乘$\boldsymbol{A}^{-1}$,可以得到其解为

$$\boldsymbol{x}=\boldsymbol{A}^{-1}\boldsymbol{b}.$$

**【例 4】** 利用逆矩阵求解线性方程组

$$\begin{cases}3x_1+7x_2-3x_3=2,\\-2x_1-5x_2+2x_3=1,\\-4x_1-10x_2+3x_3=3.\end{cases}$$

**【解】** 令$\boldsymbol{A}=\begin{pmatrix}3&7&-3\\-2&-5&2\\-4&-10&3\end{pmatrix},\boldsymbol{x}=\begin{pmatrix}x_1\\x_2\\x_3\end{pmatrix},\boldsymbol{b}=\begin{pmatrix}2\\1\\3\end{pmatrix}$.

由于$|\boldsymbol{A}|=1\neq0$,根据定理 2,计算可得

$$\boldsymbol{A}^{-1}=\begin{pmatrix}5&9&-1\\-2&-3&0\\0&2&-1\end{pmatrix},$$

于是

$$\boldsymbol{x}=\boldsymbol{A}^{-1}\boldsymbol{b}=\begin{pmatrix}5&9&-1\\-2&-3&0\\0&2&-1\end{pmatrix}\cdot\begin{pmatrix}2\\1\\3\end{pmatrix}=\begin{pmatrix}16\\-7\\-1\end{pmatrix}$$

即为方程组的解.

## 2.4 分块矩阵

### 2.4.1 分块矩阵的概念

在处理一些实际应用问题时,经常会遇到行数和列数较高的矩阵.为了便于计算,需要将

高阶矩阵划分成若干个低阶小矩阵来处理.

例如,给定矩阵

$$A=\begin{pmatrix}2&1&9&-2\\3&-2&1&7\\0&0&3&1\\0&0&2&0\end{pmatrix},$$

对矩阵 $A$ 进行划分的方式有很多,下面列举三种划分方式.

对于第一种划分方式,如果记

$$A_{11}=\begin{pmatrix}2&1\\3&-2\end{pmatrix},A_{12}=\begin{pmatrix}9&-2\\1&7\end{pmatrix},A_{21}=\begin{pmatrix}0&0\\0&0\end{pmatrix},A_{22}=\begin{pmatrix}3&1\\2&0\end{pmatrix},$$

则矩阵 $A$ 可以表示为

$$A=\begin{pmatrix}A_{11}&A_{12}\\O&A_{21}\end{pmatrix},$$

其中 $A_{11},A_{12},O,A_{21}$ 是矩阵 $A$ 的子块,$A$ 在形式上是以这些子块为元素的一个分块(partitioned)矩阵.

第二种划分方式可以记为:

$$A=(\alpha_1,\alpha_2,\alpha_3,\alpha_4),$$

其中

$$\alpha_1=\begin{pmatrix}2\\3\\0\\0\end{pmatrix},\alpha_2=\begin{pmatrix}1\\-2\\0\\0\end{pmatrix},\alpha_3=\begin{pmatrix}9\\1\\3\\2\end{pmatrix},\alpha_4=\begin{pmatrix}-2\\7\\1\\0\end{pmatrix},$$

是矩阵 $A$ 的列向量.

第三种划分方式可以记为:

$$A=\begin{pmatrix}A_{11}&\alpha\\\beta^{T}&a_{44}\end{pmatrix},$$

其中

$$A_{11}=\begin{pmatrix}2&1&9\\3&-2&1\\0&0&3\end{pmatrix},\alpha=\begin{pmatrix}-2\\7\\1\end{pmatrix},\beta=\begin{pmatrix}0\\0\\2\end{pmatrix},a_{44}=0.$$

在上述三种划分中,将矩阵 $A$ 用若干条横线和竖线分成许多个小矩阵,每个小矩阵称为 $A$ 的子块,以这些子块为元素所构成的形式上的矩阵称为**分块矩阵**.

### 2.4.2 分块矩阵的运算

分块矩阵的运算规则与普通矩阵的运算规则相类似.

(1)加法

设矩阵 $A$ 与 $B$ 阶数相同,并且有同样的划分方式,即

$$A=\begin{pmatrix}A_{11}&A_{12}&\cdots&A_{1n}\\A_{21}&A_{22}&\cdots&A_{2n}\\\vdots&\vdots&&\vdots\\A_{m1}&A_{m2}&\cdots&A_{mn}\end{pmatrix},\ B=\begin{pmatrix}B_{11}&B_{12}&\cdots&B_{1n}\\B_{21}&B_{22}&\cdots&B_{2n}\\\vdots&\vdots&&\vdots\\B_{m1}&B_{m2}&\cdots&B_{mn}\end{pmatrix},$$

其中 $A_{ij}$ 与 $B_{ij}\,(i=1,2,\cdots,m;j=1,2,\cdots,n)$的阶数相同,则

$$A\pm B=\begin{pmatrix}A_{11}\pm B_{11}&A_{12}\pm B_{12}&\cdots&A_{1n}\pm B_{1n}\\A_{21}\pm B_{21}&A_{22}\pm B_{22}&\cdots&A_{2n}\pm B_{2n}\\\vdots&\vdots&&\vdots\\A_{m1}\pm B_{m1}&A_{m2}\pm B_{m2}&\cdots&A_{mn}\pm B_{mn}\end{pmatrix}.$$

(2)数乘

设 $k$ 是一个数,矩阵 $A$ 的分块形式为

$$A=\begin{pmatrix}A_{11}&A_{12}&\cdots&A_{1n}\\A_{21}&A_{22}&\cdots&A_{2n}\\\vdots&\vdots&&\vdots\\A_{m1}&A_{m2}&\cdots&A_{mn}\end{pmatrix},\tag{2.6}$$

则

$$kA=\begin{pmatrix}kA_{11}&kA_{12}&\cdots&kA_{1n}\\kA_{21}&kA_{22}&\cdots&kA_{2n}\\\vdots&\vdots&&\vdots\\kA_{m1}&kA_{m2}&\cdots&kA_{mn}\end{pmatrix}.$$

(3)分块矩阵的乘法

设 $A$ 为 $m\times l$ 阶矩阵,$B$ 为 $l\times n$ 阶矩阵,将它们划分成

$$A=\begin{pmatrix}A_{11}&A_{12}&\cdots&A_{1t}\\A_{21}&A_{22}&\cdots&A_{2t}\\\vdots&\vdots&&\vdots\\A_{r1}&A_{r2}&\cdots&A_{rt}\end{pmatrix},\ B=\begin{pmatrix}B_{11}&B_{12}&\cdots&B_{1s}\\B_{21}&B_{22}&\cdots&B_{2s}\\\vdots&\vdots&&\vdots\\B_{t1}&B_{t2}&\cdots&B_{ts}\end{pmatrix},$$

其中 $A_{i1},A_{i2},\cdots,A_{it}\,(i=1,2,\cdots,r)$ 的列数分别等于 $B_{1j},B_{2j},\cdots,B_{tj}\,(j=1,2,\cdots,s)$ 的行数,则

$$AB=\begin{pmatrix}C_{11}&C_{12}&\cdots&C_{1s}\\C_{21}&C_{22}&\cdots&C_{2s}\\\vdots&\vdots&&\vdots\\C_{r1}&C_{r2}&\cdots&C_{rs}\end{pmatrix},$$

其中 $C_{ij}=\sum\limits_{k=1}^{t}A_{ik}B_{kj}\,(i=1,2,\cdots,r;j=1,2,\cdots,s)$.

(4)分块矩阵的转置

设矩阵 $A$ 的分块形式如式(2.6),则 $A$ 的转置矩阵为

$$A^{\mathrm{T}}=\begin{pmatrix}A_{11}^{\mathrm{T}}&A_{21}^{\mathrm{T}}&\cdots&A_{m1}^{\mathrm{T}}\\A_{12}^{\mathrm{T}}&A_{22}^{\mathrm{T}}&\cdots&A_{m2}^{\mathrm{T}}\\\vdots&\vdots&&\vdots\\A_{1n}^{\mathrm{T}}&A_{2n}^{\mathrm{T}}&\cdots&A_{mn}^{\mathrm{T}}\end{pmatrix}.$$

(5)分块对角矩阵

设 $\boldsymbol{A}$ 是方阵,若 $\boldsymbol{A}$ 的分块矩阵中主对角线上的子块是方阵,且不全为零矩阵,其他位置的子块都是零矩阵,即

$$\boldsymbol{A}=\begin{pmatrix}\boldsymbol{A}_1 & \boldsymbol{O} & \cdots & \boldsymbol{O}\\ \boldsymbol{O} & \boldsymbol{A}_2 & \cdots & \boldsymbol{O}\\ \vdots & \vdots & & \vdots\\ \boldsymbol{O} & \boldsymbol{O} & \cdots & \boldsymbol{A}_n\end{pmatrix}$$

称为 $\boldsymbol{A}$ 的分块对角矩阵,其中 $\boldsymbol{A}_i(i=1,2,\cdots,n)$是方阵,但不全为零矩阵.

设分块对角矩阵 $\boldsymbol{A},\boldsymbol{B}$ 为:

$$\boldsymbol{A}=\begin{pmatrix}\boldsymbol{A}_1 & & & \\ & \boldsymbol{A}_2 & & \\ & & \ddots & \\ & & & \boldsymbol{A}_n\end{pmatrix},\boldsymbol{B}=\begin{pmatrix}\boldsymbol{B}_1 & & & \\ & \boldsymbol{B}_2 & & \\ & & \ddots & \\ & & & \boldsymbol{B}_n\end{pmatrix},$$

其中 $\boldsymbol{A}_i,\boldsymbol{B}_i(i=1,2,\cdots,n)$是同阶子块,则

$$\boldsymbol{A}+\boldsymbol{B}=\begin{pmatrix}\boldsymbol{A}_1+\boldsymbol{B}_1 & & & \\ & \boldsymbol{A}_2+\boldsymbol{B}_2 & & \\ & & \ddots & \\ & & & \boldsymbol{A}_n+\boldsymbol{B}_n\end{pmatrix},$$

$$\boldsymbol{AB}=\begin{pmatrix}\boldsymbol{A}_1\boldsymbol{B}_1 & & & \\ & \boldsymbol{A}_2\boldsymbol{B}_2 & & \\ & & \ddots & \\ & & & \boldsymbol{A}_n\boldsymbol{B}_n\end{pmatrix},$$

$$\boldsymbol{A}^k=\begin{pmatrix}\boldsymbol{A}_1^k & & & \\ & \boldsymbol{A}_2^k & & \\ & & \ddots & \\ & & & \boldsymbol{A}_n^k\end{pmatrix}\ (k\text{ 为正整数}),$$

若 $\boldsymbol{A}_i$ 可逆,则 $|\boldsymbol{A}_i|\neq 0(i=1,2,\cdots,n)$. 由于 $|\boldsymbol{A}|=|\boldsymbol{A}_1||\boldsymbol{A}_2|\cdots|\boldsymbol{A}_n|\neq 0$,则 $\boldsymbol{A}$ 可逆,容易验证

$$\boldsymbol{A}^{-1}=\begin{pmatrix}\boldsymbol{A}_1^{-1} & & & \\ & \boldsymbol{A}_2^{-1} & & \\ & & \ddots & \\ & & & \boldsymbol{A}_n^{-1}\end{pmatrix}.$$

**【例 1】** 设矩阵 $\boldsymbol{D}=\begin{pmatrix}\boldsymbol{O} & \boldsymbol{A}\\ \boldsymbol{B} & \boldsymbol{C}\end{pmatrix}$,其中 $\boldsymbol{A},\boldsymbol{B}$ 分别是 $s$ 阶和 $t$ 阶可逆矩阵,$\boldsymbol{C}$ 是 $t\times s$ 阶矩阵,$\boldsymbol{O}$ 是 $s\times t$ 阶零矩阵,求 $\boldsymbol{D}^{-1}$.

**【解】** 设 $\boldsymbol{D}^{-1}=\begin{pmatrix}\boldsymbol{X}_{11} & \boldsymbol{X}_{12}\\ \boldsymbol{X}_{21} & \boldsymbol{X}_{22}\end{pmatrix}$,

于是

$$\begin{pmatrix} O & A \\ B & C \end{pmatrix}\begin{pmatrix} X_{11} & X_{12} \\ X_{21} & X_{22} \end{pmatrix} = \begin{pmatrix} E_s & O \\ O & E_t \end{pmatrix},$$

其中 $E_s, E_t$ 分别表示 $s$ 阶和 $t$ 阶单位矩阵.计算等式左边乘积并比较等式两边,得

$$\begin{cases} AX_{21} = E_s, \\ AX_{22} = O, \\ BX_{11} + CX_{21} = O, \\ BX_{12} + CX_{22} = O, \end{cases}$$

由此得

$$X_{11} = -B^{-1}CA^{-1},\ X_{12} = B^{-1},\ X_{21} = A^{-1},\ X_{22} = O,$$

因此

$$D^{-1} = \begin{pmatrix} -B^{-1}CA^{-1} & B^{-1} \\ A^{-1} & O \end{pmatrix}.$$

特别地,当 $C=O$ 时,有

$$\begin{pmatrix} O & A \\ B & O \end{pmatrix}^{-1} = \begin{pmatrix} O & B^{-1} \\ A^{-1} & O \end{pmatrix}.$$

**【例 2】** 证明矩阵 $A=O$ 的充分必要条件是 $A^{\mathrm{T}}A=O$.

**【证】** 必要性是显然的,下面证明充分性.

设 $A=\begin{pmatrix} a_{11} & a_{12} & \cdots & a_{1n} \\ a_{21} & a_{22} & \cdots & a_{2n} \\ \vdots & \vdots & & \vdots \\ a_{m1} & a_{m2} & \cdots & a_{mn} \end{pmatrix}$,把 $A$ 作列块可得 $A=(\boldsymbol{\alpha}_1, \boldsymbol{\alpha}_2, \cdots, \boldsymbol{\alpha}_n)$,其中 $\boldsymbol{\alpha}_j (j=1,2,\cdots,n)$ 是矩阵 $A$ 的第 $j$ 列元素所构成的列向量.则

$$A^{\mathrm{T}}A = \begin{pmatrix} \boldsymbol{\alpha}_1^{\mathrm{T}} \\ \boldsymbol{\alpha}_2^{\mathrm{T}} \\ \vdots \\ \boldsymbol{\alpha}_n^{\mathrm{T}} \end{pmatrix}(\boldsymbol{\alpha}_1, \boldsymbol{\alpha}_2, \cdots, \boldsymbol{\alpha}_n) = \begin{pmatrix} \boldsymbol{\alpha}_1^{\mathrm{T}}\boldsymbol{\alpha}_1 & \boldsymbol{\alpha}_1^{\mathrm{T}}\boldsymbol{\alpha}_2 & \cdots & \boldsymbol{\alpha}_1^{\mathrm{T}}\boldsymbol{\alpha}_n \\ \boldsymbol{\alpha}_2^{\mathrm{T}}\boldsymbol{\alpha}_1 & \boldsymbol{\alpha}_2^{\mathrm{T}}\boldsymbol{\alpha}_2 & \cdots & \boldsymbol{\alpha}_2^{\mathrm{T}}\boldsymbol{\alpha}_n \\ \vdots & \vdots & & \vdots \\ \boldsymbol{\alpha}_n^{\mathrm{T}}\boldsymbol{\alpha}_1 & \boldsymbol{\alpha}_n^{\mathrm{T}}\boldsymbol{\alpha}_2 & \cdots & \boldsymbol{\alpha}_n^{\mathrm{T}}\boldsymbol{\alpha}_n \end{pmatrix},$$

由于 $A^{\mathrm{T}}A=O$,故 $\boldsymbol{\alpha}_i^{\mathrm{T}}\boldsymbol{\alpha}_j=0(i,j=1,2,\cdots,n)$,特别地,有

$$\boldsymbol{\alpha}_j^{\mathrm{T}}\boldsymbol{\alpha}_j = 0(j=1,2,\cdots,n),$$

而

$$\boldsymbol{\alpha}_j^{\mathrm{T}}\boldsymbol{\alpha}_j = (a_{1j}, a_{2j}, \cdots, a_{mj})\begin{pmatrix} a_{1j} \\ a_{2j} \\ \vdots \\ a_{mj} \end{pmatrix} = a_{1j}^2 + a_{2j}^2 + \cdots + a_{mj}^2 = 0,$$

可得

$$a_{1j} = a_{2j} = \cdots = a_{mj} = 0(j=1,2,\cdots,n),$$

故

$$A = O.$$

**【例 3】** 设 $A=(a_{ij})_{n\times n}$ 是一个 $n$ 阶方阵,若

$$\begin{vmatrix} a_{11} & a_{12} & \cdots & a_{1k} \\ a_{21} & a_{22} & \cdots & a_{2k} \\ \vdots & \vdots & & \vdots \\ a_{k1} & a_{k2} & \cdots & a_{kk} \end{vmatrix} \neq 0 \quad (k = 1,2,\cdots,n),$$

则存在主对角线上全是 1 的下三角矩阵 $\boldsymbol{L}$ 与上三角矩阵 $\boldsymbol{U}$,使得 $\boldsymbol{A}=\boldsymbol{LU}$(称之为矩阵的 $\boldsymbol{LU}$ 分解).

**【证】** 我们对矩阵 $\boldsymbol{A}$ 的阶数 $n$ 做数学归纳.

当 $n=1$ 时,$a_{11}=1\cdot a_{11}$,结论成立.

假定对满足条件的 $n-1$ 阶矩阵,结论成立,下面我们来证明对 $n$ 阶矩阵结论也成立.

对 $n$ 阶矩阵 $\boldsymbol{A}$ 进行分块,

$$\boldsymbol{A} = \begin{pmatrix} \boldsymbol{A}_{n-1} & \boldsymbol{\alpha}_1 \\ \boldsymbol{\alpha}_2^{\mathrm{T}} & a_{nn} \end{pmatrix},$$

其中 $\boldsymbol{\alpha}_1,\boldsymbol{\alpha}_2$ 是 $n-1$ 阶列向量. $\boldsymbol{A}_{n-1}$ 是矩阵 $\boldsymbol{A}$ 的前 $n-1$ 行、$n-1$ 列的元素所构成的 $n-1$ 阶矩阵,它满足题设的条件,由归纳假设,

$$\boldsymbol{A}_{n-1} = \boldsymbol{L}_{n-1}\boldsymbol{U}_{n-1},$$

其中 $\boldsymbol{L}_{n-1}$ 是 $n-1$ 阶主对角线上全是 1 的下三角矩阵,$\boldsymbol{U}_{n-1}$ 是 $n-1$ 阶上三角矩阵.

由于

$$|\boldsymbol{A}_{n-1}| = \begin{vmatrix} a_{11} & a_{12} & \cdots & a_{1,n-1} \\ a_{21} & a_{22} & \cdots & a_{2,n-1} \\ \vdots & \vdots & & \vdots \\ a_{n-1,1} & a_{n-1,2} & \cdots & a_{n-1,n-1} \end{vmatrix} = |\boldsymbol{L}_{n-1}||\boldsymbol{U}_{n-1}| \neq 0,$$

可知 $\boldsymbol{L}_{n-1}$ 和 $\boldsymbol{U}_{n-1}$ 都是 $n-1$ 阶可逆矩阵.

设 $\boldsymbol{A}=\boldsymbol{LU}$,其中

$$\boldsymbol{L} = \begin{pmatrix} \boldsymbol{L}_{n-1} & \boldsymbol{0} \\ \boldsymbol{\gamma}^{\mathrm{T}} & 1 \end{pmatrix}, \boldsymbol{U} = \begin{pmatrix} \boldsymbol{U}_{n-1} & \boldsymbol{\beta} \\ \boldsymbol{0}^{\mathrm{T}} & u_{nn} \end{pmatrix},$$

其中 $\boldsymbol{\beta}$ 和 $\boldsymbol{\gamma}$ 是 $n-1$ 阶列待定向量,$u_{nn}$ 是一个待定数. 计算 $\boldsymbol{LU}$ 的乘积并与 $\boldsymbol{A}$ 的分块进行比较,

$$\boldsymbol{LU} = \begin{pmatrix} \boldsymbol{L}_{n-1}\boldsymbol{U}_{n-1} & \boldsymbol{L}_{n-1}\boldsymbol{\beta} \\ \boldsymbol{\gamma}^{\mathrm{T}}\boldsymbol{U}_{n-1} & \boldsymbol{\gamma}^{\mathrm{T}}\boldsymbol{\beta}+u_{nn} \end{pmatrix} = \begin{pmatrix} \boldsymbol{A}_{n-1} & \boldsymbol{\alpha}_1 \\ \boldsymbol{\alpha}_2^{\mathrm{T}} & a_{nn} \end{pmatrix} = \boldsymbol{A},$$

则 $\boldsymbol{\beta},\boldsymbol{\gamma},u_{nn}$ 需满足

$$\begin{cases} \boldsymbol{L}_{n-1}\boldsymbol{\beta} = \boldsymbol{\alpha}_1, \\ \boldsymbol{\gamma}^{\mathrm{T}}\boldsymbol{U}_{n-1} = \boldsymbol{\alpha}_2, \\ \boldsymbol{\gamma}^{\mathrm{T}}\boldsymbol{\beta} + u_{nn} = a_{nn}, \end{cases}$$

注意到 $\boldsymbol{L}_{n-1}$ 和 $\boldsymbol{U}_{n-1}$ 都是可逆矩阵,所以

$$\boldsymbol{\beta} = \boldsymbol{L}_{n-1}^{-1}\boldsymbol{\alpha}_1,\ \boldsymbol{\gamma}^{\mathrm{T}} = \boldsymbol{\alpha}_2^{\mathrm{T}}\boldsymbol{U}_{n-1},\ u_{nn} = a_{nn} - \boldsymbol{\gamma}^{\mathrm{T}}\boldsymbol{\beta},$$

故

$$\boldsymbol{L} = \begin{pmatrix} \boldsymbol{L}_{n-1} & \boldsymbol{0} \\ \boldsymbol{\alpha}_2^{\mathrm{T}}\boldsymbol{U}_{n-1} & 1 \end{pmatrix}, \boldsymbol{U} = \begin{pmatrix} \boldsymbol{U}_{n-1} & \boldsymbol{L}_{n-1}^{-1}\boldsymbol{\alpha}_1 \\ \boldsymbol{0}^{\mathrm{T}} & a_{nn} - \boldsymbol{\gamma}^{\mathrm{T}}\boldsymbol{\beta} \end{pmatrix},$$

且 $\boldsymbol{A}=\boldsymbol{LU}$,其中 $\boldsymbol{L}$ 是一个主对角线上全是 1 的下三角矩阵,$\boldsymbol{U}$ 是一个上三角矩阵.

# 2.5 矩阵的初等变换

## 2.5.1 初等变换

矩阵的初等变换是矩阵的一种十分重要的运算,它在求解线性方程组、逆矩阵以及矩阵分析中起着重要的作用.为了给出矩阵初等变换的概念,首先来看一个用消元法求解线性方程组的例子.

**【引例 1】** 求解线性方程组

$$\begin{cases} 2x_1+2x_2-x_3=6, \\ x_1-2x_2+4x_3=3, \\ 10x_1+14x_2+2x_3=56. \end{cases} \tag{2.7}$$

**【解】** 交换方程组中的第一个方程和第二个方程,第三个方程的两边同时乘以$\frac{1}{2}$,得

$$\begin{cases} x_1-2x_2+4x_3=3, \\ 2x_1+2x_2-x_3=6, \\ 5x_1+7x_2+x_3=28, \end{cases} \tag{2.8}$$

第二个方程减去第一个方程的 2 倍,第三个方程减去第一个方程的 5 倍,方程组变成

$$\begin{cases} x_1-2x_2+4x_3=3, \\ 6x_2-9x_3=0, \\ 17x_2-19x_3=13, \end{cases} \tag{2.9}$$

把第二个方程的两边同时乘以$\frac{1}{3}$,即得

$$\begin{cases} x_1-2x_2+4x_3=3, \\ 2x_2-3x_3=0, \\ 17x_2-19x_3=13, \end{cases} \tag{2.10}$$

把第二个方程乘以−8,然后加到第三个方程中,可以得到

$$\begin{cases} x_1-2x_2+4x_3=3, \\ 2x_2-3x_3=0, \\ x_2+5x_3=13, \end{cases} \tag{2.11}$$

交换第二个方程与第三个方程,得

$$\begin{cases} x_1-2x_2+4x_3=3, \\ x_2+5x_3=13, \\ 2x_2-3x_3=0, \end{cases} \tag{2.12}$$

第三个方程减去第二个方程的 2 倍,得

$$\begin{cases} x_1-2x_2+4x_3=3, \\ x_2+5x_3=13, \\ -13x_3=-26. \end{cases} \tag{2.13}$$

从式(2.7)到式(2.13)的过程我们称为线性方程组的**消元过程**. 在式(2.13)中,由最后一个方程可得 $x_3=2$;然后将它代入第二个方程得 $x_2+5\times2=13$,解之得 $x_2=3$;最后把 $x_2$ 和 $x_3$ 的值代入第一个方程得 $x_1=1$. 这个过程我们称为**回代过程**.

在线性方程组的消元过程中,用到了线性方程组的三种同解变换(我们将在第 3 章中证明这三种变换不改变线性方程组的解),它们分别是:

① 交换方程组中两个方程的位置;

② 把方程组的某一个方程乘以非零常数 $k$;

③ 把方程组的某一个方程乘以常数 $k$ 加到另一个方程上.

这三种同解变换也称为线性方程组的**初等变换**(elementary operations).

在上述变换过程中,实际上只对方程组的系数和等号右端常数进行运算,未知变量并未参与运算. 若记方程组(2.7)的系数以及右端项所组成的矩阵为

$$\boldsymbol{B}=(\boldsymbol{A},\boldsymbol{b})=\begin{pmatrix}2&2&-1&6\\1&-2&4&3\\10&14&2&56\end{pmatrix},$$

矩阵 $\boldsymbol{B}$ 称为方程组(2.7)的**增广矩阵**. 上述线性方程组的初等变换过程可以完全转换为对矩阵 $\boldsymbol{B}$ 的变换,其变换过程如下:

$$\begin{aligned}\boldsymbol{B}=&\begin{pmatrix}2&2&-1&6\\1&-2&4&3\\10&14&2&56\end{pmatrix}\to\begin{pmatrix}1&-2&4&3\\2&2&-1&6\\5&7&1&28\end{pmatrix}\to\begin{pmatrix}1&-2&4&3\\0&6&9&0\\0&17&-19&13\end{pmatrix}\\&\to\begin{pmatrix}1&-2&4&3\\0&2&3&0\\0&17&-19&13\end{pmatrix}\to\begin{pmatrix}1&-2&4&3\\0&2&3&0\\0&1&5&13\end{pmatrix}\to\begin{pmatrix}1&-2&4&3\\0&1&5&13\\0&2&3&0\end{pmatrix}\\&\to\begin{pmatrix}1&-2&4&3\\0&1&5&13\\0&0&-13&-26\end{pmatrix}=\boldsymbol{C}.\end{aligned}\tag{2.14}$$

矩阵 $\boldsymbol{C}$ 对应的线性方程组即为方程组(2.7)经过初等变换后所得到的方程组(2.13). 把方程组的三种初等变换对应到矩阵上,得到矩阵的三种初等行变换:

① 交换矩阵的两行(交换第 $i$ 行与第 $j$ 行,记作 $r_i\leftrightarrow r_j$);

② 用非零常数 $k$ 乘以矩阵的某行(第 $i$ 行乘以 $k$,记作 $r_i\times k$);

③ 把矩阵的某行乘以常数 $k$ 加到另一行上去(第 $j$ 行乘以 $k$ 加到第 $i$ 行上,记作 $r_i+kr_j$).

上述三种变换称为矩阵的**初等行变换**(elementary row operations). 若把定义中的"行"换成"列",可以得到矩阵**初等列变换**(elementary column operations)的定义(所用记号须把"$r$"相应换成"$c$").

矩阵的初等行变换与初等列变换统称为**矩阵的初等变换**(elementary operations).

显然,三种初等变换都是可逆的. 例如:变换 $r_i\leftrightarrow r_j$ 的逆变换是 $r_i\leftrightarrow r_j$;变换 $r_i\times k$ 的逆变换是 $r_i\times\dfrac{1}{k}$;变换 $r_i+k\times r_j$ 的逆变换是 $r_i+(-k)\times r_j$(或 $r_i-k\times r_j$). 对于列变换有类似的结论.

**定义 1** 如果矩阵 $\boldsymbol{A}$ 经过有限次初等变换变成矩阵 $\boldsymbol{B}$，则称矩阵 $\boldsymbol{A}$ 与 $\boldsymbol{B}$ 等价，记作 $\boldsymbol{A}\sim\boldsymbol{B}$.

由矩阵初等变换的定义及可逆性，可以得到矩阵之间的等价关系具有下列性质：

① 自反性：$\boldsymbol{A}\sim\boldsymbol{A}$；

② 对称性：若 $\boldsymbol{A}\sim\boldsymbol{B}$，则 $\boldsymbol{B}\sim\boldsymbol{A}$；

③ 传递性：若 $\boldsymbol{A}\sim\boldsymbol{B}$，$\boldsymbol{B}\sim\boldsymbol{C}$，则 $\boldsymbol{A}\sim\boldsymbol{C}$.

从前面给出的引例可知，矩阵的初等行变换与线性方程组的消元过程相对应. 那么，给定一个矩阵，经过初等行变换能化成的最简单的形式是什么样呢？下面来看一个具体的例子. 设矩阵

$$\boldsymbol{A}=\begin{pmatrix}1&-2&2&-1&1\\2&-4&6&0&2\\-2&4&-2&3&3\\3&-6&10&0&8\end{pmatrix},$$

矩阵 $\boldsymbol{A}$ 经过初等行变换可以化为

$$\boldsymbol{A}\xrightarrow[\substack{r_3+2r_1\\r_4-3r_1}]{r_2-2r_1}\begin{pmatrix}1&-2&2&-1&1\\0&0&2&2&0\\0&0&2&1&5\\0&0&4&3&5\end{pmatrix}\xrightarrow[r_4-2r_1]{r_3-r_2}\begin{pmatrix}1&-2&2&-1&1\\0&0&2&2&0\\0&0&0&-1&5\\0&0&0&-1&5\end{pmatrix}$$

$$\xrightarrow{r_4-r_3}\begin{pmatrix}1&-2&2&-1&1\\0&0&2&2&0\\0&0&0&-1&5\\0&0&0&0&0\end{pmatrix}=\boldsymbol{A}_1.$$

矩阵 $\boldsymbol{A}_1$ 中前三行有非零数字，最后一行全为零. 对 $\boldsymbol{A}_1$ 无论再进行多少次行变换，非零行的数目不会再减少. 而且 $\boldsymbol{A}_1$ 还有一个特点：任一行从第一个元素起至该行的第一个非零元素所在位置的下方全为零. 一般地，把这个矩阵称为 $\boldsymbol{A}$ 的**行阶梯形**(row echelon form).

行阶梯形还可以通过矩阵的初等行变换进行化简.

$$\boldsymbol{A}_1\rightarrow\begin{pmatrix}1&-2&2&-1&1\\0&0&1&1&0\\0&0&0&1&-5\\0&0&0&0&0\end{pmatrix}\rightarrow\begin{pmatrix}1&-2&2&0&-4\\0&0&1&0&5\\0&0&0&1&-5\\0&0&0&0&0\end{pmatrix}$$

$$\rightarrow\begin{pmatrix}1&-2&0&0&-14\\0&0&1&0&5\\0&0&0&1&-5\\0&0&0&0&0\end{pmatrix}=\boldsymbol{A}_2,$$

矩阵 $\boldsymbol{A}_2$ 仍然是 $\boldsymbol{A}$ 的行阶梯形，但它还具有 $\boldsymbol{A}_1$ 所不具有的特点：非零行的首个非零元为 1；首 1 元所在列中其他元素都为零. 矩阵 $\boldsymbol{A}_2$ 是 $\boldsymbol{A}$ 经过行变换所能化得的最简单的形式，我们称之为矩阵 $\boldsymbol{A}$ 的**行最简形**(reduced row echelon form).

对行最简形再实施初等列变换，可以得到一种形状更简单的矩阵.

$$
\boldsymbol{A}_2 \to \begin{pmatrix} 1 & 0 & 0 & 0 & 0 \\ 0 & 0 & 1 & 0 & 5 \\ 0 & 0 & 0 & 1 & -5 \\ 0 & 0 & 0 & 0 & 0 \end{pmatrix} \to \begin{pmatrix} 1 & 0 & 0 & 0 & 0 \\ 0 & 0 & 1 & 0 & 0 \\ 0 & 0 & 0 & 1 & 0 \\ 0 & 0 & 0 & 0 & 0 \end{pmatrix}
$$

$$
\to \begin{pmatrix} 1 & 0 & 0 & 0 & 0 \\ 0 & 1 & 0 & 0 & 0 \\ 0 & 0 & 1 & 0 & 0 \\ 0 & 0 & 0 & 0 & 0 \end{pmatrix} = \begin{pmatrix} \boldsymbol{E}_3 & \boldsymbol{O} \\ \boldsymbol{O} & \boldsymbol{O} \end{pmatrix} = \boldsymbol{F}, \tag{2.15}
$$

矩阵 $\boldsymbol{F}$ 称为 $\boldsymbol{A}$ 的**标准形**(standard form),其特点:$\boldsymbol{F}$ 的左上角是一个单位矩阵,它的阶数与行阶梯形 $\boldsymbol{A}_1$ 中非零行数目相等,其余元素全部为零.

事实上,任意一个 $m\times n$ 阶矩阵 $\boldsymbol{A}$,总可以经过初等变换(行变换和列变换)把它化为标准形.

**定理 1** 任意一个 $m\times n$ 阶矩阵 $\boldsymbol{A}$ 都与一形式为

$$
\boldsymbol{F}=\begin{pmatrix} \boldsymbol{E}_r & \boldsymbol{O} \\ \boldsymbol{O} & \boldsymbol{O} \end{pmatrix}_{m\times n}
$$

的矩阵标准形等价,其中 $\boldsymbol{E}_r$ 是 $r$ 阶的单位矩阵.

**【证】** 如果 $\boldsymbol{A}=\boldsymbol{O}$,那么它已经是标准形了.

以下讨论 $\boldsymbol{A}\neq\boldsymbol{O}$ 的情况.

我们不妨设 $a_{11}\neq 0$,若 $a_{11}=0$ 时,只需经过适当的初等行列变换,就可以把第一行第一列的位置元素换为非零元素.

把第 $i(i=2,3,\cdots,m)$ 行减去第 1 行的 $\dfrac{a_{i1}}{a_{11}}$ 倍;把第 $j(j=2,3,\cdots,n)$ 列减去第 1 列的 $\dfrac{a_{1j}}{a_{11}}$ 倍;最后把第一行的元素乘以 $\dfrac{1}{a_{11}}$,$\boldsymbol{A}$ 就化为了

$$
\begin{pmatrix} 1 & \boldsymbol{O} \\ \boldsymbol{O} & \boldsymbol{A}_1 \end{pmatrix},
$$

其中 $\boldsymbol{O}$ 是零向量,$\boldsymbol{A}_1$ 是 $(m-1)\times(n-1)$ 阶矩阵.

对 $\boldsymbol{A}_1$ 实施同样的步骤,这样下去就可以把矩阵 $\boldsymbol{A}$ 化为标准形.

## 2.5.2 初等矩阵

这一节我们研究矩阵的初等变换与矩阵乘法之间的关系.

**定义 2** 由 $n$ 阶单位矩阵 $\boldsymbol{E}_n$ 经过一次初等变换得到的矩阵称为 $n$ **阶初等矩阵**(elementary matrix).

矩阵的初等变换有 3 种,它们对应着三种初等矩阵.

(1)交换 $n$ 阶单位矩阵 $\boldsymbol{E}_n$ 的第 $i,j$ 两行(或两列),得到的初等矩阵记为 $\boldsymbol{E}_n(i,j)$,即

$$
\boldsymbol{E}_n(i,j)=\begin{pmatrix}
1 &&&&&&&&& \\
& \ddots &&&&&&&& \\
&& 1 &&&&&&& \\
&&& 0 && \cdots && 1 &&& \\
&&&& 1 &&&&& \\
&&& \vdots && \ddots && \vdots && \\
&&&&&& 1 &&& \\
&&& 1 && \cdots && 0 && \\
&&&&&&&& 1 & \\
&&&&&&&&& \ddots \\
&&&&&&&&&& 1
\end{pmatrix}\begin{matrix} \\ \\ \\ \leftarrow \text{第 } i \text{ 行}, \\ \\ \\ \\ \leftarrow \text{第 } j \text{ 行}. \\ \\ \\ \\ \end{matrix}
$$

(2)用非零常数 $k$ 乘以 $\boldsymbol{E}_n$ 的第 $i$ 行(或列),得到的初等矩阵记为 $\boldsymbol{E}_n[i(k)]$,即

$$
\boldsymbol{E}_n[i(k)]=\begin{pmatrix}
1 &&&&&& \\
& \ddots &&&&& \\
&& 1 &&&& \\
&&& k &&& \\
&&&& 1 && \\
&&&&& \ddots & \\
&&&&&& 1
\end{pmatrix}\begin{matrix} \\ \\ \\ \leftarrow \text{第 } i \text{ 行}. \\ \\ \\ \\ \end{matrix}
$$

(3)用数 $k$ 乘以 $\boldsymbol{E}_n$ 的第 $j$ 行加到第 $i$ 行上(或用 $k$ 乘 $\boldsymbol{E}_n$ 的第 $i$ 列加到第 $j$ 列上),得到的初等矩阵记为 $\boldsymbol{E}_n[i,j(k)]$,如

$$
\boldsymbol{E}_n[i,j(k)]=\begin{pmatrix}
1 &&&&&& \\
& \ddots &&&&& \\
&& 1 & \cdots & k && \\
&&& \ddots & \vdots && \\
&&&& 1 && \\
&&&&& \ddots & \\
&&&&&& 1
\end{pmatrix}\begin{matrix} \\ \\ \leftarrow \text{第 } i \text{ 行}, \\ \\ \leftarrow \text{第 } j \text{ 行}. \\ \\ \\ \end{matrix}
$$

下面我们来看看用初等矩阵与一般矩阵做乘法会得到什么结果. 给定矩阵

$$
\boldsymbol{A}=\begin{pmatrix} a_{11} & a_{12} & a_{13} & a_{14} \\ a_{21} & a_{22} & a_{23} & a_{24} \\ a_{31} & a_{32} & a_{33} & a_{34} \end{pmatrix},
$$

$$
\boldsymbol{E}_3(1,2)\boldsymbol{A}=\begin{pmatrix} 0 & 1 & 0 \\ 1 & 0 & 0 \\ 0 & 0 & 1 \end{pmatrix}\begin{pmatrix} a_{11} & a_{12} & a_{13} & a_{14} \\ a_{21} & a_{22} & a_{23} & a_{24} \\ a_{31} & a_{32} & a_{33} & a_{34} \end{pmatrix}=\begin{pmatrix} a_{21} & a_{22} & a_{23} & a_{24} \\ a_{11} & a_{12} & a_{13} & a_{14} \\ a_{31} & a_{32} & a_{33} & a_{34} \end{pmatrix},
$$

$$
\boldsymbol{E}_3[3(k)]\boldsymbol{A}=\begin{pmatrix} 1 & 0 & 0 \\ 0 & 1 & 0 \\ 0 & 0 & k \end{pmatrix}\begin{pmatrix} a_{11} & a_{12} & a_{13} & a_{14} \\ a_{21} & a_{22} & a_{23} & a_{24} \\ a_{31} & a_{32} & a_{33} & a_{34} \end{pmatrix}=\begin{pmatrix} a_{11} & a_{12} & a_{13} & a_{14} \\ a_{21} & a_{22} & a_{23} & a_{24} \\ ka_{31} & ka_{32} & ka_{33} & ka_{34} \end{pmatrix},
$$

$$\boldsymbol{E}_3[2,1(k)]\boldsymbol{A}=\begin{pmatrix}1&0&0\\k&1&0\\0&0&1\end{pmatrix}\begin{pmatrix}a_{11}&a_{12}&a_{13}&a_{14}\\a_{21}&a_{22}&a_{23}&a_{24}\\a_{31}&a_{32}&a_{33}&a_{34}\end{pmatrix}$$

$$=\begin{pmatrix}a_{11}&a_{12}&a_{13}&a_{14}\\a_{21}+ka_{11}&a_{22}+ka_{12}&a_{23}+ka_{13}&a_{24}+ka_{14}\\a_{31}&a_{32}&a_{33}&a_{34}\end{pmatrix}.$$

从上面三个式子可以看出，用初等矩阵左乘矩阵 **A**，相当于**对矩阵 A 实施了一次相对应的行变换**. 下面我们再来看用初等矩阵右乘矩阵 **A** 得到的结果.

$$\boldsymbol{AE}_4(2,3)=\begin{pmatrix}a_{11}&a_{12}&a_{13}&a_{14}\\a_{21}&a_{22}&a_{23}&a_{24}\\a_{31}&a_{32}&a_{33}&a_{34}\end{pmatrix}\begin{pmatrix}1&0&0&0\\0&0&1&0\\0&1&0&0\\0&0&0&1\end{pmatrix}=\begin{pmatrix}a_{11}&a_{13}&a_{12}&a_{14}\\a_{21}&a_{23}&a_{22}&a_{24}\\a_{31}&a_{33}&a_{32}&a_{34}\end{pmatrix},$$

$$\boldsymbol{AE}_4[2(k)]=\begin{pmatrix}a_{11}&a_{12}&a_{13}&a_{14}\\a_{21}&a_{22}&a_{23}&a_{24}\\a_{31}&a_{32}&a_{33}&a_{34}\end{pmatrix}\begin{pmatrix}1&0&0&0\\0&k&0&0\\0&0&1&0\\0&0&0&1\end{pmatrix}=\begin{pmatrix}a_{11}&ka_{12}&a_{13}&a_{14}\\a_{21}&ka_{22}&a_{23}&a_{24}\\a_{31}&ka_{32}&a_{33}&a_{34}\end{pmatrix},$$

$$\boldsymbol{AE}_4[3,2(k)]=\begin{pmatrix}a_{11}&a_{12}&a_{13}&a_{14}\\a_{21}&a_{22}&a_{23}&a_{24}\\a_{31}&a_{32}&a_{33}&a_{34}\end{pmatrix}\begin{pmatrix}1&0&0&0\\0&1&0&0\\0&k&1&0\\0&0&0&1\end{pmatrix}=\begin{pmatrix}a_{11}&a_{12}+ka_{13}&a_{13}&a_{14}\\a_{21}&a_{22}+ka_{23}&a_{23}&a_{24}\\a_{31}&a_{32}+ka_{33}&a_{33}&a_{34}\end{pmatrix}.$$

这三个式子告诉我们，用初等矩阵右乘矩阵 **A**，相当于**对矩阵 A 实施了一次相对应的列变换**.

一般地，我们有下列引理.

**引理 1**　设 **A** 是一个 $m\times n$ 阶矩阵，对 **A** 实施一次初等行变换，相当于在矩阵 **A** 的左边乘上相对应的 $m$ 阶初等矩阵；对 **A** 实施一次初等列变换，相当于在矩阵 **A** 的右边乘上相对应的 $n$ 阶初等矩阵.

**【证】**　我们下面只证行变换的情形，列变换的情形类似可证. 将矩阵 $\boldsymbol{A}_{m\times n}$ 表示成按行分块的分块矩阵

$$\boldsymbol{A}=\begin{pmatrix}\boldsymbol{\alpha}_1\\\boldsymbol{\alpha}_2\\\vdots\\\boldsymbol{\alpha}_m\end{pmatrix},$$

其中 $\boldsymbol{\alpha}_i=(a_{i1},a_{i2},\cdots,a_{in})(i=1,2,\cdots,m)$ 是 **A** 的第 $i$ 行元素组成的行向量. 于是

$$\boldsymbol{E}_m(i,j)\boldsymbol{A}=\begin{pmatrix}1&&&&&&\\&\ddots&&&&&\\&&0&\cdots&1&&\\&&\vdots&&\vdots&&\\&&1&\cdots&0&&\\&&&&&\ddots&\\&&&&&&1\end{pmatrix}\begin{pmatrix}\boldsymbol{\alpha}_1\\\vdots\\\boldsymbol{\alpha}_i\\\vdots\\\boldsymbol{\alpha}_j\\\vdots\\\boldsymbol{\alpha}_m\end{pmatrix}=\begin{pmatrix}\boldsymbol{\alpha}_1\\\vdots\\\boldsymbol{\alpha}_j\\\vdots\\\boldsymbol{\alpha}_i\\\vdots\\\boldsymbol{\alpha}_m\end{pmatrix},$$

其结果相当于对矩阵 $\boldsymbol{A}$ 进行一次初等行变换：交换了矩阵 $\boldsymbol{A}$ 的第 $i,j$ 两行.

$$\boldsymbol{E}_m[i(k)]\boldsymbol{A}=\begin{pmatrix}1&&&&\\&\ddots&&&\\&&k&&\\&&&\ddots&\\&&&&1\end{pmatrix}\begin{pmatrix}\boldsymbol{\alpha}_1\\\vdots\\\boldsymbol{\alpha}_i\\\vdots\\\boldsymbol{\alpha}_m\end{pmatrix}=\begin{pmatrix}\boldsymbol{\alpha}_1\\\vdots\\k\boldsymbol{\alpha}_i\\\vdots\\\boldsymbol{\alpha}_m\end{pmatrix},$$

其结果相当于对矩阵 $\boldsymbol{A}$ 进行一次初等行变换：用数 $k$ 乘矩阵 $\boldsymbol{A}$ 的第 $i$ 行.

$$\boldsymbol{E}_n[i,j(k)]\boldsymbol{A}=\begin{pmatrix}1&&&&&\\&\ddots&&&&\\&&1&\cdots&k&&\\&&&\ddots&\vdots&&\\&&&&1&&\\&&&&&\ddots&\\&&&&&&1\end{pmatrix}\begin{pmatrix}\boldsymbol{\alpha}_1\\\vdots\\\boldsymbol{\alpha}_i\\\vdots\\\boldsymbol{\alpha}_j\\\vdots\\\boldsymbol{\alpha}_m\end{pmatrix}=\begin{pmatrix}\boldsymbol{\alpha}_1\\\vdots\\\boldsymbol{\alpha}_i+k\boldsymbol{\alpha}_j\\\vdots\\\boldsymbol{\alpha}_j\\\vdots\\\boldsymbol{\alpha}_m\end{pmatrix},$$

其结果相当于对矩阵 $\boldsymbol{A}$ 进行一次初等行变换：用数 $k$ 乘以矩阵 $\boldsymbol{A}$ 的第 $j$ 行加到第 $i$ 行上.

容易看出，三种初等矩阵都是可逆的，并且它们的逆矩阵还是初等矩阵. 事实上

$$|\boldsymbol{E}(i,j)|=-1,\ |\boldsymbol{E}[i(k)]|=k,\ |\boldsymbol{E}[i,j(k)]|=1,$$

因此三类初等矩阵都可逆，并且

$$\boldsymbol{E}(i,j)^{-1}=\boldsymbol{E}(i,j),\ \boldsymbol{E}[i(k)]^{-1}=\boldsymbol{E}[i(\frac{1}{k})],\ \boldsymbol{E}[i,j(k)]^{-1}=\boldsymbol{E}[i,j(-k)].$$

## 2.5.3 用初等变换求矩阵的逆矩阵

**定理 2** 方阵 $\boldsymbol{A}$ 可逆的充分必要条件是存在有限个初等矩阵 $\boldsymbol{P}_1,\boldsymbol{P}_2,\cdots,\boldsymbol{P}_l$，使得 $\boldsymbol{A}=\boldsymbol{P}_1\boldsymbol{P}_2\cdots\boldsymbol{P}_l$.

**【证】** 充分性. 设 $\boldsymbol{A}=\boldsymbol{P}_1\boldsymbol{P}_2\cdots\boldsymbol{P}_l$，其中 $\boldsymbol{P}_i(i=1,2,\cdots,l)$ 是初等矩阵，由于初等矩阵是可逆的，有限个可逆矩阵的乘积仍可逆，故 $\boldsymbol{A}$ 可逆.

必要性. 设 $n$ 阶方阵 $\boldsymbol{A}$ 可逆，且 $\boldsymbol{A}$ 经过初等变换可化为标准形 $\boldsymbol{F}=\begin{pmatrix}\boldsymbol{E}_r&\boldsymbol{O}\\\boldsymbol{O}&\boldsymbol{O}\end{pmatrix}$，即 $\boldsymbol{A}\sim\boldsymbol{F}$. 由于初等变换是可逆的，即 $\boldsymbol{F}\sim\boldsymbol{A}$，即 $\boldsymbol{F}$ 经过有限次初等变换可化为 $\boldsymbol{A}$. 因此存在初等矩阵 $\boldsymbol{P}_1$，$\boldsymbol{P}_2,\cdots,\boldsymbol{P}_l$，使得

$$\boldsymbol{A}=\boldsymbol{P}_1\cdots\boldsymbol{P}_s\boldsymbol{F}\boldsymbol{P}_{s+1}\cdots\boldsymbol{P}_l,$$

因为 $\boldsymbol{A}$ 可逆，$\boldsymbol{P}_1,\boldsymbol{P}_2,\cdots,\boldsymbol{P}_l$ 也可逆，故 $\boldsymbol{A}$ 的标准形 $\boldsymbol{F}$ 可逆. 因此 $r=n$，即 $\boldsymbol{F}=\boldsymbol{E}$. 从而

$$\boldsymbol{A}=\boldsymbol{P}_1\boldsymbol{P}_2\cdots\boldsymbol{P}_l.$$

**推论 1** 方阵 $\boldsymbol{A}$ 可逆的充分必要条件是存在可逆矩阵 $\boldsymbol{P}$，使得 $\boldsymbol{PA}=\boldsymbol{E}$.

**【证】** 根据定理 2，矩阵 $\boldsymbol{A}$ 可逆的充分必要条件是存在有限个初等矩阵 $\boldsymbol{P}_1,\boldsymbol{P}_2,\cdots,\boldsymbol{P}_l$，使得 $\boldsymbol{A}=\boldsymbol{P}_1\boldsymbol{P}_2\cdots\boldsymbol{P}_l$，则 $\boldsymbol{P}_l^{-1}\cdots\boldsymbol{P}_2^{-1}\boldsymbol{P}_1^{-1}\boldsymbol{A}=\boldsymbol{E}$. 令 $\boldsymbol{P}=\boldsymbol{P}_l^{-1}\cdots\boldsymbol{P}_2^{-1}\boldsymbol{P}_1^{-1}$，则 $\boldsymbol{P}$ 是可逆矩阵，并且 $\boldsymbol{PA}=\boldsymbol{E}$.

推论 1 表明，可逆矩阵经过初等行变换可化为单位矩阵. 下面我们利用这个结论给出求逆矩阵的初等变换法.

设 $\boldsymbol{A}$ 是 $n$ 阶可逆矩阵，把矩阵 $\boldsymbol{A}$ 和 $n$ 阶单位矩阵放在一起构成一个 $n\times 2n$ 阶的分块矩阵 $(\boldsymbol{A},\boldsymbol{E})$，对这个分块矩阵实施初等行变换，即用可逆矩阵 $\boldsymbol{P}$ 乘以它得

$$\boldsymbol{P}(\boldsymbol{A},\boldsymbol{E})=(\boldsymbol{PA},\boldsymbol{P})=(\boldsymbol{E},\boldsymbol{A}^{-1}).$$

这个式子表明对分块矩阵 $(\boldsymbol{A},\boldsymbol{E})$ 实施初等行变换，当左边的小块化为单位矩阵的时候，右边的小块就是 $\boldsymbol{A}^{-1}$，即

$$(\boldsymbol{A},\boldsymbol{E})\rightarrow(\boldsymbol{E},\boldsymbol{A}^{-1}).$$

**【例 1】** 设 $\boldsymbol{A}=\begin{pmatrix}0&1&2\\1&1&4\\2&-1&0\end{pmatrix}$，求 $\boldsymbol{A}^{-1}$.

**【解】**

$$(\boldsymbol{A},\boldsymbol{E})=\left(\begin{array}{ccc:ccc}0&1&2&1&0&0\\1&1&4&0&1&0\\2&-1&0&0&0&1\end{array}\right)\rightarrow\left(\begin{array}{ccc:ccc}1&1&4&0&1&0\\0&1&2&1&0&0\\2&-1&0&0&0&1\end{array}\right)$$

$$\rightarrow\left(\begin{array}{ccc:ccc}1&1&4&0&1&0\\0&1&2&1&0&0\\0&-3&-8&0&-2&1\end{array}\right)\rightarrow\left(\begin{array}{ccc:ccc}1&1&4&0&1&0\\0&1&2&1&0&0\\0&0&-2&3&-2&1\end{array}\right)$$

$$\rightarrow\left(\begin{array}{ccc:ccc}1&1&0&6&-3&2\\0&1&0&4&-2&1\\0&0&-2&3&-2&1\end{array}\right)\rightarrow\left(\begin{array}{ccc:ccc}1&0&0&2&-1&1\\0&1&0&4&-2&1\\0&0&-2&3&-2&1\end{array}\right)$$

$$\rightarrow\left(\begin{array}{ccc:ccc}1&0&0&2&-1&1\\0&1&0&4&-2&1\\0&0&1&-\frac{3}{2}&1&-\frac{1}{2}\end{array}\right),$$

于是

$$\boldsymbol{A}^{-1}=\begin{pmatrix}2&-1&1\\4&-2&1\\-\frac{3}{2}&1&-\frac{1}{2}\end{pmatrix}.$$

初等行变换还可用于求解矩阵方程 $\boldsymbol{AX}=\boldsymbol{B}$，其中 $\boldsymbol{A}$ 为可逆矩阵. 显然，方程的解 $\boldsymbol{X}=\boldsymbol{A}^{-1}\boldsymbol{B}$，由于

$$\boldsymbol{P}(\boldsymbol{A},\boldsymbol{B})=(\boldsymbol{PA},\boldsymbol{PB})=(\boldsymbol{E},A^{-1}\boldsymbol{B}),$$

即

$$(\boldsymbol{A},\boldsymbol{B}) \to (\boldsymbol{E},\boldsymbol{A}^{-1}\boldsymbol{B}).$$

【例 2】 求矩阵 $\boldsymbol{X}$,使得 $\boldsymbol{AX}=\boldsymbol{B}$,其中

$$\boldsymbol{A}=\begin{pmatrix}1&2&3\\2&2&1\\3&4&3\end{pmatrix},\ \boldsymbol{B}=\begin{pmatrix}2&5\\3&1\\4&3\end{pmatrix}.$$

【解】

$$(\boldsymbol{A},\boldsymbol{B})=\left(\begin{array}{ccc:cc}1&2&3&2&5\\2&2&1&3&1\\3&4&3&4&3\end{array}\right)\to\left(\begin{array}{ccc:cc}1&2&3&2&5\\0&-2&-5&-1&-9\\0&-2&-6&-2&-12\end{array}\right)$$

$$\to\left(\begin{array}{ccc:cc}1&2&3&2&5\\0&-2&-5&-1&-9\\0&0&-1&-1&-3\end{array}\right)\to\left(\begin{array}{ccc:cc}1&2&0&-1&-4\\0&-2&0&4&6\\0&0&-1&-1&-3\end{array}\right)$$

$$\to\left(\begin{array}{ccc:cc}1&0&0&3&2\\0&-2&0&4&6\\0&0&-1&-1&-3\end{array}\right)\to\left(\begin{array}{ccc:cc}1&0&0&3&2\\0&1&0&-2&-3\\0&0&1&1&3\end{array}\right).$$

故

$$\boldsymbol{X}=\boldsymbol{A}^{-1}\boldsymbol{B}=\begin{pmatrix}3&2\\-2&-3\\1&3\end{pmatrix}.$$

## 2.5.4 分块乘法的初等变换

将单位矩阵进行分块如下:

$$\begin{pmatrix}\boldsymbol{E}_m&\boldsymbol{O}\\\boldsymbol{O}&\boldsymbol{E}_n\end{pmatrix},$$

交换它的两行(列),把某行(列)左乘(右乘)一个矩阵 $\boldsymbol{P}$,把一行(列)乘以矩阵 $\boldsymbol{P}$ 加到另一行(列),可以得到如下这些矩阵:

$$\begin{pmatrix}\boldsymbol{O}&\boldsymbol{E}_n\\\boldsymbol{E}_m&\boldsymbol{O}\end{pmatrix},\begin{pmatrix}\boldsymbol{P}&\boldsymbol{O}\\\boldsymbol{O}&\boldsymbol{E}_n\end{pmatrix},\begin{pmatrix}\boldsymbol{E}_m&\boldsymbol{O}\\\boldsymbol{O}&\boldsymbol{P}\end{pmatrix},\begin{pmatrix}\boldsymbol{E}_m&\boldsymbol{P}\\\boldsymbol{O}&\boldsymbol{E}_n\end{pmatrix},\begin{pmatrix}\boldsymbol{E}_m&\boldsymbol{O}\\\boldsymbol{P}&\boldsymbol{E}_n\end{pmatrix}. \tag{2.16}$$

用这些矩阵(我们只拿其中 3 个进行举例计算)左乘一个分块矩阵

$$\begin{pmatrix}\boldsymbol{A}&\boldsymbol{B}\\\boldsymbol{C}&\boldsymbol{D}\end{pmatrix}, \tag{2.17}$$

当分块矩阵乘法能够进行时,

$$\begin{pmatrix}\boldsymbol{O}&\boldsymbol{E}_n\\\boldsymbol{E}_m&\boldsymbol{O}\end{pmatrix}\begin{pmatrix}\boldsymbol{A}&\boldsymbol{B}\\\boldsymbol{C}&\boldsymbol{D}\end{pmatrix}=\begin{pmatrix}\boldsymbol{C}&\boldsymbol{D}\\\boldsymbol{A}&\boldsymbol{B}\end{pmatrix}, \tag{2.18}$$

$$\begin{pmatrix}\boldsymbol{E}_m&\boldsymbol{O}\\\boldsymbol{O}&\boldsymbol{P}\end{pmatrix}\begin{pmatrix}\boldsymbol{A}&\boldsymbol{B}\\\boldsymbol{C}&\boldsymbol{D}\end{pmatrix}=\begin{pmatrix}\boldsymbol{A}&\boldsymbol{B}\\\boldsymbol{PC}&\boldsymbol{PD}\end{pmatrix}, \tag{2.19}$$

$$\begin{pmatrix}\boldsymbol{E}_m&\boldsymbol{O}\\\boldsymbol{P}&\boldsymbol{E}_n\end{pmatrix}\begin{pmatrix}\boldsymbol{A}&\boldsymbol{B}\\\boldsymbol{C}&\boldsymbol{D}\end{pmatrix}=\begin{pmatrix}\boldsymbol{A}&\boldsymbol{B}\\\boldsymbol{C}+\boldsymbol{PA}&\boldsymbol{D}+\boldsymbol{PB}\end{pmatrix}. \tag{2.20}$$

和初等矩阵与初等变换的关系类似，用式(2.16)中的矩阵左乘分块矩阵(2.17)，只要分块矩阵乘法能够进行，其结果也是对矩阵(2.17)进行相应的变换. 同样，用式(2.16)中的矩阵右乘分块矩阵(2.17)，当分块矩阵乘法能够进行时，也有相应的结果，这里就不一一写出了.

在式(2.20)中，适当选择矩阵 $\boldsymbol{P}$，可使 $\boldsymbol{C}+\boldsymbol{PA}=\boldsymbol{O}$. 例如当矩阵 $\boldsymbol{A}$ 可逆时，取 $\boldsymbol{P}=-\boldsymbol{CA}^{-1}$，则 $\boldsymbol{C}+\boldsymbol{PA}=\boldsymbol{O}$. 于是

$$\begin{pmatrix} \boldsymbol{E}_m & \boldsymbol{O} \\ -\boldsymbol{CA}^{-1} & \boldsymbol{E}_n \end{pmatrix}\begin{pmatrix} \boldsymbol{A} & \boldsymbol{B} \\ \boldsymbol{C} & \boldsymbol{D} \end{pmatrix}=\begin{pmatrix} \boldsymbol{A} & \boldsymbol{B} \\ \boldsymbol{O} & \boldsymbol{D}-\boldsymbol{CA}^{-1}\boldsymbol{B} \end{pmatrix}.$$

这个形状的矩阵应用很多，特别是在求行列式、逆矩阵以及解决一些特殊问题时. 下面举例来看这类公式的应用.

**【例 3】** 设矩阵 $\boldsymbol{A},\boldsymbol{D}$ 可逆，分块矩阵

$$\boldsymbol{T}=\begin{pmatrix} \boldsymbol{A} & \boldsymbol{O} \\ \boldsymbol{C} & \boldsymbol{D} \end{pmatrix},$$

求 $\boldsymbol{T}^{-1}$.

**【解】** 由于

$$\begin{pmatrix} \boldsymbol{E} & \boldsymbol{O} \\ -\boldsymbol{CA}^{-1} & \boldsymbol{E} \end{pmatrix}\begin{pmatrix} \boldsymbol{A} & \boldsymbol{O} \\ \boldsymbol{C} & \boldsymbol{D} \end{pmatrix}=\begin{pmatrix} \boldsymbol{A} & \boldsymbol{O} \\ \boldsymbol{O} & \boldsymbol{D} \end{pmatrix}$$

及

$$\begin{pmatrix} \boldsymbol{A} & \boldsymbol{O} \\ \boldsymbol{O} & \boldsymbol{D} \end{pmatrix}^{-1}=\begin{pmatrix} \boldsymbol{A}^{-1} & \boldsymbol{O} \\ \boldsymbol{O} & \boldsymbol{D}^{-1} \end{pmatrix},$$

易知 $\boldsymbol{T}$ 可逆，并且

$$\boldsymbol{T}^{-1}=\begin{pmatrix} \boldsymbol{A}^{-1} & \boldsymbol{O} \\ \boldsymbol{O} & \boldsymbol{D}^{-1} \end{pmatrix}\begin{pmatrix} \boldsymbol{E} & \boldsymbol{O} \\ -\boldsymbol{CA}^{-1} & \boldsymbol{E} \end{pmatrix}=\begin{pmatrix} \boldsymbol{A}^{-1} & \boldsymbol{O} \\ -\boldsymbol{D}^{-1}\boldsymbol{CA}^{-1} & \boldsymbol{D}^{-1} \end{pmatrix}.$$

**【例 4】** 设 $\boldsymbol{A}$ 为 $n$ 阶非奇异矩阵，$\boldsymbol{\alpha}$ 是 $n$ 维列向量，$b$ 为常数，记分块矩阵

$$\boldsymbol{Q}=\begin{pmatrix} \boldsymbol{A} & \boldsymbol{\alpha} \\ \boldsymbol{\alpha}^{\mathrm{T}} & b \end{pmatrix},$$

证明 $\boldsymbol{Q}$ 可逆的充分必要条件是 $\boldsymbol{\alpha}^{\mathrm{T}}\boldsymbol{A}^{-1}\boldsymbol{\alpha}\neq b$.

**【证】** 令

$$\boldsymbol{P}=\begin{pmatrix} \boldsymbol{E} & \boldsymbol{O} \\ -\boldsymbol{\alpha}^{\mathrm{T}}\boldsymbol{A}^{-1} & 1 \end{pmatrix},$$

其中 $\boldsymbol{E}$ 是 $n$ 阶单位矩阵. 则 $\boldsymbol{P}$ 是可逆矩阵，并且

$$\boldsymbol{PQ}=\begin{pmatrix} \boldsymbol{E} & \boldsymbol{O} \\ -\boldsymbol{\alpha}^{\mathrm{T}}\boldsymbol{A}^{-1} & 1 \end{pmatrix}\begin{pmatrix} \boldsymbol{A} & \boldsymbol{\alpha} \\ \boldsymbol{\alpha}^{\mathrm{T}} & b \end{pmatrix}=\begin{pmatrix} \boldsymbol{A} & \boldsymbol{\alpha} \\ \boldsymbol{O} & -\boldsymbol{\alpha}^{\mathrm{T}}\boldsymbol{A}^{-1}\boldsymbol{\alpha}+b \end{pmatrix}.$$

由上式可知，矩阵 $\boldsymbol{Q}$ 可逆，当且仅当 $-\boldsymbol{\alpha}^{\mathrm{T}}\boldsymbol{A}^{-1}\boldsymbol{\alpha}+b\neq 0$，问题得证.

# 2.6 矩阵的秩

## 2.6.1 矩阵秩的定义

矩阵的秩是一个非常重要的概念，它在讨论线性方程组解的存在性等问题中起着至关重要的作用. 在上一节的定理 1 中，我们指出一个 $m\times n$ 阶矩阵 $\boldsymbol{A}$ 经过初等变换可以化成标准形

$$\boldsymbol{F}=\begin{pmatrix}\boldsymbol{E}_r & \boldsymbol{O}\\ \boldsymbol{O} & \boldsymbol{O}\end{pmatrix}_{m\times n},$$

其中 $\boldsymbol{E}_r$ 是 $r$ 阶的单位矩阵. 这个数 $r$ 是由矩阵 $\boldsymbol{A}$ 完全确定的，它是矩阵 $\boldsymbol{A}$ 的一个不变量（数 $r$ 的确定性我们尚未证明，将在本节中给出），我们把它称为矩阵 $\boldsymbol{A}$ 的秩. 下面我们从另一个角度给出矩阵秩的定义.

**定义 1** 设 $\boldsymbol{A}$ 是一个 $m\times n$ 阶矩阵，任取它的 $k$ 行 $k$ 列（$1\leqslant k\leqslant \min\{m,n\}$），位于这些行列交叉处的 $k^2$ 个数，按它们在矩阵 $\boldsymbol{A}$ 中所处的位置顺序而得的 $k$ 阶行列式，称为矩阵 $\boldsymbol{A}$ 的 **$k$ 阶子式**.

例如矩阵

$$\boldsymbol{A}=\begin{pmatrix}-1 & 3 & 7 & 2\\ 0 & 1 & -4 & 3\\ 8 & -7 & 1 & 3\end{pmatrix},$$

选取其第一行和第三行，第二列和第四列，其交叉处的 4 个元素按它们在 $\boldsymbol{A}$ 中的位置顺序构成的二阶行列式

$$\begin{vmatrix}3 & 2\\ -7 & 3\end{vmatrix}$$

就是矩阵 $\boldsymbol{A}$ 的一个二阶子式.

**注**：$m\times n$ 阶矩阵 $\boldsymbol{A}$ 的 $k$ 阶子式共有 $C_m^k\cdot C_n^k$ 个.

**定义 2** 设 $\boldsymbol{A}$ 是一个 $m\times n$ 阶矩阵，如果在 $\boldsymbol{A}$ 中有一个非零 $r$ 阶子式 $D$，且所有的 $r+1$ 阶子式（如果存在的话）都等于 0，那么称 $D$ 为矩阵 $\boldsymbol{A}$ 的一个**最高阶非零子式**，数 $r$ 称为矩阵 $\boldsymbol{A}$ 的**秩**（rank），记作 $R(\boldsymbol{A})$ 或 rank $\boldsymbol{A}$，即 $R(\boldsymbol{A})=r$ 或 rank $\boldsymbol{A}=r$. 并规定零矩阵的秩等于 0.

利用行列式的展开性质，在矩阵 $\boldsymbol{A}$ 中当所有的 $r+1$ 阶子式都等于 0 时，它的所有高于 $r+1$ 阶的子式（如果存在的话）也都等于 0，因此把 $r$ 阶非零子式 $D$ 称为最高阶非零子式，同时矩阵 $\boldsymbol{A}$ 的秩实际上就是矩阵 $\boldsymbol{A}$ 的非零子式的最高阶数.

根据秩的定义，我们很容易得到下列性质：

① 若 $\boldsymbol{A}$ 是 $m\times n$ 阶矩阵，则 $0\leqslant R(\boldsymbol{A})\leqslant\min\{m,n\}$；

② $R(\boldsymbol{A})=R(\boldsymbol{A}^{\mathrm{T}})$；

③ 若矩阵 $\boldsymbol{A}$ 中有某个 $t$ 阶子式不为 0，则 $R(\boldsymbol{A})\geqslant t$；若 $\boldsymbol{A}$ 中所有的 $s$ 阶子式都等于 0，则 $R(\boldsymbol{A})<s$.

对于 $n$ 阶方阵 $\boldsymbol{A}$，因为 $\boldsymbol{A}$ 的 $n$ 阶子式只有一个 $|\boldsymbol{A}|$，故当 $|\boldsymbol{A}|\neq 0$ 时，$R(\boldsymbol{A})=n$，此时矩阵

$\boldsymbol{A}$ 是可逆的，所以可逆矩阵的秩等于矩阵的阶数，我们称可逆矩阵（非奇异矩阵）为**满秩矩阵**；当 $|\boldsymbol{A}|=0$ 时，$R(\boldsymbol{A})<n$，此时矩阵 $\boldsymbol{A}$ 不可逆，因此不可逆矩阵的秩小于矩阵的阶数，我们称不可逆矩阵（奇异矩阵）为**降秩矩阵**.

**【例 1】** 求矩阵 $\boldsymbol{A}$ 的秩，其中

$$\boldsymbol{A}=\begin{pmatrix}2 & 6 & 2 & 8\\ 1 & 6 & -1 & 6\\ 4 & -6 & 16 & 4\end{pmatrix}.$$

**【解】** 矩阵 $\boldsymbol{A}$ 的三阶子式共有 4 个，

$$\begin{vmatrix}2 & 6 & 2\\ 1 & 6 & -1\\ 4 & -6 & 16\end{vmatrix}=0,\begin{vmatrix}2 & 6 & 8\\ 1 & 6 & 6\\ 4 & -6 & 4\end{vmatrix}=0,\begin{vmatrix}2 & 2 & 8\\ 1 & -1 & 6\\ 4 & 16 & 4\end{vmatrix}=0,\begin{vmatrix}6 & 2 & 8\\ 6 & -1 & 6\\ -6 & 16 & 4\end{vmatrix}=0,$$

它们的值都等于 0. 另外矩阵 $\boldsymbol{A}$ 有一个二阶的子式

$$\begin{vmatrix}2 & 6\\ 1 & 6\end{vmatrix}\neq 0,$$

因此 $R(\boldsymbol{A})=2$.

**【例 2】** 设矩阵

$$\boldsymbol{B}=\begin{pmatrix}-3 & 1 & 0 & 2 & 2\\ 0 & 0 & 7 & 3 & -1\\ 0 & 0 & 0 & 2 & 5\\ 0 & 0 & 0 & 0 & 0\end{pmatrix},$$

求矩阵 $\boldsymbol{B}$ 的秩.

**【解】** 矩阵 $\boldsymbol{B}$ 是一个行阶梯形矩阵，它的前三行有非零元素，则 $\boldsymbol{B}$ 的所有四阶子式全为 0. 取 $\boldsymbol{B}$ 的前三行，每行第一个非零元所在的列（第一列、第三列和第四列）交叉处的元构成的三阶子式为

$$\begin{vmatrix}-3 & 0 & 2\\ 0 & 7 & 3\\ 0 & 0 & 2\end{vmatrix},$$

它是一个上三角行列式，并且它的值不等于 0，因此 $R(\boldsymbol{B})=3$，即矩阵 $\boldsymbol{B}$ 的秩就等于非零元行的行数.

## 2.6.2 利用初等变换求矩阵的秩

从这两个例子我们可以看出，对于一个矩阵，如果其阶数较高时，按定义去求矩阵的秩需要从最高阶子式开始计算，其计算量很大. 如果矩阵本身就是一个行阶梯形矩阵，其秩的计算就要简单得多，它的秩就等于矩阵中非零行的行数. 这让我们很自然地去思考一个问题：给一个矩阵，我们可以通过初等变换把矩阵化为行阶梯形矩阵，这两个等价矩阵的秩是否相等呢？下面的定理回答了这个问题.

**定理 1** 若矩阵 $\boldsymbol{A}\sim\boldsymbol{B}$，则 $R(\boldsymbol{A})=R(\boldsymbol{B})$，即矩阵的初等变换不改变矩阵的秩.

【证】 先证明：若矩阵 $\boldsymbol{A}$ 经过一次初等行变换变为 $\boldsymbol{B}$，则 $R(\boldsymbol{A})\leqslant R(\boldsymbol{B})$.

设 $R(\boldsymbol{A})=r$，则 $\boldsymbol{A}$ 的某个 $r$ 阶子式 $D\neq 0$. 我们分三种情况来讨论.

① 当初等变换是交换 $\boldsymbol{A}$ 的第 $i$ 行与第 $j$ 行得到 $\boldsymbol{B}$，即 $\boldsymbol{A}\xrightarrow{r_i\leftrightarrow r_j}\boldsymbol{B}$ 时，在 $\boldsymbol{B}$ 中总能找到与 $D$ 对应的 $r$ 阶子式 $D_1$，并且 $D_1=D$ 或 $D_1=-D$. 因此 $D_1\neq 0$，从而 $R(\boldsymbol{B})\geqslant r=R(\boldsymbol{A})$；

② 当初等变换是把 $\boldsymbol{A}$ 的第 $i$ 行乘以非零常数 $k$ 得到 $\boldsymbol{B}$，即 $\boldsymbol{A}\xrightarrow{r_i\times k}\boldsymbol{B}$ 时，在 $\boldsymbol{B}$ 中也能找到与 $D$ 对应的 $r$ 阶子式 $D_2$，并且 $D_2=D$ 或 $D_2=kD\neq 0(k\neq 0)$，因而也有 $R(\boldsymbol{B})\geqslant r=R(\boldsymbol{A})$；

③ 当初等变换是把 $\boldsymbol{A}$ 的第 $j$ 行乘以常数 $k$ 加到第 $i$ 行得到 $\boldsymbol{B}$，即 $\boldsymbol{A}\xrightarrow{r_i+r_j\times k}\boldsymbol{B}$ 时，因为对矩阵 $\boldsymbol{A}$ 做变换 $r_i\leftrightarrow r_j$ 时结论成立，所以只需要考虑 $\boldsymbol{A}\xrightarrow{r_1+r_2\times k}\boldsymbol{B}$ 这种特殊的情形. 在这种情况下又分两种情形：

(i) $\boldsymbol{A}$ 的 $r$ 阶非零子式 $D$ 不包含 $\boldsymbol{A}$ 的第一行中的元素，这时 $D$ 也是 $\boldsymbol{B}$ 的 $r$ 阶非零子式，故 $R(\boldsymbol{B})\geqslant r=R(\boldsymbol{A})$；

(ii) $D$ 包含 $\boldsymbol{A}$ 的第一行中的元素，这时我们把 $\boldsymbol{B}$ 中与 $D$ 对应的 $r$ 阶子式记作 $D_3$，并且把 $D_3$ 表示成如下形式：

$$D_3=\begin{vmatrix} r_1+kr_2 \\ r_p \\ \vdots \\ r_t \end{vmatrix}=\begin{vmatrix} r_1 \\ r_p \\ \vdots \\ r_t \end{vmatrix}+k\begin{vmatrix} r_2 \\ r_p \\ \vdots \\ r_t \end{vmatrix}=D+kD_4.$$

若 $p=2$，则 $D_3=D\neq 0$；若 $p\neq 2$，则 $D_4$ 也是 $\boldsymbol{B}$ 的 $r$ 阶子式，由于 $D_3-kD_4=D\neq 0$，即 $D_3$ 与 $D_4$ 不能同时为 0，因此 $\boldsymbol{B}$ 中至少存在一个 $r$ 阶非零子式 $D_3$ 或 $D_4$，故 $R(\boldsymbol{B})\geqslant r=R(\boldsymbol{A})$.

以上证明了矩阵 $\boldsymbol{A}$ 经过一次初等行变换变为 $\boldsymbol{B}$，则 $R(\boldsymbol{A})\leqslant R(\boldsymbol{B})$. 由于初等变换是可逆的，$\boldsymbol{B}$ 也经过一次初等行变换变为 $\boldsymbol{A}$，故也有 $R(\boldsymbol{B})\leqslant R(\boldsymbol{A})$. 因此 $R(\boldsymbol{A})=R(\boldsymbol{B})$. 经过一次初等行变换不改变矩阵的秩，由此可知经过有限次初等行变换也不改变矩阵的秩. 另外，如果矩阵 $\boldsymbol{A}$ 经过初等列变换变为 $\boldsymbol{B}$，则 $\boldsymbol{A}^{\mathrm{T}}$ 经过初等行变换变为 $\boldsymbol{B}^{\mathrm{T}}$，由上面的证明可知 $R(\boldsymbol{A}^{\mathrm{T}})=R(\boldsymbol{B}^{\mathrm{T}})$. 又因为转置矩阵的秩与原矩阵的秩相等，可得 $R(\boldsymbol{A})=R(\boldsymbol{B})$. 总之 $\boldsymbol{A}$ 经过初等变换变为 $\boldsymbol{B}$，$\boldsymbol{A}$ 与 $\boldsymbol{B}$ 的秩相等.

**推论 1** 若存在可逆矩阵 $\boldsymbol{P},\boldsymbol{Q}$，使得 $\boldsymbol{PAQ}=\boldsymbol{B}$，则 $R(\boldsymbol{A})=R(\boldsymbol{B})$.

利用定理 1，如果要求一个矩阵的秩，只需要把该矩阵通过初等变换化为行阶梯形，行阶梯形矩阵中非零元行的行数就是该矩阵的秩.

【例 3】 设矩阵

$$\boldsymbol{A}=\begin{pmatrix} 1 & -2 & 1 & -1 & 2 \\ 2 & -4 & 2 & 0 & 8 \\ 3 & 4 & -2 & 3 & -2 \\ 4 & -6 & 3 & -6 & 0 \end{pmatrix},$$

计算矩阵 $\boldsymbol{A}$ 的秩，并求它的一个最高阶非零子式.

【解】 用初等变换将 $\boldsymbol{A}$ 化为行阶梯形.

$$A=\begin{pmatrix}1&-2&1&-1&2\\2&-4&2&0&8\\3&4&-2&3&-2\\4&-6&3&-6&0\end{pmatrix}\xrightarrow[\substack{r_3-3r_1\\r_4-4r_1}]{r_2-2r_1}\begin{pmatrix}1&-2&1&-1&2\\0&0&0&2&4\\0&10&-5&6&-8\\0&2&-1&-2&-8\end{pmatrix}$$

$$\xrightarrow{r_2\leftrightarrow r_4}\begin{pmatrix}1&-2&1&-1&2\\0&2&-1&-2&-8\\0&10&-5&6&-8\\0&0&0&2&4\end{pmatrix}\xrightarrow{r_3-5r_2}\begin{pmatrix}1&-2&1&-1&2\\0&2&-1&-2&-8\\0&0&0&16&32\\0&0&0&2&4\end{pmatrix}$$

$$\xrightarrow{r_3\leftrightarrow r_4}\begin{pmatrix}1&-2&1&-1&2\\0&2&-1&-2&-8\\0&0&0&2&4\\0&0&0&16&32\end{pmatrix}\xrightarrow{r_2-8r_3}\begin{pmatrix}1&-2&1&-1&2\\0&2&-1&-2&-8\\0&0&0&2&4\\0&0&0&0&0\end{pmatrix}=B.$$

因为矩阵 $B$ 中非零元行的行数是 3，所以 $R(A)=R(B)=3$.

### 2.6.3 矩阵秩的性质

矩阵的秩是研究很多问题的一个重要工具，下面把矩阵秩的一些基本性质归纳如下：

① $0\leqslant R(A_{m\times n})\leqslant\min\{m,n\}$；

② $R(A)=R(A^{\mathrm{T}})$；

③ 方阵 $A$ 可逆的充分必要条件是 $R(A)=n$；

④ 若矩阵 $A\sim B$，则 $R(A)=R(B)$；

⑤若矩阵 $P,Q$ 可逆，则 $R(A)=R(PA)=R(AQ)=R(PAQ)$；

⑥若在矩阵 $A$ 中增加一行(或一列)得到矩阵 $B$，则 $R(A)\leqslant R(B)$；若在矩阵 $A$ 中减少一行(或一列)得到矩阵 $B$，则 $R(A)\geqslant R(B)$；

⑦$\max\{R(A),R(B)\}\leqslant R\begin{pmatrix}A\\B\end{pmatrix}\leqslant R(A)+R(B)$，

$\max\{R(A),R(B)\}\leqslant R(A,B)\leqslant R(A)+R(B)$；

⑧$R(A+B)\leqslant R(A)+R(B)$；

⑨$R(AB)\leqslant\min\{R(A),R(B)\}$；

⑩若 $A_{m\times n}B_{n\times s}=O$，则 $R(A)+R(B)\leqslant n$.

性质① ② ③ 以及⑥直接由矩阵秩的定义可以得到，性质④ ⑤由定理 1 及其推论已经给出了证明. 性质 ⑨和⑩将在下一章给出证明，这里先罗列出来，方便大家学习记忆. 下面我们给出性质⑦和⑧的证明.

性质⑦的证明.

**【证】** 因为 $A$ 的最高阶非零子式是 $\begin{pmatrix}A\\B\end{pmatrix}$ 的非零子式，所以 $R(A)\leqslant R\begin{pmatrix}A\\B\end{pmatrix}$，同理 $R(B)\leqslant R\begin{pmatrix}A\\B\end{pmatrix}$，因此有 $\max\{R(A),R(B)\}\leqslant R\begin{pmatrix}A\\B\end{pmatrix}$.

同理可证 $\max\{R(A),R(B)\}\leqslant R(A,B)$.

设 $R(\boldsymbol{A})=r_1, R(\boldsymbol{B})=r_2$，对 $\boldsymbol{A},\boldsymbol{B}$ 分别作初等行变换化为行阶梯形 $\widetilde{\boldsymbol{A}},\widetilde{\boldsymbol{B}}$，则 $\widetilde{\boldsymbol{A}}$ 和 $\widetilde{\boldsymbol{B}}$ 中非零元行的行数分别为 $r_1$ 和 $r_2$. 从而 $\begin{pmatrix}\boldsymbol{A}\\ \boldsymbol{B}\end{pmatrix}$ 可通过初等变换化为含有 $r_1+r_2$ 个非零元行的矩阵 $\begin{pmatrix}\widetilde{\boldsymbol{A}}\\ \widetilde{\boldsymbol{B}}\end{pmatrix}$，因为 $\begin{pmatrix}\widetilde{\boldsymbol{A}}\\ \widetilde{\boldsymbol{B}}\end{pmatrix}$ 中非零元行的行数不超过 $r_1+r_2$，所以

$$R\begin{pmatrix}\boldsymbol{A}\\ \boldsymbol{B}\end{pmatrix} = R\begin{pmatrix}\widetilde{\boldsymbol{A}}\\ \widetilde{\boldsymbol{B}}\end{pmatrix} \leqslant r_1 + r_2 = R(\boldsymbol{A}) + R(\boldsymbol{B}).$$

另外，

$$R(\boldsymbol{A},\boldsymbol{B}) = R((\boldsymbol{A},\boldsymbol{B})^{\mathrm{T}}) = R\begin{pmatrix}\boldsymbol{A}^{\mathrm{T}}\\ \boldsymbol{B}^{\mathrm{T}}\end{pmatrix} \leqslant R(\boldsymbol{A}^{\mathrm{T}}) + R(\boldsymbol{B}^{\mathrm{T}}) = R(\boldsymbol{A}) + R(\boldsymbol{B}),$$

故性质⑦是成立的.

性质⑧的证明.

**【证】** 因为

$$\begin{pmatrix}\boldsymbol{E} & \boldsymbol{E}\\ \boldsymbol{O} & \boldsymbol{E}\end{pmatrix}\begin{pmatrix}\boldsymbol{A}\\ \boldsymbol{B}\end{pmatrix} = \begin{pmatrix}\boldsymbol{A}+\boldsymbol{B}\\ \boldsymbol{B}\end{pmatrix},$$

所以，

$$R(\boldsymbol{A}+\boldsymbol{B}) \leqslant R\begin{pmatrix}\boldsymbol{A}+\boldsymbol{B}\\ \boldsymbol{B}\end{pmatrix} = R\left(\begin{pmatrix}\boldsymbol{E} & \boldsymbol{E}\\ \boldsymbol{O} & \boldsymbol{E}\end{pmatrix}\begin{pmatrix}\boldsymbol{A}\\ \boldsymbol{B}\end{pmatrix}\right) = R\begin{pmatrix}\boldsymbol{A}\\ \boldsymbol{B}\end{pmatrix} \leqslant R(\boldsymbol{A}) + R(\boldsymbol{B}).$$

**【例 4】** 设 $\boldsymbol{A}$ 为 $n$ 阶矩阵，证明 $R(\boldsymbol{A}+\boldsymbol{E})+R(\boldsymbol{A}-\boldsymbol{E})\geqslant n$.

**【证】** 因为 $(\boldsymbol{E}+\boldsymbol{A})+(\boldsymbol{E}-\boldsymbol{A})=2\boldsymbol{E}$，由性质⑧，有

$$R(\boldsymbol{E}+\boldsymbol{A})+R(\boldsymbol{E}-\boldsymbol{A}) \geqslant R(2\boldsymbol{E}) = n,$$

而 $R(\boldsymbol{E}+\boldsymbol{A})=R(\boldsymbol{A}+\boldsymbol{E}), R(\boldsymbol{A}-\boldsymbol{E})=R(\boldsymbol{E}-\boldsymbol{A})$，所以

$$R(\boldsymbol{A}+\boldsymbol{E})+R(\boldsymbol{A}-\boldsymbol{E}) \geqslant n.$$

**【例 5】** 证明：若 $\boldsymbol{A}_{m\times n}\boldsymbol{B}_{n\times l}=\boldsymbol{C}$，且 $R(\boldsymbol{A})=n$，则 $R(\boldsymbol{B})=R(\boldsymbol{C})$.

**【证】** 因为 $R(\boldsymbol{A})=n$，故 $\boldsymbol{A}$ 的行最简形矩阵为 $\begin{pmatrix}\boldsymbol{E}_n\\ \boldsymbol{O}\end{pmatrix}_{m\times n}$，并且存在 $m$ 阶可逆矩阵 $\boldsymbol{P}$，使 $\boldsymbol{PA}=\begin{pmatrix}\boldsymbol{E}_n\\ \boldsymbol{O}\end{pmatrix}$，于是

$$\boldsymbol{PC} = \boldsymbol{PAB} = \begin{pmatrix}\boldsymbol{E}_n\\ \boldsymbol{O}\end{pmatrix}\boldsymbol{B} = \begin{pmatrix}\boldsymbol{B}\\ \boldsymbol{O}\end{pmatrix}.$$

由性质⑤，有 $R(\boldsymbol{C})=R(\boldsymbol{PC})$. 而 $R\begin{pmatrix}\boldsymbol{B}\\ \boldsymbol{O}\end{pmatrix}=R(\boldsymbol{B})$，故

$$R(\boldsymbol{B}) = R(\boldsymbol{C}).$$

本例中矩阵 $\boldsymbol{A}$ 的秩等于它的列数，这样的矩阵称为**列满秩矩阵**；类似地，若一个矩阵的秩等于它的行数，我们称这样的矩阵为**行满秩矩阵**.

## 习题 2

1. 设矩阵 $\boldsymbol{A}=\begin{pmatrix}5 & -2 & 1\\3 & 4 & -1\end{pmatrix}$，$\boldsymbol{B}=\begin{pmatrix}-3 & 2 & 0\\-2 & 0 & 1\end{pmatrix}$，求 $\boldsymbol{A}+\boldsymbol{B}$，$\boldsymbol{A}-\boldsymbol{B}$，$2\boldsymbol{A}-3\boldsymbol{B}$.

2. 计算下列矩阵的乘积.

(1) $\begin{pmatrix}1 & -1 & 1\\2 & 0 & 1\\3 & 1 & -2\end{pmatrix}\begin{pmatrix}1 & 1\\0 & 1\\1 & 0\end{pmatrix}$；　　(2) $(2,\ -1,\ 0,\ 7)\begin{pmatrix}1\\2\\9\\-1\end{pmatrix}$；

(3) $\begin{pmatrix}a_1\\a_2\\\vdots\\a_n\end{pmatrix}(b_1,\ b_2,\ \cdots,\ b_n)$；　　(4) $(x_1\quad x_2)\begin{pmatrix}a_{11} & a_{12}\\a_{12} & a_{22}\end{pmatrix}\begin{pmatrix}x_1\\x_2\end{pmatrix}$.

3. (1) 已知 $\boldsymbol{A}=\begin{pmatrix}2 & 1 & 1\\3 & 1 & 2\\1 & -1 & 2\end{pmatrix}$，$f(x)=x^2-x-1$，计算 $f(\boldsymbol{A})$；

(2) 已知 $J=\begin{pmatrix}2 & 1 & 0\\0 & 2 & 1\\0 & 0 & 2\end{pmatrix}$，$f(x)=x^n+3x^2+2$，计算 $f(\boldsymbol{J})$.

4. 设 $\boldsymbol{A}=\begin{pmatrix}a_1 & 0 & \cdots & 0\\0 & a_2 & \cdots & 0\\\vdots & \vdots & & \vdots\\0 & 0 & \cdots & a_n\end{pmatrix}$，其中 $a_i\neq a_j$，当 $i\neq j$，证明：与 $\boldsymbol{A}$ 可交换的矩阵只能是对角矩阵.

5. 已知矩阵 $\boldsymbol{A}$ 的伴随矩阵 $\boldsymbol{A}^*=\begin{pmatrix}1 & 0 & 0 & 0\\0 & 1 & 0 & 0\\1 & 0 & 1 & 0\\0 & -3 & 0 & 8\end{pmatrix}$，且 $\boldsymbol{BA}=\boldsymbol{A}+4\boldsymbol{E}$，求 $\boldsymbol{B}$.

6. 设 $\boldsymbol{P}^{-1}\boldsymbol{AP}=\boldsymbol{\Lambda}$，其中 $\boldsymbol{P}=\begin{pmatrix}-1 & -2\\1 & 1\end{pmatrix}$，$\boldsymbol{\Lambda}=\begin{pmatrix}-1 & 0\\0 & 2\end{pmatrix}$，求 $\boldsymbol{A}^8$.

7. 用分块矩阵计算 $\begin{pmatrix}1 & 2 & 1 & 0\\0 & 1 & 0 & 1\\0 & 0 & 2 & 1\\0 & 0 & 0 & 3\end{pmatrix}\begin{pmatrix}1 & 0 & 3 & 1\\0 & 1 & 2 & -1\\0 & 0 & -2 & 3\\0 & 0 & 0 & -3\end{pmatrix}$.

8. 设矩阵 $\boldsymbol{A}=\begin{pmatrix}1 & 1 & 0 & 0\\3 & 2 & 0 & 0\\0 & 0 & 3 & -2\\0 & 0 & 0 & -1\end{pmatrix}$，求 $|\boldsymbol{A}|$，$\boldsymbol{A}^{-1}$.

9. 证明矩阵 $\boldsymbol{A}=\boldsymbol{O}$ 的充分必要条件是方阵 $\boldsymbol{A}^{\mathrm{T}}\boldsymbol{A}=\boldsymbol{O}$.

10. 设 $\boldsymbol{A},\boldsymbol{B}$ 分别是 $n\times m$ 和 $m\times n$ 矩阵，证明：

(1) $\begin{vmatrix}\boldsymbol{E}_m & \boldsymbol{B}\\ \boldsymbol{A} & \boldsymbol{E}_n\end{vmatrix}=|\boldsymbol{E}_n-\boldsymbol{AB}|=|\boldsymbol{E}_m-\boldsymbol{BA}|$；

(2) $|\lambda\boldsymbol{E}_n-\boldsymbol{AB}|=\lambda^{n-m}|\lambda\boldsymbol{E}_m-\boldsymbol{BA}|$.

11. 设 $\boldsymbol{A},\boldsymbol{B}$ 均为 2 阶矩阵，$\boldsymbol{A}^*,\boldsymbol{B}^*$ 分别为它们的伴随矩阵. 若 $|\boldsymbol{A}|=2$，$|\boldsymbol{B}|=3$，求分块矩阵 $\begin{pmatrix}\boldsymbol{O} & \boldsymbol{A}\\ \boldsymbol{B} & \boldsymbol{O}\end{pmatrix}$ 的伴随矩阵.

12. 求下列方阵的逆矩阵.

(1) $\begin{pmatrix}0 & 1 & 1\\ 1 & 1 & -1\\ -1 & 0 & 0\end{pmatrix}$；　　(2) $\begin{pmatrix}3 & 2 & 1\\ 3 & 1 & 5\\ 3 & 2 & 3\end{pmatrix}$；

(3) $\begin{pmatrix}3 & 3 & -4 & -3\\ 0 & 6 & 1 & 1\\ 5 & 4 & 2 & 1\\ 2 & 3 & 3 & 2\end{pmatrix}$；　　(4) $\begin{pmatrix}-1 & -6 & 0 & 0\\ 1 & 7 & 0 & 0\\ 0 & 0 & 2 & -7\\ 0 & 0 & 1 & -3\end{pmatrix}$.

13. 证明：

(1) 如果可逆矩阵 $\boldsymbol{A}$ 是对称（反对称）矩阵，则 $\boldsymbol{A}^{-1}$ 也是对称（反对称）矩阵；

(2) 不存在奇数阶可逆反对称矩阵.

14. 证明：

(1) 两个上（下）三角矩阵的乘积仍是上（下）三角矩阵；

(2) 可逆上（下）三角矩阵的逆矩阵仍是上（下）三角矩阵.

15. 设 $\boldsymbol{A}=\begin{pmatrix}4 & 1 & -2\\ 2 & 2 & 1\\ 3 & 1 & -1\end{pmatrix}$，$\boldsymbol{B}=\begin{pmatrix}1 & -3\\ 2 & 2\\ 3 & -1\end{pmatrix}$，求 $\boldsymbol{X}$ 使 $\boldsymbol{AX}=\boldsymbol{B}$.

16. 求下列矩阵的秩.

(1) $\begin{pmatrix}3 & 1 & 0 & 2\\ 1 & -1 & 2 & -1\\ 1 & 3 & -4 & 4\end{pmatrix}$；　　(2) $\begin{pmatrix}2 & -1 & -1 & 1\\ 1 & 1 & -2 & 1\\ 4 & -6 & 2 & -2\\ 3 & 6 & -9 & 7\end{pmatrix}$；

(3) $\begin{pmatrix}a_1b_1 & a_1b_2 & \cdots & a_1b_n\\ a_2b_1 & a_2b_2 & \cdots & a_2b_n\\ \vdots & \vdots & & \vdots\\ a_nb_1 & a_nb_2 & \cdots & a_nb_n\end{pmatrix}$　　$(a_ib_i\neq 0, i=1,2,\cdots,n)$.

17. 确定参数 $\lambda$，使矩阵 $\begin{pmatrix}1 & 1 & \lambda^2 & -2\\ 1 & -2 & \lambda & 1\\ -2 & 1 & -2 & \lambda\end{pmatrix}$ 的秩最小.

18. 设 $\boldsymbol{A}$ 为 $r\times r$ 矩阵，$\boldsymbol{B}$ 为 $r\times n$ 矩阵，且 $R(\boldsymbol{B})=r$，证明：

(1) 如果 $\boldsymbol{AB}=\boldsymbol{O}$，则 $\boldsymbol{A}=\boldsymbol{O}$；

(2) 如果 $\boldsymbol{AB}=\boldsymbol{B}$,则 $\boldsymbol{A}=\boldsymbol{E}$.

19. 设 $\boldsymbol{A}$ 是 $n$ 阶方阵,证明:存在一个 $n$ 阶非零方阵 $\boldsymbol{B}$ 使 $\boldsymbol{AB}=\boldsymbol{O}$ 的充要条件是 $|\boldsymbol{A}|=0$.

20. 证明:如果 $\boldsymbol{A}$ 是 $n$ 阶方阵($n\geqslant 2$),那么

(1) $R(\boldsymbol{A}^*)=\begin{cases} n, & \text{if } R(\boldsymbol{A})=n, \\ 1, & \text{if } R(\boldsymbol{A})=n-1, \\ 0, & \text{if } R(\boldsymbol{A})<n-1; \end{cases}$

(2) $|\boldsymbol{A}^*|=|\boldsymbol{A}|^{n-1}$.

21. 设 $\boldsymbol{A}$ 是 $n$ 阶方阵,$\boldsymbol{A}^2=\boldsymbol{E}$,证明:$R(\boldsymbol{A}+\boldsymbol{E})+R(\boldsymbol{A}-\boldsymbol{E})=n$.

22. 设 $\boldsymbol{A}$ 是 $n$ 阶方阵,$\boldsymbol{A}^2=\boldsymbol{A}$,证明:$R(\boldsymbol{A})+R(\boldsymbol{A}-\boldsymbol{E})=n$.

23. 设 $\boldsymbol{A}$ 是 $n(n>2)$阶方阵,证明:$(\boldsymbol{A}^*)^*=|\boldsymbol{A}|^{n-2}\boldsymbol{A}$.

24. 设 $\boldsymbol{A}$ 是 $n$ 阶方阵,证明:存在正整数 $m$,使得 $R(\boldsymbol{A}^m)=R(\boldsymbol{A}^{m+1})$.

# 3 线性方程组

在第 1 章中，我们介绍了求解线性方程组的克拉默法则. 克拉默法则要求线性方程组中方程的个数与未知变量的个数相等，而且系数行列式不能等于零. 但是在很多实际问题中，我们碰到的线性方程组不一定满足克拉默法则的要求，可能出现方程的个数与未知变量的个数不相等的情况，也可能会出现方程的个数与未知变量的个数相等，但系数行列式等于零的情况. 这就促使我们要进一步讨论一般的线性方程组如何求解. 对于一般的线性方程组，仅用行列式这个工具是不够的，我们还需要利用矩阵、向量以及一些新的概念.

本章通过研究向量组的线性相关性、向量组的秩等重要概念，讨论线性方程组有解的条件以及解的结构，即判断线性方程组在什么时候有解，有多少个解，解之间的关系如何，以及如何表示方程组的全部解等问题.

## 3.1 线性方程组的消元法

### 3.1.1 一般线性方程组及其解的概念

考虑含有 $n$ 个未知量、$m$ 个方程的线性方程组

$$\begin{cases} a_{11}x_1 + a_{12}x_2 + \cdots + a_{1n}x_n = b_1, \\ a_{21}x_1 + a_{22}x_2 + \cdots + a_{2n}x_n = b_2, \\ \cdots\cdots\cdots \\ a_{m1}x_1 + a_{m2}x_2 + \cdots + a_{mn}x_n = b_m, \end{cases} \tag{3.1}$$

这里 $a_{ij}(i=1,2,\cdots,m;j=1,2,\cdots,n)$ 是第 $i$ 个方程中第 $j$ 个变量 $x_j$ 的系数；$b_i(i=1,2,\cdots,m)$ 称为第 $i$ 个方程的右端项. 当方程组(3.1)中所有右端项均为零时，我们称方程组(3.1)为**齐次线性方程组**(homogeneous linear equations)；否则，称为**非齐次线性方程组**(non-homogeneous linear equations).

方程组(3.1)可以写成矩阵的形式

$$\boldsymbol{A}_{m\times n}\boldsymbol{x} = \boldsymbol{b}, \tag{3.2}$$

其中 $\boldsymbol{A}=(a_{ij})_{m\times n}$ 是方程组(3.1)的系数矩阵，$\boldsymbol{x}=(x_1,x_2,\cdots,x_n)^{\mathrm{T}}$，$\boldsymbol{b}=(b_1,b_2,\cdots,b_m)^{\mathrm{T}}$.

当 $n$ 个未知量 $x_1,x_2,\cdots,x_n$ 分别用 $c_1,c_2,\cdots,c_n$ 替换后，方程组(3.1)中的每个方程都能成为恒等式，我们称 $x_1=c_1,x_2=c_2,\cdots,x_n=c_n$ 为方程组(3.1)的一个**解**. 我们通常用一个有序数组

$$x = \begin{pmatrix} x_1 \\ x_2 \\ \vdots \\ x_n \end{pmatrix} = \begin{pmatrix} c_1 \\ c_2 \\ \vdots \\ c_n \end{pmatrix}$$

去表示方程组(3.1)的解.

### 3.1.2 线性方程组的消元法

(1)线性方程组的初等变换

在第 2 章 2.5 节中,我们通过一个引例介绍了线性方程组的消元法.在线性方程组的消元过程中,用到了三种变换,它们分别是:

① 交换方程组中两个方程的位置;

② 把方程组的某一个方程乘以非零常数 $k$;

③ 把方程组的某一个方程乘以常数 $k$ 加到另一个方程上.

这三种变换称为线性方程组的初等变换.

**定理 1** 线性方程组的初等变换把方程组变成同解方程组.

**【证】** ① ② 两种初等变换的情形比较简单,其证明留作练习,这里只对第③ 种类型的初等变换进行证明.

对方程组(3.1)进行第③ 种初等变换.为了简单起见,不妨把第 2 个方程的 $k$ 倍加到第 1 个方程上得到新方程组

$$\begin{cases} (a_{11}+ka_{21})x_1+(a_{12}+ka_{22})x_2+\cdots+(a_{1n}+ka_{2n})x_n=b_1+kb_2, \\ a_{21}x_1+a_{22}x_2+\cdots+a_{2n}x_n=b_2, \\ \cdots\cdots\cdots \\ a_{m1}x_1+a_{m2}x_2+\cdots+a_{mn}x_n=b_m. \end{cases} \tag{3.3}$$

设 $x_1=c_1,x_2=c_2,\cdots,x_n=c_n$ 是方程组(3.1)的一个解.因为方程组(3.1)和方程组(3.3)的后 $m-1$ 个方程是相同的,所以它也满足方程组(3.3)的后 $m-1$ 个方程.另外,$x_1=c_1,x_2=c_2,\cdots,x_n=c_n$ 满足方程组(3.1)的前两个方程,即

$$a_{11}c_1+a_{12}c_2+\cdots+a_{1n}c_n=b_1,$$
$$a_{21}c_1+a_{22}c_2+\cdots+a_{2n}c_n=b_2,$$

把上面第 2 个式子两边乘以 $k$ 加到第一个方程,得

$$(a_{11}+ka_{21})c_1+(a_{12}+ka_{22})c_2+\cdots+(a_{1n}+ka_{2n})c_n=b_1+kb_2.$$

故 $x_1=c_1,x_2=c_2,\cdots,x_n=c_n$ 也满足方程组(3.3)的第一个方程,因而方程组(3.1)的解是方程组(3.3)的解.

类似地,将方程组(3.3)的第 2 个方程乘以 $-k$ 加到第 1 个方程上,就得到方程组(3.1),因此我们也可以证明方程组(3.3)的解也是方程组(3.1)的解.这就证明了方程组(3.1)与方程组(3.3)是同解方程组.

(2)利用初等变换求解一般线性方程组

下面我们来讨论求解线性方程组(3.1)的消元法.对于方程组(3.1),我们首先检查 $x_1$ 的

系数，如果 $x_1$ 的系数 $a_{11},a_{21},\cdots,a_{m1}$ 全为 0，那么方程组(3.1)中 $x_1$ 可以取任意数，或者把方程组(3.1)看作不含未知量 $x_1$ 的方程组. 如果 $x_1$ 的系数不全为零，这里我们不妨设 $a_{11}\neq 0$，否则可以通过初等变换把第 1 个方程与某个 $x_1$ 的系数不等于零的方程交换，交换后的方程组仍然写成方程组(3.1)的形式. 利用第③ 类初等变换，分别把第 1 个方程乘以 $-\frac{a_{i1}}{a_{11}}$ 加到第 $i$ 个方程($i=2,3,\cdots,m$)，方程组(3.1)转化为

$$\begin{cases} a_{11}x_1+a_{12}x_2+a_{13}x_3+\cdots+a_{1n}x_n=b_1, \\ \qquad a'_{22}x_2+a'_{23}x_3+\cdots+a'_{2n}x_n=b'_2, \\ \qquad a'_{32}x_2+a'_{33}x_3+\cdots+a'_{3n}x_n=b'_3, \\ \qquad \cdots\cdots\cdots \\ \qquad a'_{m2}x_2+a'_{m3}x_3+\cdots+a'_{mn}x_n=b'_m, \end{cases} \tag{3.4}$$

其中 $a'_{ij}=a_{ij}-\frac{a_{i1}}{a_{11}}a_{1j}$，$b'_i=b_i-\frac{a_{i1}}{a_{11}}b_1$($i=2,3,\cdots,m$；$j=2,3,\cdots,n$). 方程组(3.4)的求解大部分归结为求解方程组

$$\begin{cases} a'_{22}x_2+a'_{23}x_3+\cdots+a'_{2n}x_n=b'_2, \\ a'_{32}x_2+a'_{33}x_3+\cdots+a'_{3n}x_n=b'_3, \\ \qquad \cdots\cdots\cdots \\ a'_{m2}x_2+a'_{m3}x_3+\cdots+a'_{mn}x_n=b'_m. \end{cases} \tag{3.5}$$

事实上，我们可以先求出方程组(3.5)的解，然后把它代入方程组(3.4)就可以得到 $x_1$ 的值，这样就得到了方程组(3.4)的一个解，而方程组(3.4)的解都是满足方程组(3.5)的. 因此我们只需要继续研究如何求解方程组(3.5).

下面我们来检查方程组(3.4)中第 2 至第 $m$ 个方程中 $x_2$ 的系数或方程组(3.5)中 $x_2$ 的系数 $a'_{22},a'_{32},\cdots,a'_{m2}$，如果它们不全为零，我们不妨设 $a'_{22}\neq 0$，否则可以和上面一样把第 2 个方程与第 3 至第 $m$ 个方程中某个 $x_2$ 的系数不等于零的方程交换，交换后的方程组仍然写成方程组(3.5)的形式. 利用第③ 类初等变换，分别把第 2 个方程乘以 $-\frac{a_{i2}}{a_{22}}$ 加到第 $i$ 个方程($i=3,\cdots,m$)，方程组(3.5)转化为

$$\begin{cases} a_{11}x_1+a_{12}x_2+a_{13}x_3+\cdots+a_{1n}x_n=b_1, \\ \qquad a'_{22}x_2+a'_{23}x_3+\cdots+a'_{2n}x_n=b'_2, \\ \qquad\qquad a''_{33}x_3+\cdots+a''_{3n}x_n=b''_3, \\ \qquad\qquad \cdots\cdots\cdots \\ \qquad\qquad a''_{m3}x_3+\cdots+a''_{mn}x_n=b''_m, \end{cases} \tag{3.6}$$

如果方程组(3.5)中第 2 至第 $m$ 个方程中 $x_2$ 的系数 $a'_{22},a'_{32},\cdots,a'_{m2}$ 全为零，那我们就把方程组(3.5)中 $x_2$ 及其系数与后面某个未知量及其系数交换位置，交换后的方程组除未知量顺序发生改变以外，解是没有改变的. 为了简单起见，我们把交换后的方程组仍然记成方程组(3.5)的形式. 这里交换的原则是要确保交换变量顺序后新的未知量 $x_2$ 在第 2 至第 $m$ 个方程中的系数不全为零. 然后和上面类似利用初等变换，也可以把方程组(3.5)转化成方程组(3.6)的结果.

对方程组(3.6)按上面的方法实施初等变换，最终可以得到一个阶梯形方程组，我们把它

记为

$$\begin{cases} c_{11}x_1+c_{12}x_2+\cdots+c_{1r}x_r+\cdots+c_{1n}x_n=d_1, \\ \qquad c_{22}x_2+\cdots+c_{2r}x_r+\cdots+c_{2n}x_n=d_2, \\ \qquad\qquad \cdots\cdots\cdots \\ \qquad\qquad c_{rr}x_r+\cdots+c_{rn}x_n=d_r, \\ \qquad\qquad\qquad 0=d_{r+1}, \\ \qquad\qquad\qquad 0=0, \\ \qquad\qquad \cdots\cdots\cdots \\ \qquad\qquad\qquad 0=0, \end{cases} \tag{3.7}$$

其中 $c_{ii}\neq 0(i=1,2,\cdots,r)$.

**注**:① 方程组(3.7)中的未知量 $x_1,x_2,\cdots,x_n$ 与方程组(3.1)中的未知量 $x_1,x_2,\cdots,x_n$ 不一定完全相同,但至多只有顺序上的差异,这样写是为了描述简单,同时保证 $c_{ii}\neq 0(i=1,2,\cdots,r)$.

② 方程组(3.7)中等式"0=0"可能出现也可能不出现,我们把"0=0"这样的等式去掉不会影响方程组(3.7)的解,也不会影响原方程组的解.

现在我们来考察方程组(3.7)的解的情况.

① 若 $d_{r+1}\neq 0$,在方程组(3.7)中存在矛盾方程 $0=d_{r+1}$,此时方程组(3.7)无解,原方程组(3.1)也无解.

② 若 $d_{r+1}=0$ 或者方程组(3.7)中没有"0=0"的方程时,此时方程组(3.7)的解与 $r$ 的大小有关,有两种情形:

(i) 如果 $r=n$,即最终的阶梯形方程组中方程的个数等于未知量的个数,此时阶梯形方程组(3.7)可以写成

$$\begin{cases} c_{11}x_1+c_{12}x_2+\cdots+c_{1n}x_n=d_1, \\ \qquad c_{22}x_2+\cdots+c_{2n}x_n=d_2, \\ \qquad\qquad \cdots\cdots\cdots \\ \qquad\qquad\qquad c_{nn}x_n=d_n. \end{cases} \tag{3.8}$$

这个方程中含有 $n$ 个未知量、$n$ 个方程,同时 $c_{ii}\neq 0(i=1,2,\cdots,n)$,它的系数行列式不等于零,根据克拉默法则,方程组(3.8)的解存在并且唯一,此时原方程组(3.1)的解也存在并且是唯一的.

(ii) 如果 $r<n$,即最终的阶梯形方程组中方程的个数少于未知量的个数,此时阶梯形方程组(3.7)可以写成

$$\begin{cases} c_{11}x_1+c_{12}x_2+\cdots+c_{1r}x_r+c_{1,r+1}x_{r+1}+\cdots+c_{1n}x_n=d_1, \\ \qquad c_{22}x_2+\cdots+c_{2r}x_r+c_{2,r+1}x_{r+1}+\cdots+c_{2n}x_n=d_2, \\ \qquad\qquad \cdots\cdots\cdots \\ \qquad\qquad c_{rr}x_r+c_{r,r+1}x_{r+1}+\cdots+c_{rn}x_n=d_n. \end{cases}$$

把含有未知量 $x_{r+1},\cdots,x_n$ 的项移到方程右端,得

$$\begin{cases} c_{11}x_1+c_{12}x_2+\cdots+c_{1r}x_r=d_1-c_{1,r+1}x_{r+1}-\cdots-c_{1n}x_n, \\ \qquad c_{22}x_2+\cdots+c_{2r}x_r=d_2-c_{2,r+1}x_{r+1}-\cdots-c_{2n}x_n, \\ \qquad\qquad \cdots\cdots\cdots \\ \qquad\qquad c_{rr}x_r=d_n-c_{r,r+1}x_{r+1}-\cdots-c_{rn}x_n. \end{cases} \tag{3.9}$$

从方程组(3.9)可以看出，任意给定 $x_{r+1},\cdots,x_n$ 的一组值，由于 $c_{ii}\neq 0(i=1,2,\cdots,r)$，利用克拉默法则可以确定唯一组 $x_1,x_2,\cdots,x_r$ 满足方程组(3.9)，把它们合并到一起就可以得到方程组的一个解.通常我们把移到方程右边的未知量 $x_{r+1},\cdots,x_n$ 称为**自由未知量**.简单来说就是，任意给定自由未知量 $x_{r+1},\cdots,x_n$ 的一组值，就可以得到方程组的一个解，在这种情况下($r<n$)，方程组(3.9)有无数个解，此时原方程组(3.1)也有无数个解.

根据第2章所学的知识，我们知道，求解线性方程组(3.1)的过程实际上可以表示为对方程组(3.2)的增广矩阵 $\boldsymbol{B}=(\boldsymbol{A},\boldsymbol{b})$ 实施初等行变换.因此由上面的讨论我们可以得到方程组(3.1)或(3.2)有解的判断定理.

**定理2** 线性方程组(3.1)或(3.2)有解的充分必要条件是 $R(\boldsymbol{A})=R(\boldsymbol{B})$.

① 当 $R(\boldsymbol{A})=R(\boldsymbol{B})=n$ 时，方程组有唯一解；

② 当 $R(\boldsymbol{A})=R(\boldsymbol{B})<n$ 时，方程组有无穷多个解.

**【证】** 方程组(3.1)经过初等变换化为方程组(3.7)，相应的系数矩阵 $\boldsymbol{A}$ 以及增广矩阵 $\boldsymbol{B}$ 分别化为

$$\boldsymbol{A}\rightarrow\overline{\boldsymbol{A}}=\begin{pmatrix} c_{11} & c_{12} & \cdots & c_{1r} & \cdots & c_{1n} \\ 0 & c_{22} & \cdots & c_{2r} & \cdots & c_{2n} \\ \vdots & \vdots & & \vdots & & \vdots \\ 0 & 0 & \cdots & c_{rr} & \cdots & c_{rn} \\ 0 & 0 & \cdots & 0 & \cdots & 0 \\ 0 & 0 & \cdots & 0 & \cdots & 0 \\ \vdots & \vdots & & \vdots & & \vdots \\ 0 & 0 & \cdots & 0 & \cdots & 0 \end{pmatrix},$$

$$\boldsymbol{B}\rightarrow\overline{\boldsymbol{B}}=\begin{pmatrix} c_{11} & c_{12} & \cdots & c_{1r} & \cdots & c_{1n} & d_1 \\ 0 & c_{22} & \cdots & c_{2r} & \cdots & c_{2n} & d_2 \\ \vdots & \vdots & & \vdots & & \vdots & \vdots \\ 0 & 0 & \cdots & c_{rr} & \cdots & c_{rn} & d_r \\ 0 & 0 & \cdots & 0 & \cdots & 0 & d_{r+1} \\ 0 & 0 & \cdots & 0 & \cdots & 0 & 0 \\ \vdots & \vdots & & \vdots & & \vdots & \vdots \\ 0 & 0 & \cdots & 0 & \cdots & 0 & 0 \end{pmatrix}.$$

根据前面的讨论：当 $d_{r+1}\neq 0$ 时，方程组(3.1)无解，此时 $R(\overline{\boldsymbol{A}})=r,R(\overline{\boldsymbol{B}})=r+1$.又因为矩阵初等变换不改变矩阵的秩，所以当 $R(\boldsymbol{A})\neq R(\boldsymbol{B})$ 时，方程组(3.1)无解；当 $d_{r+1}=0$ 时，方程组(3.1)有解，此时 $R(\boldsymbol{A})=R(\boldsymbol{B})$，此时有两种情况：① $R(\boldsymbol{A})=R(\boldsymbol{B})=r=n$，方程组有唯一解；② $R(\boldsymbol{A})=R(\boldsymbol{B})=r<n$，方程组有无穷多个解.

把以上的分析过程应用到齐次线性方程组，有如下结论.

**定理 3** 给定齐次线性方程组

$$\begin{cases} a_{11}x_1+a_{12}x_2+\cdots+a_{1n}x_n=0, \\ a_{21}x_1+a_{22}x_2+\cdots+a_{2n}x_n=0, \\ \cdots\cdots\cdots \\ a_{m1}x_1+a_{m2}x_2+\cdots+a_{mn}x_n=0, \end{cases} \tag{3.10}$$

或

$$\boldsymbol{A}_{m\times n}\boldsymbol{x}=\boldsymbol{0}. \tag{3.11}$$

① 当 $R(\boldsymbol{A})=n$ 时，方程组有唯一解(零解)；

② 当 $R(\boldsymbol{A})<n$ 时，方程组有无穷多个解(有非零解).

对于齐次线性方程组，$\boldsymbol{x}=\boldsymbol{0}$ 是方程组的解，所以齐次线性方程组不会出现无解的情况. 当 $R(\boldsymbol{A})=n$ 时，方程组有唯一解，那么这个解一定是零解；当 $R(\boldsymbol{A})<n$ 时，方程组有无穷多个解，我们通常就说齐次线性方程组有非零解.

在很多时候我们会碰到定理 3 的一种特殊情况，我们把它也作为结论呈现出来.

**推论 1** 若 $m<n$，则齐次线性方程组(3.10)有无穷多个解.

推论 1 表达的含义是若齐次线性方程组的个数少于未知变量的个数，则齐次线性方程组一定有非零解. 这是因为 $R(\boldsymbol{A})\leqslant\min\{m,n\}\leqslant m<n$，根据定理 3，齐次线性方程组(3.10)有非零解.

**【例 1】** 解线性方程组

① $\begin{cases} 2x_1-x_2+3x_3=1, \\ 4x_1-2x_2+5x_3=4, \\ 2x_1-x_2+4x_3=0. \end{cases}$　　② $\begin{cases} 2x_1-x_2+3x_3=1, \\ 4x_1+2x_2+5x_3=4, \\ 2x_1+x_2+2x_3=5. \end{cases}$

**【解】** ① 对方程组的增广矩阵实施初等行变换，可化为

$$\boldsymbol{B}=(\boldsymbol{A},\boldsymbol{b})=\begin{pmatrix} 2 & -1 & 3 & 1 \\ 4 & -2 & 5 & 4 \\ 2 & -1 & 4 & 0 \end{pmatrix}\rightarrow\begin{pmatrix} 2 & -1 & 3 & 1 \\ 0 & 0 & -1 & 2 \\ 0 & 0 & 0 & 1 \end{pmatrix},$$

从最后一个矩阵我们可以看出 $R(\boldsymbol{A})=2<R(\boldsymbol{B})=3$，因此方程组无解.

② 对方程组的增广矩阵实施初等行变换，可化为

$$\boldsymbol{B}=(\boldsymbol{A},\boldsymbol{b})=\begin{pmatrix} 2 & -1 & 3 & 1 \\ 4 & 2 & 5 & 4 \\ 2 & 1 & 2 & 5 \end{pmatrix}\rightarrow\begin{pmatrix} 2 & -1 & 3 & 1 \\ 0 & 4 & -1 & 2 \\ 0 & 0 & 1 & -6 \end{pmatrix},$$

此时 $R(\boldsymbol{A})=R(\boldsymbol{B})=3$，方程组有唯一解. 从上面这个矩阵我们可以得到方程组② 等价于方程组

$$\begin{cases} 2x_1-x_2+3x_3=1, \\ \qquad 4x_2-x_3=2, \\ \qquad\qquad x_3=-6. \end{cases}$$

把 $x_3=-6$ 代入第二个方程得 $x_2=-1$；再把它们都代入第一个方程得 $x_1=9$. 故 $\boldsymbol{x}=(9,$

$-1,-6)^{\mathrm{T}}$ 是方程组② 的唯一解.

**【例 2】** 解线性方程组

$$\begin{cases} -2x_1 + x_2 + x_3 = 0, \\ x_1 - 2x_2 + x_3 = 3, \\ x_1 + x_2 - 2x_3 = -3. \end{cases}$$

**【解】** 对方程组的增广矩阵实施初等行变换,可化为

$$\boldsymbol{B} = (\boldsymbol{A}, \boldsymbol{b}) = \begin{pmatrix} -2 & 1 & 1 & 0 \\ 1 & -2 & 1 & 3 \\ 1 & 1 & -2 & -3 \end{pmatrix} \to \begin{pmatrix} 1 & 0 & -1 & -1 \\ 0 & 1 & -1 & -2 \\ 0 & 0 & 0 & 0 \end{pmatrix},$$

知 $R(\boldsymbol{A})=R(\boldsymbol{B})=2<3$,方程组有无穷多个解.方程组等价于

$$\begin{cases} x_1 - x_3 = -1, \\ x_2 - x_3 = -2, \end{cases} \quad 或 \quad \begin{cases} x_1 = x_3 - 1, \\ x_2 = x_3 - 2, \end{cases}$$

令 $x_3=c$ 为自由变量,得 $x_1=c-1, x_2=c-2$. 即方程组的无穷多个解可以表示为

$$\boldsymbol{x} = \begin{pmatrix} x_1 \\ x_2 \\ x_3 \end{pmatrix} = \begin{pmatrix} c-1 \\ c-2 \\ c \end{pmatrix},$$

其中 $c$ 为任意常数.

**【例 3】** 解线性方程组

$$\begin{cases} x_1 + x_2 + x_3 + 4x_4 = 0, \\ x_1 + x_2 - x_3 - 2x_4 = 0, \\ 2x_1 + 2x_2 + x_3 + 5x_4 = 0, \\ 3x_1 + 3x_2 + x_3 + 6x_4 = 0. \end{cases}$$

**【解】** 对方程组的系数矩阵 $\boldsymbol{A}$ 实施初等行变换,可化为

$$\boldsymbol{A} = \begin{pmatrix} 1 & 1 & 1 & 4 \\ 1 & 1 & -1 & -2 \\ 2 & 2 & 1 & 5 \\ 3 & 3 & 1 & 6 \end{pmatrix} \to \begin{pmatrix} 1 & 1 & 0 & 1 \\ 0 & 0 & 1 & 3 \\ 0 & 0 & 0 & 0 \\ 0 & 0 & 0 & 0 \end{pmatrix}.$$

原方程组同解于方程组

$$\begin{cases} x_1 + x_2 + x_4 = 0, \\ x_3 + 3x_4 = 0, \end{cases} \quad 或 \quad \begin{cases} x_1 = -x_2 - x_4, \\ x_3 = -3x_4. \end{cases}$$

取自由变量 $x_2, x_4$ 分别为 $c_1, c_2$,可得方程组的无穷多个解,为

$$\boldsymbol{x} = \begin{pmatrix} x_1 \\ x_2 \\ x_3 \\ x_4 \end{pmatrix} = \begin{pmatrix} -c_1 - c_2 \\ c_1 \\ -3c_2 \\ c_2 \end{pmatrix},$$

其中 $c_1, c_2$ 为任意常数.

在本节的最后,我们把定理 3 推广到矩阵方程.

**定理 4** 矩阵方程 $\boldsymbol{AX}=\boldsymbol{B}$ 有解的充分必要条件是 $R(\boldsymbol{A})=R(\boldsymbol{A},\boldsymbol{B})$.

【证】 设 $\boldsymbol{A}$ 为 $m\times n$ 阶矩阵，$\boldsymbol{B}$ 是 $m\times l$ 阶矩阵，则解 $\boldsymbol{X}$ 是 $n\times l$ 阶矩阵. 把 $\boldsymbol{B}$ 和 $\boldsymbol{X}$ 按列分块，分别记为

$$\boldsymbol{B}=(\boldsymbol{b}_1,\boldsymbol{b}_2,\cdots,\boldsymbol{b}_l),\boldsymbol{X}=(\boldsymbol{x}_1,\boldsymbol{x}_2,\cdots,\boldsymbol{x}_l),$$

则矩阵方程 $\boldsymbol{AX}=\boldsymbol{B}$ 可以写成

$$\boldsymbol{A}(\boldsymbol{x}_1,\boldsymbol{x}_2,\cdots,\boldsymbol{x}_l)=(\boldsymbol{b}_1,\boldsymbol{b}_2,\cdots,\boldsymbol{b}_l),$$

由此得

$$\boldsymbol{A}\boldsymbol{x}_i=\boldsymbol{b}_i(i=1,2,\cdots,l),$$

这表明矩阵方程实际上是多个线性方程组的组合.

又设 $R(\boldsymbol{A})=r$，则 $\boldsymbol{A}$ 可经过初等变换化为行阶梯形$\overline{\boldsymbol{A}}$，且$\overline{\boldsymbol{A}}$的前 $r$ 行非零，后 $m-r$ 行全为零. 我们对$(\boldsymbol{A},\boldsymbol{B})$进行相应的行变换

$$(\boldsymbol{A},\boldsymbol{B})=(\boldsymbol{A},\boldsymbol{b}_1,\boldsymbol{b}_2,\cdots,\boldsymbol{b}_l)\xrightarrow{r}(\overline{\boldsymbol{A}},\overline{\boldsymbol{b}}_1,\overline{\boldsymbol{b}}_2,\cdots,\overline{\boldsymbol{b}}_l),$$

由此可得

$$(\boldsymbol{A},\boldsymbol{b}_i)\xrightarrow{r}(\overline{\boldsymbol{A}},\overline{\boldsymbol{b}}_i)(i=1,2,\cdots,l).$$

因此，矩阵方程 $\boldsymbol{AX}=\boldsymbol{B}$ 有解$\Leftrightarrow$线性方程组 $\boldsymbol{A}\boldsymbol{x}_i=\boldsymbol{b}_i(i=1,2,\cdots,l)$有解；

$\Leftrightarrow R(\boldsymbol{A},\boldsymbol{b}_i)=R(\boldsymbol{A})=r(i=1,2,\cdots,l)$；

$\Leftrightarrow \overline{\boldsymbol{b}}_i(i=1,2,\cdots,l)$的后 $m-r$ 行全为零；

$\Leftrightarrow (\overline{\boldsymbol{b}}_1,\overline{\boldsymbol{b}}_2,\cdots,\overline{\boldsymbol{b}}_l)$的后 $m-r$ 行全为零；

$\Leftrightarrow R(\boldsymbol{A},\boldsymbol{B})=R(\boldsymbol{A})=r$.

## 3.2 向量组的线性相关性

### 3.2.1 n 维向量及其线性运算

在第 2 章中我们已经介绍过向量的概念，本节中再详细说明一下向量的定义及其线性运算，然后我们再把向量应用到线性方程组的求解过程中.

**定义 1** 称 $n\times 1$ 阶矩阵

$$\boldsymbol{\alpha}=\begin{pmatrix}a_1\\a_2\\\vdots\\a_n\end{pmatrix}$$

为一个 $n$ **维列向量**(column vector)，称列向量的转置

$$\boldsymbol{\alpha}^{\mathrm{T}}=(a_1,a_2,\cdots,a_n)$$

为一个 $n$ **维行向量**(row vector)(即 $1\times n$ 阶矩阵). 行向量、列向量统称为向量，$a_i$ 称为 $\boldsymbol{\alpha}(\boldsymbol{\alpha}^{\mathrm{T}})$ 的第 $i$ 个分量$(i=1,2,\cdots,n)$.

本书中，列向量用黑斜体小写字母 $\boldsymbol{\alpha},\boldsymbol{\beta},\boldsymbol{a},\boldsymbol{b}$ 等表示，行向量则用 $\boldsymbol{\alpha}^{\mathrm{T}},\boldsymbol{\beta}^{\mathrm{T}},\boldsymbol{a}^{\mathrm{T}},\boldsymbol{b}^{\mathrm{T}}$ 等表示，若不加特别说明，所涉及的向量均为 $n$ 维列向量，且为了书写方便，有时以行向量的转置表示列向量.

分量全为零的向量称为**零向量**,记作 $\mathbf{0}$,即

$$\mathbf{0}=(0,0,\cdots,0)^{\mathrm{T}}.$$

向量 $(-a_1,-a_2,\cdots,-a_n)^{\mathrm{T}}$ 称为向量 $\boldsymbol{\alpha}=(a_1,a_2,\cdots,a_n)^{\mathrm{T}}$ 的**负向量**,记作 $-\boldsymbol{\alpha}$.

若 $n$ 维向量 $\boldsymbol{\alpha}=(a_1,a_2,\cdots,a_n)^{\mathrm{T}}$ 与 $\boldsymbol{\beta}=(b_1,b_2,\cdots,b_n)^{\mathrm{T}}$ 中各个对应的分量相等,即 $a_i=b_i(i=1,2,\cdots,n)$ 时,称 $\boldsymbol{\alpha}$ 与 $\boldsymbol{\beta}$ 相等,记作 $\boldsymbol{\alpha}=\boldsymbol{\beta}$.

可按矩阵的线性运算定义向量的线性运算.

**定义 2** 设 $\boldsymbol{\alpha}=(a_1,a_2,\cdots,a_n)^{\mathrm{T}}$,$\boldsymbol{\beta}=(b_1,b_2,\cdots,b_n)^{\mathrm{T}}$ 都是 $n$ 维向量,则向量 $(a_1+b_1,a_2+b_2,\cdots,a_n+b_n)^{\mathrm{T}}$ 称作向量 $\boldsymbol{\alpha}$ 与 $\boldsymbol{\beta}$ 的和,记作 $\boldsymbol{\alpha}+\boldsymbol{\beta}$.

由负向量可定义向量的**减法**

$$\boldsymbol{\alpha}-\boldsymbol{\beta}=\boldsymbol{\alpha}+(-\boldsymbol{\beta})=(a_1-b_1,a_2-b_2,\cdots,a_n-b_n)^{\mathrm{T}}.$$

**定义 3** 设 $\boldsymbol{\alpha}=(a_1,a_2,\cdots,a_n)^{\mathrm{T}}$,$\lambda$ 为实数,那么向量 $(\lambda a_1,\lambda a_2,\cdots,\lambda a_n)^{\mathrm{T}}$ 称作数 $\lambda$ 与向量 $\boldsymbol{\alpha}$ 的乘积,记作 $\lambda\boldsymbol{\alpha}$ 或 $\boldsymbol{\alpha}\lambda$.

向量的线性运算具有矩阵的线性运算所具有的所有运算性质.

设 $\boldsymbol{\alpha},\boldsymbol{\beta},\boldsymbol{\gamma}$ 为 $n$ 维向量,$\lambda,\mu$ 为实数,则

① $\boldsymbol{\alpha}+\boldsymbol{\beta}=\boldsymbol{\beta}+\boldsymbol{\alpha}$; ② $(\boldsymbol{\alpha}+\boldsymbol{\beta})+\boldsymbol{\gamma}=\boldsymbol{\alpha}+(\boldsymbol{\beta}+\boldsymbol{\gamma})$;

③ $\boldsymbol{\alpha}+\mathbf{0}=\mathbf{0}+\boldsymbol{\alpha}=\boldsymbol{\alpha}$; ④ $\boldsymbol{\alpha}+(-\boldsymbol{\alpha})=\mathbf{0}$;

⑤ $1\cdot\boldsymbol{\alpha}=\boldsymbol{\alpha}$; ⑥ $\lambda(\mu\boldsymbol{\alpha})=(\lambda\mu)\boldsymbol{\alpha}$;

⑦ $\lambda(\boldsymbol{\alpha}+\boldsymbol{\beta})=\lambda\boldsymbol{\alpha}+\lambda\boldsymbol{\beta}$; ⑧ $(\lambda+\mu)\boldsymbol{\alpha}=\lambda\boldsymbol{\alpha}+\mu\boldsymbol{\alpha}$.

### 3.2.2 线性相关性

(1)向量的线性组合

若干个同维的列向量(或者同维的行向量)所组成的集合，叫作**向量组**.

对于一个 $m\times n$ 矩阵 $\boldsymbol{A}=(a_{ij})$，它的 $n$ 个 $m$ 维列向量组成的向量组 $\boldsymbol{\alpha}_1,\boldsymbol{\alpha}_2,\cdots,\boldsymbol{\alpha}_n$ 称为矩阵 $\boldsymbol{A}$ 的列向量组；它的 $m$ 个 $n$ 维行向量组成的向量组 $\boldsymbol{\beta}_1^{\mathrm{T}},\boldsymbol{\beta}_2^{\mathrm{T}},\cdots,\boldsymbol{\beta}_m^{\mathrm{T}}$ 称为矩阵 $\boldsymbol{A}$ 的行向量组.

反之,由 $n$ 个 $m$ 维列向量组成的向量组 $\boldsymbol{\alpha}_1,\boldsymbol{\alpha}_2,\cdots,\boldsymbol{\alpha}_n$ 构成一个 $m\times n$ 矩阵 $\boldsymbol{A}=(\boldsymbol{\alpha}_1,\boldsymbol{\alpha}_2,\cdots,\boldsymbol{\alpha}_n)$，由 $m$ 个 $n$ 维行向量组成的向量组 $\boldsymbol{\beta}_1^{\mathrm{T}},\boldsymbol{\beta}_2^{\mathrm{T}},\cdots,\boldsymbol{\beta}_m^{\mathrm{T}}$ 构成一个 $m\times n$ 矩阵

$$\boldsymbol{B}=\begin{pmatrix}\boldsymbol{\beta}_1^{\mathrm{T}}\\ \boldsymbol{\beta}_2^{\mathrm{T}}\\ \vdots\\ \boldsymbol{\beta}_m^{\mathrm{T}}\end{pmatrix}.$$

$m$ 个方程 $n$ 个未知量的线性方程组通常简写为 $\boldsymbol{Ax}=\boldsymbol{b}$,它也可写成向量形式

$$x_1\boldsymbol{\alpha}_1+x_2\boldsymbol{\alpha}_2+\cdots+x_n\boldsymbol{\alpha}_n=\boldsymbol{b}. \tag{3.12}$$

线性方程组是否有解,就相当于求是否存在一组数 $x_1=\lambda_1,x_2=\lambda_2,\cdots,x_n=\lambda_n$,使得关系式

$$\lambda_1\boldsymbol{\alpha}_1+\lambda_2\boldsymbol{\alpha}_2+\cdots+\lambda_n\boldsymbol{\alpha}_n=\boldsymbol{b}$$

成立. 即相当于常数项向量 $\boldsymbol{b}$ 是否可以表示成系数矩阵 $\boldsymbol{A}$ 的列向量组 $\boldsymbol{\alpha}_1,\boldsymbol{\alpha}_2,\cdots,\boldsymbol{\alpha}_n$ 的线性关系式，如果可以,我们称向量 $\boldsymbol{b}$ 是向量组 $\boldsymbol{\alpha}_1,\boldsymbol{\alpha}_2,\cdots,\boldsymbol{\alpha}_n$ 的线性组合. 一般地，有如下定义：

**定义 4** 对于给定的 $n$ 个 $m$ 维向量组成的向量组 $A:\boldsymbol{\alpha}_1,\boldsymbol{\alpha}_2,\cdots,\boldsymbol{\alpha}_n$，对任何一组实数 $c_1,c_2,\cdots,c_n$，向量 $c_1\boldsymbol{\alpha}_1+c_2\boldsymbol{\alpha}_2+\cdots+c_n\boldsymbol{\alpha}_n$ 称为向量组 $A$ 的一个**线性组合**(linear combination)，$c_1,c_2,\cdots,c_n$ 称为这个线性组合的**系数**(coefficients).

给定向量组 $A:\boldsymbol{\alpha}_1,\boldsymbol{\alpha}_2,\cdots,\boldsymbol{\alpha}_n$ 和向量 $\boldsymbol{\beta}$，如果存在一组数 $\lambda_1,\lambda_2,\cdots,\lambda_n$，使得

$$\boldsymbol{\beta}=\lambda_1\boldsymbol{\alpha}_1+\lambda_2\boldsymbol{\alpha}_2+\cdots+\lambda_n\boldsymbol{\alpha}_n,$$

则称向量 $\boldsymbol{\beta}$ 是向量组 $A$ 的**线性组合**，或称向量 $\boldsymbol{\beta}$ 可以由向量组 $A$ **线性表示**.

**【例 1】** 向量组 $\boldsymbol{\alpha}_1,\boldsymbol{\alpha}_2,\cdots,\boldsymbol{\alpha}_n$ 中的每个向量 $\boldsymbol{\alpha}_i(i=1,2,\cdots,n)$ 可以由该向量组线性表示.

这是因为 $\boldsymbol{\alpha}_i=0\cdot\boldsymbol{\alpha}_1+\cdots+0\cdot\boldsymbol{\alpha}_{i-1}+1\cdot\boldsymbol{\alpha}_i+0\cdot\boldsymbol{\alpha}_{i+1}+\cdots+0\cdot\boldsymbol{\alpha}_n(i=1,2,\cdots,n)$.

**【例 2】** 零向量 $\mathbf{0}$ 可被任一向量组 $\boldsymbol{\alpha}_1,\boldsymbol{\alpha}_2,\cdots,\boldsymbol{\alpha}_n$ 线性表示. 这是因为

$$\mathbf{0}=0\cdot\boldsymbol{\alpha}_1+0\cdot\boldsymbol{\alpha}_2+\cdots+0\cdot\boldsymbol{\alpha}_n.$$

**【例 3】** $n$ 维向量组

$$\boldsymbol{e}_1=(1,0,0,\cdots,0)^{\mathrm{T}},\ \boldsymbol{e}_2=(0,1,0,\cdots,0)^{\mathrm{T}},\ \cdots,\ \boldsymbol{e}_n=(0,0,0,\cdots,1)^{\mathrm{T}}$$

称为 $n$ **维单位向量组**. 任一 $n$ 维向量 $\boldsymbol{\alpha}=(a_1,a_2,\cdots,a_n)^{\mathrm{T}}$ 是单位向量组的线性组合，且组合系数是向量 $\boldsymbol{\alpha}$ 的各个分量. 这是因为

$$\boldsymbol{\alpha}=a_1\boldsymbol{e}_1+a_2\boldsymbol{e}_2+\cdots+a_n\boldsymbol{e}_n.$$

**【例 4】** 证明向量 $\boldsymbol{\beta}=(8,-2,5,-9)^{\mathrm{T}}$ 可以由向量组

$$\boldsymbol{\alpha}_1=(3,1,1,1)^{\mathrm{T}},\boldsymbol{\alpha}_2=(-1,1,-1,3)^{\mathrm{T}},\boldsymbol{\alpha}_3=(1,3,-1,7)^{\mathrm{T}}$$

线性表示，且写出它的一种表示方式.

**【证】** 设 $\boldsymbol{\beta}=x_1\boldsymbol{\alpha}_1+x_2\boldsymbol{\alpha}_2+x_3\boldsymbol{\alpha}_3$，它实际上是线性方程组

$$\begin{cases}3x_1-x_2+x_3=8,\\ x_1+x_2+3x_3=-2,\\ x_1-x_2-x_3=5,\\ x_1+3x_2+7x_3=-9.\end{cases}$$

对上述线性方程组的增广矩阵实施初等行变换，可得

$$\boldsymbol{B}=(\boldsymbol{\alpha}_1,\boldsymbol{\alpha}_2,\boldsymbol{\alpha}_3,\boldsymbol{\beta})=\begin{pmatrix}3&-1&1&8\\1&1&3&-2\\1&-1&-1&5\\1&3&7&-9\end{pmatrix}\to\begin{pmatrix}1&0&1&\frac{3}{2}\\0&1&2&-\frac{7}{2}\\0&0&0&0\\0&0&0&0\end{pmatrix}.$$

由于 $R(\boldsymbol{A})=R(\boldsymbol{B})=2$，故向量 $\boldsymbol{\beta}$ 能由向量组 $\boldsymbol{\alpha}_1,\boldsymbol{\alpha}_2,\boldsymbol{\alpha}_3$ 线性表示. 又以 $\boldsymbol{B}$ 为增广矩阵的非齐次线性方程组的同解方程组为

$$\begin{cases}x_1=\dfrac{3}{2}-x_3,\\ x_2=-\dfrac{7}{2}-2x_3,\end{cases}$$

取 $x_3=0$，得一解 $(x_1,x_2,x_3)^{\mathrm{T}}=(\frac{3}{2},-\frac{7}{2},0)^{\mathrm{T}}$. 故

$$\boldsymbol{\beta}=\frac{3}{2}\boldsymbol{\alpha}_1-\frac{7}{2}\boldsymbol{\alpha}_2+0\boldsymbol{\alpha}_3.$$

显然，此例中，$\boldsymbol{\beta}$ 用 $\boldsymbol{\alpha}_1,\boldsymbol{\alpha}_2,\boldsymbol{\alpha}_3$ 线性表示的方式有很多种.

(2)向量组的线性相关与线性无关

将齐次线性方程组

$$\boldsymbol{A}_{m\times n}\boldsymbol{x}=\boldsymbol{0} \tag{3.13}$$

写成向量形式

$$x_1\boldsymbol{\alpha}_1+x_2\boldsymbol{\alpha}_2+\cdots+x_n\boldsymbol{\alpha}_n=\boldsymbol{0}, \tag{3.14}$$

其中 $\boldsymbol{\alpha}_1,\boldsymbol{\alpha}_2,\cdots,\boldsymbol{\alpha}_n$ 是系数矩阵 $\boldsymbol{A}$ 的 $n$ 个 $m$ 维列向量.

若式(3.13)只有零解，即仅当 $x_1=x_2=\cdots=x_n=0$ 时，式(3.14)成立.

若式(3.13)有非零解，即存在一组不全为零的数 $k_1,k_2,\cdots,k_n$，使 $k_1\boldsymbol{\alpha}_1+k_2\boldsymbol{\alpha}_2+\cdots+k_n\boldsymbol{\alpha}_n=\boldsymbol{0}$.

向量组的以上的两种线性关系十分重要，因此我们给出如下定义.

**定义 5** 设有 $m$ 维向量组 $A:\boldsymbol{\alpha}_1,\boldsymbol{\alpha}_2,\cdots,\boldsymbol{\alpha}_n$，如果存在一组不全为零的数 $k_1,k_2,\cdots,k_n$ 使

$$k_1\boldsymbol{\alpha}_1+k_2\boldsymbol{\alpha}_2+\cdots+k_n\boldsymbol{\alpha}_n=\boldsymbol{0}, \tag{3.15}$$

则称向量组 $A$ **线性相关**(linearly dependent)，否则称它**线性无关**(linearly independent).

显然，给定一个向量组不是线性相关就是线性无关. 由于 $k_1=k_2=\cdots=k_n=0$ 时式(3.15)必成立，故定义中的"否则"应理解为：当且仅当 $k_1=k_2=\cdots=k_n=0$ 时式(3.15)成立，这时称向量组线性无关.

**【例 5】** 对 $n$ 维单位坐标向量组

$$\boldsymbol{e}_1=(1,0,0,\cdots,0)^{\mathrm{T}},\boldsymbol{e}_2=(0,1,0,\cdots,0)^{\mathrm{T}},\cdots,\boldsymbol{e}_n=(0,0,0,\cdots,1)^{\mathrm{T}},$$

讨论它的线性相关性.

**【解】** 设

$$k_1\boldsymbol{e}_1+k_2\boldsymbol{e}_2+\cdots+k_n\boldsymbol{e}_n=0, \tag{3.16}$$

即

$$(k_1,k_2,\cdots,k_n)^{\mathrm{T}}=(0,0,\cdots,0)^{\mathrm{T}},$$

于是必有 $k_1=k_2=\cdots=k_n=0$. 即只有当 $k_1,k_2,\cdots,k_n$ 全为零时，式(3.16)才成立，所以向量组 $\boldsymbol{e}_1,\boldsymbol{e}_2,\cdots,\boldsymbol{e}_n$ 线性无关.

**【例 6】** 设向量组 $\boldsymbol{\alpha}_1,\boldsymbol{\alpha}_2,\boldsymbol{\alpha}_3$ 线性无关，$\boldsymbol{\beta}_1=\boldsymbol{\alpha}_1+\boldsymbol{\alpha}_2,\boldsymbol{\beta}_2=\boldsymbol{\alpha}_2+\boldsymbol{\alpha}_3,\boldsymbol{\beta}_3=\boldsymbol{\alpha}_3+\boldsymbol{\alpha}_1$，试证 $\boldsymbol{\beta}_1,\boldsymbol{\beta}_2,\boldsymbol{\beta}_3$ 线性无关.

**【证】** 设有 $k_1,k_2,k_3$ 使

$$k_1\boldsymbol{\beta}_1+k_2\boldsymbol{\beta}_2+k_3\boldsymbol{\beta}_3=0,$$

即

$$k_1(\boldsymbol{\alpha}_1+\boldsymbol{\alpha}_2)+k_2(\boldsymbol{\alpha}_2+\boldsymbol{\alpha}_3)+k_3(\boldsymbol{\alpha}_3+\boldsymbol{\alpha}_1)=0.$$

整理后得

$$(k_1+k_3)\boldsymbol{\alpha}_1+(k_1+k_2)\boldsymbol{\alpha}_2+(k_2+k_3)\boldsymbol{\alpha}_3=0.$$

由于 $\boldsymbol{\alpha}_1,\boldsymbol{\alpha}_2,\boldsymbol{\alpha}_3$ 线性无关，故有

$$\begin{cases}k_1+k_3=0,\\k_1+k_2=0,\\k_2+k_3=0.\end{cases}$$

此方程组的系数矩阵的行列式

$$\begin{vmatrix}1&0&1\\1&1&0\\0&1&1\end{vmatrix}=2\neq0,$$

故方程组只有唯一零解 $k_1=k_2=k_3=0$，从而向量组 $\boldsymbol{\beta}_1,\boldsymbol{\beta}_2,\boldsymbol{\beta}_3$ 线性无关.

**注 1**：讨论向量组 $\boldsymbol{\alpha}_1,\boldsymbol{\alpha}_2,\cdots,\boldsymbol{\alpha}_n$ 的线性相关性，通常指 $n\geqslant2$ 的情形. 当 $n=1$ 时，即向量组只含有一个向量 $\boldsymbol{\alpha}$，对只含有一个向量 $\boldsymbol{\alpha}$ 的向量组，由定义可知，它线性相关的充分必要条件是 $\boldsymbol{\alpha}\neq0$；对含有两个向量 $\boldsymbol{\alpha}_1,\boldsymbol{\alpha}_2$ 的向量组，由定义 4 知，它线性相关的充分必要条件是 $\boldsymbol{\alpha}_1=\lambda\boldsymbol{\alpha}_2$ 或 $\boldsymbol{\alpha}_2=\mu\boldsymbol{\alpha}_1$，即 $\boldsymbol{\alpha}_1,\boldsymbol{\alpha}_2$ 中至少有一个可由另一个向量线性表示，也就是 $\boldsymbol{\alpha}_1,\boldsymbol{\alpha}_2$ 对应的分量成比例，几何意义就是两向量共线. 一般地，有如下的结果.

**定理 1** 向量组 $\boldsymbol{\alpha}_1,\boldsymbol{\alpha}_2,\cdots,\boldsymbol{\alpha}_n(n\geqslant2)$ 线性相关的充分必要条件是其中至少有一个向量可由其余 $n-1$ 个向量线性表示.

**【证】** 充分性：若 $\boldsymbol{\alpha}_1,\boldsymbol{\alpha}_2,\cdots,\boldsymbol{\alpha}_n$ 中有一个向量可由其余向量线性表示，不妨设为 $\boldsymbol{\alpha}_1$，则有

$$\boldsymbol{\alpha}_1=k_2\boldsymbol{\alpha}_2+k_3\boldsymbol{\alpha}_3+\cdots+k_n\boldsymbol{\alpha}_n,$$

于是 $-1\boldsymbol{\alpha}_1+k_2\boldsymbol{\alpha}_2+k_3\boldsymbol{\alpha}_3+\cdots+k_n\boldsymbol{\alpha}_n=0$，这里 $-1,k_2,k_3,\cdots,k_n$ 不全为零. 由定义知 $\boldsymbol{\alpha}_1,\boldsymbol{\alpha}_2,\cdots,\boldsymbol{\alpha}_n$ 线性相关.

必要性：若 $\boldsymbol{\alpha}_1,\boldsymbol{\alpha}_2,\cdots,\boldsymbol{\alpha}_n$ 线性相关，则存在一组不全为零的数 $k_1,k_2,\cdots,k_n$ 使

$$k_1\boldsymbol{\alpha}_1+k_2\boldsymbol{\alpha}_2+\cdots+k_n\boldsymbol{\alpha}_n=0.$$

不妨设 $k_1\neq0$，于是有

$$\boldsymbol{\alpha}_1=-\frac{k_2}{k_1}\boldsymbol{\alpha}_2-\cdots-\frac{k_n}{k_1}\boldsymbol{\alpha}_n,$$

即 $\boldsymbol{\alpha}_1$ 能由 $\boldsymbol{\alpha}_2,\cdots,\boldsymbol{\alpha}_n$ 线性表示.

**推论 1** 含有零向量的向量组必然线性相关.

给定向量组 $A:\boldsymbol{\alpha}_1,\boldsymbol{\alpha}_2,\cdots,\boldsymbol{\alpha}_n$，构成矩阵 $\mathbf{A}=(\boldsymbol{\alpha}_1,\boldsymbol{\alpha}_2,\cdots,\boldsymbol{\alpha}_n)$，向量组 $A$ 线性相关，即齐次线性方程组

$$\boldsymbol{x}_1\boldsymbol{\alpha}_1+\boldsymbol{x}_2\boldsymbol{\alpha}_2+\cdots+\boldsymbol{x}_n\boldsymbol{\alpha}_n=\mathbf{0},$$

也就是 $\mathbf{A}\boldsymbol{x}=\mathbf{0}$ 有非零解. 因此，由本章 3.1 节定理 3 可得如下结论.

**定理 2** 设向量组 $A:\boldsymbol{\alpha}_1,\boldsymbol{\alpha}_2,\cdots,\boldsymbol{\alpha}_n$，构成矩阵 $\mathbf{A}=(\boldsymbol{\alpha}_1,\boldsymbol{\alpha}_2,\cdots,\boldsymbol{\alpha}_n)$，则向量组 $A$ 线性相关的充要条件是矩阵 $\mathbf{A}$ 的秩小于向量个数 $n$，即 $R(\mathbf{A})<n$；向量组线性无关的充要条件是 $R(\mathbf{A})=n$.

定理 2 在判别向量组的线性相关性时是十分实用的.

**推论 2** 当向量的个数等于向量的维数时，向量组线性相关的充要条件是该向量组构成的矩阵 $\mathbf{A}$ 的行列式 $|\mathbf{A}|=0$；而向量组线性无关的充要条件是 $|\mathbf{A}|\neq0$.

**推论 3** $m$ 个 $n$ 维列向量组成的向量组，当 $n<m$ 时一定线性相关.

由推论 3 可知，任一个 $n$ 维向量组(含有有限个或无限多个向量)中线性无关的向量个数不超过 $n$，又由例 5 可知，确实有 $n$ 个线性无关的 $n$ 维向量存在. 因此有

**推论 4** 任一个 $n$ 维向量组中线性无关的向量最多有 $n$ 个.

这就是为什么在本章的讨论中，一般都是针对由有限个向量组成的向量组来研究的原因. 当然，学习了向量组的最大无关组之后，会看得更清楚.

**【例 7】** 已知 $\boldsymbol{\alpha}_1=(1,-1,0,0)^T$，$\boldsymbol{\alpha}_2=(0,1,1,-1)^T$，$\boldsymbol{\alpha}_3=(-1,3,2,1)^T$，$\boldsymbol{\alpha}_4=(-2,6,4,1)^T$. 讨论向量组 $\boldsymbol{\alpha}_1,\boldsymbol{\alpha}_2,\boldsymbol{\alpha}_3,\boldsymbol{\alpha}_4$ 及向量组 $\boldsymbol{\alpha}_1,\boldsymbol{\alpha}_2,\boldsymbol{\alpha}_3$ 的线性相关性.

**【解】** 对矩阵$(\boldsymbol{\alpha}_1,\boldsymbol{\alpha}_2,\boldsymbol{\alpha}_3,\boldsymbol{\alpha}_4)$施行初等行变换化成行阶梯形矩阵，即可看出矩阵$(\boldsymbol{\alpha}_1,\boldsymbol{\alpha}_2,\boldsymbol{\alpha}_3,\boldsymbol{\alpha}_4)$和$(\boldsymbol{\alpha}_1,\boldsymbol{\alpha}_2,\boldsymbol{\alpha}_3)$的秩，由定理 2 即可得结论.

$$(\boldsymbol{\alpha}_1,\boldsymbol{\alpha}_2,\boldsymbol{\alpha}_3,\boldsymbol{\alpha}_4)=\begin{pmatrix}1&0&-1&-2\\-1&1&3&6\\0&1&2&4\\0&-1&1&1\end{pmatrix}\to\begin{pmatrix}1&0&-1&-2\\0&1&2&4\\0&0&3&5\\0&0&0&0\end{pmatrix},$$

故 $R(\boldsymbol{\alpha}_1,\boldsymbol{\alpha}_2,\boldsymbol{\alpha}_3,\boldsymbol{\alpha}_4)=3<4$，向量组 $\boldsymbol{\alpha}_1,\boldsymbol{\alpha}_2,\boldsymbol{\alpha}_3,\boldsymbol{\alpha}_4$ 线性相关；而 $R(\boldsymbol{\alpha}_1,\boldsymbol{\alpha}_2,\boldsymbol{\alpha}_3)=3$，故向量组 $\boldsymbol{\alpha}_1,\boldsymbol{\alpha}_2,\boldsymbol{\alpha}_3$ 线性无关.

关于向量组的线性相关性，还有如下的一些性质.

**定理 3** ① 设向量组 $A$：$\boldsymbol{\alpha}_1,\boldsymbol{\alpha}_2,\cdots,\boldsymbol{\alpha}_n$ 线性无关，而向量组 $B$：$\boldsymbol{\alpha}_1,\boldsymbol{\alpha}_2,\cdots,\boldsymbol{\alpha}_n,\boldsymbol{\beta}$ 线性相关，则向量 $\boldsymbol{\beta}$ 必能由向量组 $A$ 线性表示，且表示法是唯一的.

② 若向量组 $\boldsymbol{\alpha}_1,\boldsymbol{\alpha}_2,\cdots,\boldsymbol{\alpha}_r$ 线性相关，则向量组 $\boldsymbol{\alpha}_1,\boldsymbol{\alpha}_2,\cdots,\boldsymbol{\alpha}_r,\boldsymbol{\alpha}_{r+1},\cdots,\boldsymbol{\alpha}_n(n>r)$ 必线性相关；反之，$\boldsymbol{\alpha}_1,\boldsymbol{\alpha}_2,\cdots,\boldsymbol{\alpha}_r,\boldsymbol{\alpha}_{r+1},\cdots,\boldsymbol{\alpha}_n(n>r)$ 线性无关，则 $\boldsymbol{\alpha}_1,\boldsymbol{\alpha}_2,\cdots,\boldsymbol{\alpha}_r$ 也线性无关.

③ 若 $m$ 个 $n$ 维向量 $\boldsymbol{\alpha}_1,\boldsymbol{\alpha}_2,\cdots,\boldsymbol{\alpha}_m$ 线性相关，同时去掉其第 $i$ 个分量$(1\leqslant i\leqslant n)$得到的 $m$ 个 $n-1$ 维向量也线性相关；反之，若 $m$ 个 $n$ 维向量 $\boldsymbol{\alpha}_1,\boldsymbol{\alpha}_2,\cdots,\boldsymbol{\alpha}_m$ 线性无关，同时增加其第 $i$ 个分量$(1\leqslant i\leqslant n+1)$得到的 $m$ 个 $n+1$ 维向量也线性无关.

**【证】** ① 向量组 $B$：$\boldsymbol{\alpha}_1,\boldsymbol{\alpha}_2,\cdots,\boldsymbol{\alpha}_n,\boldsymbol{\beta}$ 线性相关，根据定义，存在一组不全为 0 的常数 $k_1,k_2,\cdots,k_n,k_0$ 使得

$$k_1\boldsymbol{\alpha}_1+k_2\boldsymbol{\alpha}_2+\cdots+k_n\boldsymbol{\alpha}_n+k_0\boldsymbol{\beta}=\mathbf{0}. \tag{3.17}$$

这里 $k_0$ 必然不等于 0，否则不全为 0 的常数 $k_1,k_2,\cdots,k_n$ 使得 $k_1\boldsymbol{\alpha}_1+k_2\boldsymbol{\alpha}_2+\cdots+k_n\boldsymbol{\alpha}_n=\mathbf{0}$ 成立，这与向量组 $A$：$\boldsymbol{\alpha}_1,\boldsymbol{\alpha}_2,\cdots,\boldsymbol{\alpha}_n$ 线性无关矛盾！

由于 $k_0\neq0$，式(3.17)可以改写为

$$\boldsymbol{\beta}=-\frac{k_1}{k_0}\boldsymbol{\alpha}_1-\frac{k_2}{k_0}\boldsymbol{\alpha}_2-\cdots-\frac{k_n}{k_0}\boldsymbol{\alpha}_n,$$

这表明 $\boldsymbol{\beta}$ 能由向量组 $A$：$\boldsymbol{\alpha}_1,\boldsymbol{\alpha}_2,\cdots,\boldsymbol{\alpha}_n$ 线性表示.

下面证唯一性. 假设 $\boldsymbol{\beta}$ 有两种表示方法：

$$\boldsymbol{\beta}=x_1\boldsymbol{\alpha}_1+x_2\boldsymbol{\alpha}_2+\cdots+x_n\boldsymbol{\alpha}_n,$$
$$\boldsymbol{\beta}=y_1\boldsymbol{\alpha}_1+y_2\boldsymbol{\alpha}_2+\cdots+y_n\boldsymbol{\alpha}_n,$$

上述两式相减得

$$(x_1-y_1)\boldsymbol{\alpha}_1+(x_2-y_2)\boldsymbol{\alpha}_2+\cdots+(x_n-y_n)\boldsymbol{\alpha}_n=\mathbf{0}.$$

因为 $A:\boldsymbol{\alpha}_1,\boldsymbol{\alpha}_2,\cdots,\boldsymbol{\alpha}_n$ 线性无关，所以上式成立当且仅当 $x_1-y_1=x_2-y_2=\cdots=x_n-y_n=0$，即 $x_i=y_i(i=1,2,\cdots,n)$，即唯一性得证.

② 用定义 5 证明. 因 $\boldsymbol{\alpha}_1,\boldsymbol{\alpha}_2,\cdots,\boldsymbol{\alpha}_r$ 线性相关，则必存在一组不全为零的数 $k_1,k_2,\cdots,k_r$，使得

$$k_1\boldsymbol{\alpha}_1+k_2\boldsymbol{\alpha}_2+\cdots+k_r\boldsymbol{\alpha}_r=\mathbf{0},$$

从而

$$k_1\boldsymbol{\alpha}_1+k_2\boldsymbol{\alpha}_2+\cdots+k_r\boldsymbol{\alpha}_r+0\cdot\boldsymbol{\alpha}_{r+1}+\cdots+0\cdot\boldsymbol{\alpha}_n=\mathbf{0}.$$

显然 $k_1,k_2,\cdots,k_r,0,0,\cdots,0$ 这 $n$ 个数不全为零，故 $\boldsymbol{\alpha}_1,\boldsymbol{\alpha}_2,\cdots,\boldsymbol{\alpha}_r,\boldsymbol{\alpha}_{r+1},\cdots,\boldsymbol{\alpha}_n$ 线性相关. 相反的结论由反证法可得.

③ 记 $\boldsymbol{A}_{n\times m}=(\boldsymbol{\alpha}_1,\boldsymbol{\alpha}_2,\cdots,\boldsymbol{\alpha}_m)$，将 $\boldsymbol{\alpha}_1,\boldsymbol{\alpha}_2,\cdots,\boldsymbol{\alpha}_m$ 去掉第 $i$ 个分量$(1\leqslant i\leqslant n)$得到的 $m$ 个 $n-1$ 维向量记作 $\boldsymbol{\beta}_1,\boldsymbol{\beta}_2,\cdots,\boldsymbol{\beta}_m$，记 $\boldsymbol{B}_{(n-1)\times m}=(\boldsymbol{\beta}_1,\boldsymbol{\beta}_2,\cdots,\boldsymbol{\beta}_m)$，显然 $R(\boldsymbol{B})\leqslant R(\boldsymbol{A})$. 因为 $\boldsymbol{\alpha}_1,\boldsymbol{\alpha}_2,\cdots,\boldsymbol{\alpha}_m$ 线性相关，所以由定理 2，$R(\boldsymbol{A})<m$，从而 $R(\boldsymbol{B})<m$. 再由定理 2，向量组 $\boldsymbol{\beta}_1,\boldsymbol{\beta}_2,\cdots,\boldsymbol{\beta}_m$ 线性相关. 结论③ 后面一半论述留给读者证明.

利用前面讲的一些性质，有时可较方便地判别向量组的线性相关性.

**【例 8】** 判别下列向量组的线性相关性：

① $\boldsymbol{\alpha}_1=(1,0,0,1)^{\mathrm{T}},\boldsymbol{\alpha}_2=(0,1,0,3)^{\mathrm{T}},\boldsymbol{\alpha}_3=(0,0,1,4)^{\mathrm{T}}$；

② $\boldsymbol{\alpha}_1=(1,2,3,5)^{\mathrm{T}},\boldsymbol{\alpha}_2=(4,1,0,2)^{\mathrm{T}},\boldsymbol{\alpha}_3=(5,10,15,25)^{\mathrm{T}}$；

③ $\boldsymbol{\alpha}_1=(1,0,0),\boldsymbol{\alpha}_2=(0,1,0),\boldsymbol{\alpha}_3=(0,0,1),\boldsymbol{\alpha}_4=(1,1,2)$.

**【解】** ① 因为 $\boldsymbol{e}_1=(1,0,0)^{\mathrm{T}},\boldsymbol{e}_2=(0,1,0)^{\mathrm{T}},\boldsymbol{e}_3=(0,0,1)^{\mathrm{T}}$ 线性无关. 由定理 3 的③ 知，$\boldsymbol{\alpha}_1,\boldsymbol{\alpha}_2,\boldsymbol{\alpha}_3$ 线性无关.

② 因为 $\boldsymbol{\alpha}_3=5\boldsymbol{\alpha}_1$，故 $\boldsymbol{\alpha}_1,\boldsymbol{\alpha}_3$ 线性相关，从而由定理 3 的②可知 $\boldsymbol{\alpha}_1,\boldsymbol{\alpha}_2,\boldsymbol{\alpha}_3$ 线性相关.

③ 4 个 3 维向量一定线性相关，故 $\boldsymbol{\alpha}_1,\boldsymbol{\alpha}_2,\boldsymbol{\alpha}_3,\boldsymbol{\alpha}_4$ 线性相关.

## 3.3 向量组的秩

由上节定理 2 表明，在讨论有限个向量组成的向量组的线性相关性时，矩阵的秩起了十分重要的作用，本节把秩的概念引入向量组，并讨论它们之间的联系.

### 3.3.1 向量组的等价

**定义 1** 设有向量组

$$A:\boldsymbol{\alpha}_1,\boldsymbol{\alpha}_2,\cdots,\boldsymbol{\alpha}_m;\ B:\boldsymbol{\beta}_1,\boldsymbol{\beta}_2,\cdots,\boldsymbol{\beta}_s,$$

如果向量组 $A$ 中的每一个向量都能由向量组 $B$ 线性表示，则称向量组 $A$ 能由向量组 $B$ 线性表示. 如果向量组 $A$ 和向量组 $B$ 能互相线性表示，则称这两个向量组等价.

设向量组 $B$ 能由向量组 $A$ 线性表示，即存在着数 $k_{ij}(i=1,2,\cdots,m;j=1,2,\cdots,s)$使

$$\boldsymbol{\beta}_j=k_{1j}\boldsymbol{\alpha}_1+k_{2j}\boldsymbol{\alpha}_2+\cdots+k_{mj}\boldsymbol{\alpha}_m(j=1,2,\cdots,s).\tag{3.18}$$

采用矩阵记号，若 $\boldsymbol{\alpha}_i,\boldsymbol{\beta}_j$ 都为列向量，记

$$\boldsymbol{A}=(\boldsymbol{\alpha}_1,\boldsymbol{\alpha}_2,\cdots,\boldsymbol{\alpha}_m),\ \boldsymbol{B}=(\boldsymbol{\beta}_1,\boldsymbol{\beta}_2,\cdots,\boldsymbol{\beta}_s),\tag{3.19}$$

则式(3.18)可写成

$$\boldsymbol{\beta}_j=(\boldsymbol{\alpha}_1,\boldsymbol{\alpha}_2,\cdots,\boldsymbol{\alpha}_m)\begin{pmatrix}k_{1j}\\k_{2j}\\\vdots\\k_{mj}\end{pmatrix}(j=1,2,\cdots,s),$$

从而

$$\boldsymbol{B}=(\boldsymbol{\beta}_1,\boldsymbol{\beta}_2,\cdots,\boldsymbol{\beta}_s)=(\boldsymbol{\alpha}_1,\boldsymbol{\alpha}_2,\cdots,\boldsymbol{\alpha}_m)\begin{pmatrix}k_{11}&k_{12}&\cdots&k_{1s}\\k_{21}&k_{22}&\cdots&k_{2s}\\\vdots&\vdots&&\vdots\\k_{m1}&k_{m2}&\cdots&k_{ms}\end{pmatrix}=\boldsymbol{AK},\tag{3.20}$$

其中 $\boldsymbol{K}=(k_{ij})_{m\times s}$ 称为向量组 $B$ 由向量组 $A$ 线性表示的系数矩阵.

由以上的讨论不难得到如下命题.

**命题 1** 若 $A:\boldsymbol{\alpha}_1,\boldsymbol{\alpha}_2,\cdots,\boldsymbol{\alpha}_m$；$B:\boldsymbol{\beta}_1,\boldsymbol{\beta}_2,\cdots,\boldsymbol{\beta}_s$ 为有限个列向量组成的向量组，则向量组 $B$ 能由向量组 $A$ 线性表示的充要条件是矩阵方程 $\boldsymbol{B}=\boldsymbol{AX}$ 有解. 其中，矩阵 $\boldsymbol{A},\boldsymbol{B}$ 由式(3.19)来确定.

于是，若已知 $\boldsymbol{C}=\boldsymbol{AB}$，则矩阵 $\boldsymbol{C}$ 的列向量组能由矩阵 $\boldsymbol{A}$ 的列向量组线性表示，$\boldsymbol{B}$ 为这一表示的系数矩阵；由于 $\boldsymbol{C}^{\mathrm{T}}=\boldsymbol{B}^{\mathrm{T}}\boldsymbol{A}^{\mathrm{T}}$，故矩阵 $\boldsymbol{C}$ 的行向量组能由矩阵 $\boldsymbol{B}$ 的行向量组线性表示，$\boldsymbol{A}$ 为这一表示的系数矩阵.

另外，设矩阵 $\boldsymbol{A}$ 能够经过初等行(列)变换变成矩阵 $\boldsymbol{B}$，则 $\boldsymbol{B}$ 的每个行(列)向量都是 $\boldsymbol{A}$ 的行(列)向量组的线性组合，即 $\boldsymbol{B}$ 的行(列)向量组都能由 $\boldsymbol{A}$ 的行(列)向量组的线性表示. 由于初等变换可逆，于是矩阵 $\boldsymbol{B}$ 亦可经过初等行(列)变换变成 $\boldsymbol{A}$，从而 $\boldsymbol{A}$ 的行(列)向量组也能由 $\boldsymbol{B}$ 的行(列)向量组的线性表示. 因此有

**命题 2** 若矩阵 $\boldsymbol{A}$ 经过初等行(列)变换变成矩阵 $\boldsymbol{B}$，则矩阵 $\boldsymbol{A}$ 的行(列)向量组与矩阵 $\boldsymbol{B}$ 的行(列)向量组等价.

显然，向量组的等价具有自反性、对称性和传递性.

由命题 1 和本章 3.1 节的定理 4 可得.

**定理 1** 设向量组 $A:\boldsymbol{\alpha}_1,\boldsymbol{\alpha}_2,\cdots,\boldsymbol{\alpha}_m$ 和 $B:\boldsymbol{\beta}_1,\boldsymbol{\beta}_2,\cdots,\boldsymbol{\beta}_s$ 均为列向量组成的向量组，则向量组 $B$ 能由向量组 $A$ 线性表示的充要条件为 $R(\boldsymbol{A})=R(\boldsymbol{A},\boldsymbol{B})$，其中 $\boldsymbol{A}$ 和 $\boldsymbol{B}$ 是向量组 $A$ 和向量组 $B$ 所构成的矩阵.

该定理可以看成本章 3.1 节定理 2 的推广.

**推论 1** 向量组 $A:\boldsymbol{\alpha}_1,\boldsymbol{\alpha}_2,\cdots,\boldsymbol{\alpha}_m$ 和向量组 $B:\boldsymbol{\beta}_1,\boldsymbol{\beta}_2,\cdots,\boldsymbol{\beta}_s$ 等价的充要条件是

$$R(\boldsymbol{A})=R(\boldsymbol{B})=R(\boldsymbol{A},\boldsymbol{B}),$$

其中 $\boldsymbol{A}$ 和 $\boldsymbol{B}$ 是向量组 $A$ 和向量组 $B$ 所构成的矩阵.

【例 1】 设 $\boldsymbol{\alpha}_1=\begin{pmatrix}1\\-1\\1\\-1\end{pmatrix},\boldsymbol{\alpha}_2=\begin{pmatrix}3\\1\\1\\3\end{pmatrix},\boldsymbol{\beta}_1=\begin{pmatrix}2\\0\\1\\1\end{pmatrix},\boldsymbol{\beta}_2=\begin{pmatrix}1\\1\\0\\2\end{pmatrix},\boldsymbol{\beta}_3=\begin{pmatrix}3\\-1\\2\\0\end{pmatrix}$，证明向量组 $\boldsymbol{\alpha}_1,\boldsymbol{\alpha}_2$ 与向量组 $\boldsymbol{\beta}_1,\boldsymbol{\beta}_2,\boldsymbol{\beta}_3$ 等价.

【证】 记 $\boldsymbol{A}=(\boldsymbol{\alpha}_1,\boldsymbol{\alpha}_2)$，$\boldsymbol{B}=(\boldsymbol{\beta}_1,\boldsymbol{\beta}_2,\boldsymbol{\beta}_3)$. 根据推论 1，只要证 $R(\boldsymbol{A})=R(\boldsymbol{B})=R(\boldsymbol{A},\boldsymbol{B})$. 为此把矩阵 $(\boldsymbol{A},\boldsymbol{B})$ 化成行阶梯形：

$$(\boldsymbol{A},\boldsymbol{B})=\begin{pmatrix}1&3&2&1&3\\-1&1&0&1&-1\\1&1&1&0&2\\-1&3&1&2&0\end{pmatrix}\rightarrow\begin{pmatrix}1&3&2&1&3\\0&2&1&1&1\\0&0&0&0&0\\0&0&0&0&0\end{pmatrix},$$

可见，$R(\boldsymbol{A})=2$，$R(\boldsymbol{A},\boldsymbol{B})=2$. 容易看出矩阵 $\boldsymbol{B}$ 中有不等于 0 的 2 阶子式，故 $R(\boldsymbol{B})\geqslant 2$. 又

$$R(\boldsymbol{B})\leqslant R(\boldsymbol{A},\boldsymbol{B})=2,$$

于是知 $R(\boldsymbol{B})=2$. 因此，

$$R(\boldsymbol{A})=R(\boldsymbol{B})=R(\boldsymbol{A},\boldsymbol{B}),$$

从而向量组 $\boldsymbol{\alpha}_1,\boldsymbol{\alpha}_2$ 与向量组 $\boldsymbol{\beta}_1,\boldsymbol{\beta}_2,\boldsymbol{\beta}_3$ 等价.

## 3.3.2 向量组的秩

我们知道，$n$ 维单位坐标向量组 $\boldsymbol{e}_1,\boldsymbol{e}_2,\cdots,\boldsymbol{e}_n$ 线性无关，且任意 $n$ 维向量可由 $\boldsymbol{e}_1,\boldsymbol{e}_2,\cdots,\boldsymbol{e}_n$ 线性表示. 为了刻画具有这种性质的向量组，我们介绍一个新的概念.

**定义 2** 若向量组 $A$(含有有限个或无限多个向量)中能选出 $r$ 个向量 $\boldsymbol{\alpha}_1,\boldsymbol{\alpha}_2,\cdots,\boldsymbol{\alpha}_r$ 满足：
① 向量组 $\boldsymbol{\alpha}_1,\boldsymbol{\alpha}_2,\cdots,\boldsymbol{\alpha}_r$ 线性无关；
② $A$ 中的任意向量均可由向量组 $\boldsymbol{\alpha}_1,\boldsymbol{\alpha}_2,\cdots,\boldsymbol{\alpha}_r$ 线性表示，则称 $\boldsymbol{\alpha}_1,\boldsymbol{\alpha}_2,\cdots,\boldsymbol{\alpha}_r$ 为 $A$ 的一个最大**线性无关向量组**(简称**最大无关组**).

一般说来，一个向量组的最大无关组不是唯一的.

例如，向量组 $\boldsymbol{\alpha}_1=(1,0)^{\mathrm T}$，$\boldsymbol{\alpha}_2=(0,1)^{\mathrm T}$，$\boldsymbol{\alpha}_3=(1,1)^{\mathrm T}$ 中，$\boldsymbol{\alpha}_1,\boldsymbol{\alpha}_2$ 线性无关，且 $\boldsymbol{\alpha}_3=\boldsymbol{\alpha}_1+\boldsymbol{\alpha}_2$，这说明 $\boldsymbol{\alpha}_1,\boldsymbol{\alpha}_2$ 是它的一个最大无关组；$\boldsymbol{\alpha}_1,\boldsymbol{\alpha}_3$ 线性无关，且 $\boldsymbol{\alpha}_2=-\boldsymbol{\alpha}_1+\boldsymbol{\alpha}_3$，这说明 $\boldsymbol{\alpha}_1,\boldsymbol{\alpha}_3$ 也是它的一个最大无关组；我们还可以验证 $\boldsymbol{\alpha}_1,\boldsymbol{\alpha}_3$ 也是向量组 $\boldsymbol{\alpha}_1,\boldsymbol{\alpha}_2,\boldsymbol{\alpha}_3$ 的最大无关组.

显然，这些最大无关组所含向量的个数相同. 一般地，为证明这一结论，先讨论如下的重要定理.

**定理 2** 设有向量组 $A:\boldsymbol{\alpha}_1,\boldsymbol{\alpha}_2,\cdots,\boldsymbol{\alpha}_s$；$B:\boldsymbol{\beta}_1,\boldsymbol{\beta}_2,\cdots,\boldsymbol{\beta}_r$. 若向量组 $B$ 能由向量组 $A$ 线性表示，且向量组 $B$ 线性无关，则 $r\leqslant s$；相反地，若向量组 $B$ 可由向量组 $A$ 线性表示，且 $r>s$，则向量组 $B$ 线性相关.

【证】 因为向量组 $B$ 能由向量组 $A$ 线性表示，即存在系数矩阵 $\boldsymbol{K}_{sr}=(k_{ij})_{s\times r}$，使

$$(\boldsymbol{\beta}_1,\boldsymbol{\beta}_2,\cdots,\boldsymbol{\beta}_r)=(\boldsymbol{\alpha}_1,\boldsymbol{\alpha}_2,\cdots,\boldsymbol{\alpha}_s)\begin{pmatrix} k_{11} & k_{12} & \cdots & k_{1r} \\ k_{21} & k_{22} & \cdots & k_{2r} \\ \vdots & \vdots & & \vdots \\ k_{s1} & k_{s2} & \cdots & k_{sr} \end{pmatrix},$$

记作 $\boldsymbol{B}=\boldsymbol{AK}$.

如果 $r>s$，则线性方程组

$$\boldsymbol{Kx}=\boldsymbol{0}$$

有非零解(这是因为 $R(\boldsymbol{K})\leqslant s<r$)，从而方程组

$$\boldsymbol{AKx}=\boldsymbol{0}$$

有非零解，即

$$\boldsymbol{Bx}=\boldsymbol{0}$$

有非零解. 这与向量组 $B$ 线性无关相矛盾，因此 $r>s$ 不能成立，所以 $r\leqslant s$. 定理的另一部分结论是显然的.

**推论 2** 两个线性无关的向量组若是等价，则它们必含有相同个数的向量.

**推论 3** 两个等价的向量组的最大无关组含有相同个数的向量.

**推论 4** 一个向量组的任意两个最大无关组所含向量个数相等.

从推论 4 得出，一个向量组的所有最大无关组所含向量个数相等，这个数很重要，为此我们引出下面概念.

**定义 3** 向量组的最大无关组所含向量的个数称为该**向量组的秩**.

只含零向量的向量组没有最大无关组，规定它的秩为零.

**【例 2】** 若向量组 $\boldsymbol{\alpha}_1,\boldsymbol{\alpha}_2,\cdots,\boldsymbol{\alpha}_r$ 线性无关，则 $\boldsymbol{\alpha}_1,\boldsymbol{\alpha}_2,\cdots,\boldsymbol{\alpha}_r$ 就是该向量组的最大无关组，向量组的秩为 $r$.

**【例 3】** $n$ 维向量的全体组成的集合记作 $\mathbf{R}^n$，则 $n$ 维单位坐标向量 $\boldsymbol{e}_1,\boldsymbol{e}_2,\cdots,\boldsymbol{e}_n$ 是 $\mathbf{R}^n$ 的一个最大无关组，$\mathbf{R}^n$ 的秩为 $n$.

有了向量组的秩的概念，推论 3 可叙述为：等价的向量组的秩相等. 由定理 2 还可得

**定理 3** 若向量组 $B$ 能由向量组 $A$ 线性表示，则向量组 $B$ 的秩不大于向量组 $A$ 的秩.

最后，我们给出向量组 $A$ 的最大无关组和秩的一个等价定义.

**定义 4** 如果向量组 $A$ 中能选出 $r$ 个向量 $\boldsymbol{\alpha}_1,\boldsymbol{\alpha}_2,\cdots,\boldsymbol{\alpha}_r$ 满足：

① 向量组 $\boldsymbol{\alpha}_1,\boldsymbol{\alpha}_2,\cdots,\boldsymbol{\alpha}_r$ 线性无关；

② 向量组 $A$ 中的任意 $r+1$ 个向量均线性相关，则称向量组 $\boldsymbol{\alpha}_1,\boldsymbol{\alpha}_2,\cdots,\boldsymbol{\alpha}_r$ 是向量组 $A$ 的一个最大无关组，数 $r$ 称为向量组 $A$ 的秩.

定义 4 与定义 2 的等价性可根据定理 2 及其推论得到.

### 3.3.3 矩阵的秩与向量组的秩的关系

对矩阵 $\boldsymbol{A}=(a_{ij})_{m\times n}$，我们知道 $\boldsymbol{A}$ 的每一行(列)是一个 $n(m)$ 维行(列)向量，称之为 $\boldsymbol{A}$ 的一个行(列)向量.而 $\boldsymbol{A}$ 的行(列)向量的全体称为 $\boldsymbol{A}$ 的行(列)向量组，行(列)向量组的秩称为 $\boldsymbol{A}$ 的行(列)秩.

**定理 4** 对矩阵 $\boldsymbol{A}=(a_{ij})_{m\times n}$，则

$$R(\boldsymbol{A})=\boldsymbol{A}\text{ 的行秩}=\boldsymbol{A}\text{ 的列秩},$$

即矩阵的秩等于它的行向量组的秩也等于它的列向量组的秩.

**【证】** 记 $\boldsymbol{A}=(\boldsymbol{\alpha}_1,\boldsymbol{\alpha}_2,\cdots,\boldsymbol{\alpha}_n)$，设 $R(\boldsymbol{A})=r$，并设 $\boldsymbol{A}$ 的 $r$ 阶子式 $D_r\neq0$. 根据本章 3.2 节推论 2 和定理 3，由 $D_r\neq0$ 知 $D_r$ 所在的 $r$ 列组成的向量组线性无关；又 $|\boldsymbol{A}|$ 中所有的 $r+1$ 阶子式均为零，知 $\boldsymbol{A}$ 中的任意 $r+1$ 个列向量组成的向量组线性相关. 因此，由定义 4 知，$D_r$ 所在的 $r$ 列是 $\boldsymbol{A}$ 的列向量组的一个最大无关组，所以列向量组的秩为 $r$，即

$$\boldsymbol{A}\text{ 的列秩}=R(\boldsymbol{A}).$$

另外，

$$\boldsymbol{A}\text{ 的行秩}=\boldsymbol{A}^{\mathrm{T}}\text{ 的列秩}=R(\boldsymbol{A}^{\mathrm{T}})=R(\boldsymbol{A}),$$

所以

$$R(\boldsymbol{A})=\boldsymbol{A}\text{ 的行秩}=\boldsymbol{A}\text{ 的列秩}.$$

由定理 4 知，用初等变换可以求由有限个向量组成的向量组的秩. 而且，由定理的证明过程可知，当 $R(\boldsymbol{A})=r$ 时，$\boldsymbol{A}$ 的非零的 $r$ 阶子式所在的行(列)就构成 $\boldsymbol{A}$ 的行(列)向量组的一个最大无关组.

**【例 4】** 设有向量组 $A$：

$$\boldsymbol{\alpha}_1=(1,4,2,1)^{\mathrm{T}},\boldsymbol{\alpha}_2=(-2,1,5,1)^{\mathrm{T}},\boldsymbol{\alpha}_3=(-1,2,4,1)^{\mathrm{T}}$$

$$\boldsymbol{\alpha}_4=(-2,1,-1,1)^{\mathrm{T}},\boldsymbol{\alpha}_5=\left(2,3,0,\frac{1}{3}\right)^{\mathrm{T}}.$$

① 求向量组 $A$ 的秩并判定 $A$ 的线性相关性；

② 求向量组 $A$ 的一个最大无关组；

③ 将 $A$ 中的其余向量用所求出的最大无关组线性表示.

**【解】** ① 以 $\boldsymbol{\alpha}_1,\boldsymbol{\alpha}_2,\boldsymbol{\alpha}_3,\boldsymbol{\alpha}_4,\boldsymbol{\alpha}_5$ 为列向量作矩阵 $\boldsymbol{A}$，用初等行变换将矩阵 $\boldsymbol{A}$ 化为行阶梯形

$$\boldsymbol{A}=\begin{pmatrix}1&-2&-1&-2&2\\4&1&2&1&3\\2&5&4&-1&0\\1&1&1&1&\frac{1}{3}\end{pmatrix}\xrightarrow[\substack{r_3-2r_1\\r_4-r_1}]{r_2-4r_1}\begin{pmatrix}1&-2&-1&-2&2\\0&9&6&9&-5\\0&9&6&3&-4\\0&3&2&3&-\frac{5}{3}\end{pmatrix}$$

$$\xrightarrow[r_4-\frac{1}{3}r_2]{r_3-r_2}\begin{pmatrix}1&-2&-1&-2&2\\0&9&6&9&-5\\0&0&0&-6&1\\0&0&0&0&0\end{pmatrix}=\boldsymbol{B}_1.$$

于是 $\boldsymbol{A}$ 的列秩 $=R(\boldsymbol{A})=R(\boldsymbol{B}_1)=3<5$，所以向量组 $A$ 的秩为 3，且向量组 $A$ 线性相关.

② 由于行阶梯形 $\boldsymbol{B}_1$ 的三个非零行的非零首元在 1,2,4 三列，故 $\boldsymbol{\alpha}_1,\boldsymbol{\alpha}_2,\boldsymbol{\alpha}_4$ 为向量组 $A$ 的一个最大无关组. 这是因为

$$(\boldsymbol{\alpha}_1,\boldsymbol{\alpha}_2,\boldsymbol{\alpha}_4)\xrightarrow{r}\begin{pmatrix}1 & -2 & -2\\ 0 & 9 & 9\\ 0 & 0 & -6\\ 0 & 0 & 0\end{pmatrix},$$

所以 $R(\boldsymbol{\alpha}_1,\boldsymbol{\alpha}_2,\boldsymbol{\alpha}_4)=3$，故 $\boldsymbol{\alpha}_1,\boldsymbol{\alpha}_2,\boldsymbol{\alpha}_4$ 线性无关.

③ 对 $\boldsymbol{B}_1$ 继续作初等行变换，化成行最简形.

$$\boldsymbol{B}_1\xrightarrow[\substack{r_2\times\frac{1}{9}\\ r_3\times\left(-\frac{1}{6}\right)}]{r_1+\frac{2}{9}r_2}\begin{pmatrix}1 & 0 & \frac{1}{3} & 0 & \frac{8}{9}\\ 0 & 1 & \frac{2}{3} & 1 & -\frac{5}{9}\\ 0 & 0 & 0 & 1 & -\frac{1}{6}\\ 0 & 0 & 0 & 0 & 0\end{pmatrix}\xrightarrow{r_2-r_3}\begin{pmatrix}1 & 0 & \frac{1}{3} & 0 & \frac{8}{9}\\ 0 & 1 & \frac{2}{3} & 0 & -\frac{7}{18}\\ 0 & 0 & 0 & 1 & -\frac{1}{6}\\ 0 & 0 & 0 & 0 & 0\end{pmatrix}=\boldsymbol{B}.$$

记 $\boldsymbol{b}_1,\boldsymbol{b}_2,\boldsymbol{b}_3,\boldsymbol{b}_4,\boldsymbol{b}_5$ 为 $\boldsymbol{B}$ 的列向量组，由 $\boldsymbol{B}$ 可知 $\boldsymbol{b}_1,\boldsymbol{b}_2,\boldsymbol{b}_4$ 构成 $\boldsymbol{B}$ 的列向量组的最大线性无关组. 且显然 $\boldsymbol{B}$ 的其余向量可由 $\boldsymbol{b}_1,\boldsymbol{b}_2,\boldsymbol{b}_4$ 线性表示，即

$$\boldsymbol{b}_3=\frac{1}{3}\boldsymbol{b}_1+\frac{2}{3}\boldsymbol{b}_2,$$

$$\boldsymbol{b}_5=\frac{8}{9}\boldsymbol{b}_1-\frac{7}{18}\boldsymbol{b}_2-\frac{1}{6}\boldsymbol{b}_4.$$

而矩阵的初等行变换并不改变矩阵的列向量组之间的线性关系(这一结论为什么成立，请读者自己思考). 因此，对应的有

$$\boldsymbol{\alpha}_3=\frac{1}{3}\boldsymbol{\alpha}_1+\frac{2}{3}\boldsymbol{\alpha}_2,$$

$$\boldsymbol{\alpha}_5=\frac{8}{9}\boldsymbol{\alpha}_1-\frac{7}{18}\boldsymbol{\alpha}_2-\frac{1}{6}\boldsymbol{\alpha}_4.$$

利用定理 4，可以研究矩阵相乘之后的秩的关系.

**【例 5】** 设 $\boldsymbol{C}=\boldsymbol{AB}$，则 $R(\boldsymbol{C})\leqslant\min\{R(\boldsymbol{A}),R(\boldsymbol{B})\}$.

**【证】** 设 $\boldsymbol{A},\boldsymbol{B}$ 分别为 $m\times s$, $s\times n$ 矩阵. 将 $\boldsymbol{C}$ 和 $\boldsymbol{A}$ 用列向量表示为

$$\boldsymbol{C}=(\boldsymbol{c}_1,\boldsymbol{c}_2,\cdots,\boldsymbol{c}_n),\ \boldsymbol{A}=(\boldsymbol{a}_1,\boldsymbol{a}_2,\cdots,\boldsymbol{a}_s),$$

而 $\boldsymbol{B}=(b_{ij})$，由

$$\boldsymbol{C}=(\boldsymbol{c}_1,\boldsymbol{c}_2,\cdots,\boldsymbol{c}_n)=(\boldsymbol{a}_1,\boldsymbol{a}_2,\cdots,\boldsymbol{a}_s)\begin{pmatrix}b_{11} & b_{12} & \cdots & b_{1n}\\ b_{21} & b_{22} & \cdots & b_{2n}\\ \vdots & \vdots & & \vdots\\ b_{s1} & b_{s2} & \cdots & b_{sn}\end{pmatrix}$$

知矩阵 $\boldsymbol{C}$ 的列向量组能由 $\boldsymbol{A}$ 的列向量组线性表示，因此

$$R(\boldsymbol{C})\leqslant R(\boldsymbol{A}).$$

因 $\boldsymbol{C}^{\mathrm{T}}=\boldsymbol{B}^{\mathrm{T}}\boldsymbol{A}^{\mathrm{T}}$ 可知 $R(\boldsymbol{C}^{\mathrm{T}})\leqslant R(\boldsymbol{B}^{\mathrm{T}})$，即 $R(\boldsymbol{C})\leqslant R(\boldsymbol{B})$，从而

$$R(\boldsymbol{C})\leqslant\min\{R(\boldsymbol{A}),R(\boldsymbol{B})\}.$$

## 3.4 线性方程组解的结构

在第 1 章，我们介绍了线性方程组的基本概念以及用矩阵的初等行变换解线性方程组的方法，也就是消元法. 在本章 3.1 节，利用矩阵的秩的概念，给出了线性方程组的两个重要结果，即

① 齐次线性方程组 $\boldsymbol{A}_{m\times n}\boldsymbol{x}=\boldsymbol{0}$ 有非零解的充分必要条件是系数矩阵的秩 $R(\boldsymbol{A})<n$.

② 非齐次线性方程组 $\boldsymbol{A}_{m\times n}\boldsymbol{x}=\boldsymbol{b}$ 有解的充分必要条件是系数矩阵 $\boldsymbol{A}$ 的秩等于增广矩阵 $\boldsymbol{B}$ 的秩，且当 $R(\boldsymbol{A})=R(\boldsymbol{B})=n$ 时，方程组有唯一解；当 $R(\boldsymbol{A})=R(\boldsymbol{B})<n$ 时，方程组有无穷多个解.

本节则利用 3.2 节及 3.3 节讨论过的向量组的线性相关性的理论研究线性方程组的解的结构，从而完善线性方程组的理论.

### 3.4.1 齐次线性方程组解的结构

对于齐次线性方程组 $\boldsymbol{A}_{m\times n}\boldsymbol{x}=\boldsymbol{0}$，先讨论解的性质.

**性质 1** 若向量 $\boldsymbol{\xi}_1$，$\boldsymbol{\xi}_2$ 是 $\boldsymbol{Ax}=\boldsymbol{0}$ 的解，则 $\boldsymbol{x}=\boldsymbol{\xi}_1+\boldsymbol{\xi}_2$ 也是 $\boldsymbol{Ax}=\boldsymbol{0}$ 的解.

**【证】** 因为 $\boldsymbol{A\xi}_1=\boldsymbol{0},\boldsymbol{A\xi}_2=\boldsymbol{0}$，于是 $\boldsymbol{A}(\boldsymbol{\xi}_1+\boldsymbol{\xi}_2)=\boldsymbol{A\xi}_1+\boldsymbol{A\xi}_2=\boldsymbol{0}+\boldsymbol{0}=\boldsymbol{0}$，所以 $\boldsymbol{x}=\boldsymbol{\xi}_1+\boldsymbol{\xi}_2$ 是 $\boldsymbol{Ax}=\boldsymbol{0}$ 的解.

**性质 2** 若 $\boldsymbol{\xi}_1$ 为 $\boldsymbol{Ax}=\boldsymbol{0}$ 的解，$k$ 为实数，则 $\boldsymbol{x}=k\boldsymbol{\xi}_1$ 也是 $\boldsymbol{Ax}=\boldsymbol{0}$ 的解.

**【证】** 因为 $\boldsymbol{A}(k\boldsymbol{\xi}_1)=k\boldsymbol{A\xi}_1=k\cdot\boldsymbol{0}=\boldsymbol{0}$，所以 $\boldsymbol{x}=k\boldsymbol{\xi}_1$ 是 $\boldsymbol{Ax}=\boldsymbol{0}$ 的解.

由性质 1 和性质 2 可知，$\boldsymbol{Ax}=\boldsymbol{0}$ 的解的集合对向量的加法和数乘运算是封闭的.

**定义 1** 设齐次线性方程组 $\boldsymbol{Ax}=\boldsymbol{0}$ 有非零解，如果它的 $k$ 个解向量 $\boldsymbol{\xi}_1,\boldsymbol{\xi}_2,\cdots,\boldsymbol{\xi}_k$ 满足：

① $\boldsymbol{\xi}_1,\boldsymbol{\xi}_2,\cdots,\boldsymbol{\xi}_k$ 线性无关；

② $\boldsymbol{Ax}=\boldsymbol{0}$ 的任一解 $\boldsymbol{x}$ 可由 $\boldsymbol{\xi}_1,\boldsymbol{\xi}_2,\cdots,\boldsymbol{\xi}_k$ 线性表示，即

$$\boldsymbol{x}=c_1\boldsymbol{\xi}_1+c_2\boldsymbol{\xi}_2+\cdots+c_k\boldsymbol{\xi}_k,$$

则称 $\boldsymbol{\xi}_1,\boldsymbol{\xi}_2,\cdots,\boldsymbol{\xi}_k$ 是方程组 $\boldsymbol{Ax}=\boldsymbol{0}$ 的一个**基础解系**.

显然，方程组 $\boldsymbol{Ax}=\boldsymbol{0}$ 的基础解系就是它的解的全体组成的向量组 $S$ 的最大无关组. 如果 $\boldsymbol{\xi}_1,\boldsymbol{\xi}_2,\cdots,\boldsymbol{\xi}_k$ 是齐次线性方程组 $\boldsymbol{Ax}=\boldsymbol{0}$ 的基础解系，它的通解可以表示为

$$\boldsymbol{x}=c_1\boldsymbol{\xi}_1+c_2\boldsymbol{\xi}_2+\cdots+c_k\boldsymbol{\xi}_k,$$

其中 $c_1,c_2,\cdots,c_k$ 为任意常数.

**定理 1** 若齐次线性方程组 $\boldsymbol{A}_{m\times n}\boldsymbol{x}=\boldsymbol{0}$ 的系数矩阵 $\boldsymbol{A}$ 的秩 $R(\boldsymbol{A})=r<n$，则 $\boldsymbol{Ax}=\boldsymbol{0}$ 的基础解系存在且恰含有 $n-r$ 个线性无关的解向量.

【证】 对线性方程组

$$\begin{cases} a_{11}x_1+a_{12}x_2+\cdots+a_{1n}x_n=0, \\ a_{21}x_1+a_{22}x_2+\cdots+a_{2n}x_n=0, \\ \cdots\cdots\cdots \\ a_{m1}x_1+a_{m2}x_2+\cdots+a_{mn}x_n=0, \end{cases} \tag{3.21}$$

设其系数矩阵 $\boldsymbol{A}$ 的秩为 $r$，不妨设 $\boldsymbol{A}$ 的前 $r$ 个列向量线性无关. 于是 $\boldsymbol{A}$ 的行最简形矩阵为

$$\boldsymbol{A}\xrightarrow{r}\boldsymbol{B}=\begin{pmatrix} 1 & \cdots & 0 & b_{11} & \cdots & b_{1,n-r} \\ \vdots & & \vdots & \vdots & & \vdots \\ 0 & \cdots & 1 & b_{r1} & \cdots & b_{r,n-r} \\ 0 & \cdots & 0 & 0 & \cdots & 0 \\ \vdots & & \vdots & \vdots & & \vdots \\ 0 & \cdots & 0 & 0 & \cdots & 0 \end{pmatrix}.$$

与 $\boldsymbol{B}$ 对应，有方程组

$$\begin{cases} x_1=-b_{11}x_{r+1}-\cdots-b_{1,n-r}x_n, \\ \cdots\cdots\cdots \\ x_r=-b_{r1}x_{r+1}-\cdots-b_{r,n-r}x_n, \end{cases} \tag{3.22}$$

其中 $x_{r+1},\cdots,x_n$ 为 $n-r$ 个自由未知量.

由于方程组(3.21)与(3.22)同解，在方程组(3.22)中，任给 $x_{r+1},\cdots,x_n$ 一组值，就可唯一确定 $x_1,\cdots,x_r$ 的值，就得方程组(3.22)的一个解，也就是方程组(3.21)的解. 现依次取自由未知量 $x_{r+1},\cdots,x_n$ 为下列 $n-r$ 组数

$$\begin{pmatrix} x_{r+1} \\ x_{r+2} \\ \vdots \\ x_n \end{pmatrix}=\begin{pmatrix} 1 \\ 0 \\ \vdots \\ 0 \end{pmatrix},\begin{pmatrix} 0 \\ 1 \\ \vdots \\ 0 \end{pmatrix},\cdots,\begin{pmatrix} 0 \\ 0 \\ \vdots \\ 1 \end{pmatrix},$$

由方程组(3.22)依次可得

$$\begin{pmatrix} x_1 \\ \vdots \\ x_r \end{pmatrix}=\begin{pmatrix} -b_{11} \\ \vdots \\ -b_{r1} \end{pmatrix},\begin{pmatrix} -b_{12} \\ \vdots \\ -b_{r2} \end{pmatrix},\cdots,\begin{pmatrix} -b_{1,n-r} \\ \vdots \\ -b_{r,n-r} \end{pmatrix},$$

从而求得方程组(3.22)，也就是方程组(3.21)的 $n-r$ 个解：

$$\boldsymbol{\xi}_1=\begin{pmatrix} -b_{11} \\ \vdots \\ -b_{r1} \\ 1 \\ 0 \\ \vdots \\ 0 \end{pmatrix},\boldsymbol{\xi}_2=\begin{pmatrix} -b_{12} \\ \vdots \\ -b_{r2} \\ 0 \\ 1 \\ \vdots \\ 0 \end{pmatrix},\cdots,\boldsymbol{\xi}_{n-r}=\begin{pmatrix} -b_{1,n-r} \\ \vdots \\ -b_{r,n-r} \\ 0 \\ 0 \\ \vdots \\ 1 \end{pmatrix}.$$

下面证明 $\boldsymbol{\xi}_1,\boldsymbol{\xi}_2,\cdots,\boldsymbol{\xi}_{n-r}$ 即为方程组(3.21)的一个基础解系.

① $\boldsymbol{\xi}_1,\boldsymbol{\xi}_2,\cdots,\boldsymbol{\xi}_{n-r}$线性无关. 因为如下 $n-r$ 个 $n-r$ 维向量

$$\begin{pmatrix}1\\0\\\vdots\\0\end{pmatrix},\begin{pmatrix}0\\1\\\vdots\\0\end{pmatrix},\cdots,\begin{pmatrix}0\\0\\\vdots\\1\end{pmatrix}$$

是线性无关的，所以在每个向量前添加 $r$ 个分量而得到的 $n-r$ 个 $n$ 维向量 $\boldsymbol{\xi}_1,\boldsymbol{\xi}_2,\cdots,\boldsymbol{\xi}_{n-r}$ 也是线性无关的.

② 设

$$\boldsymbol{\xi}=\begin{pmatrix}c_1\\\vdots\\c_r\\c_{r+1}\\\vdots\\c_n\end{pmatrix}$$

是方程组(3.21)的任一解. 因为 $\boldsymbol{\xi}_1,\boldsymbol{\xi}_2,\cdots,\boldsymbol{\xi}_{n-r}$都是方程组(3.21)的解，由齐次线性方程组解的性质可知，它们的线性组合

$$\boldsymbol{\eta}=c_{r+1}\boldsymbol{\xi}_1+c_{r+2}\boldsymbol{\xi}_2+\cdots+c_n\boldsymbol{\xi}_{n-r}=\begin{pmatrix}*\\*\\\vdots\\*\\c_{r+1}\\\vdots\\c_n\end{pmatrix}$$

仍是方程组(3.21)的解. 比较后 $n-r$ 个分量可知，$\boldsymbol{\xi}$ 与 $\boldsymbol{\eta}$ 的后 $n-r$ 个分量，也就是自由未知量对应相等，由于它们都满足方程组(3.22)，从而知它们的前 $r$ 个分量必对应相等. 因此

$$\boldsymbol{\xi}=\boldsymbol{\eta}=c_{r+1}\boldsymbol{\xi}_1+c_{r+2}\boldsymbol{\xi}_2+\cdots+c_n\boldsymbol{\xi}_{n-r},$$

即方程组(3.21)的任一解 $\boldsymbol{\xi}$ 可以由 $\boldsymbol{\xi}_1,\boldsymbol{\xi}_2,\cdots,\boldsymbol{\xi}_{n-r}$线性表示出.

由① ② 可知 $\boldsymbol{\xi}_1,\boldsymbol{\xi}_2,\cdots,\boldsymbol{\xi}_{n-r}$是方程组(3.21)的一个基础解系，它含有 $n-r$ 个线性无关的解向量.

上面定理的证明过程提供了一种求方程组(3.21)的基础解系的方法. 当然，求基础解系的方法很多，且方程组(3.21)的基础解系不是唯一的. 例如，$(x_{r+1},\cdots,x_n)$可任取 $n-r$ 个线性无关的 $n-r$ 维向量，对应地就可以得到(3.21)的一个基础解系. 其实，方程组(3.21)的任何 $n-r$个线性无关的解都可以作为方程组(3.21)的基础解系.

综上所述，对齐次线性方程组 $\mathbf{A}_{m\times n}\boldsymbol{x}=\mathbf{0}$ 有：

(i) 当 $R(\mathbf{A})=n$ 时，它只有零解，无基础解系；

(ii) 当 $R(\mathbf{A})=r<n$ 时，它有无穷多个解，此时方程组的基础解系含有 $n-r$ 个解向量. 设 $\mathbf{A}_{m\times n}\boldsymbol{x}=\mathbf{0}$ 的基础解系为 $\boldsymbol{\xi}_1,\boldsymbol{\xi}_2,\cdots,\boldsymbol{\xi}_{n-r}$，其通解可以表示成 $\boldsymbol{x}=k_1\boldsymbol{\xi}_1+k_2\boldsymbol{\xi}_2+\cdots+k_{n-r}\boldsymbol{\xi}_{n-r}$，

其中 $k_1,k_2,\cdots,k_{n-r}$ 为任意常数.

这里介绍的求基础解系的方法,实质上就是 3.1 节介绍的用初等变换求通解的方法.

**【例 1】** 求齐次线性方程组

$$\begin{cases}x_1-x_2-x_3+x_4=0,\\x_1-x_2+x_3-3x_4=0,\\x_1-x_2-2x_3+3x_4=0\end{cases}$$

的一个基础解系，并给出通解.

**【解】** 对系数矩阵施行初等行变换，化为行最简形矩阵，有

$$\boldsymbol{A}=\begin{pmatrix}1&-1&-1&1\\1&-1&1&-3\\1&-1&-2&3\end{pmatrix}\xrightarrow[r_3-r_1]{r_2-r_1}\begin{pmatrix}1&-1&-1&1\\0&0&2&-4\\0&0&-1&2\end{pmatrix}$$

$$\xrightarrow[\frac{1}{2}r_2]{r_3+\frac{1}{2}r_2}\begin{pmatrix}1&-1&-1&1\\0&0&1&-2\\0&0&0&0\end{pmatrix}\xrightarrow{r_1+r_2}\begin{pmatrix}1&-1&0&-1\\0&0&1&-2\\0&0&0&0\end{pmatrix},$$

于是,原方程组同解于

$$\begin{cases}x_1=x_2+x_4,\\x_3=2x_4,\end{cases}$$

其中 $x_2,x_4$ 为自由变量.令

$$\begin{pmatrix}x_2\\x_4\end{pmatrix}=\begin{pmatrix}1\\0\end{pmatrix},\begin{pmatrix}0\\1\end{pmatrix},$$

则对应的有

$$\begin{pmatrix}x_1\\x_3\end{pmatrix}=\begin{pmatrix}1\\0\end{pmatrix},\begin{pmatrix}1\\2\end{pmatrix},$$

从而得基础解系

$$\boldsymbol{\xi}_1=\begin{pmatrix}x_1\\x_2\\x_3\\x_4\end{pmatrix}=\begin{pmatrix}1\\1\\0\\0\end{pmatrix},\boldsymbol{\xi}_2=\begin{pmatrix}x_1\\x_2\\x_3\\x_4\end{pmatrix}=\begin{pmatrix}1\\0\\2\\1\end{pmatrix}.$$

故原方程组的通解为

$$\boldsymbol{x}=k_1\boldsymbol{\xi}_1+k_2\boldsymbol{\xi}_2=k_1\begin{pmatrix}1\\1\\0\\0\end{pmatrix}+k_2\begin{pmatrix}1\\0\\2\\1\end{pmatrix},$$

其中 $k_1,k_2$ 是任意常数.

另外，如果取

$$\begin{pmatrix}x_2\\x_4\end{pmatrix}=\begin{pmatrix}1\\1\end{pmatrix},\begin{pmatrix}-1\\1\end{pmatrix},$$

则得

$$\begin{pmatrix} x_1 \\ x_3 \end{pmatrix} = \begin{pmatrix} 2 \\ 2 \end{pmatrix}, \begin{pmatrix} 0 \\ 2 \end{pmatrix},$$

可得不同的基础解系

$$\boldsymbol{\eta}_1 = \begin{pmatrix} 2 \\ 1 \\ 2 \\ 1 \end{pmatrix}, \boldsymbol{\eta}_2 = \begin{pmatrix} 0 \\ -1 \\ 2 \\ 1 \end{pmatrix},$$

从而得通解

$$\boldsymbol{x} = c_1\boldsymbol{\eta}_1 + c_2\boldsymbol{\eta}_2 = c_1\begin{pmatrix} 2 \\ 1 \\ 2 \\ 1 \end{pmatrix} + c_2\begin{pmatrix} 0 \\ -1 \\ 2 \\ 1 \end{pmatrix} \quad (c_1, c_2 \in \mathbf{R}).$$

显然，向量组 $\boldsymbol{\xi}_1, \boldsymbol{\xi}_2$ 与向量组 $\boldsymbol{\eta}_1, \boldsymbol{\eta}_2$ 等价，两个通解形式虽不一样，但都含有两个任意常数，都表示了方程组的任意解.

**【例 2】** 设 $\boldsymbol{A}, \boldsymbol{B}$ 分别是 $m \times n$ 和 $n \times s$ 矩阵，且 $\boldsymbol{AB} = \boldsymbol{O}$. 证明

$$R(\boldsymbol{A}) + R(\boldsymbol{B}) \leqslant n.$$

**【证】** 将 $\boldsymbol{B}$ 按列分块为 $\boldsymbol{B} = (\boldsymbol{b}_1, \boldsymbol{b}_2, \cdots, \boldsymbol{b}_s)$，由

$$\boldsymbol{AB} = \boldsymbol{A}(\boldsymbol{b}_1, \boldsymbol{b}_2, \cdots, \boldsymbol{b}_s) = (\boldsymbol{0}, \boldsymbol{0}, \cdots, \boldsymbol{0})$$

得

$$\boldsymbol{A}\boldsymbol{b}_j = \boldsymbol{0} \quad (j = 1, 2, \cdots, s),$$

即 $\boldsymbol{B}$ 的每一列都是 $\boldsymbol{Ax} = \boldsymbol{0}$ 的解. 而 $\boldsymbol{Ax} = \boldsymbol{0}$ 的基础解系含 $n - R(\boldsymbol{A})$ 个解，即 $\boldsymbol{Ax} = \boldsymbol{0}$ 的任何一组解中至多含 $n - R(\boldsymbol{A})$ 个线性无关的解，因此

$$R(\boldsymbol{B}) = R(\boldsymbol{b}_1, \boldsymbol{b}_2, \cdots, \boldsymbol{b}_s) \leqslant n - R(\boldsymbol{A}),$$

故

$$R(\boldsymbol{A}) + R(\boldsymbol{B}) \leqslant n.$$

## 3.4.2 非齐次线性方程组解的结构

对于非齐次线性方程组

$$\boldsymbol{A}_{m \times n}\boldsymbol{x} = \boldsymbol{b},$$

其解具有如下性质：

**性质 3** 设 $\boldsymbol{\eta}_1$ 和 $\boldsymbol{\eta}_2$ 都是非齐次线性方程组 $\boldsymbol{Ax} = \boldsymbol{b}$ 的解，则 $\boldsymbol{x} = \boldsymbol{\eta}_1 - \boldsymbol{\eta}_2$ 为对应的齐次线性方程组

$$\boldsymbol{Ax} = \boldsymbol{0}$$

的解.

**【证】** $\boldsymbol{A}(\boldsymbol{\eta}_1 - \boldsymbol{\eta}_2) = \boldsymbol{A}\boldsymbol{\eta}_1 - \boldsymbol{A}\boldsymbol{\eta}_2 = \boldsymbol{b} - \boldsymbol{b} = \boldsymbol{0}$，即 $\boldsymbol{x} = \boldsymbol{\eta}_1 - \boldsymbol{\eta}_2$ 满足方程 $\boldsymbol{Ax} = \boldsymbol{0}$.

**性质 4** 设 $\boldsymbol{\eta}$ 是非齐次线性方程组 $\boldsymbol{Ax} = \boldsymbol{b}$ 的解，$\boldsymbol{\xi}$ 是对应的齐次线性方程组 $\boldsymbol{Ax} = \boldsymbol{0}$ 的解，则 $\boldsymbol{x} = \boldsymbol{\xi} + \boldsymbol{\eta}$ 是非齐次线性方程组 $\boldsymbol{Ax} = \boldsymbol{b}$ 的解.

【证】 $A(\boldsymbol{\xi}+\boldsymbol{\eta})=A\boldsymbol{\xi}+A\boldsymbol{\eta}=\mathbf{0}+\boldsymbol{b}=\boldsymbol{b}$，即 $\boldsymbol{x}=\boldsymbol{\xi}+\boldsymbol{\eta}$ 满足方程 $\boldsymbol{Ax}=\boldsymbol{b}$.

根据上面两条性质,我们可以得到如下结论.

**定理 2** 设 $\boldsymbol{\eta}^*$ 是非齐次线性方程组 $\boldsymbol{A}_{m\times n}\boldsymbol{x}=\boldsymbol{b}$ 的一个解，$\xi_1,\xi_2,\cdots,\xi_{n-r}$ 是对应的齐次线性方程组 $\boldsymbol{A}_{m\times n}\boldsymbol{x}=\mathbf{0}$ 的基础解系，则 $\boldsymbol{A}_{m\times n}\boldsymbol{x}=\boldsymbol{b}$ 的通解为

$$\boldsymbol{x}=\boldsymbol{\eta}^*+k_1\boldsymbol{\xi}_1+k_2\boldsymbol{\xi}_2+\cdots+k_{n-r}\boldsymbol{\xi}_{n-r},$$

其中 $k_1,k_2,\cdots,k_{n-r}$ 为任意实数.

【证】 设 $\boldsymbol{\eta}$ 是 $\boldsymbol{Ax}=\boldsymbol{b}$ 的任一解,由于 $\boldsymbol{A\eta}^*=\boldsymbol{b}$,故 $\boldsymbol{\eta}-\boldsymbol{\eta}^*$ 是 $\boldsymbol{Ax}=\mathbf{0}$ 的解. 而 $\xi_1,\xi_2,\cdots,\xi_{n-r}$ 是 $\boldsymbol{Ax}=\mathbf{0}$ 的基础解系，故

$$\boldsymbol{\eta}-\boldsymbol{\eta}^*=k_1\boldsymbol{\xi}_1+k_2\boldsymbol{\xi}_2+\cdots+k_{n-r}\boldsymbol{\xi}_{n-r},$$

即

$$\boldsymbol{\eta}=\boldsymbol{\eta}^*+k_1\boldsymbol{\xi}_1+k_2\boldsymbol{\xi}_2+\cdots+k_{n-r}\boldsymbol{\xi}_{n-r},$$

其中 $k_1,k_2,\cdots,k_{n-r}$ 为任意实数.

定理 2 表明，非齐次线性方程组 $\boldsymbol{Ax}=\boldsymbol{b}$ 的通解是它本身的一个解与其对应的齐次线性方程组的通解之和所构成.

**【例 3】** 解方程组

$$\begin{cases}x_1+2x_2-2x_3+3x_4=2,\\2x_1+4x_2-3x_3+4x_4=5,\\5x_1+10x_2-8x_3+11x_4=12.\end{cases}$$

**【解】** 对增广矩阵 $\boldsymbol{B}=(\boldsymbol{A},\boldsymbol{b})$ 施行初等行变换：

$$\boldsymbol{B}=\begin{pmatrix}1&2&-2&3&2\\2&4&-3&4&5\\5&10&-8&11&12\end{pmatrix}\xrightarrow[r_3-5r_1]{r_2-2r_1}\begin{pmatrix}1&2&-2&3&2\\0&0&1&-2&1\\0&0&2&-4&2\end{pmatrix}\xrightarrow[r_3-2r_2]{r_1+2r_2}\begin{pmatrix}1&2&0&-1&4\\0&0&1&-2&1\\0&0&0&0&0\end{pmatrix}.$$

可见 $R(\boldsymbol{A})=R(\boldsymbol{B})=2<4$,故方程组有无穷多个解. 取 $x_2,x_4$ 为自由未知量，原方程的同解方程组为

$$\begin{cases}x_1=4-2x_2+x_4,\\x_3=1+\qquad 2x_4,\end{cases}$$

令 $x_2=x_4=0$,得 $x_1=4,x_3=1$，即得非齐次线性方程组的一个解

$$\boldsymbol{\eta}^*=\begin{pmatrix}4\\0\\1\\0\end{pmatrix}.$$

在对应的齐次线性方程组

$$\begin{cases}x_1=-2x_2+x_4,\\x_3=\qquad 2x_4,\end{cases}$$

中依次取

$$\begin{pmatrix}x_2\\x_4\end{pmatrix}=\begin{pmatrix}1\\0\end{pmatrix},\begin{pmatrix}0\\1\end{pmatrix},$$

相应地

$$\begin{pmatrix}x_1\\x_3\end{pmatrix}=\begin{pmatrix}-2\\0\end{pmatrix},\begin{pmatrix}1\\2\end{pmatrix},$$

得对应的齐次线性方程组的基础解系：

$$\boldsymbol{\xi}_1=\begin{pmatrix}-2\\1\\0\\0\end{pmatrix},\ \boldsymbol{\xi}_2=\begin{pmatrix}1\\0\\2\\1\end{pmatrix}.$$

于是原方程组的通解为 $\boldsymbol{x}=\boldsymbol{\eta}^*+k_1\boldsymbol{\xi}_1+k_2\boldsymbol{\xi}_2$，即

$$\begin{pmatrix}x_1\\x_2\\x_3\\x_4\end{pmatrix}=\begin{pmatrix}4\\0\\1\\0\end{pmatrix}+k_1\begin{pmatrix}-2\\1\\0\\0\end{pmatrix}+k_2\begin{pmatrix}1\\0\\2\\1\end{pmatrix},$$

其中 $k_1,k_2$ 为任意常数.

练习

## 习题 3

1. 用消元法求解线性方程组：

(1) $\begin{cases}2x_1+2x_2-x_3=6,\\x_1-2x_2+4x_3=3,\\5x_1+7x_2+x_3=28.\end{cases}$ (2) $\begin{cases}x_1+x_2+2x_3+3x_4=1,\\x_2+x_3-4x_4=1,\\x_1+2x_2+3x_3-x_4=4,\\2x_1+3x_2-x_3-x_4=-6.\end{cases}$

(3) $\begin{cases}x_1+5x_2-x_3-x_4=-1,\\x_1-2x_2+x_3+3x_4=3,\\3x_1+8x_2-x_3+x_4=1,\\x_1-9x_2+3x_3+7x_4=7.\end{cases}$ (4) $\begin{cases}x_1+2x_2+x_3-x_4=0,\\3x_1+6x_2-x_3-3x_4=0,\\5x_1+10x_2+x_3-5x_4=0.\end{cases}$

2. (1)已知 $\boldsymbol{\alpha}_1=(1,-1,0)^{\mathrm{T}}$，$\boldsymbol{\alpha}_2=(2,1,3)^{\mathrm{T}}$，$\boldsymbol{\alpha}_3=(3,1,2)^{\mathrm{T}}$，$\boldsymbol{\beta}=(5,0,7)^{\mathrm{T}}$，把 $\boldsymbol{\beta}$ 表示成 $\boldsymbol{\alpha}_1,\boldsymbol{\alpha}_2,\boldsymbol{\alpha}_3$ 的线性组合；

(2) 已知 $\boldsymbol{\alpha}_1=(1,1,0,1)$，$\boldsymbol{\alpha}_2=(2,1,3,1)$，$\boldsymbol{\alpha}_3=(1,1,0,0)$，$\boldsymbol{\alpha}_4=(0,1,-1,-1)$，$\boldsymbol{\beta}=(0,0,0,1)$，把 $\boldsymbol{\beta}$ 表示成 $\boldsymbol{\alpha}_1,\boldsymbol{\alpha}_2,\boldsymbol{\alpha}_3,\boldsymbol{\alpha}_4$ 的线性组合.

3. 判断下列向量组的线性相关性.

(1) $\boldsymbol{\alpha}_1=(1,0,1)^{\mathrm{T}}$，$\boldsymbol{\alpha}_2=(1,2,3)^{\mathrm{T}}$，$\boldsymbol{\alpha}_3=(2,3,1)^{\mathrm{T}}$；

(2) $\boldsymbol{\alpha}_1=(2,2,7,-1)$，$\boldsymbol{\alpha}_2=(3,-1,2,4)$，$\boldsymbol{\alpha}_3=(1,1,3,1)$.

4. 设 $\boldsymbol{\beta}_1=\boldsymbol{\alpha}_1+\boldsymbol{\alpha}_2$，$\boldsymbol{\beta}_2=\boldsymbol{\alpha}_2+\boldsymbol{\alpha}_3$，$\boldsymbol{\beta}_3=\boldsymbol{\alpha}_3+\boldsymbol{\alpha}_4$，$\boldsymbol{\beta}_4=\boldsymbol{\alpha}_4+\boldsymbol{\alpha}_1$，证明向量组 $\boldsymbol{\beta}_1,\boldsymbol{\beta}_2,\boldsymbol{\beta}_3,\boldsymbol{\beta}_4$ 线性相关.

5. 设 $t_1,t_2,\cdots,t_r$ 是互不相同的数，$r\leqslant n$. 证明：向量组 $\boldsymbol{\alpha}_i=(1,t_i,\cdots,t_i^{n-1})$ $(i=1,2,\cdots,r)$ 线性无关.

6. 已知向量组 $\boldsymbol{\alpha}_1,\boldsymbol{\alpha}_2,\cdots,\boldsymbol{\alpha}_n$ 线性无关，且 $\boldsymbol{\beta}_1=\boldsymbol{\alpha}_1$，$\boldsymbol{\beta}_2=\boldsymbol{\alpha}_1+\boldsymbol{\alpha}_2$，$\cdots$，$\boldsymbol{\beta}_n=\sum\limits_{k=1}^{n}\boldsymbol{\alpha}_k$. 证明：向量

组 $\boldsymbol{\beta}_1,\boldsymbol{\beta}_2,\cdots,\boldsymbol{\beta}_n$ 线性无关.

7. 已知向量组 $\boldsymbol{\alpha}_1,\boldsymbol{\alpha}_2,\cdots,\boldsymbol{\alpha}_n$ 的秩为 $r$，证明 $\boldsymbol{\alpha}_1,\boldsymbol{\alpha}_2,\cdots,\boldsymbol{\alpha}_n$ 中任意 $r$ 个线性无关的向量都构成它的一个最大无关组.

8. 设向量组 $A:\boldsymbol{\alpha}_1=(0,1,2,3)^{\mathrm{T}},\boldsymbol{\alpha}_2=(3,0,1,2)^{\mathrm{T}},\boldsymbol{\alpha}_3=(4,-1,0,1)^{\mathrm{T}},\boldsymbol{\alpha}_4=(8,1,4,7)^{\mathrm{T}}$.

(1)求向量组 $A$ 的秩并判定它的线性相关性；

(2)求向量组 $A$ 的一个最大无关组；

(3)用所求的最大无关组表示其余向量.

9. 已知向量组 $A$：$\boldsymbol{a}_1=(0,1,1)^{\mathrm{T}}$，$\boldsymbol{a}_2=(1,1,0)^{\mathrm{T}}$；$B$：$\boldsymbol{b}_1=(-1,0,1)^{\mathrm{T}}$，$\boldsymbol{b}_2=(1,2,1)^{\mathrm{T}}$，$\boldsymbol{b}_3=(3,2,-1)^{\mathrm{T}}$. 证明向量组 $A$ 与向量组 $B$ 等价.

10. 已知向量组 $\boldsymbol{\alpha}_1=(1,2,-3)^{\mathrm{T}},\boldsymbol{\alpha}_2=(3,0,1)^{\mathrm{T}},\boldsymbol{\alpha}_3=(9,6,-7)^{\mathrm{T}}$ 与向量组 $\boldsymbol{\beta}_1=(0,1,-1)^{\mathrm{T}},\boldsymbol{\beta}_2=(a,2,1)^{\mathrm{T}},\boldsymbol{\beta}_3=(b,1,0)^{\mathrm{T}}$ 有相同的秩，且 $\boldsymbol{\beta}_3$ 可由 $\boldsymbol{\alpha}_1,\boldsymbol{\alpha}_2,\boldsymbol{\alpha}_3$ 线性表示，求 $a,b$ 的值.

11. 求下列方程组的通解.

(1) $\begin{cases} x_1-8x_2+10x_3+2x_4=0, \\ 2x_1+4x_2+5x_3-x_4=0, \\ 3x_1+8x_2+6x_3-2x_4=0. \end{cases}$  (2) $\begin{cases} x_1-5x_2+2x_3-3x_4=11, \\ 5x_1+3x_2+6x_3-x_4=-1, \\ 2x_1+4x_2+2x_3+x_4=-6. \end{cases}$

12. 已知线性方程组

$$\begin{cases} x_1+x_2+x_3+x_4=a, \\ 3x_1+2x_2+x_3-3x_4=0, \\ x_2+2x_3+6x_4=b, \\ 5x_1+4x_2+3x_3-x_4=2. \end{cases}$$

讨论参数 $a,b$ 取何值时，方程组有解？并求其通解.

13. 设 $\boldsymbol{A}=\begin{pmatrix} 1 & 1 \\ a & 1 \\ a+1 & a \end{pmatrix},\boldsymbol{B}=\begin{pmatrix} 0 & b \\ b & 0 \\ a & a \end{pmatrix}$，且 $a\neq b$，讨论 $a,b$ 为何值时，矩阵方程 $\boldsymbol{AX}=\boldsymbol{B}$ 有解？并在有解时求其解.

14. 证明与齐次线性方程组 $\boldsymbol{Ax}=\boldsymbol{0}$ 的基础解系等价的线性无关的向量组也是它的基础解系.

15. 设向量组 $\boldsymbol{\alpha}_1,\boldsymbol{\alpha}_2,\cdots,\boldsymbol{\alpha}_s$ 是齐次线性方程组 $\boldsymbol{Ax}=\boldsymbol{0}$ 的一个基础解系，向量 $\boldsymbol{\beta}$ 不是方程组 $\boldsymbol{Ax}=\boldsymbol{0}$ 的解，求证：$\boldsymbol{\beta},\boldsymbol{\beta}+\boldsymbol{\alpha}_1,\cdots,\boldsymbol{\beta}+\boldsymbol{\alpha}_s$ 线性无关.

16. 设 $\boldsymbol{\eta}^*$ 是非齐次线性方程组 $\boldsymbol{Ax}=\boldsymbol{b}$ 的一个解，$\boldsymbol{\xi}_1,\boldsymbol{\xi}_2,\cdots,\boldsymbol{\xi}_{n-r}$ 是对应的齐次线性方程组 $\boldsymbol{Ax}=\boldsymbol{0}$ 的一个基础解系，证明：

(1) $\boldsymbol{\eta}^*,\boldsymbol{\xi}_1,\boldsymbol{\xi}_2,\cdots,\boldsymbol{\xi}_{n-r}$ 线性无关；

(2) $\boldsymbol{\eta}^*,\boldsymbol{\eta}^*+\boldsymbol{\xi}_1,\boldsymbol{\eta}^*+\boldsymbol{\xi}_2,\cdots,\boldsymbol{\eta}^*+\boldsymbol{\xi}_{n-r}$ 线性无关.

17. 设 $\boldsymbol{A}$ 是 $n$ 阶方阵，$\boldsymbol{A}^*$ 为 $\boldsymbol{A}$ 的伴随矩阵，且 $\boldsymbol{A}_{11}\neq 0$，其中 $\boldsymbol{A}_{11}$ 是 $|\boldsymbol{A}|$ 的元素 $a_{11}$ 对应的代数余子式. 证明：$\boldsymbol{Ax}=\boldsymbol{0}$ 有无穷多解的充要条件是 $\boldsymbol{A}^*\boldsymbol{x}=\boldsymbol{0}$ 有非零解.

18. 线性方程组

$$\begin{cases} a_{11}x_1+a_{12}x_2+\cdots+a_{1n}x_n=0, \\ a_{21}x_1+a_{22}x_2+\cdots+a_{2n}x_n=0, \\ \cdots\cdots\cdots \\ a_{n-1,1}x_1+a_{n-1,2}x_2+\cdots+a_{n-1,n}x_n=0 \end{cases}$$

的系数矩阵为

$$A = \begin{pmatrix} a_{11} & a_{12} & \cdots & a_{1n} \\ a_{21} & a_{22} & \cdots & a_{2n} \\ \vdots & \vdots & & \vdots \\ a_{n-1,1} & a_{n-1,2} & \cdots & a_{n-1,n} \end{pmatrix},$$

设 $M_j\,(j=1,2,\cdots,n)$是在矩阵 $A$ 中去掉第 $j$ 列所得到的 $n-1$ 阶子式. 求证：

（1）$(M_1, -M_2, \cdots, (-1)^{n-1}M_n)^{\mathrm{T}}$ 是方程组的一个解；

（2）如果 $A$ 的秩为 $n-1$，那么方程组的所有解是$(M_1, -M_2, \cdots, (-1)^{n-1}M_n)^{\mathrm{T}}$ 的倍数.

# 4 矩阵的相似对角形

本章主要介绍方阵的特征值、特征向量等概念，并讨论方阵的对角化问题. 这些内容是矩阵理论的重要组成部分，在数学各分支、科学技术以及经济学等领域都有广泛的应用.

## 4.1 向量的内积与长度

在空间解析几何中，向量$\vec{a}$、$\vec{b}$的内积(数量积) 与它们的长度及夹角之间具有如下关系

$$\vec{a}\cdot\vec{b}=|\vec{a}||\vec{b}|\cos\theta(\theta\text{ 为向量}\vec{a}\text{与}\vec{b}\text{的夹角}).$$

在 $\mathbf{R}^3$ 中建立坐标系，设向量

$$\vec{a}=\{x_1,x_2,x_3\},\vec{b}=\{y_1,y_2,y_3\},$$

$\vec{a}$、$\vec{b}$的内积可以通过坐标来计算，即

$$\vec{a}\cdot\vec{b}=x_1y_1+x_2y_2+x_3y_3,$$

同时，根据公式

$$|\vec{a}|=\sqrt{\vec{a}\cdot\vec{a}}\text{ 和 }\cos\theta=\frac{\vec{a}\cdot\vec{b}}{|\vec{a}||\vec{b}|}(\vec{a}\text{ 和}\vec{b}\text{ 的长度不为零}),$$

向量的长度和夹角都可以转化为用它们的坐标去计算. 这也说明，如果定义了向量的内积，就可以通过内积计算向量的长度和夹角.

下面，我们先把向量的内积推广到 $n$ 维向量空间中，然后定义 $n$ 维空间中向量的长度和夹角.

### 4.1.1 向量的内积

**定义 1** 设 $n$ 维向量空间 $\mathbf{R}^n$ 中的两个向量

$$\boldsymbol{\alpha}=\begin{pmatrix}a_1\\a_2\\\vdots\\a_n\end{pmatrix},\boldsymbol{\beta}=\begin{pmatrix}b_1\\b_2\\\vdots\\b_n\end{pmatrix},$$

令$(\boldsymbol{\alpha},\boldsymbol{\beta})=a_1b_1+a_2b_2+\cdots+a_nb_n$，称$(\boldsymbol{\alpha},\boldsymbol{\beta})$为向量 $\boldsymbol{\alpha}$ 与 $\boldsymbol{\beta}$ 的**内积**(inner product).

内积是两个向量之间的一种运算，其结果是一个实数. 这里的 $\boldsymbol{\alpha}$ 与 $\boldsymbol{\beta}$ 都是 $n$ 维列向量，它们的内积可以用矩阵运算来描述，即

$$(\boldsymbol{\alpha},\boldsymbol{\beta}) = \boldsymbol{\alpha}^{\mathrm{T}}\boldsymbol{\beta} = (a_1, a_2, \cdots, a_n)\begin{pmatrix} b_1 \\ b_2 \\ \vdots \\ b_n \end{pmatrix}.$$

类似地,可以定义两个行向量之间的内积,这里不再赘述.

根据内积的定义,容易证明内积的一些基本性质(其中 $\boldsymbol{\alpha},\boldsymbol{\beta},\boldsymbol{\gamma}\in\mathbf{R}^n$ 为 $n$ 维列向量,$k$ 为实数):

① **对称性** $(\boldsymbol{\alpha},\boldsymbol{\beta})=(\boldsymbol{\beta},\boldsymbol{\alpha})$;

② **齐次性** $(k\boldsymbol{\alpha},\boldsymbol{\beta})=k(\boldsymbol{\alpha},\boldsymbol{\beta})$;

③ **分配律** $(\boldsymbol{\alpha}+\boldsymbol{\beta},\boldsymbol{\gamma})=(\boldsymbol{\alpha},\boldsymbol{\gamma})+(\boldsymbol{\beta},\boldsymbol{\gamma})$;

④ **非负性** $(\boldsymbol{\alpha},\boldsymbol{\alpha})\geqslant 0$,当且仅当 $\boldsymbol{\alpha}=\mathbf{0}$ 时,等号成立.

利用这些性质,还可以证明**柯西-施瓦茨(Cauchy-Schwarz)不等式**

$$(\boldsymbol{\alpha},\boldsymbol{\beta})^2 \leqslant (\boldsymbol{\alpha},\boldsymbol{\alpha})(\boldsymbol{\beta},\boldsymbol{\beta}) \tag{4.1}$$

成立,若 $\boldsymbol{\alpha}=(a_1,a_2,\cdots,a_n)^{\mathrm{T}}$,$\boldsymbol{\beta}=(b_1,b_2,\cdots,b_n)^{\mathrm{T}}$,则式(4.1)可表示为

$$\left(\sum_{i=1}^{n} a_i b_i\right)^2 \leqslant \left(\sum_{i=1}^{n} a_i^2\right)\cdot\left(\sum_{i=1}^{n} b_i^2\right).$$

利用内积的对称性,还可以得到

$(\boldsymbol{\alpha},k\boldsymbol{\beta})=(k\boldsymbol{\beta},\boldsymbol{\alpha})=k(\boldsymbol{\beta},\boldsymbol{\alpha})=k(\boldsymbol{\alpha},\boldsymbol{\beta})$,

$(\boldsymbol{\alpha},\boldsymbol{\beta}+\boldsymbol{\gamma})=(\boldsymbol{\beta}+\boldsymbol{\gamma},\boldsymbol{\alpha})=(\boldsymbol{\beta},\boldsymbol{\alpha})+(\boldsymbol{\gamma},\boldsymbol{\alpha})=(\boldsymbol{\alpha},\boldsymbol{\beta})+(\boldsymbol{\alpha},\boldsymbol{\gamma})$.

### 4.1.2 向量的长度与夹角

**定义 2** 设 $\mathbf{R}^n$ 中的向量 $\boldsymbol{\alpha}=(a_1,a_2,\cdots,a_n)^{\mathrm{T}}$,令

$$|\boldsymbol{\alpha}|=\sqrt{(\boldsymbol{\alpha},\boldsymbol{\alpha})}=\sqrt{a_1^2+a_2^2+\cdots+a_n^2},$$

称为 $n$ 维向量 $\boldsymbol{\alpha}$ 的**长度**(length)或**范数**(norm).

利用内积的性质,容易推出向量的长度具有下述性质(其中 $\boldsymbol{\alpha},\boldsymbol{\beta}\in\mathbf{R}^n$ 为 $n$ 维列向量,$k$ 为实数):

① **非负性** $|\boldsymbol{\alpha}|\geqslant 0$,当且仅当 $\boldsymbol{\alpha}=\mathbf{0}$ 时,等号成立;

② **齐次性** $|k\boldsymbol{\alpha}|=|k|\cdot|\boldsymbol{\alpha}|$;

③ **三角不等式** $|\boldsymbol{\alpha}+\boldsymbol{\beta}|\leqslant|\boldsymbol{\alpha}|+|\boldsymbol{\beta}|$.

当 $|\boldsymbol{\alpha}|=1$ 时,称 $\boldsymbol{\alpha}$ 为**单位向量**.

对于任一非零向量 $\boldsymbol{\beta}$,向量 $\dfrac{\boldsymbol{\beta}}{|\boldsymbol{\beta}|}$ 是一个单位向量,因为

$$\left|\frac{\boldsymbol{\beta}}{|\boldsymbol{\beta}|}\right|=\frac{1}{|\boldsymbol{\beta}|}|\boldsymbol{\beta}|=1.$$

用非零向量除以它的长度后得到一个单位向量,这一过程通常称为把向量**单位化**.

根据长度的定义,可以把柯西-施瓦兹不等式(4.1)改写成

$$|(\boldsymbol{\alpha},\boldsymbol{\beta})|\leqslant|\boldsymbol{\alpha}|\cdot|\boldsymbol{\beta}|,$$

由此可得

$$\left|\frac{(\boldsymbol{\alpha},\boldsymbol{\beta})}{|\boldsymbol{\alpha}|\cdot|\boldsymbol{\beta}|}\right| \leqslant 1(\text{当 } |\boldsymbol{\alpha}|\cdot|\boldsymbol{\beta}| \neq 0 \text{ 时}),$$

于是引出向量夹角的定义.

**定义 3** 设向量 $\boldsymbol{\alpha},\boldsymbol{\beta}\in\mathbf{R}^n$，当 $|\boldsymbol{\alpha}|\cdot|\boldsymbol{\beta}|\neq 0$ 时，

$$\theta=\arccos\frac{(\boldsymbol{\alpha},\boldsymbol{\beta})}{|\boldsymbol{\alpha}|\cdot|\boldsymbol{\beta}|}\ (0\leqslant\theta\leqslant\pi)$$

称为向量 $\boldsymbol{\alpha}$ 与 $\boldsymbol{\beta}$ 的夹角，记作 $\measuredangle(\boldsymbol{\alpha},\boldsymbol{\beta})$.

当 $(\boldsymbol{\alpha},\boldsymbol{\beta})=0$ 时，称向量 $\boldsymbol{\alpha}$ 与 $\boldsymbol{\beta}$ **正交**(orthogonal)，记作 $\boldsymbol{\alpha}\perp\boldsymbol{\beta}$. 显然，若向量 $\boldsymbol{\alpha}=\mathbf{0}$，则 $\boldsymbol{\alpha}$ 与任何同阶向量都正交.

设向量 $\boldsymbol{\alpha},\boldsymbol{\beta}_1,\boldsymbol{\beta}_2,\cdots,\boldsymbol{\beta}_r\in\mathbf{R}^n$，且 $\boldsymbol{\alpha}\perp\boldsymbol{\beta}_i(i=1,2,\cdots,r)$，则对于任意 $r$ 个常数 $k_1,k_2,\cdots,k_r$，容易验证 $\boldsymbol{\alpha}\perp k_1\boldsymbol{\beta}_1+k_2\boldsymbol{\beta}_2+\cdots+k_r\boldsymbol{\beta}_r$.

**【例 1】** 求向量 $\boldsymbol{\alpha}=(1,2,2,3)^{\mathrm{T}}$ 与 $\boldsymbol{\beta}=(3,1,5,1)^{\mathrm{T}}$ 的夹角.

**【解】** 记向量 $\boldsymbol{\alpha}$ 与 $\boldsymbol{\beta}$ 的夹角为 $\measuredangle(\boldsymbol{\alpha},\boldsymbol{\beta})$，则

$$\cos\measuredangle(\boldsymbol{\alpha},\boldsymbol{\beta})=\frac{(\boldsymbol{\alpha},\boldsymbol{\beta})}{|\boldsymbol{\alpha}|\cdot|\boldsymbol{\beta}|}=\frac{1\times3+2\times1+2\times5+3\times1}{\sqrt{1^2+2^2+2^2+3^2}\sqrt{3^2+1^2+5^2+1^2}}=\frac{\sqrt{2}}{2},$$

所以，向量 $\boldsymbol{\alpha}$ 与 $\boldsymbol{\beta}$ 的夹角

$$\measuredangle(\boldsymbol{\alpha},\boldsymbol{\beta})=\frac{\pi}{4}.$$

### 4.1.3 正交向量组

**定义 4** 设向量 $\boldsymbol{\alpha}_1,\boldsymbol{\alpha}_2,\cdots,\boldsymbol{\alpha}_r\in\mathbf{R}^n$ 是一组非零向量，并且其中任意两个向量都正交，则称此向量组为**正交向量组**.

例如向量组

$$\boldsymbol{\alpha}_1=\begin{pmatrix}\frac{1}{\sqrt{3}}\\0\\2\\1\end{pmatrix},\ \boldsymbol{\alpha}_2=\begin{pmatrix}0\\\frac{1}{5}\\0\\0\end{pmatrix},\ \boldsymbol{\alpha}_3=\begin{pmatrix}-3\\0\\\frac{\sqrt{3}}{2}\\0\end{pmatrix}$$

是一个正交向量组，其中的任意两个向量都是正交的，并且这 3 个向量还是线性无关的.

**定义 5** 若一个正交向量组中每一个向量都是单位向量，则称此向量组为**规范正交向量组**或**标准正交向量组**.

例如向量组

$$\boldsymbol{e}_1=\begin{pmatrix}1\\0\\0\\0\end{pmatrix},\boldsymbol{e}_2=\begin{pmatrix}0\\1\\0\\0\end{pmatrix},\boldsymbol{e}_3=\begin{pmatrix}0\\0\\1\\0\end{pmatrix},\boldsymbol{e}_4=\begin{pmatrix}0\\0\\0\\1\end{pmatrix}$$

和向量组

$$\boldsymbol{\varepsilon}_1=\begin{pmatrix}\frac{1}{\sqrt{2}}\\\frac{1}{\sqrt{2}}\\0\\0\end{pmatrix},\boldsymbol{\varepsilon}_2=\begin{pmatrix}\frac{1}{\sqrt{2}}\\-\frac{1}{\sqrt{2}}\\0\\0\end{pmatrix},\boldsymbol{\varepsilon}_3=\begin{pmatrix}0\\0\\\frac{1}{\sqrt{2}}\\\frac{1}{\sqrt{2}}\end{pmatrix},\boldsymbol{\varepsilon}_4=\begin{pmatrix}0\\0\\\frac{1}{\sqrt{2}}\\-\frac{1}{\sqrt{2}}\end{pmatrix}$$

是两个等价的规范正交向量组.

关于正交向量组,有如下重要性质.

**定理 1** 设向量 $\boldsymbol{\alpha}_1,\boldsymbol{\alpha}_2,\cdots,\boldsymbol{\alpha}_r\in\mathbf{R}^n$ 是一组两两正交的非零向量,则 $\boldsymbol{\alpha}_1,\boldsymbol{\alpha}_2,\cdots,\boldsymbol{\alpha}_r$ 线性无关.

**【证】** 设有实数 $k_1,k_2,\cdots,k_r$,使得等式

$$k_1\boldsymbol{\alpha}_1+k_2\boldsymbol{\alpha}_2+\cdots+k_r\boldsymbol{\alpha}_r=\mathbf{0}$$

成立.以 $\boldsymbol{\alpha}_i^{\mathrm{T}}$ 左乘上式两端,因为 $\boldsymbol{\alpha}_i^{\mathrm{T}}\boldsymbol{\alpha}_j=0(j\neq i)$,故得

$$k_i\boldsymbol{\alpha}_i^{\mathrm{T}}\boldsymbol{\alpha}_i=0.$$

又因为 $\boldsymbol{\alpha}_i\neq 0(i=1,2,\cdots,r)$,故 $\boldsymbol{\alpha}_i^{\mathrm{T}}\boldsymbol{\alpha}_i=|\boldsymbol{\alpha}_i|^2\neq 0$,从而必有 $k_i=0(i=1,2,\cdots,r)$.这说明 $\boldsymbol{\alpha}_1,\boldsymbol{\alpha}_2,\cdots,\boldsymbol{\alpha}_r$ 线性无关.

**【例 2】** 已知向量 $\boldsymbol{\alpha}_1=\begin{pmatrix}1\\1\\0\end{pmatrix},\boldsymbol{\alpha}_2=\begin{pmatrix}2\\-2\\3\end{pmatrix}$,求一个非零向量 $\boldsymbol{\alpha}_3$,使得 $\boldsymbol{\alpha}_1,\boldsymbol{\alpha}_2,\boldsymbol{\alpha}_3$ 成为正交向量组.

**【解】** 设 $\boldsymbol{\alpha}_3=\begin{pmatrix}x_1\\x_2\\x_3\end{pmatrix}$,由于 $\boldsymbol{\alpha}_1,\boldsymbol{\alpha}_2,\boldsymbol{\alpha}_3$ 是正交向量组,则 $\boldsymbol{\alpha}_1^{\mathrm{T}}\boldsymbol{\alpha}_3=0,\boldsymbol{\alpha}_2^{\mathrm{T}}\boldsymbol{\alpha}_3=0$,即

$$\begin{pmatrix}\boldsymbol{\alpha}_1^{\mathrm{T}}\\\boldsymbol{\alpha}_2^{\mathrm{T}}\end{pmatrix}\begin{pmatrix}x_1\\x_2\\x_3\end{pmatrix}=0,\text{ 或 }\begin{pmatrix}1&1&0\\2&-2&3\end{pmatrix}\begin{pmatrix}x_1\\x_2\\x_3\end{pmatrix}=0.$$

由

$$\begin{pmatrix}1&1&0\\2&-2&3\end{pmatrix}\sim\begin{pmatrix}1&0&\frac{3}{4}\\0&1&-\frac{3}{4}\end{pmatrix},$$

可得

$$\begin{cases}x_1\quad+\frac{3}{4}x_3=0,\\x_2-\frac{3}{4}x_3=0,\end{cases}$$

经计算可知,基础解系中有一个向量 $\left(-\frac{3}{4},\frac{3}{4},1\right)^{\mathrm{T}}$,取

$$\boldsymbol{\alpha}_3=\begin{pmatrix}-3\\3\\4\end{pmatrix}$$

即为所求.

### 4.1.4 施密特(Schmidt)正交化方法

设 $\boldsymbol{\alpha}_1,\boldsymbol{\alpha}_2,\cdots,\boldsymbol{\alpha}_r\in\mathbf{R}^n$ 是一组线性无关的向量，找一组两两正交的向量组 $\boldsymbol{\beta}_1,\boldsymbol{\beta}_2,\cdots,\boldsymbol{\beta}_r$，并使 $\boldsymbol{\beta}_1,\boldsymbol{\beta}_2,\cdots,\boldsymbol{\beta}_r$ 与 $\boldsymbol{\alpha}_1,\boldsymbol{\alpha}_2,\cdots,\boldsymbol{\alpha}_r$ 等价，这样一个问题称为把向量 $\boldsymbol{\alpha}_1,\boldsymbol{\alpha}_2,\cdots,\boldsymbol{\alpha}_r$ 正交化.

一般地，可以采用以下步骤把 $\boldsymbol{\alpha}_1,\boldsymbol{\alpha}_2,\cdots,\boldsymbol{\alpha}_r$ 正交化. 令

$$\boldsymbol{\beta}_1=\boldsymbol{\alpha}_1,$$

$$\boldsymbol{\beta}_2=\boldsymbol{\alpha}_2-\frac{(\boldsymbol{\alpha}_2,\boldsymbol{\beta}_1)}{(\boldsymbol{\beta}_1,\boldsymbol{\beta}_1)}\boldsymbol{\beta}_1,$$

$$\boldsymbol{\beta}_3=\boldsymbol{\alpha}_3-\frac{(\boldsymbol{\alpha}_3,\boldsymbol{\beta}_1)}{(\boldsymbol{\beta}_1,\boldsymbol{\beta}_1)}\boldsymbol{\beta}_1-\frac{(\boldsymbol{\alpha}_3,\boldsymbol{\beta}_2)}{(\boldsymbol{\beta}_2,\boldsymbol{\beta}_2)}\boldsymbol{\beta}_2,$$

$$\cdots\cdots\cdots$$

$$\boldsymbol{\beta}_r=\boldsymbol{\alpha}_r-\frac{(\boldsymbol{\alpha}_r,\boldsymbol{\beta}_1)}{(\boldsymbol{\beta}_1,\boldsymbol{\beta}_1)}\boldsymbol{\beta}_1-\frac{(\boldsymbol{\alpha}_r,\boldsymbol{\beta}_2)}{(\boldsymbol{\beta}_2,\boldsymbol{\beta}_2)}\boldsymbol{\beta}_2-\cdots-\frac{(\boldsymbol{\alpha}_r,\boldsymbol{\beta}_{r-1})}{(\boldsymbol{\beta}_{r-1},\boldsymbol{\beta}_{r-1})}\boldsymbol{\beta}_{r-1},$$

可以验证 $\boldsymbol{\beta}_1,\boldsymbol{\beta}_2,\cdots,\boldsymbol{\beta}_r$ 两两正交，并且与 $\boldsymbol{\alpha}_1,\boldsymbol{\alpha}_2,\cdots,\boldsymbol{\alpha}_r$ 等价.

事实上，

$$(\boldsymbol{\beta}_1,\boldsymbol{\beta}_2)=\left(\boldsymbol{\beta}_1,\boldsymbol{\alpha}_2-\frac{(\boldsymbol{\alpha}_2,\boldsymbol{\beta}_1)}{(\boldsymbol{\beta}_1,\boldsymbol{\beta}_1)}\boldsymbol{\beta}_1\right)=(\boldsymbol{\beta}_1,\boldsymbol{\alpha}_2)-\frac{(\boldsymbol{\alpha}_2,\boldsymbol{\beta}_1)}{(\boldsymbol{\beta}_1,\boldsymbol{\beta}_1)}(\boldsymbol{\beta}_1,\boldsymbol{\beta}_1)=0,$$

这说明 $\boldsymbol{\beta}_1$ 与 $\boldsymbol{\beta}_2$ 正交. 设 $\boldsymbol{\beta}_1,\boldsymbol{\beta}_2,\cdots,\boldsymbol{\beta}_{k-1}$ 两两正交，并记 $c_{kj}=\dfrac{(\boldsymbol{\alpha}_k,\boldsymbol{\beta}_j)}{(\boldsymbol{\beta}_j,\boldsymbol{\beta}_j)}$，则

$$\begin{aligned}(\boldsymbol{\beta}_k,\boldsymbol{\beta}_j)&=(\boldsymbol{\alpha}_k-c_{k1}\boldsymbol{\beta}_1-c_{k2}\boldsymbol{\beta}_2-\cdots-c_{k,k-1}\boldsymbol{\beta}_{k-1},\boldsymbol{\beta}_j)\\&=(\boldsymbol{\alpha}_k,\boldsymbol{\beta}_j)-c_{kj}(\boldsymbol{\beta}_j,\boldsymbol{\beta}_j)\\&=0,\end{aligned}$$

即 $\boldsymbol{\beta}_k$ 与 $\boldsymbol{\beta}_j(j=1,2,\cdots,k-1)$ 正交. 由归纳法可得，$\boldsymbol{\beta}_1,\boldsymbol{\beta}_2,\cdots,\boldsymbol{\beta}_r$ 两两正交. 关于 $\boldsymbol{\beta}_1,\boldsymbol{\beta}_2,\cdots,\boldsymbol{\beta}_r$ 与 $\boldsymbol{\alpha}_1,\boldsymbol{\alpha}_2,\cdots,\boldsymbol{\alpha}_r$ 的等价性直接由它们的表达式就可以得到.

上述从线性无关的向量组 $\boldsymbol{\alpha}_1,\boldsymbol{\alpha}_2,\cdots,\boldsymbol{\alpha}_r$ 导出正交向量组 $\boldsymbol{\beta}_1,\boldsymbol{\beta}_2,\cdots,\boldsymbol{\beta}_r$ 的过程称为**施密特(Schmidt)正交化方法**. 这个方法得到的结果不仅满足 $\boldsymbol{\beta}_1,\boldsymbol{\beta}_2,\cdots,\boldsymbol{\beta}_r$ 与 $\boldsymbol{\alpha}_1,\boldsymbol{\alpha}_2,\cdots,\boldsymbol{\alpha}_r$ 等价，还满足对任何 $k(1\leqslant k\leqslant r)$，$\boldsymbol{\beta}_1,\boldsymbol{\beta}_2,\cdots,\boldsymbol{\beta}_k$ 与 $\boldsymbol{\alpha}_1,\boldsymbol{\alpha}_2,\cdots,\boldsymbol{\alpha}_k$ 等价.

如果要从一组线性无关的向量 $\boldsymbol{\alpha}_1,\boldsymbol{\alpha}_2,\cdots,\boldsymbol{\alpha}_r$ 出发，构造一组与之等价的规范正交向量组，只需要把上述通过施密特正交化方法得到的向量组 $\boldsymbol{\beta}_1,\boldsymbol{\beta}_2,\cdots,\boldsymbol{\beta}_r$ 单位化，即令

$$\boldsymbol{\varepsilon}_1=\frac{\boldsymbol{\beta}_1}{|\boldsymbol{\beta}_1|},\boldsymbol{\varepsilon}_2=\frac{\boldsymbol{\beta}_2}{|\boldsymbol{\beta}_2|},\cdots,\boldsymbol{\varepsilon}_r=\frac{\boldsymbol{\beta}_r}{|\boldsymbol{\beta}_r|},$$

容易验证 $\boldsymbol{\varepsilon}_1,\boldsymbol{\varepsilon}_2,\cdots,\boldsymbol{\varepsilon}_r$ 与 $\boldsymbol{\alpha}_1,\boldsymbol{\alpha}_2,\cdots,\boldsymbol{\alpha}_r$ 等价，并且是一组规范正交向量组.

**【例 3】** 把向量组 $\boldsymbol{\alpha}_1=\begin{pmatrix}1\\2\\-1\end{pmatrix},\boldsymbol{\alpha}_2=\begin{pmatrix}-1\\3\\1\end{pmatrix},\boldsymbol{\alpha}_3=\begin{pmatrix}4\\-1\\0\end{pmatrix}$ 化为规范正交向量组.

**【解】** 容易验证 $\boldsymbol{\alpha}_1,\boldsymbol{\alpha}_2,\boldsymbol{\alpha}_3$ 是线性无关的. 先做正交化，令

$$\boldsymbol{\beta}_1=\boldsymbol{\alpha}_1=\begin{pmatrix}1\\2\\-1\end{pmatrix},$$

$$\boldsymbol{\beta}_2=\boldsymbol{\alpha}_2-\frac{(\boldsymbol{\alpha}_2,\boldsymbol{\beta}_1)}{(\boldsymbol{\beta}_1,\boldsymbol{\beta}_1)}\boldsymbol{\beta}_1=\begin{pmatrix}-1\\3\\1\end{pmatrix}-\frac{4}{6}\begin{pmatrix}1\\2\\-1\end{pmatrix}=\frac{5}{3}\begin{pmatrix}-1\\1\\1\end{pmatrix},$$

$$\boldsymbol{\beta}_3=\boldsymbol{\alpha}_3-\frac{(\boldsymbol{\alpha}_3,\boldsymbol{\beta}_1)}{(\boldsymbol{\beta}_1,\boldsymbol{\beta}_1)}\boldsymbol{\beta}_1-\frac{(\boldsymbol{\alpha}_3,\boldsymbol{\beta}_2)}{(\boldsymbol{\beta}_2,\boldsymbol{\beta}_2)}\boldsymbol{\beta}_2=\begin{pmatrix}4\\-1\\0\end{pmatrix}-\frac{1}{3}\begin{pmatrix}1\\2\\-1\end{pmatrix}+\frac{5}{3}\begin{pmatrix}-1\\1\\1\end{pmatrix}=\begin{pmatrix}2\\0\\2\end{pmatrix}.$$

再把它们单位化.令

$$\boldsymbol{\varepsilon}_1=\frac{\boldsymbol{\beta}_1}{|\boldsymbol{\beta}_1|}=\frac{1}{\sqrt{6}}\begin{pmatrix}1\\2\\-1\end{pmatrix},\boldsymbol{\varepsilon}_2=\frac{\boldsymbol{\beta}_2}{|\boldsymbol{\beta}_2|}=\frac{1}{\sqrt{3}}\begin{pmatrix}-1\\1\\1\end{pmatrix},\boldsymbol{\varepsilon}_3=\frac{\boldsymbol{\beta}_3}{|\boldsymbol{\beta}_3|}=\frac{1}{\sqrt{2}}\begin{pmatrix}1\\0\\1\end{pmatrix},$$

则 $\boldsymbol{\varepsilon}_1,\boldsymbol{\varepsilon}_2,\boldsymbol{\varepsilon}_3$ 即为所求.

**【例 4】** 已知向量 $\boldsymbol{\alpha}_1=\begin{pmatrix}1\\1\\1\end{pmatrix}$,求两个向量 $\boldsymbol{\alpha}_2,\boldsymbol{\alpha}_3$,使得 $\boldsymbol{\alpha}_1,\boldsymbol{\alpha}_2,\boldsymbol{\alpha}_3$ 两两正交.

**【解】** 因为 $\boldsymbol{\alpha}_2,\boldsymbol{\alpha}_3$ 与 $\boldsymbol{\alpha}_1$ 正交,所以它们应该满足方程 $\boldsymbol{\alpha}_1^{\mathrm{T}}\boldsymbol{x}=0$,设 $\boldsymbol{x}=(x_1,x_2,x_3)^{\mathrm{T}}$,则

$$\boldsymbol{\alpha}_1^{\mathrm{T}}\boldsymbol{x}=x_1+x_2+x_3=0,$$

解此方程得基础解系

$$\boldsymbol{\xi}_1=\begin{pmatrix}-1\\1\\0\end{pmatrix},\ \boldsymbol{\xi}_2=\begin{pmatrix}-1\\0\\1\end{pmatrix}.$$

向量 $\boldsymbol{\xi}_1,\boldsymbol{\xi}_2$ 与 $\boldsymbol{\alpha}_1$ 正交,但它们自身并不正交,因此需要把它们正交化才可满足题目要求.令

$$\boldsymbol{\alpha}_2=\boldsymbol{\xi}_1=\begin{pmatrix}-1\\1\\0\end{pmatrix},\boldsymbol{\alpha}_3=\boldsymbol{\xi}_2-\frac{(\boldsymbol{\xi}_2,\boldsymbol{\xi}_1)}{(\boldsymbol{\xi}_1,\boldsymbol{\xi}_1)}\boldsymbol{\xi}_1=\begin{pmatrix}-1\\0\\1\end{pmatrix}-\frac{1}{2}\begin{pmatrix}-1\\1\\0\end{pmatrix}=\frac{1}{2}\begin{pmatrix}-1\\-1\\2\end{pmatrix},$$

即为所求的向量.

### 4.1.5 正交矩阵与正交变换

**定义 6** 如果 $n$ 阶方阵 $\boldsymbol{A}$ 满足 $\boldsymbol{A}\boldsymbol{A}^{\mathrm{T}}=\boldsymbol{A}^{\mathrm{T}}\boldsymbol{A}=\boldsymbol{E}$(即 $\boldsymbol{A}^{-1}=\boldsymbol{A}^{\mathrm{T}}$),那么称 $\boldsymbol{A}$ 为**正交矩阵**.

**定理 2** 矩阵 $\boldsymbol{A}$ 是正交矩阵的充分必要条件是 $\boldsymbol{A}$ 的列(行)向量组为规范正交向量组.

**【证】** 设矩阵 $\boldsymbol{A}$ 是 $n$ 阶方阵,将矩阵 $\boldsymbol{A}$ 用列向量表示为

$$\boldsymbol{A}=(\boldsymbol{\alpha}_1,\boldsymbol{\alpha}_2,\cdots,\boldsymbol{\alpha}_n),$$

于是

$$\boldsymbol{A}^{\mathrm{T}}\boldsymbol{A}=\begin{pmatrix}\boldsymbol{\alpha}_1^{\mathrm{T}}\\\boldsymbol{\alpha}_2^{\mathrm{T}}\\\vdots\\\boldsymbol{\alpha}_n^{\mathrm{T}}\end{pmatrix}(\boldsymbol{\alpha}_1,\boldsymbol{\alpha}_2,\cdots,\boldsymbol{\alpha}_n)=\begin{pmatrix}\boldsymbol{\alpha}_1^{\mathrm{T}}\boldsymbol{\alpha}_1 & \boldsymbol{\alpha}_1^{\mathrm{T}}\boldsymbol{\alpha}_2 & \cdots & \boldsymbol{\alpha}_1^{\mathrm{T}}\boldsymbol{\alpha}_n\\\boldsymbol{\alpha}_2^{\mathrm{T}}\boldsymbol{\alpha}_1 & \boldsymbol{\alpha}_2^{\mathrm{T}}\boldsymbol{\alpha}_2 & \cdots & \boldsymbol{\alpha}_2^{\mathrm{T}}\boldsymbol{\alpha}_n\\\vdots & \vdots & & \vdots\\\boldsymbol{\alpha}_n^{\mathrm{T}}\boldsymbol{\alpha}_1 & \boldsymbol{\alpha}_n^{\mathrm{T}}\boldsymbol{\alpha}_2 & \cdots & \boldsymbol{\alpha}_n^{\mathrm{T}}\boldsymbol{\alpha}_n\end{pmatrix},$$

因此，$\boldsymbol{A}^{\mathrm{T}}\boldsymbol{A}=\boldsymbol{E}$ 的充分必要条件是

$$\boldsymbol{\alpha}_i^{\mathrm{T}}\boldsymbol{\alpha}_j=\begin{cases}1, & i=j,\\0, & i\neq j\end{cases}\quad(i,j=1,2,\cdots,n),$$

即 $\boldsymbol{A}$ 的列向量组是规范正交向量组. 类似地，利用 $\boldsymbol{A}\boldsymbol{A}^{\mathrm{T}}=\boldsymbol{E}$ 可以证明 $\boldsymbol{A}$ 的行向量组也是规范正交向量组.

根据定理 2，容易验证下列 3 个矩阵都是正交矩阵.

① $n$ 阶单位矩阵 $\boldsymbol{E}_n$；

② $\begin{pmatrix}\cos\theta & -\sin\theta\\\sin\theta & \cos\theta\end{pmatrix}$；

③ $\begin{pmatrix}0 & 0 & 1\\-\frac{2}{\sqrt{5}} & \frac{1}{\sqrt{5}} & 0\\\frac{1}{\sqrt{5}} & \frac{2}{\sqrt{5}} & 0\end{pmatrix}$.

利用正交矩阵的定义，容易证明正交矩阵具有下述性质.

① 若 $\boldsymbol{A}$ 是正交矩阵，则 $|\boldsymbol{A}|=1$ 或 $-1$；

② 若 $\boldsymbol{A}$ 是正交矩阵，则 $\boldsymbol{A}^{-1}=\boldsymbol{A}^{\mathrm{T}}$ 也是正交矩阵；

③ 若 $\boldsymbol{A},\boldsymbol{B}$ 是正交矩阵，则 $\boldsymbol{AB}$ 也是正交矩阵.

**定义 7** 若 $\boldsymbol{P}$ 为正交矩阵，则线性变换 $\boldsymbol{\beta}=\boldsymbol{P\alpha}$ 称为**正交变换**.

设 $\boldsymbol{P}$ 为正交矩阵，$\boldsymbol{\beta}=\boldsymbol{P\alpha}$，则有

$$|\boldsymbol{\beta}|=\sqrt{(\boldsymbol{\beta},\boldsymbol{\beta})}=\sqrt{\boldsymbol{\beta}^{\mathrm{T}}\boldsymbol{\beta}}=\sqrt{(\boldsymbol{P\alpha})^{\mathrm{T}}\boldsymbol{P\alpha}}=\sqrt{\boldsymbol{\alpha}^{\mathrm{T}}\boldsymbol{P}^{\mathrm{T}}\boldsymbol{P\alpha}}=\sqrt{\boldsymbol{\alpha}^{\mathrm{T}}\boldsymbol{\alpha}}=|\boldsymbol{\alpha}|,$$

这说明正交变换保持向量的长度不变.

若 $\boldsymbol{\alpha}_1,\boldsymbol{\alpha}_2$ 是两个非零向量，$\boldsymbol{P}$ 是正交矩阵，$\boldsymbol{\beta}_1=\boldsymbol{P\alpha}_1,\boldsymbol{\beta}_2=\boldsymbol{P\alpha}_2$，则

$$\cos\measuredangle(\boldsymbol{\beta}_1,\boldsymbol{\beta}_2)=\frac{(\boldsymbol{\beta}_1,\boldsymbol{\beta}_2)}{|\boldsymbol{\beta}_1|\cdot|\boldsymbol{\beta}_2|}=\frac{\boldsymbol{\alpha}_1^{\mathrm{T}}\boldsymbol{P}^{\mathrm{T}}\boldsymbol{P\alpha}_2}{|\boldsymbol{\beta}_1|\cdot|\boldsymbol{\beta}_2|}=\frac{(\boldsymbol{\alpha}_1,\boldsymbol{\alpha}_2)}{|\boldsymbol{\alpha}_1|\cdot|\boldsymbol{\alpha}_2|}=\cos\measuredangle(\boldsymbol{\alpha}_1,\boldsymbol{\alpha}_2),$$

这说明正交变换还保持两个向量的夹角不变.

## 4.2 特征值与特征向量

数学中的很多问题，如线性方程组的定性分析，都需要用到特征值和特征向量的相关理论，同时，特征值和特征向量理论在很多工程技术以及经济学中的问题都有广泛的应用.

### 4.2.1 特征值与特征向量的概念

**定义 1** 设 $\boldsymbol{A}$ 是 $n$ 阶方阵，如果数 $\lambda$ 和 $n$ 阶非零列向量 $\boldsymbol{p}$ 使得关系式

$$\boldsymbol{A}\boldsymbol{p}=\lambda\boldsymbol{p} \tag{4.2}$$

成立，那么，数 $\lambda$ 称为矩阵 $\boldsymbol{A}$ 的**特征值**(eigenvalue)，非零向量 $\boldsymbol{p}$ 称为矩阵 $\boldsymbol{A}$ 对应于特征值 $\lambda$ 的**特征向量**(eigenvector).

**【例 1】** 已知向量 $\boldsymbol{\alpha}=\begin{pmatrix}1\\1\\-1\end{pmatrix}$ 是矩阵 $\boldsymbol{A}=\begin{pmatrix}2&-1&2\\5&a&3\\-1&b&-2\end{pmatrix}$ 的一个特征向量，试确定参数 $a,b$ 的值和特征向量 $\boldsymbol{\alpha}$ 所对应的特征值 $\lambda$.

**【解】** 由特征值和特征向量的定义，可知

$$\boldsymbol{A}\boldsymbol{\alpha}=\lambda\boldsymbol{\alpha},$$

即

$$\begin{pmatrix}2&-1&2\\5&a&3\\-1&b&-2\end{pmatrix}\begin{pmatrix}1\\1\\-1\end{pmatrix}=\lambda\begin{pmatrix}1\\1\\-1\end{pmatrix},$$

于是，

$$\begin{pmatrix}-1\\2+a\\b+1\end{pmatrix}=\begin{pmatrix}\lambda\\\lambda\\-\lambda\end{pmatrix},$$

可得，$a,b$ 和 $\lambda$ 满足线性方程组

$$\begin{cases}-1=\lambda,\\2+a=\lambda,\\b+1=-\lambda,\end{cases}$$

解这个线性方程组，得

$$a=-3,b=0,\lambda=-1.$$

### 4.2.2 特征值与特征向量的计算步骤

把式(4.2)改写为

$$(\lambda\boldsymbol{E}-\boldsymbol{A})\boldsymbol{p}=\boldsymbol{0},$$

其中特征向量 $\boldsymbol{p}$ 是非零列向量，这说明线性方程组

$$(\lambda\boldsymbol{E}-\boldsymbol{A})\boldsymbol{x}=\boldsymbol{0} \tag{4.3}$$

有非零解. 设矩阵 $\boldsymbol{A}=(a_{ij})_{n\times n}$，齐次线性方程组(4.3)有非零解的充分必要条件是

$$|\lambda\boldsymbol{E}-\boldsymbol{A}|=0, \tag{4.4}$$

或

$$\begin{vmatrix}\lambda-a_{11}&-a_{12}&\cdots&-a_{1n}\\-a_{21}&\lambda-a_{22}&\cdots&-a_{2n}\\\vdots&\vdots&&\vdots\\-a_{n1}&-a_{n2}&\cdots&\lambda-a_{nn}\end{vmatrix}=0. \tag{4.5}$$

这里，把齐次线性方程组(4.3)的系数矩阵 $\lambda\boldsymbol{E}-\boldsymbol{A}$ 称为方阵 $\boldsymbol{A}$ 的**特征矩阵**；记 $f(\lambda)=|\lambda E-\boldsymbol{A}|$，它是 $\lambda$ 的 $n$ 次多项式，称为方阵 $\boldsymbol{A}$ 的**特征多项式**，方程(4.4)或(4.5)，即 $f(\lambda)=|\lambda\boldsymbol{E}-\boldsymbol{A}|=0$，称为方阵 $\boldsymbol{A}$ 的**特征方程**.

矩阵 $\boldsymbol{A}$ 的特征值必须满足特征方程(4.4)或(4.5)，因此，求矩阵 $\boldsymbol{A}$ 的特征值只需要解特征方程(4.4)或(4.5). 由于特征多项式是 $\lambda$ 的 $n$ 次多项式，因此，在复数范围内，特征方程 $f(\lambda)=|\lambda\boldsymbol{E}-\boldsymbol{A}|=0$ 有 $n$ 个根(重根按重数计算)，称为**特征根**，即 $n$ 阶方阵 $\boldsymbol{A}$ 有 $n$ 个特征值. 一旦矩阵 $\boldsymbol{A}$ 的特征值计算出来了，把它们分别代入齐次线性方程组(4.3)中，解出来的非零向量就是特征值分别对应的特征向量.

根据上述分析，求 $n$ 阶方阵 $\boldsymbol{A}$ 的特征值与特征向量的具体步骤如下：

第 1 步　计算方阵 $\boldsymbol{A}$ 的特征多项式 $f(\lambda)=|\lambda\boldsymbol{E}-\boldsymbol{A}|$；

第 2 步　解特征方程 $f(\lambda)=|\lambda\boldsymbol{E}-\boldsymbol{A}|=0$，得到的特征根 $\lambda_1,\lambda_2,\cdots,\lambda_n$ 即为 $\boldsymbol{A}$ 的特征值；

第 3 步　把每个不同的特征值 $\lambda_i(1\leqslant i\leqslant n)$ 代入齐次线性方程组 $(\lambda\boldsymbol{E}-\boldsymbol{A})\boldsymbol{x}=\boldsymbol{0}$，求出基础解系，基础解系的线性组合(零向量除外)就是矩阵 $\boldsymbol{A}$ 对应于特征值 $\lambda_i$ 的全部特征向量.

**【例 2】** 求 $n$ 阶数量矩阵

$$\boldsymbol{A}=\begin{pmatrix} a & & & \\ & a & & \\ & & \ddots & \\ & & & a \end{pmatrix}_{n\times n}$$

的特征值及特征向量.

**【解】** 矩阵 $\boldsymbol{A}$ 的特征多项式

$$|\lambda\boldsymbol{E}-\boldsymbol{A}|=\begin{vmatrix} \lambda-a & & & \\ & \lambda-a & & \\ & & \ddots & \\ & & & \lambda-a \end{vmatrix}=(\lambda-a)^n,$$

令 $|\lambda\boldsymbol{E}-\boldsymbol{A}|=0$，得 $\lambda=a$ 是 $\boldsymbol{A}$ 的 $n$ 重特征根. 把 $\lambda=a$ 代入齐次线性方程组 $(\lambda\boldsymbol{E}-\boldsymbol{A})\boldsymbol{x}=\boldsymbol{0}$ 可得

$$\boldsymbol{O}\boldsymbol{x}=\boldsymbol{0},$$

这个方程组的系数矩阵是零矩阵，所以，任取 $n$ 个线性无关的列向量就是方程组 $(a\boldsymbol{E}-\boldsymbol{A})\boldsymbol{x}=\boldsymbol{0}$ 的基础解系. 这里取单位向量组

$$\boldsymbol{e}_1=\begin{pmatrix}1\\0\\\vdots\\0\end{pmatrix},\boldsymbol{e}_2=\begin{pmatrix}0\\1\\\vdots\\0\end{pmatrix},\cdots,\boldsymbol{e}_n=\begin{pmatrix}0\\0\\\vdots\\1\end{pmatrix}$$

作为基础解系，于是矩阵 $\boldsymbol{A}$ 对应于特征值 $\lambda=a$ 的全部特征向量为

$$k_1\boldsymbol{e}_1+k_2\boldsymbol{e}_2+\cdots+k_n\boldsymbol{e}_n(\text{其中 } k_1,k_2,\cdots,k_n \text{ 不全为 } 0).$$

**【例 3】** 求矩阵

$$\boldsymbol{A}=\begin{pmatrix}-1 & 1 & 0\\ -4 & 3 & 0\\ 1 & 0 & 2\end{pmatrix}$$

的特征值和特征向量.

【解】 矩阵 $\boldsymbol{A}$ 的特征多项式为

$$|\lambda\boldsymbol{E}-\boldsymbol{A}|=\begin{vmatrix}\lambda+1 & -1 & 0\\ 4 & \lambda-3 & 0\\ -1 & 0 & \lambda-2\end{vmatrix}=(\lambda-1)^2(\lambda-2),$$

所以 $\boldsymbol{A}$ 的特征值为 $\lambda_1=\lambda_2=1,\lambda_3=2$.

当 $\lambda_1=\lambda_2=1$ 时,解方程 $(\boldsymbol{E}-\boldsymbol{A})\boldsymbol{x}=\boldsymbol{0}$. 由

$$\boldsymbol{E}-\boldsymbol{A}=\begin{pmatrix}2 & -1 & 0\\ 4 & -2 & 0\\ -1 & 0 & -1\end{pmatrix}\sim\begin{pmatrix}1 & 0 & 1\\ 0 & 1 & 2\\ 0 & 0 & 0\end{pmatrix},$$

得基础解系

$$\boldsymbol{p}_1=\begin{pmatrix}-1\\ -2\\ 1\end{pmatrix},$$

所以 $k_1\boldsymbol{p}_1(k_1\neq0)$ 是对应于特征值 $\lambda_1=\lambda_2=1$ 的全部特征向量.

当 $\lambda_3=2$ 时,解方程 $(2\boldsymbol{E}-\boldsymbol{A})\boldsymbol{x}=\boldsymbol{0}$. 由

$$2\boldsymbol{E}-\boldsymbol{A}=\begin{pmatrix}3 & -1 & 0\\ 4 & -1 & 0\\ -1 & 0 & 0\end{pmatrix}\sim\begin{pmatrix}1 & 0 & 0\\ 0 & 1 & 0\\ 0 & 0 & 0\end{pmatrix},$$

得基础解系

$$\boldsymbol{p}_2=\begin{pmatrix}0\\ 0\\ 1\end{pmatrix},$$

所以 $k_2\boldsymbol{p}_2(k_2\neq0)$ 是对应于特征值 $\lambda_3=2$ 的全部特征向量.

【例 4】 求矩阵

$$\boldsymbol{A}=\begin{pmatrix}-2 & 1 & 1\\ 0 & 2 & 0\\ -4 & 1 & 3\end{pmatrix}$$

的特征值和特征向量.

【解】 矩阵 $\boldsymbol{A}$ 的特征多项式为

$$|\lambda\boldsymbol{E}-\boldsymbol{A}|=\begin{vmatrix}\lambda+2 & -1 & -1\\ 0 & \lambda-2 & 0\\ 4 & -1 & \lambda-3\end{vmatrix}=(\lambda+1)(\lambda-2)^2,$$

所以 $\boldsymbol{A}$ 的特征值为 $\lambda_1=-1,\lambda_2=\lambda_3=2$.

当 $\lambda_1=-1$ 时,解方程 $(-\boldsymbol{E}-\boldsymbol{A})\boldsymbol{x}=\boldsymbol{0}$. 由

$$-\boldsymbol{E}-\boldsymbol{A}=\begin{pmatrix}1 & -1 & -1\\ 0 & -3 & 0\\ 4 & -1 & -4\end{pmatrix}\sim\begin{pmatrix}1 & 0 & -1\\ 0 & 1 & 0\\ 0 & 0 & 0\end{pmatrix},$$

得基础解系

$$\boldsymbol{p}_1=\begin{pmatrix}1\\0\\1\end{pmatrix},$$

所以 $k_1\boldsymbol{p}_1(k_1\neq 0)$是对应于特征值 $\lambda_1=-1$ 的全部特征向量.

当 $\lambda_2=\lambda_3=2$ 时,解方程$(2\boldsymbol{E}-\boldsymbol{A})\boldsymbol{x}=\boldsymbol{0}$. 由

$$2\boldsymbol{E}-\boldsymbol{A}=\begin{pmatrix}4&-1&-1\\0&0&0\\4&-1&-1\end{pmatrix}\sim\begin{pmatrix}4&-1&-1\\0&0&0\\0&0&0\end{pmatrix},$$

得基础解系

$$\boldsymbol{p}_2=\begin{pmatrix}0\\1\\-1\end{pmatrix},\boldsymbol{p}_3=\begin{pmatrix}1\\0\\4\end{pmatrix},$$

所以 $k_2\boldsymbol{p}_2+k_3\boldsymbol{p}_3$($k_2,k_3$ 不同时为 0)是对应于特征值 $\lambda_2=\lambda_3=2$ 的全部特征向量.

与例 3 不同的是,这个例题中矩阵 $\boldsymbol{A}$ 的二重特征根 $\lambda=2$ 对应有两个线性无关的特征向量,而例 3 中的矩阵 $\boldsymbol{A}$ 的二重特征根 $\lambda=1$ 只对应一个线性无关的特征向量.

下面再来看一个含有复特征根和复特征向量的情况.

**【例 5】** 求矩阵

$$\boldsymbol{A}=\begin{pmatrix}1&2&2\\1&-1&1\\4&-12&1\end{pmatrix}$$

的特征值和特征向量.

**【解】** 矩阵 $\boldsymbol{A}$ 的特征多项式为

$$|\lambda\boldsymbol{E}-\boldsymbol{A}|=\begin{vmatrix}\lambda-1&-2&-2\\-1&\lambda+1&-1\\-4&12&\lambda-1\end{vmatrix}=(\lambda-1)(\lambda^2+1),$$

所以 $\boldsymbol{A}$ 的特征值为 $\lambda_1=1,\lambda_2=\mathrm{i},\lambda_3=-\mathrm{i}$.

当 $\lambda_1=1$ 时,解方程$(\boldsymbol{E}-\boldsymbol{A})\boldsymbol{x}=\boldsymbol{0}$. 由

$$\boldsymbol{E}-\boldsymbol{A}=\begin{pmatrix}0&-2&-2\\-1&2&-1\\-4&12&0\end{pmatrix}\sim\begin{pmatrix}1&0&3\\0&1&1\\0&0&0\end{pmatrix},$$

得基础解系

$$\boldsymbol{p}_1=\begin{pmatrix}-3\\-1\\1\end{pmatrix},$$

所以 $k_1\boldsymbol{p}_1(k_1\neq 0)$是对应于特征值 $\lambda_1=1$ 的全部特征向量.

当 $\lambda_2=\mathrm{i}$ 时,解方程$(\mathrm{i}\boldsymbol{E}-\boldsymbol{A})\boldsymbol{x}=\boldsymbol{0}$. 由

$$\mathrm{i}\boldsymbol{E}-\boldsymbol{A}=\begin{pmatrix}\mathrm{i}-1&-2&-2\\-1&\mathrm{i}+1&-1\\-4&12&\mathrm{i}-1\end{pmatrix}\sim\begin{pmatrix}1&0&\dfrac{2+\mathrm{i}}{2}\\0&1&\dfrac{1+\mathrm{i}}{4}\\0&0&0\end{pmatrix},$$

得基础解系

$$\boldsymbol{p}_2 = \begin{pmatrix} 4+2\mathrm{i} \\ 1+\mathrm{i} \\ -4 \end{pmatrix},$$

所以 $k_2\boldsymbol{p}_2(k_2\neq 0)$是对应于特征值 $\lambda_2=\mathrm{i}$ 的全部特征向量.

类似地，当 $\lambda_3=-\mathrm{i}$ 时，解方程$(-\mathrm{i}\boldsymbol{E}-\boldsymbol{A})\boldsymbol{x}=\boldsymbol{0}$，可得基础解系

$$\boldsymbol{p}_3 = \begin{pmatrix} 4-2\mathrm{i} \\ 1-\mathrm{i} \\ -4 \end{pmatrix},$$

所以 $k_3\boldsymbol{p}_3(k_3\neq 0)$是对应于特征值 $\lambda_3=-\mathrm{i}$ 的全部特征向量.

### 4.2.3 特征值与特征向量的性质

**定理 1** 设 $n$ 阶方阵 $\boldsymbol{A}$ 的 $n$ 个特征值为 $\lambda_1,\lambda_2,\cdots,\lambda_n$，则

① $\lambda_1+\lambda_2+\cdots+\lambda_n=a_{11}+a_{22}+\cdots+a_{nn}$[等式右端 $\sum_{i=1}^{n}a_{ii}$ 是方阵 $\boldsymbol{A}$ 的主对角线元素之和，称为矩阵 $\boldsymbol{A}$ 的迹(trace)，记作 $\mathrm{tr}(\boldsymbol{A})$]；

② $\lambda_1\lambda_2\cdots\lambda_n=|\boldsymbol{A}|$.

**【证】** 根据行列式的定义，在特征多项式

$$|\lambda\boldsymbol{E}-\boldsymbol{A}| = \begin{vmatrix} \lambda-a_{11} & -a_{12} & \cdots & -a_{1n} \\ -a_{21} & \lambda-a_{22} & \cdots & -a_{2n} \\ \vdots & \vdots & & \vdots \\ -a_{n1} & -a_{n2} & \cdots & \lambda-a_{nn} \end{vmatrix} \tag{4.6}$$

的展开式中，有一项是主对角线上元素的连乘积

$$(\lambda-a_{11})(\lambda-a_{22})\cdots(\lambda-a_{nn}), \tag{4.7}$$

而(4.6)展开式中的其余各项，至多包含 $n-2$ 个主对角线上的元素，它们中 $\lambda$ 的次数最多是 $n-2$次. 因此，特征多项式中含 $\lambda$ 的 $n$ 次与 $n-1$ 次的项只能出现在主对角线上元素连乘积中. 把式(4.7)展开，可得

$$(\lambda-a_{11})(\lambda-a_{22})\cdots(\lambda-a_{nn}) = \lambda^n-(a_{11}+a_{22}+\cdots+a_{nn})\lambda^{n-1}+\cdots.$$

在特征多项式(4.6)中，令 $\lambda=0$，可以得到特征多项式的常数项为

$$|-\boldsymbol{A}| = (-1)^n|\boldsymbol{A}|.$$

因此，如果只写出特征多项式的前两项和常数项，就有

$$|\lambda\boldsymbol{E}-\boldsymbol{A}| = \lambda^n-(a_{11}+a_{22}+\cdots+a_{nn})\lambda^{n-1}+\cdots+(-1)^n|\boldsymbol{A}|.$$

矩阵 $\boldsymbol{A}$ 的 $n$ 个特征值为 $\lambda_1,\lambda_2,\cdots,\lambda_n$ 是特征方程$|\lambda\boldsymbol{E}-\boldsymbol{A}|=0$ 的解，由根与系数的关系可知，$\lambda_1+\lambda_2+\cdots+\lambda_n=a_{11}+a_{22}+\cdots+a_{nn}$ 以及 $\lambda_1\lambda_2\cdots\lambda_n=|\boldsymbol{A}|$ 成立.

根据定理 1 的结论② ，容易得到下述推论.

**推论 1** $n$ 阶方阵 $\boldsymbol{A}$ 可逆的充分必要条件是它的任一特征值不等于零.

**【例 6】** 设 $\lambda$ 是可逆矩阵 $\boldsymbol{A}$ 的特征值，证明 $\frac{1}{\lambda}$ 是 $\boldsymbol{A}^{-1}$ 的特征值.

【证】 设 $\boldsymbol{p}$ 是 $\boldsymbol{A}$ 对应于特征值 $\lambda$ 的特征向量，则 $\boldsymbol{Ap}=\lambda\boldsymbol{p}$，两边同时左乘 $\boldsymbol{A}^{-1}$，得 $\boldsymbol{p}=\lambda\boldsymbol{A}^{-1}\boldsymbol{p}$. 因为 $\boldsymbol{A}$ 可逆，根据推论 1，有 $\lambda\neq0$，故

$$\boldsymbol{A}^{-1}\boldsymbol{p}=\frac{1}{\lambda}\boldsymbol{p},$$

所以，$\frac{1}{\lambda}$是 $\boldsymbol{A}^{-1}$ 的特征值.

**定理 2** 设 $\boldsymbol{A}$ 是 $n$ 阶方阵，则 $\boldsymbol{A}$ 与 $\boldsymbol{A}^{\mathrm{T}}$ 有相同的特征值和特征多项式.

【证】 因为

$$|\lambda\boldsymbol{E}-\boldsymbol{A}^{\mathrm{T}}|=|(\lambda\boldsymbol{E}-\boldsymbol{A})^{\mathrm{T}}|=|\lambda\boldsymbol{E}-\boldsymbol{A}|,$$

所以，$\boldsymbol{A}^{\mathrm{T}}$ 与 $\boldsymbol{A}$ 有相同的特征多项式，故有相同的特征根.

**定理 3** 设 $\lambda$ 是方阵 $\boldsymbol{A}$ 的特征值，$k,m\in\mathbf{N}$，则

① $\lambda^k$ 是 $\boldsymbol{A}^k$ 的特征值；

② 多项式 $f(\lambda)=a_m\lambda^m+a_{m-1}\lambda^{m-1}+\cdots+a_1\lambda+a_0$ 是矩阵多项式

$$f(\boldsymbol{A})=a_m\boldsymbol{A}^m+a_{m-1}\boldsymbol{A}^{m-1}+\cdots+a_1\boldsymbol{A}+a_0\boldsymbol{E}$$

的特征值.

【证】 设向量 $\boldsymbol{p}\neq\boldsymbol{0}$ 是矩阵 $\boldsymbol{A}$ 对应于特征值 $\lambda$ 的特征向量，则根据定义，有

$$\boldsymbol{Ap}=\lambda\boldsymbol{p}.$$

① 利用上面的等式，有

$$\boldsymbol{A}^2\boldsymbol{p}=\boldsymbol{A}(\boldsymbol{Ap})=\boldsymbol{A}(\lambda\boldsymbol{p})=\lambda(\boldsymbol{Ap})=\lambda^2\boldsymbol{p},$$
$$\boldsymbol{A}^3\boldsymbol{p}=\boldsymbol{A}(\boldsymbol{A}^2\boldsymbol{p})=\boldsymbol{A}(\lambda^2\boldsymbol{p})=\lambda^2(\boldsymbol{Ap})=\lambda^3\boldsymbol{p},$$

依此类推，可得

$$\boldsymbol{A}^k\boldsymbol{p}=\lambda^k\boldsymbol{p},$$

所以，$\lambda^k$ 是 $\boldsymbol{A}^k$ 的特征值.

② 根据上面的结论，有

$$\begin{aligned}f(\boldsymbol{A})\boldsymbol{p}&=(a_m\boldsymbol{A}^m+a_{m-1}\boldsymbol{A}^{m-1}+\cdots+a_1\boldsymbol{A}+a_0\boldsymbol{E})\boldsymbol{p}\\&=a_m\boldsymbol{A}^m\boldsymbol{p}+a_{m-1}\boldsymbol{A}^{m-1}\boldsymbol{p}+\cdots+a_1\boldsymbol{Ap}+a_0\boldsymbol{p}\\&=(a_m\lambda^m+a_{m-1}\lambda^{m-1}+\cdots+a_1\lambda+a_0)\boldsymbol{p},\end{aligned}$$

因此，$f(\lambda)$是 $f(\boldsymbol{A})$的特征值.

【例 7】 设三阶矩阵 $\boldsymbol{A}$ 的特征值分别为 $-1,1,3$，求行列式$|2\boldsymbol{A}^*+5\boldsymbol{A}-3\boldsymbol{E}|$的值.

【解】 因 $\boldsymbol{A}$ 的特征值全都不等于 0，可知 $\boldsymbol{A}$ 可逆，故 $\boldsymbol{A}^*=|\boldsymbol{A}|\boldsymbol{A}^{-1}$，其中 $|\boldsymbol{A}|=\lambda_1\lambda_2\lambda_3=-3$，所以

$$2\boldsymbol{A}^*+5\boldsymbol{A}-3\boldsymbol{E}=-6\boldsymbol{A}^{-1}+5\boldsymbol{A}-3\boldsymbol{E}.$$

定义 $\varphi(\lambda)=-\frac{6}{\lambda}+5\lambda-3$，上式即为 $\varphi(\boldsymbol{A})$. 这里 $\varphi(\boldsymbol{A})$ 虽然不是矩阵多项式，但是可以验证它的特征值具有矩阵多项式类似的性质，从而 $\varphi(\boldsymbol{A})$ 的特征值分别为 $\eta_1=\varphi(-1)=-2$，$\eta_2=\varphi(1)=-4$，$\eta_3=\varphi(3)=10$. 因此

$$|2\boldsymbol{A}^*+5\boldsymbol{A}-3\boldsymbol{E}|=\eta_1\eta_2\eta_3=80.$$

**定理 4** 设 $\lambda_1,\lambda_2,\cdots,\lambda_m$ 是方阵 $\boldsymbol{A}$ 的 $m$ 个特征值，$\boldsymbol{p}_1,\boldsymbol{p}_2,\cdots,\boldsymbol{p}_m$ 是分别与之对应的特征向量. 如果 $\lambda_1,\lambda_2,\cdots,\lambda_m$ 各不相等，则 $\boldsymbol{p}_1,\boldsymbol{p}_2,\cdots,\boldsymbol{p}_m$ 线性无关.

**【证】** 设有常数 $k_1,k_2,\cdots,k_m$ 使得等式

$$k_1\boldsymbol{p}_1+k_2\boldsymbol{p}_2+\cdots+k_m\boldsymbol{p}_m=\boldsymbol{0}$$

成立，在两边同时左乘矩阵 $\boldsymbol{A}$，得到

$$\boldsymbol{A}(k_1\boldsymbol{p}_1+k_2\boldsymbol{p}_2+\cdots+k_m\boldsymbol{p}_m)=\boldsymbol{0},$$

即

$$\lambda_1k_1\boldsymbol{p}_1+\lambda_2k_2\boldsymbol{p}_2+\cdots+\lambda_mk_m\boldsymbol{p}_m=\boldsymbol{0},$$

依次类推，有

$$\lambda_1^sk_1\boldsymbol{p}_1+\lambda_2^sk_2\boldsymbol{p}_2+\cdots+\lambda_m^sk_m\boldsymbol{p}_m=\boldsymbol{0}(s=0,1,\cdots,m-1).$$

把上面的 $m$ 个式子写成矩阵的形式，得

$$(k_1\boldsymbol{p}_1,k_2\boldsymbol{p}_2,\cdots,k_m\boldsymbol{p}_m)\begin{pmatrix}1 & \lambda_1 & \cdots & \lambda_1^{m-1}\\ 1 & \lambda_2 & \cdots & \lambda_2^{m-1}\\ \vdots & \vdots & & \vdots\\ 1 & \lambda_m & \cdots & \lambda_m^{m-1}\end{pmatrix}=(\boldsymbol{0},\boldsymbol{0},\cdots,\boldsymbol{0}),\tag{4.8}$$

注意到上式左端第二个矩阵所对应的行列式是一个范德蒙德行列式，因为 $\lambda_1,\lambda_2,\cdots,\lambda_m$ 各不相等，所以它的值

$$\begin{vmatrix}1 & \lambda_1 & \cdots & \lambda_1^{m-1}\\ 1 & \lambda_2 & \cdots & \lambda_2^{m-1}\\ \vdots & \vdots & & \vdots\\ 1 & \lambda_m & \cdots & \lambda_m^{m-1}\end{vmatrix}=\prod_{1\leqslant i<j\leqslant m}(\lambda_j-\lambda_i)\neq 0,$$

因此，这个矩阵是可逆的. 故在式(4.8)的两边同时右乘这个矩阵的逆矩阵，得

$$(k_1\boldsymbol{p}_1,k_2\boldsymbol{p}_2,\cdots,k_m\boldsymbol{p}_m)=(\boldsymbol{0},\boldsymbol{0},\cdots,\boldsymbol{0}),$$

即 $k_j\boldsymbol{p}_j=\boldsymbol{0}(j=1,2,\cdots,m)$. 但特征向量 $\boldsymbol{p}_j\neq\boldsymbol{0}$，所以 $k_j=0(j=1,2,\cdots,m)$. 这说明向量 $\boldsymbol{p}_1,\boldsymbol{p}_2,\cdots,\boldsymbol{p}_m$ 线性无关.

对于不同特征值的若干个特征向量之间的线性关系，有如下结论.

**定理 5** 设 $\lambda_1,\lambda_2$ 是方阵 $\boldsymbol{A}$ 的两个不相等的特征值，$\boldsymbol{p}_1,\boldsymbol{p}_2,\cdots,\boldsymbol{p}_s$ 以及 $\boldsymbol{q}_1,\boldsymbol{q}_2,\cdots,\boldsymbol{q}_t$ 是分别与 $\lambda_1$ 和 $\lambda_2$ 对应的线性无关的特征向量. 则向量组

$$\boldsymbol{p}_1,\boldsymbol{p}_2,\cdots,\boldsymbol{p}_s,\boldsymbol{q}_1,\boldsymbol{q}_2,\cdots,\boldsymbol{q}_t$$

线性无关.

**【证】** 设有常数 $k_1,k_2,\cdots,k_s$ 以及 $l_1,l_2,\cdots,l_t$ 使得等式

$$k_1\boldsymbol{p}_1+k_2\boldsymbol{p}_2+\cdots+k_s\boldsymbol{p}_s+l_1\boldsymbol{q}_1+l_2\boldsymbol{q}_2+\cdots+l_t\boldsymbol{q}_t=\boldsymbol{0}\tag{4.9}$$

成立. 则必有

$$k_1\boldsymbol{p}_1+k_2\boldsymbol{p}_2+\cdots+k_s\boldsymbol{p}_s=\boldsymbol{0} \text{ 和 } l_1\boldsymbol{q}_1+l_2\boldsymbol{q}_2+\cdots+l_t\boldsymbol{q}_t=\boldsymbol{0},$$

这两个等式成立. 若不然，假设 $\boldsymbol{\alpha}=k_1\boldsymbol{p}_1+k_2\boldsymbol{p}_2+\cdots+k_s\boldsymbol{p}_s\neq\boldsymbol{0}$，则 $\boldsymbol{\beta}=l_1\boldsymbol{q}_1+l_2\boldsymbol{q}_2+\cdots+l_t\boldsymbol{q}_t\neq\boldsymbol{0}$，注意到非零向量 $\boldsymbol{\alpha}$ 还是 $\lambda_1$ 所对应的特征向量，非零向量 $\boldsymbol{\beta}$ 是 $\lambda_2$ 所对应的特征向量，由式(4.9)可得

$$\boldsymbol{\alpha}+\boldsymbol{\beta}=\mathbf{0},$$

上式说明 $\boldsymbol{\alpha}$ 与 $\boldsymbol{\beta}$ 线性相关，但由于 $\lambda_1$ 与 $\lambda_2$ 不相等，这与定理 4 的结论矛盾。因此假设是错误的.

由于 $\boldsymbol{p}_1,\boldsymbol{p}_2,\cdots,\boldsymbol{p}_s$ 线性无关，因此当 $k_1\boldsymbol{p}_1+k_2\boldsymbol{p}_2+\cdots+k_s\boldsymbol{p}_s=\mathbf{0}$ 成立时，必有 $k_1=k_2=\cdots=k_s=0$. 同理 $l_1=l_2=\cdots=l_t=0$，故 $\boldsymbol{p}_1,\boldsymbol{p}_2,\cdots,\boldsymbol{p}_s,\boldsymbol{q}_1,\boldsymbol{q}_2,\cdots,\boldsymbol{q}_t$ 线性无关.

定理 5 的结论容易推广到多个互异特征值的情形，这里不再赘述.

在本节前面所给出的例 2 至例 5 中，可以发现这样一个事实，通常某个特征值是几重特征根，它对应的线性无关的特征向量就有几个(除例 3 中二重特征根仅仅对应一个线性无关的特征向量之外). 也就是对于这几个矩阵而言，它们的特征根的重数大于或等于其对应的线性无关特征向量的个数，没有一个特征根的重数小于其对应的线性无关的特征向量的个数. 一般地，关于特征值的重数与其对应的线性无关的特征向量的个数，有如下定理.

**定理 6** 如果 $\lambda$ 是 $n$ 阶方阵 $\boldsymbol{A}$ 特征值，其重数为 $t$，则 $R(\lambda\boldsymbol{E}-\boldsymbol{A})\geqslant n-t$，即 $\lambda$ 对应的特征向量中至多只有 $t$ 个线性无关的.

**【证】** 设 $\lambda_1,\lambda_2,\cdots,\lambda_s$ 是 $n$ 阶方阵 $\boldsymbol{A}$ 的所有不同特征值，$\lambda_i$ 的重数为 $t_i$，则 $\sum\limits_{i=1}^{s}t_i=n$. 下面用反证法证明对于任意的 $\lambda_i(1\leqslant i\leqslant s)$，有 $R(\lambda_i\boldsymbol{E}-\boldsymbol{A})\geqslant n-t_i$，即 $\lambda_i$ 至多对应 $t_i$ 个线性无关的特征向量.

若不然，假设存在某个 $\lambda_i$，使得 $r_i=R(\lambda_i\boldsymbol{E}-\boldsymbol{A})<n-t_i$. 则线性方程组 $(\lambda_i\boldsymbol{E}-\boldsymbol{A})\boldsymbol{X}=\mathbf{0}$ 有 $n-r_i$(注意到 $n-r_i>t_i$)个线性无关的解向量，即 $\lambda_i$ 对应有 $n-r_i$ 个线性无关的特征向量，设为 $\boldsymbol{p}_1,\boldsymbol{p}_2,\cdots,\boldsymbol{p}_{n-r_i}$. 找 $r_i$ 个向量 $\boldsymbol{p}_{n-r_i+1},\boldsymbol{p}_{n-r_i+2},\cdots,\boldsymbol{p}_n$，使得 $\boldsymbol{p}_1,\boldsymbol{p}_2,\cdots,\boldsymbol{p}_{n-r_i},\boldsymbol{p}_{n-r_i+1},\boldsymbol{p}_{n-r_i+2},\cdots,\boldsymbol{p}_n$ 线性无关. 令

$$\boldsymbol{P}=(\boldsymbol{p}_1,\boldsymbol{p}_2,\cdots,\boldsymbol{p}_{n-r_i},\boldsymbol{p}_{n-r_i+1},\boldsymbol{p}_{n-r_i+2},\cdots,\boldsymbol{p}_n),$$

则

$$\begin{aligned}\boldsymbol{AP}&=\boldsymbol{A}(\boldsymbol{p}_1,\boldsymbol{p}_2,\cdots,\boldsymbol{p}_{n-r_i},\boldsymbol{p}_{n-r_i+1},\boldsymbol{p}_{n-r_i+2},\cdots,\boldsymbol{p}_n)\\&=(\boldsymbol{Ap}_1,\boldsymbol{Ap}_2,\cdots,\boldsymbol{Ap}_{n-r_i},\boldsymbol{Ap}_{n-r_i+1},\boldsymbol{Ap}_{n-r_i+2},\cdots,\boldsymbol{Ap}_n)\\&=(\lambda_i\boldsymbol{p}_1,\lambda_i\boldsymbol{p}_2,\cdots,\lambda_i\boldsymbol{p}_{n-r_i},\boldsymbol{Ap}_{n-r_i+1},\boldsymbol{Ap}_{n-r_i+2},\cdots,\boldsymbol{Ap}_n)\\&=(\boldsymbol{p}_1,\boldsymbol{p}_2,\cdots,\boldsymbol{p}_n)\begin{pmatrix}\lambda_i & & & \vdots & \\ & \ddots & & \vdots & \boldsymbol{B}_{(n-r_i)\times r_i}\\ & & \lambda_i & \vdots & \\ \cdots & \cdots & \cdots & \vdots & \cdots\\ & \mathbf{0}_{r_i\times(n-r_i)} & & \vdots & \boldsymbol{C}_{r_i\times r_i}\end{pmatrix},\end{aligned}$$

即有

$$\boldsymbol{P}^{-1}\boldsymbol{AP}=\begin{pmatrix}\lambda_i & & & \vdots & \\ & \ddots & & \vdots & \boldsymbol{B}_{(n-r_i)\times r_i}\\ & & \lambda_i & \vdots & \\ \cdots & \cdots & \cdots & \vdots & \cdots\\ & \mathbf{0}_{r_i\times(n-r_i)} & & \vdots & \boldsymbol{C}_{r_i\times r_i}\end{pmatrix}=\boldsymbol{D},$$

于是 $\boldsymbol{A}$ 的特征多项式为

$$f(\lambda)=|\lambda\boldsymbol{E}-\boldsymbol{A}|=|\lambda\boldsymbol{PEP}^{-1}-\boldsymbol{PDP}^{-1}|=|\lambda\boldsymbol{E}-\boldsymbol{D}|$$
$$=(\lambda-\lambda_i)^{n-r_i}|\lambda\boldsymbol{E}_{r_i\times r_i}-\boldsymbol{C}_{r_i\times r_i}|,$$

这说明矩阵 $\boldsymbol{A}$ 的特征根 $\lambda_i$ 的重数至少是 $n-r_i$，而 $n-r_i>t_i$，这与 $\lambda_i$ 的重数为 $t_i$ 矛盾。因此，假设是错误的，即引理的结论成立.

# 4.3 相似矩阵

## 4.3.1 相似矩阵的概念与性质

**定义 1** 设 $\boldsymbol{A},\boldsymbol{B}$ 都是 $n$ 阶方阵，若存在可逆矩阵 $\boldsymbol{P}$，使得

$$\boldsymbol{P}^{-1}\boldsymbol{AP}=\boldsymbol{B},$$

则称 $\boldsymbol{B}$ 是 $\boldsymbol{A}$ 的**相似矩阵**(similar matrix)，或者 $\boldsymbol{A}$ 与 $\boldsymbol{B}$ 相似. 对 $\boldsymbol{A}$ 做运算 $\boldsymbol{P}^{-1}\boldsymbol{AP}$，称为对 $\boldsymbol{A}$ 进行**相似变换**；可逆矩阵 $\boldsymbol{P}$ 称为把 $\boldsymbol{A}$ 变换成 $\boldsymbol{B}$ 的**相似变换矩阵**.

例如，设矩阵 $\boldsymbol{A}=\begin{pmatrix}3&1\\5&-1\end{pmatrix}$，$\boldsymbol{B}=\begin{pmatrix}4&0\\0&-2\end{pmatrix}$，$\boldsymbol{P}=\begin{pmatrix}1&1\\1&-5\end{pmatrix}$，显然 $\boldsymbol{P}$ 是可逆矩阵，并且 $\boldsymbol{P}^{-1}=\frac{1}{6}\begin{pmatrix}5&1\\1&-1\end{pmatrix}$，由于

$$\boldsymbol{P}^{-1}\boldsymbol{AP}=\frac{1}{6}\begin{pmatrix}5&1\\1&-1\end{pmatrix}\begin{pmatrix}3&1\\5&-1\end{pmatrix}\begin{pmatrix}1&1\\1&-5\end{pmatrix}=\begin{pmatrix}4&0\\0&-2\end{pmatrix}=\boldsymbol{B},$$

故 $\boldsymbol{A}$ 与 $\boldsymbol{B}$ 相似.

矩阵的相似关系是一种**等价**关系，满足(设 $\boldsymbol{A},\boldsymbol{B},\boldsymbol{C}$ 都是 $n$ 阶方阵)：

① **自反性** $\boldsymbol{A}$ 与 $\boldsymbol{A}$ 相似；

② **对称性** 若 $\boldsymbol{A}$ 与 $\boldsymbol{B}$ 相似，则 $\boldsymbol{B}$ 与 $\boldsymbol{A}$ 相似；

③ **传递性** 若 $\boldsymbol{A}$ 与 $\boldsymbol{B}$ 相似，$\boldsymbol{B}$ 与 $\boldsymbol{C}$ 相似，则 $\boldsymbol{A}$ 与 $\boldsymbol{C}$ 相似.

两个相似的矩阵具有许多相同的性质.

**定理 1** 设矩阵 $\boldsymbol{A}$ 与 $\boldsymbol{B}$ 相似，则

① $\boldsymbol{A}$ 与 $\boldsymbol{B}$ 有相同的特征多项式和特征值；

② $\boldsymbol{A}^m$ 与 $\boldsymbol{B}^m$ 相似；

③ $|\boldsymbol{A}|=|\boldsymbol{B}|$；

④ $R(\boldsymbol{A})=R(\boldsymbol{B})$.

**【证】** 矩阵 $\boldsymbol{A}$ 与 $\boldsymbol{B}$ 相似，由定义可知，存在可逆矩阵 $\boldsymbol{P}$，使得 $\boldsymbol{P}^{-1}\boldsymbol{AP}=\boldsymbol{B}$.

① 由于

$$|\lambda\boldsymbol{E}-\boldsymbol{B}|=|\lambda\boldsymbol{E}-\boldsymbol{P}^{-1}\boldsymbol{AP}|=|\boldsymbol{P}^{-1}(\lambda\boldsymbol{E}-\boldsymbol{A})\boldsymbol{P}|=|\boldsymbol{P}^{-1}||(\lambda\boldsymbol{E}-\boldsymbol{A})||\boldsymbol{P}|$$
$$=|\lambda\boldsymbol{E}-\boldsymbol{A}|,$$

所以，$\boldsymbol{A}$ 与 $\boldsymbol{B}$ 有相同的特征多项式，从而有相同的特征值.

② $\boldsymbol{B}^m=(\boldsymbol{P}^{-1}\boldsymbol{AP})^m=(\boldsymbol{P}^{-1}\boldsymbol{AP})(\boldsymbol{P}^{-1}\boldsymbol{AP})\cdots(\boldsymbol{P}^{-1}\boldsymbol{AP})=\boldsymbol{P}^{-1}\boldsymbol{A}^m\boldsymbol{P}$.

③ $|\boldsymbol{B}|=|\boldsymbol{P}^{-1}\boldsymbol{A}\boldsymbol{P}|=|\boldsymbol{P}^{-1}||\boldsymbol{A}||\boldsymbol{P}|=|\boldsymbol{A}|$.

④ 由矩阵 $\boldsymbol{A}$ 与 $\boldsymbol{B}$ 相似可知 $\boldsymbol{A}$ 与 $\boldsymbol{B}$ 等价，从而 $R(\boldsymbol{A})=R(\boldsymbol{B})$.

根据定理 1，可以很容易推出下述结论.

**推论 1** 设 $n$ 阶方阵 $\boldsymbol{A}$ 与对角矩阵

$$\boldsymbol{\Lambda}=\begin{pmatrix}\lambda_1 & & & \\ & \lambda_2 & & \\ & & \ddots & \\ & & & \lambda_n\end{pmatrix}$$

相似，则 $\lambda_1,\lambda_2,\cdots,\lambda_n$ 就是 $\boldsymbol{A}$ 的 $n$ 个特征值.

## 4.3.2 矩阵可对角化的条件

在很多数学问题中，都希望通过相似变换把一个方阵转化成一个尽量简单的矩阵，从而方便解决问题. 例如，在计算 $n$ 阶方阵 $\boldsymbol{A}$ 的 $k$ 次幂 $\boldsymbol{A}^k$ 时，如果 $\boldsymbol{A}$ 可以相似于一个 $n$ 阶对角矩阵 $\boldsymbol{\Lambda}$，即存在可逆矩阵 $\boldsymbol{P}$，使得 $\boldsymbol{P}^{-1}\boldsymbol{A}\boldsymbol{P}=\boldsymbol{\Lambda}$，那么 $\boldsymbol{A}=\boldsymbol{P}\boldsymbol{\Lambda}\boldsymbol{P}^{-1}$，从而

$$\boldsymbol{A}^k=(\boldsymbol{P}\boldsymbol{\Lambda}\boldsymbol{P}^{-1})(\boldsymbol{P}\boldsymbol{\Lambda}\boldsymbol{P}^{-1})\cdots(\boldsymbol{P}\boldsymbol{\Lambda}\boldsymbol{P}^{-1})=\boldsymbol{P}\boldsymbol{\Lambda}^k\boldsymbol{P}^{-1}.$$

另外，对角矩阵 $\boldsymbol{\Lambda}$ 的 $k$ 次幂就是对角线上各元素的 $k$ 次方所构成的对角矩阵. 因此，通过上式我们把 $\boldsymbol{A}^k$ 的计算转化为计算对角矩阵 $\boldsymbol{\Lambda}$ 的 $k$ 次幂，可以减少计算量.

如果 $n$ 阶方阵 $\boldsymbol{A}$ 可以相似于一个 $n$ 阶对角矩阵 $\boldsymbol{\Lambda}$，则称矩阵 $\boldsymbol{A}$ **可对角化**. 一般地，不是所有的方阵都可以对角化，因此，下面来研究方阵可对角化的条件.

**定理 2** 一个 $n$ 阶方阵 $\boldsymbol{A}$ 相似于一个 $n$ 阶对角矩阵的充分必要条件是矩阵 $\boldsymbol{A}$ 有 $n$ 个线性无关的特征向量.

**【证】** 先证必要性.

设方阵 $\boldsymbol{A}$ 相似于对角矩阵

$$\boldsymbol{\Lambda}=\begin{pmatrix}\lambda_1 & & & \\ & \lambda_2 & & \\ & & \ddots & \\ & & & \lambda_n\end{pmatrix},$$

即存在可逆矩阵 $\boldsymbol{P}$，使得 $\boldsymbol{P}^{-1}\boldsymbol{A}\boldsymbol{P}=\boldsymbol{\Lambda}$，或者

$$\boldsymbol{A}\boldsymbol{P}=\boldsymbol{P}\boldsymbol{\Lambda}.$$

把 $\boldsymbol{P}$ 按列分块，记 $\boldsymbol{P}=(\boldsymbol{p}_1,\boldsymbol{p}_2,\cdots,\boldsymbol{p}_n)$，其中 $\boldsymbol{p}_i(1\leqslant i\leqslant n)$ 是 $\boldsymbol{P}$ 的第 $i$ 列元素所构成的 $n$ 阶列向量. 则有

$$\begin{aligned}\boldsymbol{A}\boldsymbol{P}&=\boldsymbol{A}(\boldsymbol{p}_1,\boldsymbol{p}_2,\cdots,\boldsymbol{p}_n)=(\boldsymbol{A}\boldsymbol{p}_1,\boldsymbol{A}\boldsymbol{p}_2,\cdots,\boldsymbol{A}\boldsymbol{p}_n)\\ &=\boldsymbol{P}\boldsymbol{\Lambda}=(\boldsymbol{p}_1,\boldsymbol{p}_2,\cdots,\boldsymbol{p}_n)\begin{pmatrix}\lambda_1 & & & \\ & \lambda_2 & & \\ & & \ddots & \\ & & & \lambda_n\end{pmatrix}\\ &=(\lambda_1\boldsymbol{p}_1,\lambda_2\boldsymbol{p}_2,\cdots,\lambda_n\boldsymbol{p}_n),\end{aligned}$$

由此可得

$$Ap_i = \lambda_i p_i (i = 1, 2, \cdots, n).$$

因为 $P$ 可逆，所以 $p_i \neq 0 (1 \leqslant i \leqslant n)$，且 $p_1, p_2, \cdots, p_n$ 线性无关. 上面的等式说明，$p_i$ 是矩阵 $A$ 对应于特征值 $\lambda_i$ 的特征向量，因此，$A$ 有 $n$ 个线性无关的特征向量.

再证充分性.

设 $p_1, p_2, \cdots, p_n$ 是方阵 $A$ 的 $n$ 个线性无关的特征向量，它们对应的特征值依次为 $\lambda_1, \lambda_2, \cdots, \lambda_n$，即 $Ap_i = \lambda_i p_i (i=1,2,\cdots,n)$. 令矩阵 $P=(p_1, p_2, \cdots, p_n)$，因为 $p_1, p_2, \cdots, p_n$ 线性无关，所以 $P$ 可逆，且

$$AP = A(p_1, p_2, \cdots, p_n) = (Ap_1, Ap_2, \cdots, Ap_n) = (\lambda_1 p_1, \lambda_2 p_2, \cdots, \lambda_n p_n)$$

$$= (p_1, p_2, \cdots, p_n)\begin{pmatrix} \lambda_1 & & & \\ & \lambda_2 & & \\ & & \ddots & \\ & & & \lambda_n \end{pmatrix} = P\Lambda,$$

即 $AP = P\Lambda$，于是有 $P^{-1}AP = \Lambda$. 所以 $A$ 相似于对角矩阵.

**推论 2** 如果 $n$ 阶方阵 $A$ 有 $n$ 个互不相等的特征值，则 $A$ 可对角化.

**【证】** 根据 4.2 节定理 4 可知，如果 $A$ 有 $n$ 个互不相等的特征值，那么这些特征值所对应的 $n$ 个特征向量一定线性无关，因此矩阵 $A$ 可对角化.

在很多时候，矩阵 $A$ 的特征方程会出现重根的情形，这样 $A$ 就不一定有 $n$ 个线性无关的特征向量，从而不一定可以对角化. 例如 4.2 节例 3 中的矩阵 $A$，属于二重特征值 $\lambda_1 = \lambda_2 = 1$ 的线性无关的特征向量只有一个，属于特征值 $\lambda_3 = 2$ 的线性无关的特征向量也只有一个，因此 $A$ 总共只有两个线性无关的特征向量，故例 3 中的矩阵 $A$ 不能对角化. 而对于 4.2 节例 4 中的矩阵 $A$，属于特征值 $\lambda_1 = -1$ 的线性无关的特征向量有一个，属于二重特征值 $\lambda_2 = \lambda_3 = 2$ 的线性无关的特征向量有两个，因而 $A$ 总共有三个线性无关的特征向量，故例 4 中的矩阵 $A$ 可以对角化.

由上面的分析可知，当矩阵 $A$ 的特征方程有重根时，$A$ 能否对角化与 $A$ 的每个特征值的重数和属于该特征值的线性无关的特征向量的个数有关. 下面的定理给出了矩阵可以对角化的另一个充分必要条件.

**定理 3** 一个 $n$ 阶方阵 $A$ 可对角化的充分必要条件是 $A$ 的每个 $t$ 重特征值 $\lambda$ 对应恰好 $t$ 个线性无关的特征向量，即 $R(\lambda E - A) = n - t$.

**【证】** 充分性. 设 $\lambda_1, \lambda_2, \cdots, \lambda_s$ 是 $n$ 阶方阵 $A$ 的所有不同特征值，$\lambda_i$ 的重数为 $t_i$，则 $\sum_{i=1}^{s} t_i = n$. 若 $R(\lambda_i E - A) = n - t_i$，则线性方程组 $(\lambda_i E - A)X = 0$ 有 $t_i$ 个线性无关的解向量，即 $\lambda_i$ 对应有 $t_i$ 个线性无关的特征向量. 另外，由 4.2 节定理 5，不同特征值对应的线性无关的特征向量放在一起所构成的向量组也是线性无关的，因此，矩阵 $A$ 总共有 $\sum_{i=1}^{s} t_i = n$ 个线性无关的特

征向量，所以 $\boldsymbol{A}$ 可对角化.

必要性. 若 $\boldsymbol{A}$ 可对角化，根据本节定理 2，$\boldsymbol{A}$ 有 $n$ 个线性无关的特征向量. 此时，对于矩阵 $\boldsymbol{A}$ 的每个特征值 $\lambda_i(1\leqslant i\leqslant s)$，必有 $R(\lambda_i\boldsymbol{E}-\boldsymbol{A})=n-t_i$. 若不然，假设存在某个 $\lambda_k$，使得 $R(\lambda_k\boldsymbol{E}-\boldsymbol{A})>n-t_k$，记 $r_k=R(\lambda_k\boldsymbol{E}-\boldsymbol{A})$，则线性方程组 $(\lambda_k\boldsymbol{E}-\boldsymbol{A})\boldsymbol{X}=\boldsymbol{0}$ 仅有 $n-r_k$（注意到 $n-r_k<t_k$）个线性无关的解向量，即 $\lambda_k$ 对应线性无关的特征向量的个数少于 $t_k$ 个，由于和式 $\sum\limits_{i=1}^{s}t_i$ 的值是一个不变的数 $n$，这样就必然有某一个特征值 $\lambda_j$ 对应线性无关的特征向量的个数大于 $t_j$ 个，从而 $R(\lambda_j\boldsymbol{E}-\boldsymbol{A})<n-t_j$，这与 4.2 节定理 6 的结论矛盾.

### 4.3.3 矩阵对角化的步骤

若 $n$ 阶方阵 $\boldsymbol{A}$ 可对角化，则可按下列步骤把 $\boldsymbol{A}$ 对角化：

第 1 步：解特征方程 $|\lambda\boldsymbol{E}-\boldsymbol{A}|=0$，求矩阵 $\boldsymbol{A}$ 的所有不同特征值，记为 $\lambda_1,\lambda_2,\cdots,\lambda_s$，其中 $\lambda_i$ 的重数记作 $t_i$；

第 2 步：对每一个不同的特征值 $\lambda_i(i=1,2,\cdots,s)$，解齐次线性方程组

$$(\lambda_i\boldsymbol{E}-\boldsymbol{A})\boldsymbol{X}=\boldsymbol{0},$$

得基础解系 $\boldsymbol{\xi}_{i1},\boldsymbol{\xi}_{i2},\cdots,\boldsymbol{\xi}_{it_i}$（应该恰好 $t_i$ 个），它们是特征值 $\lambda_i$ 对应的线性无关的特征向量；

第 3 步：令矩阵

$$\boldsymbol{P}=(\boldsymbol{\xi}_{11},\boldsymbol{\xi}_{12},\cdots,\boldsymbol{\xi}_{1t_1},\boldsymbol{\xi}_{21},\boldsymbol{\xi}_{22},\cdots,\boldsymbol{\xi}_{2t_2},\cdots,\boldsymbol{\xi}_{s1},\boldsymbol{\xi}_{s2},\cdots,\boldsymbol{\xi}_{st_s}),$$

则 $\boldsymbol{P}$ 是一个 $n$ 阶可逆矩阵，并且

$$\boldsymbol{P}^{-1}\boldsymbol{AP}=\boldsymbol{\Lambda}=\mathrm{diag}(\underbrace{\lambda_1,\cdots,\lambda_1}_{t_1},\underbrace{\lambda_2,\cdots,\lambda_2}_{t_2},\cdots,\underbrace{\lambda_s,\cdots,\lambda_s}_{t_s}),$$

其中，对角矩阵 $\boldsymbol{\Lambda}$ 主对角线元 $\lambda_i$ 的重数为 $t_i(i=1,2,\cdots,s)$，并且排列顺序与 $\boldsymbol{P}$ 中特征向量的排列顺序相对应.

**【例 1】** 判断矩阵 $\boldsymbol{A}=\begin{pmatrix}4&6&0\\-3&-5&0\\-3&-6&1\end{pmatrix}$ 是否可以对角化，如果可以对角化，求可逆矩阵 $\boldsymbol{P}$，使得 $\boldsymbol{P}^{-1}\boldsymbol{AP}=\boldsymbol{\Lambda}$ 为对角阵.

**【解】** 矩阵 $\boldsymbol{A}$ 的特征多项式为

$$|\lambda\boldsymbol{E}-\boldsymbol{A}|=\begin{vmatrix}\lambda-4&-6&0\\3&\lambda+5&0\\3&6&\lambda-1\end{vmatrix}=(\lambda-1)^2(\lambda+2),$$

所以 $\boldsymbol{A}$ 的特征值为 $\lambda_1=\lambda_2=1,\lambda_3=-2$.

要判断矩阵 $\boldsymbol{A}$ 是否可以对角化就是要看 $\boldsymbol{A}$ 是否有三个线性无关的特征向量. 对于单根 $\lambda_3=-2$，如果把它代入线性方程 $(\lambda_3\boldsymbol{E}-\boldsymbol{A})\boldsymbol{X}=\boldsymbol{0}$，肯定可以求出非零的解向量，并且根据 4.2 节定理 6，其中线性无关的向量的个数不会超过一个，也就是说单根 $\lambda_3=-2$ 对应的线性无关的特征向量有且仅有一个. 因此三阶矩阵 $\boldsymbol{A}$ 能否对角化就要看它的二重特征根 $\lambda_1=\lambda_2=1$ 是否对应有两个线性无关的特征向量.

当 $\lambda_1=\lambda_2=1$ 时，观察线性方程 $(\boldsymbol{E}-\boldsymbol{A})\boldsymbol{x}=\boldsymbol{0}$. 由

$$E - A = \begin{pmatrix} -3 & -6 & 0 \\ 3 & 6 & 0 \\ 3 & 6 & 0 \end{pmatrix} \sim \begin{pmatrix} 1 & 2 & 0 \\ 0 & 0 & 0 \\ 0 & 0 & 0 \end{pmatrix},$$

$R(\boldsymbol{E}-\boldsymbol{A})=1$，所以方程$(\boldsymbol{E}-\boldsymbol{A})\boldsymbol{x}=\boldsymbol{0}$的基础解系中有两个线性无关的向量，即$\lambda_1=\lambda_2=1$对应的线性无关的特征向量有两个. 因此，矩阵$\boldsymbol{A}$总共有三个线性无关的特征向量，可以对角化.

解齐次线性方程$(\boldsymbol{E}-\boldsymbol{A})\boldsymbol{x}=\boldsymbol{0}$，得基础解系

$$\boldsymbol{p}_1 = \begin{pmatrix} -2 \\ 1 \\ 0 \end{pmatrix}, \boldsymbol{p}_2 = \begin{pmatrix} 0 \\ 0 \\ 1 \end{pmatrix},$$

它们是$\lambda_1=\lambda_2=1$对应的线性无关的特征向量.

当$\lambda_3=-2$时，解方程$(-2\boldsymbol{E}-\boldsymbol{A})\boldsymbol{x}=\boldsymbol{0}$. 由

$$-2\boldsymbol{E} - \boldsymbol{A} = \begin{pmatrix} -6 & -6 & 0 \\ 3 & 3 & 0 \\ 3 & 6 & -3 \end{pmatrix} \sim \begin{pmatrix} 1 & 0 & 1 \\ 0 & 1 & -1 \\ 0 & 0 & 0 \end{pmatrix},$$

得基础解系

$$\boldsymbol{p}_3 = \begin{pmatrix} -1 \\ 1 \\ 1 \end{pmatrix},$$

它是$\lambda_3=-2$对应的线性无关的特征向量.

令矩阵

$$\boldsymbol{P} = \begin{pmatrix} -2 & 0 & -1 \\ 1 & 0 & 1 \\ 0 & 1 & 1 \end{pmatrix},$$

则有

$$\boldsymbol{P}^{-1}\boldsymbol{A}\boldsymbol{P} = \boldsymbol{\Lambda} = \begin{pmatrix} 1 & & \\ & 1 & \\ & & -2 \end{pmatrix}.$$

一般地，矩阵$\boldsymbol{P}$并不是唯一的. 比如，若取矩阵

$$\boldsymbol{P}_1 = \begin{pmatrix} -2 & -1 & 0 \\ 1 & 1 & 0 \\ 0 & 1 & 1 \end{pmatrix},$$

则有

$$\boldsymbol{P}_1^{-1}\boldsymbol{A}\boldsymbol{P}_1 = \boldsymbol{\Lambda}_1 = \begin{pmatrix} 1 & & \\ & -2 & \\ & & 1 \end{pmatrix},$$

也可以把矩阵$\boldsymbol{A}$化为对角矩阵.

### 4.3.4 对角化的应用

下面来看对角矩阵的两个应用.

(1)计算矩阵多项式

设 $n$ 阶方阵 $\boldsymbol{A}$ 相似于对角矩阵 $\boldsymbol{\Lambda}$,即存在可逆矩阵 $\boldsymbol{P}$,使得 $\boldsymbol{P}^{-1}\boldsymbol{AP}=\boldsymbol{\Lambda}$,则 $\boldsymbol{A}=\boldsymbol{P\Lambda P}^{-1}$,从而 $\boldsymbol{A}^k=\boldsymbol{P\Lambda}^k\boldsymbol{P}^{-1}$. 若多项式 $\varphi(x)=a_sx^s+a_{s-1}x^{s-1}+\cdots+a_1x+a_0$,则对于矩阵多项式 $\varphi(\boldsymbol{A})$,有

$$\begin{aligned}\varphi(\boldsymbol{A})&=a_s\boldsymbol{A}^s+a_{s-1}\boldsymbol{A}^{s-1}+\cdots+a_1\boldsymbol{A}+a_0\boldsymbol{E}\\&=a_s\boldsymbol{P\Lambda}^s\boldsymbol{P}^{-1}+a_{s-1}\boldsymbol{P\Lambda}^{s-1}\boldsymbol{P}^{-1}+\cdots+a_1\boldsymbol{P\Lambda P}^{-1}+a_0\boldsymbol{PEP}^{-1}\\&=\boldsymbol{P}(a_s\boldsymbol{\Lambda}^s+a_{s-1}\boldsymbol{\Lambda}^{s-1}+\cdots+a_1\boldsymbol{\Lambda}+a_0\boldsymbol{E})\boldsymbol{P}^{-1}\\&=\boldsymbol{P}\varphi(\boldsymbol{\Lambda})\boldsymbol{P}^{-1},\end{aligned}$$

其中

$$\varphi(\boldsymbol{\Lambda})=a_s\boldsymbol{\Lambda}^s+a_{s-1}\boldsymbol{\Lambda}^{s-1}+\cdots+a_1\boldsymbol{\Lambda}+a_0\boldsymbol{E}=\begin{pmatrix}\varphi(\lambda_1)&&&\\&\varphi(\lambda_2)&&\\&&\ddots&\\&&&\varphi(\lambda_n)\end{pmatrix},$$

这样可以很方便地计算矩阵多项式 $\varphi(\boldsymbol{A})$.

(2)求解线性微分方程组

【例 2】 求解微分方程组

$$\begin{cases}\dfrac{\mathrm{d}x_1(t)}{\mathrm{d}t}=2x_1(t)-2x_2(t),\\\dfrac{\mathrm{d}x_2(t)}{\mathrm{d}t}=-2x_1(t)+x_2(t)-2x_3(t),\\\dfrac{\mathrm{d}x_3(t)}{\mathrm{d}t}=-2x_2(t).\end{cases}$$

【解】 令

$$\boldsymbol{x}=\begin{pmatrix}x_1\\x_2\\x_3\end{pmatrix},\boldsymbol{x}'=\begin{pmatrix}\dfrac{\mathrm{d}x_1}{\mathrm{d}t}\\\dfrac{\mathrm{d}x_2}{\mathrm{d}t}\\\dfrac{\mathrm{d}x_3}{\mathrm{d}t}\end{pmatrix}=\begin{pmatrix}x_1'\\x_2'\\x_3'\end{pmatrix},$$

则方程组可以写成

$$\begin{pmatrix}x_1'\\x_2'\\x_3'\end{pmatrix}=\begin{pmatrix}2&-2&0\\-2&1&-2\\0&-2&0\end{pmatrix}\begin{pmatrix}x_1\\x_2\\x_3\end{pmatrix},$$

或

$$\boldsymbol{x}'=\boldsymbol{Ax},\tag{4.10}$$

其中矩阵

$$\boldsymbol{A}=\begin{pmatrix}2&-2&0\\-2&1&-2\\0&-2&0\end{pmatrix}.$$

若令 $\boldsymbol{x}=\boldsymbol{P}\boldsymbol{y}$，其中 $\boldsymbol{P}$ 为可逆矩阵，$\boldsymbol{y}=(y_1,y_2,y_3)^{\mathrm{T}}$，把它们代入式(4.10)，得 $(\boldsymbol{P}\boldsymbol{y})'=\boldsymbol{A}\boldsymbol{P}\boldsymbol{y}$，即 $\boldsymbol{P}\boldsymbol{y}'=\boldsymbol{A}\boldsymbol{P}\boldsymbol{y}$，由此得

$$\boldsymbol{y}'=\boldsymbol{P}^{-1}\boldsymbol{A}\boldsymbol{P}\boldsymbol{y}.$$

如果矩阵 $\boldsymbol{A}$ 可对角化，上述方程组就很容易求解．这里先把 $\boldsymbol{A}$ 对角化．经计算得 $\boldsymbol{A}$ 的特征值 $\lambda_1=-2,\lambda_2=1,\lambda_3=4$，它们对应的特征向量分别为

$$\boldsymbol{p}_1=\begin{pmatrix}1\\2\\2\end{pmatrix},\ \boldsymbol{p}_2=\begin{pmatrix}2\\1\\-2\end{pmatrix},\ \boldsymbol{p}_3=\begin{pmatrix}2\\-2\\1\end{pmatrix},$$

令

$$\boldsymbol{P}=(\boldsymbol{p}_1,\boldsymbol{p}_2,\boldsymbol{p}_3)=\begin{pmatrix}1&2&2\\2&1&-2\\2&-2&1\end{pmatrix},$$

则

$$\boldsymbol{P}^{-1}\boldsymbol{A}\boldsymbol{P}=\boldsymbol{\Lambda}=\begin{pmatrix}-2&&\\&1&\\&&4\end{pmatrix}.$$

若 $\boldsymbol{x}=\boldsymbol{P}\boldsymbol{y}$，即

$$\begin{cases}x_1=y_1+2y_2+2y_3,\\x_2=2y_1+y_2-2y_3,\\x_3=2y_1-2y_2+y_3,\end{cases}$$

则可以得到 $\boldsymbol{y}'=\boldsymbol{P}^{-1}\boldsymbol{A}\boldsymbol{P}\boldsymbol{y}=\boldsymbol{\Lambda}\boldsymbol{y}$，即

$$\begin{pmatrix}y_1'\\y_2'\\y_3'\end{pmatrix}=\begin{pmatrix}-2&&\\&1&\\&&4\end{pmatrix}\begin{pmatrix}y_1\\y_2\\y_3\end{pmatrix},$$

或

$$y_1'=-2y_1,\ y_2'=y_2,\ y_3'=4y_3,$$

解此微分方程组得

$$y_1=c_1\mathrm{e}^{-2t},\ y_2=c_2\mathrm{e}^{t},\ y_3=c_3\mathrm{e}^{4t}(\text{其中 } c_1,c_2,c_3 \text{ 为任意常数}).$$

从而

$$\boldsymbol{x}=\begin{pmatrix}x_1\\x_2\\x_3\end{pmatrix}=\boldsymbol{P}\boldsymbol{y}=\begin{pmatrix}1&2&2\\2&1&-2\\2&-2&1\end{pmatrix}\begin{pmatrix}c_1\mathrm{e}^{-2t}\\c_2\mathrm{e}^{t}\\c_3\mathrm{e}^{4t}\end{pmatrix},$$

即微分方程组的解为

$$\begin{cases} x_1 = c_1\mathrm{e}^{-2t} + 2c_2\mathrm{e}^{t} + 2c_3\mathrm{e}^{4t}, \\ x_2 = 2c_1\mathrm{e}^{-2t} + c_2\mathrm{e}^{t} - 2c_3\mathrm{e}^{4t}, \\ x_3 = 2c_1\mathrm{e}^{-2t} - 2c_2\mathrm{e}^{t} + c_3\mathrm{e}^{4t}, \end{cases}$$

其中 $c_1, c_2, c_3$ 为任意常数.

# 4.4 实对称矩阵的对角化

## 4.4.1 实对称矩阵特征值的性质

**定理 1** 实对称矩阵的特征值是实数.

**【证】** 设复数 $\lambda$ 是 $n$ 阶实对称矩阵 $\boldsymbol{A}$ 的特征值,复向量 $\boldsymbol{p}$ 为对应的特征向量,即 $\boldsymbol{Ap}=\lambda\boldsymbol{p}$(其中 $\boldsymbol{p}\neq\boldsymbol{0}$). 于是有

$$\overline{\boldsymbol{p}}^{\mathrm{T}}\boldsymbol{Ap} = \overline{\boldsymbol{p}}^{\mathrm{T}}(\boldsymbol{Ap}) = \overline{\boldsymbol{p}}^{\mathrm{T}}(\lambda\boldsymbol{p}) = \lambda\,\overline{\boldsymbol{p}}^{\mathrm{T}}\boldsymbol{p},$$

及

$$\overline{\boldsymbol{p}}^{\mathrm{T}}\boldsymbol{Ap} = (\overline{\boldsymbol{p}}^{\mathrm{T}}\boldsymbol{A}^{\mathrm{T}})\boldsymbol{p} = (\boldsymbol{A}\,\overline{\boldsymbol{p}})^{\mathrm{T}}\boldsymbol{p} = (\overline{\boldsymbol{A}}\,\overline{\boldsymbol{p}})^{\mathrm{T}}\boldsymbol{p} = (\overline{\boldsymbol{Ap}})^{\mathrm{T}}\boldsymbol{p} = (\overline{\lambda\boldsymbol{p}})^{\mathrm{T}}\boldsymbol{p} = \overline{\lambda}\,\overline{\boldsymbol{p}}^{\mathrm{T}}\boldsymbol{p},$$

两式相减,得

$$(\lambda - \overline{\lambda})\,\overline{\boldsymbol{p}}^{\mathrm{T}}\boldsymbol{p} = 0.$$

设 $\boldsymbol{p}=(c_1, c_2, \cdots, c_n)^{\mathrm{T}}$,因为 $\boldsymbol{p}\neq\boldsymbol{0}$, 所以

$$\overline{\boldsymbol{p}}^{\mathrm{T}}\boldsymbol{p} = \sum_{i=1}^{n}\overline{c}_i c_i = \sum_{i=1}^{n}|c_i|^2 \neq 0,$$

因此,

$$\lambda - \overline{\lambda} = 0,$$

即 $\lambda=\overline{\lambda}$,这说明 $\lambda$ 是实数.

若 $\boldsymbol{A}$ 是实对称矩阵,定理 1 指出它的特征值 $\lambda$ 是实数,所以方程组 $(\lambda\boldsymbol{E}-\boldsymbol{A})\boldsymbol{x}=\boldsymbol{0}$ 是实系数齐次线性方程组,其基础解系中的向量可以取实向量,因此 $\lambda$ 对应的特征向量可以是实向量.

**定理 2** 实对称矩阵 $\boldsymbol{A}$ 的不同特征值对应的特征向量相互正交.

**【证】** 设实数 $\lambda_1, \lambda_2$ 是 $n$ 阶实对称矩阵 $\boldsymbol{A}$ 的两个不相等的特征值,其对应的特征向量分别为 $\boldsymbol{p}_1, \boldsymbol{p}_2$($\boldsymbol{p}_1, \boldsymbol{p}_2$ 取实向量),于是有

$$\boldsymbol{Ap}_1 = \lambda_1\boldsymbol{p}_1, \boldsymbol{Ap}_2 = \lambda_2\boldsymbol{p}_2(\lambda_1 \neq \lambda_2).$$

因为 $\boldsymbol{A}$ 为实对称矩阵,故

$$\lambda_1\boldsymbol{p}_1^{\mathrm{T}} = (\lambda_1\boldsymbol{p}_1)^{\mathrm{T}} = (\boldsymbol{Ap}_1)^{\mathrm{T}} = \boldsymbol{p}_1^{\mathrm{T}}\boldsymbol{A}^{\mathrm{T}} = \boldsymbol{p}_1^{\mathrm{T}}\boldsymbol{A},$$

从而

$$\lambda_1\boldsymbol{p}_1^{\mathrm{T}}\boldsymbol{p}_2 = (\boldsymbol{p}_1^{\mathrm{T}}\boldsymbol{A})\boldsymbol{p}_2 = \boldsymbol{p}_1^{\mathrm{T}}(\boldsymbol{Ap}_2) = \boldsymbol{p}_1^{\mathrm{T}}(\lambda_2\boldsymbol{p}_2) = \lambda_2\boldsymbol{p}_1^{\mathrm{T}}\boldsymbol{p}_2,$$

即

$$(\lambda_1 - \lambda_2)\boldsymbol{p}_1^{\mathrm{T}}\boldsymbol{p}_2 = 0,$$

由于 $\lambda_1\neq\lambda_2$,故 $\boldsymbol{p}_1^{\mathrm{T}}\boldsymbol{p}_2=0$,所以 $\boldsymbol{p}_1$ 与 $\boldsymbol{p}_2$ 正交.

### 4.4.2 实对称矩阵的相似理论

**定理 3** 设 $\boldsymbol{A}$ 是 $n$ 阶实对称矩阵，则存在正交矩阵 $\boldsymbol{P}$，使得 $\boldsymbol{P}^{\mathrm{T}}\boldsymbol{A}\boldsymbol{P}=\boldsymbol{P}^{-1}\boldsymbol{A}\boldsymbol{P}=\boldsymbol{\Lambda}$，其中 $\boldsymbol{\Lambda}$ 是对角矩阵.

【证】 用数学归纳法.

当 $n=1$ 时，结论显然成立.

假设对于任意的 $n-1$ 阶实对称矩阵结论成立，下面证明对于 $n$ 阶实对称矩阵结论也成立.

对于 $n$ 阶实对称矩阵 $\boldsymbol{A}$，取 $\boldsymbol{A}$ 的任意一个特征值 $\lambda_1$ 及其对应的一个单位特征向量 $\boldsymbol{\gamma}_1$（把 $\lambda_1$ 对应的特征向量做单位化即可得到 $\boldsymbol{\gamma}_1$），则 $\boldsymbol{A}\boldsymbol{\gamma}_1=\lambda_1\boldsymbol{\gamma}_1$. 再取 $n-1$ 个单位向量 $\boldsymbol{\gamma}_2,\cdots,\boldsymbol{\gamma}_n$，使得 $\boldsymbol{\gamma}_1,\boldsymbol{\gamma}_2,\cdots,\boldsymbol{\gamma}_n$ 两两正交，令 $\boldsymbol{Q}=(\boldsymbol{\gamma}_1,\boldsymbol{\gamma}_2,\cdots,\boldsymbol{\gamma}_n)$，于是 $\boldsymbol{Q}$ 为正交矩阵，并且

$$\boldsymbol{Q}^{\mathrm{T}}\boldsymbol{A}\boldsymbol{Q}=\begin{pmatrix}\boldsymbol{\gamma}_1^{\mathrm{T}}\\ \boldsymbol{\gamma}_2^{\mathrm{T}}\\ \vdots\\ \boldsymbol{\gamma}_n^{\mathrm{T}}\end{pmatrix}\boldsymbol{A}(\boldsymbol{\gamma}_1,\boldsymbol{\gamma}_2,\cdots,\boldsymbol{\gamma}_n)=\begin{pmatrix}\boldsymbol{\gamma}_1^{\mathrm{T}}\\ \boldsymbol{\gamma}_2^{\mathrm{T}}\\ \vdots\\ \boldsymbol{\gamma}_n^{\mathrm{T}}\end{pmatrix}(\lambda_1\boldsymbol{\gamma}_1,\boldsymbol{A}\boldsymbol{\gamma}_2,\cdots,\boldsymbol{A}\boldsymbol{\gamma}_n)$$

$$=\begin{pmatrix}\lambda_1 & \boldsymbol{\gamma}_1^{\mathrm{T}}\boldsymbol{A}\boldsymbol{\gamma}_2 & \cdots & \boldsymbol{\gamma}_1^{\mathrm{T}}\boldsymbol{A}\boldsymbol{\gamma}_n\\ 0 & \boldsymbol{\gamma}_2^{\mathrm{T}}\boldsymbol{A}\boldsymbol{\gamma}_2 & \cdots & \boldsymbol{\gamma}_2^{\mathrm{T}}\boldsymbol{A}\boldsymbol{\gamma}_n\\ \vdots & \vdots & & \vdots\\ 0 & \boldsymbol{\gamma}_n^{\mathrm{T}}\boldsymbol{A}\boldsymbol{\gamma}_2 & \cdots & \boldsymbol{\gamma}_n^{\mathrm{T}}\boldsymbol{A}\boldsymbol{\gamma}_n\end{pmatrix}.$$

因为 $\boldsymbol{A}$ 是实对称矩阵，所以 $\boldsymbol{Q}^{\mathrm{T}}\boldsymbol{A}\boldsymbol{Q}$ 也是对称矩阵，因此

$$\boldsymbol{Q}^{\mathrm{T}}\boldsymbol{A}\boldsymbol{Q}=\begin{pmatrix}\lambda_1 & 0 & \cdots & 0\\ 0 & \boldsymbol{\gamma}_2^{\mathrm{T}}\boldsymbol{A}\boldsymbol{\gamma}_2 & \cdots & \boldsymbol{\gamma}_2^{\mathrm{T}}\boldsymbol{A}\boldsymbol{\gamma}_n\\ \vdots & \vdots & & \vdots\\ 0 & \boldsymbol{\gamma}_n^{\mathrm{T}}\boldsymbol{A}\boldsymbol{\gamma}_2 & \cdots & \boldsymbol{\gamma}_n^{\mathrm{T}}\boldsymbol{A}\boldsymbol{\gamma}_n\end{pmatrix}.$$

记

$$\boldsymbol{A}_1=\begin{pmatrix}\boldsymbol{\gamma}_2^{\mathrm{T}}\boldsymbol{A}\boldsymbol{\gamma}_2 & \cdots & \boldsymbol{\gamma}_2^{\mathrm{T}}\boldsymbol{A}\boldsymbol{\gamma}_n\\ \vdots & & \vdots\\ \boldsymbol{\gamma}_n^{\mathrm{T}}\boldsymbol{A}\boldsymbol{\gamma}_2 & \cdots & \boldsymbol{\gamma}_n^{\mathrm{T}}\boldsymbol{A}\boldsymbol{\gamma}_n\end{pmatrix},$$

则 $\boldsymbol{A}_1$ 是 $n-1$ 阶实对称矩阵，由归纳假设，存在正交矩阵 $\boldsymbol{U}_1$，使得

$$\boldsymbol{U}_1^{\mathrm{T}}\boldsymbol{A}_1\boldsymbol{U}_1=\boldsymbol{\Lambda}_1,$$

其中 $\boldsymbol{\Lambda}_1$ 为 $n-1$ 阶对角矩阵. 取

$$\boldsymbol{V}=\begin{pmatrix}1 & \\ & \boldsymbol{U}_1\end{pmatrix},$$

容易验证 $\boldsymbol{V}$ 是 $n$ 阶正交矩阵，且有

$$(\boldsymbol{Q}\boldsymbol{V})^{\mathrm{T}}\boldsymbol{A}(\boldsymbol{Q}\boldsymbol{V})=\begin{pmatrix}\lambda_1 & \\ & \boldsymbol{\Lambda}_1\end{pmatrix}=\boldsymbol{\Lambda}.$$

令 $\boldsymbol{P}=\boldsymbol{Q}\boldsymbol{V}$，可以验证 $\boldsymbol{P}$ 也是一个正交矩阵，于是有 $\boldsymbol{P}^{\mathrm{T}}\boldsymbol{A}\boldsymbol{P}=\boldsymbol{P}^{-1}\boldsymbol{A}\boldsymbol{P}=\boldsymbol{\Lambda}$ 成立，其中 $\boldsymbol{\Lambda}$ 是 $n$

阶对角矩阵.

定理 3 说明,实对称矩阵一定可以对角化,而且可以用正交矩阵把其对角化. 结合 4.3 节定理 3,对于实对称矩阵,有下述推论.

**推论 1** 设 $\boldsymbol{A}$ 是 $n$ 阶实对称矩阵,$\lambda$ 是 $\boldsymbol{A}$ 的特征值,其重数为 $t$,则矩阵 $\boldsymbol{A}$ 对应于特征值 $\lambda$ 恰好有 $t$ 个线性无关的特征向量,即 $R(\lambda\boldsymbol{E}-\boldsymbol{A})=n-t$.

### 4.4.3 实对称矩阵对角化方法

若 $\boldsymbol{A}$ 是 $n$ 阶实对称矩阵,则可按下列步骤把 $\boldsymbol{A}$ 对角化:

第 1 步:解特征方程 $|\lambda\boldsymbol{E}-\boldsymbol{A}|=0$,求矩阵 $\boldsymbol{A}$ 的所有不同特征值,记为 $\lambda_1,\lambda_2,\cdots,\lambda_s$,其中 $\lambda_i$ 的重数记作 $t_i$;

第 2 步:对每一个不同的特征值 $\lambda_i(i=1,2,\cdots,s)$,解齐次线性方程组

$$(\lambda_i\boldsymbol{E}-\boldsymbol{A})\boldsymbol{X}=\boldsymbol{0},$$

得基础解系 $\boldsymbol{\xi}_{i1},\boldsymbol{\xi}_{i2},\cdots,\boldsymbol{\xi}_{it_i}$(应该恰好 $t_i$ 个),它们是特征值 $\lambda_i$ 对应的线性无关的特征向量;

第 3 步:利用施密特正交化方法,把 $\boldsymbol{\xi}_{i1},\boldsymbol{\xi}_{i2},\cdots,\boldsymbol{\xi}_{it_i}$ 正交化,得到正交向量组 $\boldsymbol{\eta}_{i1},\boldsymbol{\eta}_{i2},\cdots,\boldsymbol{\eta}_{it_i}$. 再把所得到的正交向量组单位化,得到规范正交向量组 $\boldsymbol{\gamma}_{i1},\boldsymbol{\gamma}_{i2},\cdots,\boldsymbol{\gamma}_{it_i}(i=1,2,\cdots,s)$;

第 4 步:令矩阵

$$\boldsymbol{P}=(\boldsymbol{\gamma}_{11},\boldsymbol{\gamma}_{12},\cdots,\boldsymbol{\gamma}_{1t_1},\boldsymbol{\gamma}_{21},\boldsymbol{\gamma}_{22},\cdots,\boldsymbol{\gamma}_{2t_2},\cdots,\boldsymbol{\gamma}_{s1},\boldsymbol{\gamma}_{s2},\cdots,\boldsymbol{\gamma}_{st_s}),$$

则 $\boldsymbol{P}$ 是一个 $n$ 阶正交矩阵,并且

$$\boldsymbol{P}^{\mathrm{T}}\boldsymbol{A}\boldsymbol{P}=\boldsymbol{P}^{-1}\boldsymbol{A}\boldsymbol{P}=\boldsymbol{\Lambda}=\mathrm{diag}(\underbrace{\lambda_1,\cdots,\lambda_1}_{t_1},\underbrace{\lambda_2,\cdots,\lambda_2}_{t_2},\cdots,\underbrace{\lambda_s,\cdots,\lambda_s}_{t_s}),$$

其中,对角矩阵 $\boldsymbol{\Lambda}$ 主对角线元 $\lambda_i$ 的重数为 $t_i(i=1,2,\cdots,s)$,并且排列顺序与 $\boldsymbol{P}$ 中特征向量的排列顺序相对应.

**【例 1】** 设矩阵 $\boldsymbol{A}=\begin{pmatrix}0&-1&1\\-1&0&1\\1&1&0\end{pmatrix}$,求正交矩阵 $\boldsymbol{P}$,使得 $\boldsymbol{P}^{\mathrm{T}}\boldsymbol{A}\boldsymbol{P}=\boldsymbol{\Lambda}$ 为对角阵.

**【解】** 矩阵 $\boldsymbol{A}$ 的特征多项式为

$$|\lambda\boldsymbol{E}-\boldsymbol{A}|=\begin{vmatrix}\lambda&1&-1\\1&\lambda&-1\\-1&-1&\lambda\end{vmatrix}=(\lambda-1)^2(\lambda+2),$$

所以 $\boldsymbol{A}$ 的特征值为 $\lambda_1=\lambda_2=1,\lambda_3=-2$.

当 $\lambda_1=\lambda_2=1$ 时,解方程 $(\boldsymbol{E}-\boldsymbol{A})\boldsymbol{x}=\boldsymbol{0}$. 由

$$\boldsymbol{E}-\boldsymbol{A}=\begin{pmatrix}1&1&-1\\1&1&-1\\-1&-1&1\end{pmatrix}\sim\begin{pmatrix}1&1&-1\\0&0&0\\0&0&0\end{pmatrix},$$

得基础解系

$$\boldsymbol{\xi}_1=\begin{pmatrix}-1\\1\\0\end{pmatrix},\ \boldsymbol{\xi}_2=\begin{pmatrix}1\\0\\1\end{pmatrix}.$$

将 $\boldsymbol{\xi}_1,\boldsymbol{\xi}_2$ 正交化，令

$$\boldsymbol{\eta}_1=\boldsymbol{\xi}_1;$$

$$\boldsymbol{\eta}_2=\boldsymbol{\xi}_2-\frac{(\boldsymbol{\xi}_2,\boldsymbol{\eta}_1)}{(\boldsymbol{\eta}_1,\boldsymbol{\eta}_1)}\boldsymbol{\eta}_1=\begin{pmatrix}1\\0\\1\end{pmatrix}+\frac{1}{2}\begin{pmatrix}-1\\1\\0\end{pmatrix}=\frac{1}{2}\begin{pmatrix}1\\1\\2\end{pmatrix},$$

然后把 $\boldsymbol{\eta}_1,\boldsymbol{\eta}_2$ 单位化，得

$$\boldsymbol{\gamma}_1=\frac{\boldsymbol{\eta}_1}{|\boldsymbol{\eta}_1|}=\frac{1}{\sqrt{2}}\begin{pmatrix}-1\\1\\0\end{pmatrix},\boldsymbol{\gamma}_2=\frac{\boldsymbol{\eta}_2}{|\boldsymbol{\eta}_2|}=\frac{1}{\sqrt{6}}\begin{pmatrix}1\\1\\2\end{pmatrix}.$$

当 $\lambda_3=-2$ 时，解方程 $(-2\boldsymbol{E}-\boldsymbol{A})\boldsymbol{x}=\boldsymbol{0}$. 由

$$-2\boldsymbol{E}-\boldsymbol{A}=\begin{pmatrix}-2&1&-1\\1&-2&-1\\-1&-1&-2\end{pmatrix}\sim\begin{pmatrix}1&0&1\\0&1&1\\0&0&0\end{pmatrix},$$

得基础解系

$$\boldsymbol{\xi}_3=\begin{pmatrix}-1\\-1\\1\end{pmatrix},$$

把 $\boldsymbol{\xi}_3$ 单位化，得

$$\gamma_3=\frac{\boldsymbol{\xi}_3}{|\boldsymbol{\xi}_3|}=\frac{1}{\sqrt{3}}\begin{pmatrix}-1\\-1\\1\end{pmatrix}.$$

令

$$\boldsymbol{P}=(\boldsymbol{\gamma}_1,\boldsymbol{\gamma}_2,\boldsymbol{\gamma}_3)=\begin{pmatrix}-\frac{1}{\sqrt{2}}&\frac{1}{\sqrt{6}}&-\frac{1}{\sqrt{3}}\\\frac{1}{\sqrt{2}}&\frac{1}{\sqrt{6}}&-\frac{1}{\sqrt{3}}\\0&\frac{2}{\sqrt{6}}&\frac{1}{\sqrt{3}}\end{pmatrix},$$

则 $\boldsymbol{P}$ 是正交矩阵，并且有

$$\boldsymbol{P}^{-1}\boldsymbol{AP}=\boldsymbol{P}^{\mathrm{T}}\boldsymbol{AP}=\boldsymbol{\Lambda}=\begin{pmatrix}1&&\\&1&\\&&-2\end{pmatrix}.$$

练习

## 习题 4

1. 设向量 $\boldsymbol{\alpha}=\begin{pmatrix}1\\0\\-2\end{pmatrix},\boldsymbol{\beta}=\begin{pmatrix}-4\\2\\3\end{pmatrix}$，向量 $\boldsymbol{\eta}$ 与 $\boldsymbol{\alpha}$ 正交，且 $\boldsymbol{\beta}=\lambda\boldsymbol{\alpha}+\boldsymbol{\eta}$，求数 $\lambda$ 和向量 $\boldsymbol{\eta}$.

2. 求向量 $\boldsymbol{\alpha}=(2,1,3,2)$ 与 $\boldsymbol{\beta}=(1,2,-2,1)$ 之间的夹角.

3. 设 $\boldsymbol{\alpha}_1,\boldsymbol{\alpha}_2,\boldsymbol{\alpha}_3$ 是两两正交的单位向量，试计算 $|4\boldsymbol{\alpha}_1-7\boldsymbol{\alpha}_2+4\boldsymbol{\alpha}_3|$.

4. 设向量 $\boldsymbol{\alpha}_1=\begin{pmatrix}1\\2\\3\end{pmatrix}$，求非零向量 $\boldsymbol{\alpha}_2,\boldsymbol{\alpha}_3$，使得向量组 $\boldsymbol{\alpha}_1,\boldsymbol{\alpha}_2,\boldsymbol{\alpha}_3$ 为正交向量组.

5. 将下列向量组正交规范化.

(1) $\boldsymbol{\alpha}_1=\begin{pmatrix}1\\1\\1\end{pmatrix},\boldsymbol{\alpha}_2=\begin{pmatrix}0\\1\\1\end{pmatrix},\boldsymbol{\alpha}_3=\begin{pmatrix}0\\0\\1\end{pmatrix}$；　(2) $\boldsymbol{\alpha}_1=\begin{pmatrix}1\\0\\-1\\1\end{pmatrix},\boldsymbol{\alpha}_2=\begin{pmatrix}1\\-1\\0\\1\end{pmatrix},\boldsymbol{\alpha}_3=\begin{pmatrix}-1\\1\\1\\0\end{pmatrix}$.

6. 判断下列矩阵是否为正交矩阵，若不是，请说明理由.

(1) $\begin{pmatrix}1 & -\frac{1}{2} & \frac{1}{3}\\ -\frac{1}{2} & 1 & \frac{1}{2}\\ \frac{1}{3} & \frac{1}{2} & -1\end{pmatrix}$；　(2) $\begin{pmatrix}\frac{1}{9} & -\frac{8}{9} & -\frac{4}{9}\\ -\frac{8}{9} & \frac{1}{9} & -\frac{4}{9}\\ -\frac{4}{9} & -\frac{4}{9} & \frac{7}{9}\end{pmatrix}$.

7. 设 $\boldsymbol{\alpha}\in\mathbf{R}^n$，且 $\boldsymbol{\alpha}^{\mathrm{T}}\boldsymbol{\alpha}=1$，令 $\boldsymbol{H}=\boldsymbol{E}-2\boldsymbol{\alpha}\boldsymbol{\alpha}^{\mathrm{T}}$，证明 $\boldsymbol{H}$ 是对称的正交矩阵.

8. 设 $\boldsymbol{\alpha}_1,\boldsymbol{\alpha}_2,\cdots,\boldsymbol{\alpha}_n$ 是向量空间 $\mathbf{R}^n$ 的一组标准正交基，$\boldsymbol{A}$ 是 $n$ 阶正交矩阵. 证明：$\boldsymbol{A}\boldsymbol{\alpha}_1,\boldsymbol{A}\boldsymbol{\alpha}_2,\cdots,\boldsymbol{A}\boldsymbol{\alpha}_n$ 也是 $\mathbf{R}^n$ 的一组标准正交基.

9. 求下列矩阵的特征值及特征向量.

(1) $\begin{pmatrix}3 & -1\\ -1 & 3\end{pmatrix}$；　(2) $\begin{pmatrix}1 & 2 & 3\\ 2 & 1 & 3\\ 3 & 3 & 6\end{pmatrix}$；　(3) $\begin{pmatrix}1 & 1 & 1 & 1\\ 1 & 1 & -1 & -1\\ 1 & -1 & 1 & -1\\ 1 & -1 & -1 & 1\end{pmatrix}$.

10. 已知向量 $\boldsymbol{p}=\begin{pmatrix}1\\ \lambda\\ 1\end{pmatrix}$ 是矩阵 $\boldsymbol{A}=\begin{pmatrix}2 & 1 & 1\\ 1 & 2 & 1\\ 1 & 1 & 2\end{pmatrix}$ 的逆矩阵的特征向量，求 $\lambda$.

11. 已知三阶矩阵 $\boldsymbol{A}$ 的特征值为 1,2,3，求行列式 $|\boldsymbol{A}^3-5\boldsymbol{A}^2+7\boldsymbol{E}|$ 的值.

12. 设四阶方阵 $\boldsymbol{A}$ 满足条件 $|\sqrt{2}\boldsymbol{E}+\boldsymbol{A}|=0$，$\boldsymbol{A}\boldsymbol{A}^{\mathrm{T}}=2\boldsymbol{E}$，$|\boldsymbol{A}|<0$，求 $\boldsymbol{A}^*$ 的一个特征值.

13. 设 $\lambda_1,\lambda_2$ 是矩阵 $\boldsymbol{A}$ 的两个不同的特征值，其对应的特征向量分别为 $\boldsymbol{p}_1$ 和 $\boldsymbol{p}_2$. 证明 $\boldsymbol{p}_1+\boldsymbol{p}_2$ 不是 $\boldsymbol{A}$ 的特征向量.

14. 设 $\boldsymbol{A}^2-3\boldsymbol{A}+2\boldsymbol{E}=\boldsymbol{O}$，证明 $\boldsymbol{A}$ 的特征值只能取 1 或 2.

15. 设 $n$ 阶方阵 $\boldsymbol{A}$ 的各行元之和为常数 $a$，证明：

(1) $a$ 为矩阵 $\boldsymbol{A}$ 的一个特征值，$\boldsymbol{p}=(1,1,\cdots,1)^{\mathrm{T}}$ 是其对应的特征向量；

(2) $\boldsymbol{A}^m$ 的每行元之和为 $a^m$，其中 $m$ 为正整数；

(3) 若 $\boldsymbol{A}$ 可逆，则 $\boldsymbol{A}^{-1}$ 的每行元之和为 $\frac{1}{a}$.

16. 设 $n$ 阶矩阵 $\boldsymbol{A},\boldsymbol{B}$ 满足 $R(\boldsymbol{A})+R(\boldsymbol{B})<n$，证明 $\boldsymbol{A}$ 与 $\boldsymbol{B}$ 有公共的特征值，有公共的特征向量.

17. 判断下列矩阵是否可以对角化.

(1) $A=\begin{pmatrix}-3 & 1 & -1\\ -7 & 5 & -1\\ -6 & 6 & -2\end{pmatrix}$；　　(2) $A=\begin{pmatrix}1 & 1 & -2\\ 4 & 0 & 4\\ 1 & -1 & 4\end{pmatrix}$.

18. 已知矩阵 $A=\begin{pmatrix}3 & 2 & -2\\ -k & -1 & k\\ 4 & 2 & -3\end{pmatrix}$ 可对角化，求 $k$ 的值.

19. 已知矩阵 $A=\begin{pmatrix}-2 & 0 & 0\\ 2 & x & 2\\ 3 & 1 & 1\end{pmatrix}$ 与 $B=\begin{pmatrix}-1 & & \\ & 2 & \\ & & y\end{pmatrix}$ 相似.

(1)求 $x$ 与 $y$ 的值；

(2)求一个可逆矩阵 $P$，使得 $P^{-1}AP=B$；

(3)求 $A^{100}$.

20. 设矩阵 $A=\begin{pmatrix}2 & 1 & 2\\ 1 & 2 & 2\\ 2 & 2 & 1\end{pmatrix}$，求 $A^{10}-6A^{9}+5A^{8}$.

21. 设 $A,B$ 都是 $n$ 阶方阵，且 $|A|\neq 0$，证明 $AB$ 与 $BA$ 相似.

22. 设 $n$ 阶方阵 $A$ 与 $B$ 相似，$m$ 阶方阵 $C$ 与 $D$ 相似，证明矩阵 $\begin{pmatrix}A & O\\ O & C\end{pmatrix}$ 与 $\begin{pmatrix}B & O\\ O & D\end{pmatrix}$ 相似.

23. 求正交矩阵 $P$ 把下列矩阵对角化.

(1) $A=\begin{pmatrix}2 & -1\\ -1 & 2\end{pmatrix}$；　　(2) $A=\begin{pmatrix}1 & 0 & 0\\ 0 & 2 & 1\\ 0 & 1 & 2\end{pmatrix}$.

24. 设三阶实对称矩阵 $A$ 的特征值为 $\lambda_1=1,\lambda_2=-1,\lambda_3=0$，其中 $\lambda_1,\lambda_2$ 对应的特征向量分别为 $p_1=\begin{pmatrix}1\\ 2\\ 2\end{pmatrix}$，$p_2=\begin{pmatrix}2\\ 1\\ -2\end{pmatrix}$，求矩阵 $A$.

25. 设三阶实对称矩阵 $A$ 的特征值为 $\lambda_1=6,\lambda_2=\lambda_3=3$，与特征值 $\lambda_1=6$ 对应的特征向量为 $p_1=\begin{pmatrix}1\\ 1\\ 1\end{pmatrix}$，求矩阵 $A$.

26. 设 $\alpha=(a_1,a_2,\cdots,a_n)^{T}$，其中 $a_1\neq 0$，矩阵 $A=\alpha\alpha^{T}$.

(1)证明 $\lambda=0$ 是 $A$ 的 $n-1$ 重特征值；

(2)求 $A$ 的非零特征值及 $n$ 个线性无关的特征向量.

27. 证明：

(1) 设 $\alpha_1,\alpha_2,\cdots,\alpha_n$ 是向量空间 $\mathbf{R}^n$ 的一组基，$\gamma\in\mathbf{R}^n$，且 $(\gamma,\alpha_i)=0\ (i=1,2,\cdots,n)$，则 $\gamma=0$.

(2) 设向量 $\gamma_1,\gamma_2\in\mathbf{R}^n$，若对任一向量 $\alpha\in\mathbf{R}^n$，有 $(\gamma_1,\alpha)=(\gamma_2,\alpha)$，那么 $\gamma_1=\gamma_2$.

28. 设向量 $\boldsymbol{\alpha}=\begin{pmatrix}a_1\\a_2\\\vdots\\a_n\end{pmatrix}$，$\boldsymbol{\beta}=\begin{pmatrix}b_1\\b_2\\\vdots\\b_n\end{pmatrix}$ 都是非零向量，且 $\boldsymbol{\alpha}^{\mathrm{T}}\boldsymbol{\beta}=0$，记矩阵 $\boldsymbol{A}=\boldsymbol{\alpha}\boldsymbol{\beta}^{\mathrm{T}}$. 求 $\boldsymbol{A}$ 的特征值与特征向量.

29. 设矩阵 $\boldsymbol{A}=\begin{pmatrix}1&0&0&0\\a&1&0&0\\a_1&b&2&0\\a_2&b_1&c&2\end{pmatrix}$，试求 $a,b,c,a_1,a_2,b_1$ 满足什么条件时，$\boldsymbol{A}$ 可对角化.

30. 设 $n$ 阶方阵 $\boldsymbol{A}$ 满足 $\boldsymbol{A}^2-3\boldsymbol{A}+2\boldsymbol{E}=\boldsymbol{O}$，证明 $\boldsymbol{A}$ 相似于一个对角矩阵.

31. 设三阶实对称矩阵 $\boldsymbol{A}$ 的特征值为 $\lambda_1=1,\lambda_2=2,\lambda_3=-2$，且 $\boldsymbol{\alpha}_1=(1,-1,1)^T$ 是 $\boldsymbol{A}$ 对应于特征值 $\lambda_1=1$ 的特征向量. 矩阵 $\boldsymbol{B}=\boldsymbol{A}^5-4\boldsymbol{A}^3+\boldsymbol{E}$，求矩阵 $\boldsymbol{B}$.

32. 设 $\boldsymbol{A}$ 为三阶矩阵，$\boldsymbol{\alpha}_1,\boldsymbol{\alpha}_2$ 为 $\boldsymbol{A}$ 的分别属于特征值 $\lambda_1=-1,\lambda_2=1$ 的特征向量，向量 $\boldsymbol{\alpha}_3$ 满足 $\boldsymbol{A}\boldsymbol{\alpha}_3=\boldsymbol{\alpha}_2+\boldsymbol{\alpha}_3$.

(1) 证明 $\boldsymbol{\alpha}_1,\boldsymbol{\alpha}_2,\boldsymbol{\alpha}_3$ 线性无关；

(2) 令 $\boldsymbol{P}=(\boldsymbol{\alpha}_1,\boldsymbol{\alpha}_2,\boldsymbol{\alpha}_3)$，求 $\boldsymbol{P}^{-1}\boldsymbol{A}\boldsymbol{P}$.

33. 若 $n$ 阶方阵 $\boldsymbol{A}$ 与 $\boldsymbol{B}$ 相似，证明它们的伴随矩阵 $\boldsymbol{A}^*$ 与 $\boldsymbol{B}^*$ 也相似.

34. 设 $n$ 阶方阵 $\boldsymbol{A}=(a_{ij})$ 的全部特征根为 $\lambda_1,\lambda_2,\cdots,\lambda_n$，证明

$$\sum_{i=1}^{n}\lambda_i^2=\sum_{i=1}^{n}\sum_{j=1}^{n}a_{ij}a_{ji}.$$

35. 设 $\boldsymbol{A}$ 为 $m\times n$ 阶矩阵，$\boldsymbol{B}$ 为 $n\times m$ 阶矩阵. 证明：若 $m>n$，则 $m$ 阶方阵 $\boldsymbol{AB}$ 与 $n$ 阶方阵 $\boldsymbol{BA}$ 的特征多项式仅相差一个因子 $\lambda^{m-n}$.

# 5 二 次 型

## 5.1 二次型及其矩阵表示

在平面解析几何中，为了便于研究二次曲线

$$ax^2 + bxy + cy^2 = d$$

的几何性质，可以经过适当的坐标变换，把方程化为标准形

$$a'x'^2 + b'y'^2 = d'.$$

通过此标准形，我们可方便地识别曲线的类型，研究曲线的性质. 在很多数学模型中也经常遇到类似的问题：要把 $n$ 元二次齐次多项式通过适当的线性变换，化为平方和的形式，这些都是二次型的问题. 下面我们首先给出二次型的定义.

**定义 1** 含有 $n$ 个变量 $x_1, x_2, \cdots, x_n$ 的二次齐次函数

$$\begin{aligned} f(x_1, x_2, \cdots, x_n) = a_{11}x_1^2 &+ 2a_{12}x_1x_2 + 2a_{13}x_1x_3 + \cdots + 2a_{1n}x_1x_n \\ &+ a_{22}x_2^2 + 2a_{23}x_2x_3 + \cdots + 2a_{2n}x_2x_n \\ &+ a_{33}x_3^2 + \cdots + 2a_{3n}x_3x_n \\ &\cdots\cdots\cdots \\ &+ a_{nn}x_n^2 \end{aligned} \tag{5.1}$$

称为**二次型**(quadratic form). 当 $a_{ij}$ 中有复数时，$f$ 称为**复二次型**. 当 $a_{ij}$ 全为实数时，$f$ 称为**实二次型**.

取 $a_{ji} = a_{ij}$，则 $2a_{ij}x_ix_j = a_{ij}x_ix_j + a_{ji}x_jx_i$，于是式(5.1)可写成

$$\begin{aligned} f(x_1, x_2, \cdots, x_n) &= a_{11}x_1^2 + a_{12}x_1x_2 + \cdots + a_{1n}x_1x_n \\ &\quad + a_{21}x_2x_1 + a_{22}x_2^2 + \cdots + a_{2n}x_2x_n \\ &\quad \cdots\cdots\cdots \\ &\quad + a_{n1}x_nx_1 + a_{n2}x_nx_2 + \cdots + a_{nn}x_n^2 \\ &= \sum_{i=1}^{n}\sum_{j=1}^{n} a_{ij}x_ix_j. \end{aligned} \tag{5.2}$$

记

$$\boldsymbol{A} = \begin{pmatrix} a_{11} & a_{12} & \cdots & a_{1n} \\ a_{21} & a_{22} & \cdots & a_{2n} \\ \vdots & \vdots & & \vdots \\ a_{n1} & a_{n2} & \cdots & a_{nn} \end{pmatrix}, \quad \boldsymbol{x} = \begin{pmatrix} x_1 \\ x_2 \\ \vdots \\ x_n \end{pmatrix},$$

则 $\boldsymbol{A}$ 为对称矩阵. 此时二次型可表示为

$$
\begin{aligned}
f=&\ x_1(a_{11}x_1+a_{12}x_2+\cdots+a_{1n}x_n)+x_2(a_{21}x_1+a_{22}x_2+\cdots+a_{2n}x_n)+\\
&\cdots+x_n(a_{n1}x_1+a_{n2}x_2+\cdots+a_{nn}x_n)\\
=&\ (x_1,x_2,\cdots,x_n)\begin{pmatrix} a_{11}x_1+a_{12}x_2+\cdots+a_{1n}x_n\\ a_{21}x_1+a_{22}x_2+\cdots+a_{2n}x_n\\ \cdots\cdots\cdots\\ a_{n1}x_1+a_{n2}x_2+\cdots+a_{nn}x_n \end{pmatrix}\\
=&\ (x_1,x_2,\cdots,x_n)\begin{pmatrix} a_{11} & a_{12} & \cdots & a_{1n}\\ a_{21} & a_{22} & \cdots & a_{2n}\\ \vdots & \vdots & & \vdots\\ a_{n1} & a_{n2} & \cdots & a_{nn} \end{pmatrix}\begin{pmatrix} x_1\\ x_2\\ \vdots\\ x_n \end{pmatrix}=\boldsymbol{x}^{\mathrm{T}}\boldsymbol{A}\boldsymbol{x}.
\end{aligned} \tag{5.3}
$$

例如，二次型 $f(x_1,x_2,x_3)=2x_1^2-x_2^2+5x_3^2-4x_1x_2+6x_1x_3-12x_2x_3$ 用矩阵记号表示出来就是

$$
f(x_1,x_2,x_3)=(x_1,x_2,x_3)\begin{pmatrix} 2 & -2 & 3\\ -2 & -1 & -6\\ 3 & -6 & 5 \end{pmatrix}\begin{pmatrix} x_1\\ x_2\\ x_3 \end{pmatrix}.
$$

由式(5.2)和式(5.3)可知，任给一个二次型，就唯一地确定一个对称矩阵；反之，任给一个对称矩阵，也可以唯一地确定一个二次型. 这样，二次型与对称矩阵之间存在一一对应的关系. 因此，我们把对称矩阵 $\boldsymbol{A}$ 叫作**二次型 $f$ 的矩阵**，也把 $f$ 叫作**对称矩阵 $\boldsymbol{A}$ 的二次型**. 对称矩阵 $\boldsymbol{A}$ 的秩称作**二次型 $f$ 的秩**.

**【例 1】** 写出二次型 $f(x_1,x_2,x_3)=\boldsymbol{x}^{\mathrm{T}}\begin{pmatrix} 1 & 3 & 5\\ 2 & 4 & 6\\ 7 & 8 & 5 \end{pmatrix}\boldsymbol{x}$ 的矩阵，其中 $\boldsymbol{x}=\begin{pmatrix} x_1\\ x_2\\ x_3 \end{pmatrix}$.

**【解】** 由于 $\begin{pmatrix} 1 & 3 & 5\\ 2 & 4 & 6\\ 7 & 8 & 5 \end{pmatrix}$ 不是对称矩阵，故不是二次型 $f$ 的矩阵，将二次型展开得

$$
\begin{aligned}
f(x_1,x_2,x_3)&=(x_1,x_2,x_3)\begin{pmatrix} 1 & 3 & 5\\ 2 & 4 & 6\\ 7 & 8 & 5 \end{pmatrix}\begin{pmatrix} x_1\\ x_2\\ x_3 \end{pmatrix}\\
&=x_1^2+4x_2^2+5x_3^2+5x_1x_2+12x_1x_3+14x_2x_3\\
&=(x_1,x_2,x_3)\begin{pmatrix} 1 & \frac{5}{2} & 6\\ \frac{5}{2} & 4 & 7\\ 6 & 7 & 5 \end{pmatrix}\begin{pmatrix} x_1\\ x_2\\ x_3 \end{pmatrix}.
\end{aligned}
$$

所以 $f$ 的矩阵为 $\boldsymbol{A}=\begin{pmatrix} 1 & \frac{5}{2} & 6\\ \frac{5}{2} & 4 & 7\\ 6 & 7 & 5 \end{pmatrix}$.

【例 2】 已知二次型 $f(x_1,x_2,x_3)=5x_1^2+5x_2^2+cx_3^2-2x_1x_2+6x_1x_3-6x_2x_3$ 的秩为 2，求参数 $c$.

【解】 二次型 $f$ 的矩阵为 $\boldsymbol{A}=\begin{pmatrix}5 & -1 & 3\\ -1 & 5 & -3\\ 3 & -3 & c\end{pmatrix}$，由 $R(\boldsymbol{A})=2$ 知 $|\boldsymbol{A}|=0$，经过计算可得 $c=3$.

# 5.2 标 准 形

## 5.2.1 二次型的标准形

对于二次型 $f(x_1,x_2,\cdots,x_n)$，我们讨论的主要问题：寻求可逆的线性变换

$$\begin{cases}x_1=c_{11}y_1+c_{12}y_2+\cdots+c_{1n}y_n,\\ x_2=c_{21}y_1+c_{22}y_2+\cdots+c_{2n}y_n,\\ \cdots\cdots\cdots\\ x_n=c_{n1}y_1+c_{n2}y_2+\cdots+c_{nn}y_n,\end{cases}\tag{5.4}$$

或

$$\boldsymbol{x}=\boldsymbol{C}\boldsymbol{y},\tag{5.5}$$

其中，$\boldsymbol{x}=(x_1,x_2,\cdots,x_n)^{\mathrm{T}}$，$\boldsymbol{C}=(c_{ij})_{n\times n}$，$\boldsymbol{y}=(y_1,y_2,\cdots,y_n)^{\mathrm{T}}$，使二次型 $f(x_1,x_2,\cdots,x_n)$ 经过变换后只含有平方项，也就是用式(5.4)或式(5.5) 代入二次型(5.1)或(5.3)，能使二次型 $f(x_1,x_2,\cdots,x_n)$ 转化为如下形式

$$d_1y_1^2+d_2y_2^2+\cdots+d_ny_n^2,$$

这种只含完全平方项的二次型，称为二次型的**标准形**. 为此，我们对线性变换的定义作如下扩充.

**定义 1** 记从变量 $y_1,y_2,\cdots,y_n$ 到变量 $x_1,x_2,\cdots,x_n$ 的线性变换由式(5.5)所表示，当 $\boldsymbol{C}$ 是满秩矩阵时，称式(5.5)为**满秩(线性)变换**(或**非退化变换**). 当 $\boldsymbol{C}$ 是降秩矩阵时，称式(5.5)为**降秩(线性)变换**(或**退化变换**). 当 $\boldsymbol{C}$ 是正交矩阵时，称式(5.5)为**正交变换**.

如果对二次型 $f(\boldsymbol{x})=\boldsymbol{x}^{\mathrm{T}}\boldsymbol{A}\boldsymbol{x}$ (其中 $\boldsymbol{A}^{\mathrm{T}}=\boldsymbol{A}$) 进行满秩变换 $\boldsymbol{x}=\boldsymbol{C}\boldsymbol{y}$，则

$$f(\boldsymbol{x})=\boldsymbol{x}^{\mathrm{T}}\boldsymbol{A}\boldsymbol{x}=(\boldsymbol{C}\boldsymbol{y})^{\mathrm{T}}\boldsymbol{A}(\boldsymbol{C}\boldsymbol{y})=\boldsymbol{y}^{\mathrm{T}}(\boldsymbol{C}^{\mathrm{T}}\boldsymbol{A}\boldsymbol{C})\boldsymbol{y}=\boldsymbol{y}^{\mathrm{T}}\boldsymbol{B}\boldsymbol{y},$$

其中 $\boldsymbol{B}=\boldsymbol{C}^{\mathrm{T}}\boldsymbol{A}\boldsymbol{C}$ 是对称矩阵. 通过变换，我们得到一个关于 $\boldsymbol{y}$ 的二次型，它对应的二次型矩阵是 $\boldsymbol{B}$，对于矩阵 $\boldsymbol{A}$ 与 $\boldsymbol{B}$ 之间的关系，我们称之为合同. 一般地，我们有如下定义.

**定义 2** 设 $\boldsymbol{A},\boldsymbol{B}$ 为两个 $n$ 阶方阵，若存在可逆矩阵 $\boldsymbol{C}$，使 $\boldsymbol{B}=\boldsymbol{C}^{\mathrm{T}}\boldsymbol{A}\boldsymbol{C}$，称矩阵 $\boldsymbol{A}$ 和 $\boldsymbol{B}$ **合同**(**congruent**)，或 $\boldsymbol{A}$ 合同于 $\boldsymbol{B}$.

根据定义 2，我们有

**定理 1** 若矩阵 $\boldsymbol{A}$ 与 $\boldsymbol{B}$ 合同，则 $\boldsymbol{A}$ 与 $\boldsymbol{B}$ 等价，且 $R(\boldsymbol{A})=R(\boldsymbol{B})$.

另外，关于矩阵合同还有下述性质：

① 反身性. 任一 $n$ 阶方阵 $\boldsymbol{A}$ 都与它自身合同.

这是因为，$\boldsymbol{E}^{\mathrm{T}}\boldsymbol{A}\boldsymbol{E}=\boldsymbol{A}$.

② 对称性. 如果方阵 $\boldsymbol{A}$ 与 $\boldsymbol{B}$ 合同，那么 $\boldsymbol{B}$ 也与 $\boldsymbol{A}$ 合同.

这是因为，$\boldsymbol{B}=\boldsymbol{C}^{\mathrm{T}}\boldsymbol{A}\boldsymbol{C}$ 时，$\boldsymbol{A}=(\boldsymbol{C}^{\mathrm{T}})^{-1}\boldsymbol{B}\boldsymbol{C}^{-1}=(\boldsymbol{C}^{-1})^{\mathrm{T}}\boldsymbol{B}(\boldsymbol{C}^{-1})$.

③ 传递性. 如果方阵 $\boldsymbol{A}$ 与 $\boldsymbol{B}$ 合同，$\boldsymbol{B}$ 与 $\boldsymbol{C}$ 合同，那么 $\boldsymbol{A}$ 与 $\boldsymbol{C}$ 合同.

这是因为，$\boldsymbol{B}=\boldsymbol{C}_1^{\mathrm{T}}\boldsymbol{A}\boldsymbol{C}_1$，$\boldsymbol{C}=\boldsymbol{C}_2^{\mathrm{T}}\boldsymbol{B}\boldsymbol{C}_2$ 时，$\boldsymbol{C}=\boldsymbol{C}_2^{\mathrm{T}}(\boldsymbol{C}_1^{\mathrm{T}}\boldsymbol{A}\boldsymbol{C}_1)\boldsymbol{C}_2=(\boldsymbol{C}_1\boldsymbol{C}_2)^{\mathrm{T}}\boldsymbol{A}(\boldsymbol{C}_1\boldsymbol{C}_2)$.

**【例 1】** 设 $\boldsymbol{A}$ 和 $\boldsymbol{B}$ 为实对称矩阵，则由 $\boldsymbol{A}$ 与 $\boldsymbol{B}$ 相似可推出 $\boldsymbol{A}$ 与 $\boldsymbol{B}$ 合同，反之不正确.

**【证】** 由 $\boldsymbol{A}$ 与 $\boldsymbol{B}$ 相似可知，$\boldsymbol{A}$ 与 $\boldsymbol{B}$ 有相同的特征值，又由 $\boldsymbol{A}$ 和 $\boldsymbol{B}$ 都是对称矩阵可知，存在正交矩阵 $\boldsymbol{P}_1$ 和 $\boldsymbol{P}_2$，使得 $\boldsymbol{A}$ 和 $\boldsymbol{B}$ 都与对角矩阵 $\boldsymbol{\Lambda}$ 相似，即

$$\boldsymbol{P}_1^{-1}\boldsymbol{A}\boldsymbol{P}_1=\boldsymbol{\Lambda},\boldsymbol{P}_2^{-1}\boldsymbol{B}\boldsymbol{P}_2=\boldsymbol{\Lambda},$$

从而

$$\boldsymbol{B}=\boldsymbol{P}_2\boldsymbol{\Lambda}\boldsymbol{P}_2^{-1}=\boldsymbol{P}_2\boldsymbol{P}_1^{-1}\boldsymbol{A}\boldsymbol{P}_1\boldsymbol{P}_2^{-1}=(\boldsymbol{P}_1\boldsymbol{P}_2^{-1})^{-1}\boldsymbol{A}(\boldsymbol{P}_1\boldsymbol{P}_2^{-1}).$$

记 $\boldsymbol{C}=\boldsymbol{P}_1\boldsymbol{P}_2^{-1}$，则由 $\boldsymbol{P}_1^{\mathrm{T}}=\boldsymbol{P}_1^{-1}$，$\boldsymbol{P}_2^{\mathrm{T}}=\boldsymbol{P}_2^{-1}$ 有

$$\begin{aligned}\boldsymbol{C}^{\mathrm{T}}&=(\boldsymbol{P}_1\boldsymbol{P}_2^{-1})^{\mathrm{T}}=(\boldsymbol{P}_2^{-1})^{\mathrm{T}}\boldsymbol{P}_1^{\mathrm{T}}=(\boldsymbol{P}_2^{\mathrm{T}})^{\mathrm{T}}\boldsymbol{P}_1^{-1}=\boldsymbol{P}_2\boldsymbol{P}_1^{-1}\\&=(\boldsymbol{P}_1\boldsymbol{P}_2^{-1})^{-1}=\boldsymbol{C}^{-1},\end{aligned}$$

于是 $\boldsymbol{B}=\boldsymbol{C}^{\mathrm{T}}\boldsymbol{A}\boldsymbol{C}$，即 $\boldsymbol{A}$ 与 $\boldsymbol{B}$ 合同.

反之不正确. 例如取 $\boldsymbol{A}=\begin{pmatrix}1&0\\0&2\end{pmatrix}$，$\boldsymbol{B}=\begin{pmatrix}1&0\\0&1\end{pmatrix}$ 都是实对称矩阵，且取 $\boldsymbol{C}=\begin{pmatrix}1&0\\0&\frac{1}{\sqrt{2}}\end{pmatrix}$，有 $\boldsymbol{C}^{\mathrm{T}}\boldsymbol{A}\boldsymbol{C}=\boldsymbol{B}$，即 $\boldsymbol{A}$ 与 $\boldsymbol{B}$ 合同. 但由于对任意可逆矩阵 $\boldsymbol{P}$，$\boldsymbol{P}^{-1}\boldsymbol{B}\boldsymbol{P}=\boldsymbol{E}\neq\boldsymbol{A}$，故 $\boldsymbol{A}$ 和 $\boldsymbol{B}$ 不相似. 这个例子说明，在所给条件下合同不一定相似.

### 5.2.2 二次型化标准形的方法

本节我们将讨论如何通过满秩变换 $\boldsymbol{x}=\boldsymbol{C}\boldsymbol{y}$，化二次型 $f(x_1,x_2,\cdots,x_n)=\boldsymbol{x}^{\mathrm{T}}\boldsymbol{A}\boldsymbol{x}$（其中 $\boldsymbol{A}^{\mathrm{T}}=\boldsymbol{A}$）为标准形

$$f=d_1y_1^2+d_2y_2^2+\cdots+d_ny_n^2.$$

事实上，化二次型为标准形，就是对实对称矩阵 $\boldsymbol{A}$，寻找可逆矩阵 $\boldsymbol{C}$，使 $\boldsymbol{C}^{\mathrm{T}}\boldsymbol{A}\boldsymbol{C}$ 成对角矩阵. 下面介绍三种化二次型为标准形的方法.

(1)正交变换法

由于二次型的矩阵是实对称矩阵，由第 4 章 4.4 节定理 3 知，实对称矩阵一定可以通过正交矩阵对角化，于是有

**定理 2** 对于二次型 $f(x_1,x_2,\cdots,x_n)=\boldsymbol{x}^{\mathrm{T}}\boldsymbol{A}\boldsymbol{x}$，总有正交变换 $\boldsymbol{x}=\boldsymbol{P}\boldsymbol{y}$，使 $f$ 化为标准形

$$f=\lambda_1y_1^2+\lambda_2y_2^2+\cdots+\lambda_ny_n^2,$$

其中 $\lambda_1,\lambda_2,\cdots,\lambda_n$ 是 $f$ 的二次型矩阵 $\boldsymbol{A}$ 的特征值.

**【例 2】** 求一个正交变换 $\boldsymbol{x}=\boldsymbol{P}\boldsymbol{y}$，化二次型

$$f(x_1,x_2,x_3)=x_1^2-2x_2^2-2x_3^2-4x_1x_2+4x_1x_3+8x_2x_3$$

为标准形，并指出方程 $f=1$ 表示何种二次曲面.

【解】 二次型 $f$ 的矩阵为

$$\boldsymbol{A}=\begin{pmatrix}1 & -2 & 2\\ -2 & -2 & 4\\ 2 & 4 & -2\end{pmatrix},$$

它的特征多项式为

$$|\lambda\boldsymbol{E}-\boldsymbol{A}|=\begin{vmatrix}\lambda-1 & 2 & -2\\ 2 & \lambda+2 & -4\\ -2 & -4 & \lambda+2\end{vmatrix}=(\lambda+7)(\lambda-2)^2,$$

于是 $\boldsymbol{A}$ 的特征值为 $\lambda_1=-7$，$\lambda_2=\lambda_3=2$.

当 $\lambda_1=-7$ 时，解方程组 $(7\boldsymbol{E}+\boldsymbol{A})\boldsymbol{x}=\boldsymbol{0}$，由

$$7\boldsymbol{E}+\boldsymbol{A}=\begin{pmatrix}8 & -2 & 2\\ -2 & 5 & 4\\ 2 & 4 & 5\end{pmatrix}\sim\begin{pmatrix}2 & 4 & 5\\ 0 & 9 & 9\\ 0 & -18 & 18\end{pmatrix}\sim\begin{pmatrix}1 & 0 & \frac{1}{2}\\ 0 & 1 & 1\\ 0 & 0 & 0\end{pmatrix}$$

得基础解系 $\boldsymbol{\xi}_1=\begin{pmatrix}1\\ 2\\ -2\end{pmatrix}$，单位化即得 $\boldsymbol{p}_1=\frac{1}{3}\begin{pmatrix}1\\ 2\\ -2\end{pmatrix}$.

当 $\lambda_2=\lambda_3=2$ 时，解方程组 $(2\boldsymbol{E}-\boldsymbol{A})\boldsymbol{x}=\boldsymbol{0}$，由

$$2\boldsymbol{E}-\boldsymbol{A}=\begin{pmatrix}1 & 2 & -2\\ 2 & 4 & -4\\ -2 & -4 & 4\end{pmatrix}\sim\begin{pmatrix}1 & 2 & -2\\ 0 & 0 & 0\\ 0 & 0 & 0\end{pmatrix}$$

得基础解系 $\boldsymbol{\xi}_2=\begin{pmatrix}-2\\ 1\\ 0\end{pmatrix}$，$\boldsymbol{\xi}_3=\begin{pmatrix}2\\ 0\\ 1\end{pmatrix}$.

将 $\boldsymbol{\xi}_2,\boldsymbol{\xi}_3$ 正交化，令 $\boldsymbol{\beta}_2=\boldsymbol{\xi}_2=\begin{pmatrix}-2\\ 1\\ 0\end{pmatrix}$，

$$\boldsymbol{\beta}_3=\boldsymbol{\xi}_3-\frac{\boldsymbol{\xi}_3^{\mathrm{T}}\boldsymbol{\beta}_2}{\boldsymbol{\beta}_2^{\mathrm{T}}\boldsymbol{\beta}_2}\boldsymbol{\beta}_2=\begin{pmatrix}2\\ 0\\ 1\end{pmatrix}+\frac{4}{5}\begin{pmatrix}-2\\ 1\\ 0\end{pmatrix}=\frac{1}{5}\begin{pmatrix}2\\ 4\\ 5\end{pmatrix}.$$

把 $\boldsymbol{\beta}_2,\boldsymbol{\beta}_3$ 单位化得 $\boldsymbol{p}_2=\begin{pmatrix}-\frac{2}{\sqrt{5}}\\ \frac{1}{\sqrt{5}}\\ 0\end{pmatrix}$，$\boldsymbol{p}_3=\begin{pmatrix}\frac{2}{3\sqrt{5}}\\ \frac{4}{3\sqrt{5}}\\ \frac{\sqrt{5}}{3}\end{pmatrix}$，令 $\boldsymbol{P}=(\boldsymbol{p}_1,\boldsymbol{p}_2,\boldsymbol{p}_3)$，于是所求的正交变换为 $\boldsymbol{x}=\boldsymbol{P}\boldsymbol{y}$，即

$$
\boldsymbol{x}=\begin{pmatrix}\frac{1}{3} & -\frac{2}{\sqrt{5}} & \frac{2}{3\sqrt{5}}\\ \frac{2}{3} & \frac{1}{\sqrt{5}} & \frac{4}{3\sqrt{5}}\\ -\frac{2}{3} & 0 & \frac{\sqrt{5}}{3}\end{pmatrix}\boldsymbol{y},
$$

它化二次型为标准形 $f=-7y_1^2+2y_2^2+2y_3^2$. 显然，$f=1$ 表示的二次曲面为单叶双曲面.

(2)配方法

对于任意一个二次型 $f=\boldsymbol{x}^{\mathrm{T}}\boldsymbol{A}\boldsymbol{x}$，也可用配方法找到满秩变换 $\boldsymbol{x}=\boldsymbol{C}\boldsymbol{y}$，化二次型 $f$ 为标准形.

**【例 3】** 用配方法化二次型

$$
f(x_1,x_2,x_3)=x_1^2+2x_1x_2+2x_1x_3+2x_2^2+8x_2x_3+10x_3^2
$$

为标准形，并求所用的变换矩阵.

**【解】** 先将所有含 $x_1$ 的项配完全平方项，有

$$
\begin{aligned}
f(x_1,x_2,x_3)&=x_1^2+2x_1(x_2+x_3)+(x_2+x_3)^2-(x_2+x_3)^2+2x_2^2+8x_2x_3+10x_3^2\\
&=(x_1+x_2+x_3)^2+x_2^2+6x_2x_3+9x_3^2.
\end{aligned}
$$

再对含有 $x_2$ 的项配方，有

$$
f(x_1,x_2,x_3)=(x_1+x_2+x_3)^2+(x_2+3x_3)^2.
$$

令

$$
\begin{cases}y_1=x_1+x_2+x_3,\\ y_2=x_2+3x_3,\\ y_3=x_3,\end{cases}
$$

即

$$
\begin{pmatrix}y_1\\y_2\\y_3\end{pmatrix}=\begin{pmatrix}1&1&1\\0&1&3\\0&0&1\end{pmatrix}\begin{pmatrix}x_1\\x_2\\x_3\end{pmatrix},
$$

所求的满秩变换为

$$
\begin{pmatrix}x_1\\x_2\\x_3\end{pmatrix}=\begin{pmatrix}1&-1&2\\0&1&-3\\0&0&1\end{pmatrix}\begin{pmatrix}y_1\\y_2\\y_3\end{pmatrix},
$$

相应的变换矩阵为

$$
\boldsymbol{C}=\begin{pmatrix}1&-1&2\\0&1&-3\\0&0&1\end{pmatrix},
$$

即变换 $\boldsymbol{x}=\boldsymbol{C}\boldsymbol{y}$ 把原二次型化为标准形

$$
f=y_1^2+y_2^2.
$$

**【例 4】** 用配方法化二次型

$$
f(x_1,x_2,x_3)=2x_1x_2+2x_1x_3-6x_2x_3
$$

为标准形，并求所用的满秩线性变换.

**【解】** 因为 $f$ 中只有混合项，没有平方项，故要先作一个辅助变换使其出现平方项，然后按例 3 的方式进行配方.

令

$$\begin{cases} x_1 = y_1 + y_2, \\ x_2 = y_1 - y_2, \\ x_3 = y_3, \end{cases} \text{即} \begin{pmatrix} x_1 \\ x_2 \\ x_3 \end{pmatrix} = \begin{pmatrix} 1 & 1 & 0 \\ 1 & -1 & 0 \\ 0 & 0 & 1 \end{pmatrix} \begin{pmatrix} y_1 \\ y_2 \\ y_3 \end{pmatrix},$$

则原二次型化为

$$\begin{aligned} f &= 2y_1^2 - 4y_1y_3 - 2y_2^2 + 8y_2y_3 \\ &= 2(y_1 - y_3)^2 - 2y_2^2 - 2y_3^2 + 8y_2y_3 \\ &= 2(y_1 - y_3)^2 - 2(y_2 - 2y_3)^2 + 6y_3^2. \end{aligned}$$

再令

$$\begin{cases} z_1 = y_1 - y_3, \\ z_2 = y_2 - 2y_3, \\ z_3 = y_3, \end{cases}$$

即

$$\begin{pmatrix} z_1 \\ z_2 \\ z_3 \end{pmatrix} = \begin{pmatrix} 1 & 0 & -1 \\ 0 & 1 & -2 \\ 0 & 0 & 1 \end{pmatrix} \begin{pmatrix} y_1 \\ y_2 \\ y_3 \end{pmatrix},$$

或

$$\begin{pmatrix} y_1 \\ y_2 \\ y_3 \end{pmatrix} = \begin{pmatrix} 1 & 0 & 1 \\ 0 & 1 & 2 \\ 0 & 0 & 1 \end{pmatrix} \begin{pmatrix} z_1 \\ z_2 \\ z_3 \end{pmatrix},$$

则原二次型化为标准形

$$f = 2z_1^2 - 2z_2^2 + 6z_3^2.$$

所需的满秩线性变换为

$$\begin{aligned} \begin{pmatrix} x_1 \\ x_2 \\ x_3 \end{pmatrix} &= \begin{pmatrix} 1 & 1 & 0 \\ 1 & -1 & 0 \\ 0 & 0 & 1 \end{pmatrix} \begin{pmatrix} y_1 \\ y_2 \\ y_3 \end{pmatrix} = \begin{pmatrix} 1 & 1 & 0 \\ 1 & -1 & 0 \\ 0 & 0 & 1 \end{pmatrix} \begin{pmatrix} 1 & 0 & 1 \\ 0 & 1 & 2 \\ 0 & 0 & 1 \end{pmatrix} \begin{pmatrix} z_1 \\ z_2 \\ z_3 \end{pmatrix} \\ &= \begin{pmatrix} 1 & 1 & 3 \\ 1 & -1 & -1 \\ 0 & 0 & 1 \end{pmatrix} \begin{pmatrix} z_1 \\ z_2 \\ z_3 \end{pmatrix}. \end{aligned}$$

一般地，任何二次型都可用上面两例的类似方法，找到满秩线性变换，将其化为标准形，且在标准形中所含的项数等于二次型的秩.

(3)初等变换法

由于任一二次型 $f=\boldsymbol{x}^{\mathrm{T}}\boldsymbol{A}\boldsymbol{x}(\boldsymbol{A}^{\mathrm{T}}=\boldsymbol{A})$ 都可找到满秩线性变换 $\boldsymbol{x}=\boldsymbol{C}\boldsymbol{y}$ 将其化为标准形，即存在满秩方阵 $\boldsymbol{C}$，使 $\boldsymbol{C}^{\mathrm{T}}\boldsymbol{A}\boldsymbol{C}$ 为对角矩阵. 而任一满秩方阵都可写成若干初等矩阵的乘积，即存在初等方阵 $\boldsymbol{P}_1,\boldsymbol{P}_2,\cdots,\boldsymbol{P}_s$，使 $\boldsymbol{C}=\boldsymbol{P}_1\boldsymbol{P}_2\cdots\boldsymbol{P}_s$. 考虑到 $\boldsymbol{P}_i^{\mathrm{T}}(1\leqslant i\leqslant s)$ 与 $\boldsymbol{P}_i$ 是同种初等矩阵，则对角矩阵

$$C^{T}AC = P_s^{T}\cdots P_2^{T}P_1^{T}AP_1P_2\cdots P_s.$$

这说明对于实对称矩阵 $A$ 相继施以初等列变换，同时施以同种的初等行变换，矩阵 $A$ 就合同于一个对角矩阵. 由此得到化二次型为标准形的初等变换法.

① 构造 $2n\times n$ 矩阵 $\begin{pmatrix}A\\E\end{pmatrix}$，对 $A$ 每施以一次初等行变换，就对 $\begin{pmatrix}A\\E\end{pmatrix}$ 施行一次同种的初等列变换；

② 当 $A$ 化为对角矩阵时，$E$ 将化为满秩矩阵 $C$；

③ 得到满秩线性变换 $x=Cy$ 及二次型的标准形.

**【例 5】** 用初等变换法化例 2 中的二次型

$$f(x_1,x_2,x_3)=x_1^2-2x_2^2-2x_3^2-4x_1x_2+4x_1x_3+8x_2x_3$$

为标准形，并求所作的满秩线性变换.

**【解】** 二次型 $f$ 的矩阵为

$$A=\begin{pmatrix}1 & -2 & 2\\ -2 & -2 & 4\\ 2 & 4 & -2\end{pmatrix},$$

于是

$$\begin{pmatrix}A\\E\end{pmatrix}=\begin{pmatrix}1 & -2 & 2\\ -2 & -2 & 4\\ 2 & 4 & -2\\ 1 & 0 & 0\\ 0 & 1 & 0\\ 0 & 0 & 1\end{pmatrix}\xrightarrow[r_2+r_3]{c_2+c_3}\begin{pmatrix}1 & 0 & 2\\ 0 & 4 & 2\\ 2 & 2 & -2\\ 1 & 0 & 0\\ 0 & 1 & 0\\ 0 & 1 & 1\end{pmatrix}$$

$$\xrightarrow[r_3+(-2)\times r_1]{c_3+(-2)\times c_1}\begin{pmatrix}1 & 0 & 0\\ 0 & 4 & 2\\ 0 & 2 & -6\\ 1 & 0 & -2\\ 0 & 1 & 0\\ 0 & 1 & 1\end{pmatrix}\xrightarrow[r_3+(-\frac{1}{2})\times r_2]{c_3+(-\frac{1}{2})\times c_2}\begin{pmatrix}1 & 0 & 0\\ 0 & 4 & 0\\ 0 & 0 & -7\\ 1 & 0 & -2\\ 0 & 1 & -\frac{1}{2}\\ 0 & 1 & \frac{1}{2}\end{pmatrix}.$$

令 $C=\begin{pmatrix}1 & 0 & -2\\ 0 & 1 & -\frac{1}{2}\\ 0 & 1 & \frac{1}{2}\end{pmatrix}$，则所求的满秩线性变换为 $x=Cy$，它将原二次型化为

$$f=y_1^2+4y_2^2-7y_3^2.$$

这个结果与例 2 的结果不一样，但它也是二次型的标准形. 例 2 和例 5 的结果说明二次型的标准形不唯一.

## 5.3 惯性定理

从 5.2 节例 2 和例 5 我们可以看出，用不同的满秩线性变换化二次型为标准形，其标准形一般是不同的，这与所作的非退化线性替换有关. 但有两点是相同的，一是标准形中平方项的项数，即二次型的秩，这一点已在前面证明；另一相同之处就是标准形中正平方项和负平方项的项数. 这一节我们将在复数域和实数域上进一步讨论二次型标准形的唯一性问题.

### 5.3.1 复二次型的规范形

设 $f(x_1,x_2,\cdots,x_n)$ 是复数域上的二次型，后面简称复二次型. 经过一非退化的线性替换后把 $f(x_1,x_2,\cdots,x_n)$ 化为标准形，不妨设它的标准形为

$$d_1y_1^2+d_2y_2^2+\cdots+d_ry_r^2, \tag{5.6}$$

其中 $d_i\in\mathbf{C}, d_i\neq0(i=1,2,\cdots,r)$，$r$ 是二次型 $f$ 的矩阵的秩.

在复数域中，复数总是可以开平方的，于是我们再做一非退化的线性替换

$$\begin{cases} y_1=\dfrac{1}{\sqrt{d_1}}z_1, \\ \cdots\cdots\cdots \\ y_r=\dfrac{1}{\sqrt{d_r}}z_r, \\ y_{r+1}=z_{r+1}, \\ \cdots\cdots\cdots \\ y_n=z_n, \end{cases}$$

式(5.6)中的标准形就变成了

$$z_1^2+z_2^2+\cdots+z_r^2.$$

上式称为复二次型 $f(x_1,x_2,\cdots,x_n)$ 的规范形，很显然规范形是由二次型矩阵的秩所决定的，同时是唯一的. 因此，我们有如下结论.

**定理 1** 任意一个复二次型经过适当的非退化线性替换可以化为规范形，并且其规范形是唯一的.

定理 1 表明，一个 $n$ 阶复对称矩阵一定合同于一个形如

$$\begin{pmatrix} \boldsymbol{E}_r & \boldsymbol{O} \\ \boldsymbol{O} & \boldsymbol{O} \end{pmatrix}_n$$

的对角矩阵，其中 $r$ 是二次型 $f$ 的矩阵的秩. **由此可得两个复对称矩阵合同的充分必要条件是它们的秩相同.**

### 5.3.2 实二次型的规范形

设 $f(x_1,x_2,\cdots,x_n)$ 是实数域上的二次型，后面简称实二次型. 经过一非退化的线性替换后把 $f(x_1,x_2,\cdots,x_n)$ 化为标准形，经过适当的排序后，不妨设它的标准形为

$$d_1y_1^2+d_2y_2^2+\cdots+d_py_p^2-d_{p+1}y_{p+1}^2-\cdots-d_ry_r^2, \tag{5.7}$$

其中 $d_i\in\mathbf{R}, d_i>0(i=1,2,\cdots,r)$，$r$ 是二次型 $f$ 的矩阵的秩.

在实数范围内，只有正数可以开方，于是再做一非退化的线性替换

$$\begin{cases} y_1=\dfrac{1}{\sqrt{d_1}}z_1, \\ \cdots\cdots\cdots \\ y_r=\dfrac{1}{\sqrt{d_r}}z_r, \\ y_{r+1}=z_{r+1}, \\ \cdots\cdots\cdots \\ y_n=z_n, \end{cases}$$

式(5.7)就变成了

$$z_1^2+z_2^2+\cdots+z_p^2-z_{p+1}^2\cdots-z_r^2.$$

上式称为实二次型 $f(x_1,x_2,\cdots,x_n)$ 的规范形.实二次型的规范形是由 $r$ 和 $p$ 决定的，$r$ 是二次型矩阵的秩，这个是确定的，下面的定理告诉我们 $p$ 也是由二次型 $f(x_1,x_2,\cdots,x_n)$ 确定的，因此实二次型 $f(x_1,x_2,\cdots,x_n)$ 的规范形也是唯一的.

**定理 2** 任意一个实二次型经过适当的非退化线性替换可以化为规范形，并且其规范形是唯一的.

**【证】** 这里我们只证唯一性.

设实二次型 $f(x_1,x_2,\cdots,x_n)$ 经过非退化的线性替换 $\boldsymbol{x}=\boldsymbol{C}\boldsymbol{y}$ 化为规范形

$$f(x_1,x_2,\cdots,x_n)=y_1^2+y_2^2+\cdots+y_p^2-y_{p+1}^2-\cdots-y_r^2,$$

经过另一个非退化的线性替换 $\boldsymbol{x}=\boldsymbol{D}\boldsymbol{z}$ 也化为规范形

$$f(x_1,x_2,\cdots,x_n)=z_1^2+z_2^2+\cdots+z_q^2-z_{q+1}^2-\cdots-z_r^2.$$

下面证明 $p=q$.

用反证法，设 $p>q$.

由上面的假设，我们有

$$y_1^2+y_2^2+\cdots+y_p^2-y_{p+1}^2-\cdots-y_r^2=z_1^2+z_2^2+\cdots+z_q^2-z_{q+1}^2-\cdots-z_r^2, \tag{5.8}$$

并且

$$\boldsymbol{z}=\boldsymbol{D}^{-1}\boldsymbol{C}\boldsymbol{y}. \tag{5.9}$$

令

$$\boldsymbol{G}=\boldsymbol{D}^{-1}\boldsymbol{C}=\begin{pmatrix} g_{11} & g_{12} & \cdots & g_{1n} \\ g_{21} & g_{22} & \cdots & g_{2n} \\ \vdots & \vdots & & \vdots \\ g_{n1} & g_{n2} & \cdots & g_{nn} \end{pmatrix},$$

于是式(5.9)可以写成

$$\begin{cases} z_1=g_{11}y_1+g_{12}y_2+\cdots+g_{1n}y_n, \\ z_2=g_{21}y_1+g_{22}y_2+\cdots+g_{2n}y_n, \\ \cdots\cdots\cdots \\ z_n=g_{n1}y_1+g_{n2}y_2+\cdots+g_{nn}y_n. \end{cases} \tag{5.10}$$

考虑齐次线性方程组

$$\begin{cases} g_{11}y_1+g_{12}y_2+\cdots+g_{1n}y_n=0, \\ \cdots\cdots\cdots \\ g_{q1}y_1+g_{q2}y_2+\cdots+g_{qn}y_n=0, \\ y_{p+1}=0, \\ \cdots\cdots\cdots \\ y_n=0. \end{cases} \tag{5.11}$$

方程组(5.11)含有 $n$ 个未知量，而方程个数 $q+(n-p)=n-(p-q)<n$，因此方程组(5.11)有非零解. 令$(l_1,l_2,\cdots,l_n)^T$ 是方程组(5.11)的一个非零解，显然

$$l_{p+1}=\cdots=l_n=0.$$

把它代入式(5.8)的左端，得到左端的值为

$$l_1^2+l_2^2+\cdots+l_p^2>0,$$

结合式(5.10)和式(5.11)可得

$$z_1=\cdots=z_q=0.$$

把它代入式(5.8)的右端，得式(5.8)的右端为

$$-z_{q+1}^2-\cdots-z_r^2\leqslant 0.$$

式(5.8)的左端大于 0，而右端小于等于 0，矛盾！这说明假设 $p>q$ 是错误的，因此 $p\leqslant q$. 同理可证 $p\geqslant q$，从而 $p=q$. 这说明实二次型的规范形是唯一的.

定理 2 通常称为**惯性定理**.

**定义 1** 实二次型 $f(\boldsymbol{x})=\boldsymbol{x}^{\mathrm{T}}\boldsymbol{A}\boldsymbol{x}$ 的规范形中，正平方项的个数 $p$ 称为二次型 $f(\boldsymbol{x})$ 或对称矩阵 $\boldsymbol{A}$ 的**正惯性指数**；负平方项的个数 $r-p$ 称为 $f(\boldsymbol{x})$ 或矩阵 $\boldsymbol{A}$ 的负惯性指数；它们的差 $p-(r-p)=2p-r$ 称为**符号差**.

定理 2 表明，一个 $n$ 阶实对称矩阵 $\boldsymbol{A}$ 一定合同于一个形如

$$\begin{pmatrix} \boldsymbol{E}_p & & \\ & \boldsymbol{E}_{r-p} & \\ & & \boldsymbol{O} \end{pmatrix}_n$$

的对角矩阵，其中 $r$ 是矩阵 $\boldsymbol{A}$ 的秩，$p$ 是 $\boldsymbol{A}$ 的正惯性指数，$r-p$ 是 $\boldsymbol{A}$ 的负惯性指数.

## 5.4 正定二次型

根据二次型的标准形和规范形，将二次型进行分类在理论上具有重要意义，在工程技术和最优化等问题中有着广泛应用. 其中，最常用的是二次型的标准形系数全为正或全为负的情形. 为此，我们有

**定义 1** 设实二次型 $f(\boldsymbol{x})=\boldsymbol{x}^{\mathrm{T}}\boldsymbol{A}\boldsymbol{x}$，如果对任何 $\boldsymbol{x}\neq\boldsymbol{0}$，都有 $f(\boldsymbol{x})>0$[显然 $f(\boldsymbol{0})=0$]，则称 $f$ 为**正定二次型**，并称对称矩阵 $\boldsymbol{A}$ 是**正定矩阵**，记作 $\boldsymbol{A}>0$；如果对任何 $\boldsymbol{x}\neq 0$，都有 $f(\boldsymbol{x})<0$，则称 $f$ 为**负定二次型**，并称对称矩阵 $\boldsymbol{A}$ 是**负定矩阵**，记作 $\boldsymbol{A}<0$.

二次型 $f(x_1,x_2,\cdots,x_n)=x_1^2+2x_2^2+\cdots+nx_n^2$ 是正定二次型；

二次型 $f(x_1,x_2,\cdots,x_n)=-x_1^2-2x_2^2+\cdots-nx_n^2$ 是负定二次型；

而二次型 $f(x_1,x_2,\cdots,x_n)=x_1^2+2x_2^2+\cdots+rx_r^2(r<n)$ 既不是正定的，也不是负定的. 这是因为，对 $\boldsymbol{x}=\begin{pmatrix}0\\ \vdots\\ 0\\ 1\end{pmatrix}\neq\boldsymbol{0}$ 有

$$f(x_1,x_2,\cdots,x_n)=x_1^2+2x_2^2+\cdots+rx_r^2=0.$$

一般地，我们很容易验证，实二次型

$$f(x_1,x_2,\cdots,x_n)=t_1x_1^2+t_2x_2^2+\cdots+t_nx_n^2$$

是正定的当且仅当 $t_i>0(i=1,2,\cdots,n)$.

**【例 1】** 设 $\boldsymbol{A},\boldsymbol{B}$ 均为 $n$ 阶正定矩阵，$a,b>0$，证明 $a\boldsymbol{A}+b\boldsymbol{B}$ 是正定矩阵.

**【解】** 由 $\boldsymbol{A},\boldsymbol{B}$ 为正定矩阵，故对任意非零向量 $\boldsymbol{x}\neq\boldsymbol{0}$，$\boldsymbol{x}^{\mathrm{T}}\boldsymbol{A}\boldsymbol{x}>0$，$\boldsymbol{x}^{\mathrm{T}}\boldsymbol{B}\boldsymbol{x}>0$. 而 $a,b>0$，于是

$$\boldsymbol{x}^{\mathrm{T}}(a\boldsymbol{A}+b\boldsymbol{B})\boldsymbol{x}=a\boldsymbol{x}^{\mathrm{T}}\boldsymbol{A}\boldsymbol{x}+b\boldsymbol{x}^{\mathrm{T}}\boldsymbol{B}\boldsymbol{x}>0.$$

所以 $a\boldsymbol{A}+b\boldsymbol{B}$ 是正定矩阵.

设实二次型 $f(\boldsymbol{x})=\boldsymbol{x}^{\mathrm{T}}\boldsymbol{A}\boldsymbol{x}$ 是正定的，经过非退化的线性替换

$$\boldsymbol{x}=\boldsymbol{C}\boldsymbol{y}$$

变成二次型 $g(\boldsymbol{y})$，则 $g(\boldsymbol{y})$ 也是正定的.

事实上，对任何 $\boldsymbol{y}\neq 0$，由于 $\boldsymbol{C}$ 可逆，则 $\boldsymbol{x}=\boldsymbol{C}\boldsymbol{y}\neq 0$，于是

$$g(\boldsymbol{y})=(\boldsymbol{C}\boldsymbol{y})^{\mathrm{T}}\boldsymbol{A}(\boldsymbol{C}\boldsymbol{y})=\boldsymbol{x}^{\mathrm{T}}\boldsymbol{A}\boldsymbol{x}=f(\boldsymbol{x})>0.$$

这说明非退化的线性替换不改变二次型的正定性. 由此得到如下定理.

**定理 1** $n$ 元实二次型 $f(x_1,x_2,\cdots,x_n)$ 是正定的充分必要条件是它的正惯性指数等于 $n$.

**【证】** 设二次型 $f(x_1,x_2,\cdots,x_n)$ 经过非退化的线性替换变成标准形

$$d_1y_1^2+d_2y_2^2+\cdots+d_ny_n^2. \tag{5.12}$$

由前面的讨论可知，$f(x_1,x_2,\cdots,x_n)$ 正定，当且仅当式(5.12)正定，而式(5.12)正定当且仅当 $d_i>0(i=1,2,\cdots,n)$，即 $f(x_1,x_2,\cdots,x_n)$ 的正惯性指数等于 $n$.

定理 1 同时也表明正定二次型 $f(\boldsymbol{x})=f(x_1,x_2,\cdots,x_n)=\boldsymbol{x}^{\mathrm{T}}\boldsymbol{A}\boldsymbol{x}$ 的规范形为 $z_1^2+z_2^2+\cdots+z_n^2$，同时**正定二次型矩阵 $\boldsymbol{A}$ 合同于单位矩阵**.

**推论 1** 正定矩阵的行列式大于零.

**【证】** 设 $\boldsymbol{A}$ 是正定矩阵，因为正定矩阵与单位矩阵合同，因此存在可逆矩阵 $\boldsymbol{C}$，使得

$$\boldsymbol{A}=\boldsymbol{C}^{\mathrm{T}}\boldsymbol{E}\boldsymbol{C},$$

两边取行列式，可得

$$|\boldsymbol{A}|=|\boldsymbol{C}^{\mathrm{T}}\|\boldsymbol{E}\|\boldsymbol{C}|=|\boldsymbol{C}|^2>0.$$

下面我们给出一个新的概念和定理，它们可以用于直接从二次型的矩阵判断二次型是否正定，不需要通过它的规范形来判断.

**定义 2** 设$\boldsymbol{A}=(a_{ij})$是$n$阶方阵,称

$$\left|a_{11}\right|,\quad \begin{vmatrix} a_{11} & a_{12} \\ a_{21} & a_{22} \end{vmatrix},\ \cdots,\ \begin{vmatrix} a_{11} & a_{12} & \cdots & a_{1n} \\ a_{21} & a_{22} & \cdots & a_{2n} \\ \vdots & \vdots & & \vdots \\ a_{n1} & a_{n2} & \cdots & a_{nn} \end{vmatrix}$$

分别为$\boldsymbol{A}$的1阶,2阶,…,$n$阶**顺序主子式**.

**定理 2** $n$元实二次型$f(x_1,x_2,\cdots,x_n)$是正定二次型的充分必要条件是它的所有顺序主子式都大于零.

**【证】** 先证必要性.设二次型

$$f(x_1,x_2,\cdots,x_n)=\sum_{i=1}^{n}\sum_{j=1}^{n}a_{ij}x_ix_j=\boldsymbol{x}^{\mathrm{T}}\boldsymbol{A}\boldsymbol{x}$$

是正定的.对于每个$k(k=1,2,\cdots,n)$,定义

$$f_k(x_1,x_2,\cdots,x_k)=\sum_{i=1}^{k}\sum_{j=1}^{k}a_{ij}x_ix_j=(x_1,x_2,\cdots,x_k)\begin{pmatrix} a_{11} & a_{12} & \cdots & a_{1k} \\ a_{21} & a_{22} & \cdots & a_{2k} \\ \vdots & \vdots & & \vdots \\ a_{k1} & a_{k2} & \cdots & a_{kk} \end{pmatrix}\begin{pmatrix} x_1 \\ x_2 \\ \vdots \\ x_k \end{pmatrix},$$

它是一个$k$元正定二次型.事实上,对于任意一组不全为零的实数$t_1,t_2,\cdots,t_k$,

$$f_k(t_1,t_2,\cdots,t_k)=\sum_{i=1}^{k}\sum_{j=1}^{k}a_{ij}t_it_j=f(t_1,t_2,\cdots,t_k,0,\cdots,0)>0,$$

因此$f_k(t_1,t_2,\cdots,t_k)$是正定的.由推论1可知,它的矩阵行列式

$$\begin{vmatrix} a_{11} & a_{12} & \cdots & a_{1k} \\ a_{21} & a_{22} & \cdots & a_{2k} \\ \vdots & \vdots & & \vdots \\ a_{k1} & a_{k2} & \cdots & a_{kk} \end{vmatrix}>0.$$

这就证明了正定二次型矩阵$\boldsymbol{A}$的所有顺序主子式都大于零.

再证充分性.使用数学归纳法.

当$n=1$时,$f(x_1)=a_{11}x_1^2$,由条件$a_{11}>0$可知$f(x_1)$是正定的.

假设给定的条件对于$n-1$元二次型结论成立,下面证明$n$元的情形.

把矩阵$\boldsymbol{A}$进行分块,写成

$$\boldsymbol{A}=\begin{pmatrix} \boldsymbol{A}_1 & \boldsymbol{\alpha} \\ \boldsymbol{\alpha}^{\mathrm{T}} & a_{nn} \end{pmatrix},$$

其中

$$\boldsymbol{A}_1=\begin{pmatrix} a_{11} & \cdots & a_{1,n-1} \\ \vdots & & \vdots \\ a_{n-1,1} & \cdots & a_{n-1,n-1} \end{pmatrix},\ \boldsymbol{\alpha}=\begin{pmatrix} a_{1,n} \\ \vdots \\ a_{n-1,n} \end{pmatrix}.$$

根据条件,$\boldsymbol{A}$的顺序主子式都大于零,则$\boldsymbol{A}_1$的顺序主子式也都大于零.由归纳假设,$\boldsymbol{A}_1$是正定矩阵,因此存在$n-1$阶可逆矩阵$\boldsymbol{G}$,使得

$$G^TA_1G=E_{n-1}.$$

令

$$C_1=\begin{pmatrix}G & O\\ O & 1\end{pmatrix},$$

于是

$$C_1^TAC_1=\begin{pmatrix}G^T & O\\ O & 1\end{pmatrix}\begin{pmatrix}A_1 & \alpha\\ \alpha^T & a_{nn}\end{pmatrix}\begin{pmatrix}G & O\\ O & 1\end{pmatrix}=\begin{pmatrix}E_{n-1} & G^T\alpha\\ \alpha^TG & a_{nn}\end{pmatrix}.$$

再令

$$C_2=\begin{pmatrix}E_{n-1} & -G^T\alpha\\ O & 1\end{pmatrix},$$

则有

$$C_2^TC_1^TAC_1C_2=\begin{pmatrix}E_{n-1} & O\\ -\alpha^TG & 1\end{pmatrix}\begin{pmatrix}E_{n-1} & G^T\alpha\\ \alpha^TG & a_{nn}\end{pmatrix}\begin{pmatrix}E_{n-1} & -G^T\alpha\\ O & 1\end{pmatrix}=\begin{pmatrix}E_{n-1} & O\\ O & a_{nn}-\alpha^TGG^T\alpha\end{pmatrix}.$$

令

$$C=C_1C_2,\ a=a_{nn}-\alpha^TGG^T\alpha,$$

我们得

$$C^TAC=\begin{pmatrix}E_{n-1} & O\\ O & a\end{pmatrix},$$

两边取行列式,同时根据条件$|A|>0$得

$$a=|A||C|^2>0.$$

由于

$$\begin{pmatrix}E_{n-1} & O\\ O & a\end{pmatrix}=\begin{pmatrix}E_{n-1} & O\\ O & \sqrt{a}\end{pmatrix}\begin{pmatrix}E_{n-1} & O\\ O & 1\end{pmatrix}\begin{pmatrix}E_{n-1} & O\\ O & \sqrt{a}\end{pmatrix},$$

这说明矩阵$A$与单位矩阵合同,因此$A$是正定的,换句话说二次型$f(x_1,x_2,\cdots,x_n)$也是正定的.

**【例 2】** 设二次型

$$f(x_1,x_2,x_3)=x_1^2+x_2^2+5x_3^2+2tx_1x_2-2x_1x_3+4x_2x_3.$$

试问$t$为何值时,该二次型为正定二次型.

**【解】** 二次型的矩阵为

$$A=\begin{pmatrix}1 & t & -1\\ t & 1 & 2\\ -1 & 2 & 5\end{pmatrix},$$

由定理 2 可知,要$A$为正定矩阵,则

$$a_{11}=1>0,\ \begin{vmatrix}1 & t\\ t & 1\end{vmatrix}=1-t^2>0,\ \begin{vmatrix}1 & t & -1\\ t & 1 & 2\\ -1 & 2 & 5\end{vmatrix}=-5t^2-4t>0,$$

解之得$-\frac{4}{5}<t<0$. 即当$-\frac{4}{5}<t<0$时,该二次型为正定二次型.

与正定二次型的判断对应,负定二次型或负定矩阵的判断有如下相关结论.

**定理 3** 若 $\boldsymbol{A}$ 是 $n$ 阶实对称矩阵,则下列命题等价.

① $f=\boldsymbol{x}^{\mathrm{T}}\boldsymbol{A}\boldsymbol{x}$ 是负定二次型(或 $\boldsymbol{A}$ 是负定矩阵);

② $\boldsymbol{A}$ 的 $n$ 个特征值全为负;

③ $f$ 的标准形的 $n$ 个系数全为负;

④ $f$ 的负惯性指数为 $n$;

⑤ $\boldsymbol{A}$ 与负单位矩阵 $-\boldsymbol{E}$ 合同(或 $-\boldsymbol{E}$ 为 $\boldsymbol{A}$ 的规范形);

⑥ 存在可逆矩阵 $\boldsymbol{C}$,使 $\boldsymbol{A}=-\boldsymbol{C}^{\mathrm{T}}\boldsymbol{C}$;

⑦ $\boldsymbol{A}$ 的各阶顺序主子式中,奇数阶顺序主子式小于零,偶数阶顺序主子式大于零.

**【例 3】** 设偶数阶方阵 $\boldsymbol{A}$ 为负定矩阵,$\boldsymbol{A}^*$ 为 $\boldsymbol{A}$ 的伴随矩阵,证明 $\boldsymbol{A}^*$ 为负定矩阵.

**【证】** 由于 $\boldsymbol{A}$ 为负定矩阵,则 $\boldsymbol{A}$ 的所有特征值全为负,即 $\lambda_i<0(i=1,2,\cdots,n)$,$n$ 为偶数.又 $\boldsymbol{A}^*$ 的特征值 $\lambda_i^*=\dfrac{|\boldsymbol{A}|}{\lambda_i}=\dfrac{\lambda_1\lambda_2\cdots\lambda_n}{\lambda_i}(i=1,2,\cdots,n)$是奇数个负数的连乘,故 $\lambda_i^*<0(i=1,2,\cdots,n)$,即 $\boldsymbol{A}^*$ 为负定矩阵.

练习

## 习题 5

1. 用非退化的线性替换化下列二次型为标准形.

(1) $2x_2^2-x_3^2+4x_1x_2-4x_1x_3-4x_2x_3$;

(2) $8x_1x_4+2x_2x_3+8x_2x_4+2x_3x_4$;

(3) $x_1^2+2x_1x_2+2x_2^2+4x_2x_3+4x_3^2$;

(4) $x_1^2+x_2^2+x_3^2+x_4^2+2x_1x_2+2x_2x_3+2x_3x_4$.

2. 已知二次型 $f=5x_1^2+5x_2^2+cx_3^2-2x_1x_2+6x_1x_3-6x_2x_3$ 的秩为 2.(1)求参数 $c$ 及此二次型矩阵的特征值;(2)指出方程 $f=1$ 表示何种二次曲面.

3. 已知二次型 $f=2x_1^2+3x_2^2+2tx_2x_3+3x_3^2(t<0)$通过正交变换 $\boldsymbol{x}=\boldsymbol{P}\boldsymbol{y}$ 可化为标准形 $f=y_1^2+2y_2^2+5y_3^2$,求参数 $t$ 及所用的正交变换矩阵 $\boldsymbol{P}$.

4. 判定下列二次型是否为正定二次型.

(1) $f(x_1,x_2,x_3)=x_1^2+2x_2^2+3x_3^2+2x_1x_2-4x_2x_3$;

(2) $f(x_1,x_2,x_3)=10x_1^2+2x_2^2+x_3^2+8x_1x_2+24x_1x_3-28x_2x_3$;

(3) $f(x_1,x_2,\cdots,x_n)=\sum\limits_{i=1}^{n}x_i^2+\sum\limits_{1\leqslant i<j\leqslant n}x_ix_j$;

(4) $f(x_1,x_2,\cdots,x_n)=\sum\limits_{i=1}^{n}x_i^2+\sum\limits_{i=1}^{n}x_ix_{i+1}$.

5. $k$ 取何值时,下列二次型是正定二次型.

(1) $f(x_1,x_2,x_3)=k(x_1^2+x_2^2+x_3^2)+2x_1x_2+2x_1x_3$;

(2) $f(x_1,x_2,x_3)=2x_1^2+x_2^2+3x_3^2+2kx_1x_2+2x_1x_3$.

6. 设 $n$ 元实二次型

$$f(x_1,x_2,\cdots,x_n)=\sum_{i=1}^{n-1}(x_i+a_ix_{i+1})^2+(x_n+a_nx_1)^2,$$

实数 $a_i(i=1,2,\cdots,n)$满足什么条件时，二次型 $f(x_1,x_2,\cdots,x_n)$是正定二次型？

7. 设 $\boldsymbol{A}$ 是正定矩阵，证明 $\boldsymbol{A}^{\mathrm{T}},\boldsymbol{A}^{-1},\boldsymbol{A}^{*}$ 也是正定矩阵.

8. 设 $\boldsymbol{A}$ 是实对称矩阵，证明：当实数 $t$ 充分大后，$t\boldsymbol{E}+\boldsymbol{A}$ 是正定矩阵.

9. 证明：如果 $\boldsymbol{A}$ 是正定矩阵，那么 $\boldsymbol{A}$ 的主子式全大于零，所谓主子式就是行指标与列指标相同的子式.

10. 证明：二次型 $f(x_1,x_2,\cdots,x_n)=n\sum\limits_{i=1}^{n}x_i^2-\left(\sum\limits_{i=1}^{n}x_i\right)^2$ 是半正定的.

11. 设 $\boldsymbol{A}$ 是一个 $n$ 阶实对称矩阵，且 $|\boldsymbol{A}|<0$，证明：必存在实 $n$ 维向量 $\boldsymbol{x}\neq\boldsymbol{0}$，使 $\boldsymbol{x}^{\mathrm{T}}\boldsymbol{A}\boldsymbol{x}<0$.

12. 设 $f(\boldsymbol{x})=\boldsymbol{x}^{\mathrm{T}}\boldsymbol{A}\boldsymbol{x}$ 是一个实二次型，有两个 $n$ 维向量 $\boldsymbol{x}_1,\boldsymbol{x}_2$ 使得 $\boldsymbol{x}_1^{\mathrm{T}}\boldsymbol{A}\boldsymbol{x}_1>0,\boldsymbol{x}_2^{\mathrm{T}}\boldsymbol{A}\boldsymbol{x}_2<0$. 证明：存在 $n$ 维非零向量 $\boldsymbol{x}_0$，使得 $\boldsymbol{x}_0^{\mathrm{T}}\boldsymbol{A}\boldsymbol{x}_0=0$.

13. 设 $\boldsymbol{A}$ 是一个 $m\times n$ 阶实矩阵，$\boldsymbol{B}=\lambda\boldsymbol{E}+\boldsymbol{A}^{\mathrm{T}}\boldsymbol{A}$，证明：当 $\lambda>0$ 时，矩阵 $\boldsymbol{B}$ 是正定矩阵.

14. 设 $\boldsymbol{A}$ 是一个 $n$ 阶满秩实对称矩阵，二次型

$$f(x_1,x_2,\cdots,x_n)=\sum_{i=1}^{n}\sum_{j=1}^{n}\frac{\boldsymbol{A}_{i,j}}{|\boldsymbol{A}|}x_ix_j,$$

其中 $\boldsymbol{A}_{i,j}(i,j=1,2,\cdots,n)$是 $\boldsymbol{A}$ 的代数余子式.(1) 试写出二次型的矩阵；(2) 问二次型 $g(x_1,x_2,\cdots,x_n)=\boldsymbol{x}^{\mathrm{T}}\boldsymbol{A}\boldsymbol{x}$ 与 $f(x_1,x_2,\cdots,x_n)$的规范形是否相同？并说明理由.

15. 设 $\boldsymbol{A}$ 是一个实矩阵，证明：$R(\boldsymbol{A}^{\mathrm{T}}\boldsymbol{A})=R(\boldsymbol{A})$.

16. 设 $x_1,x_2,\cdots,x_n$ 是 $n$ 个实数，令

$$\boldsymbol{A}=\begin{pmatrix} s_0 & s_1 & \cdots & s_{n-1} \\ s_1 & s_2 & \cdots & s_n \\ \vdots & \vdots & & \vdots \\ s_{n-1} & s_n & \cdots & s_{2n-2} \end{pmatrix},$$

其中 $s_k=x_1^k+x_2^k+\cdots+x_n^k$(这里规定 $0^0=1$). 证明 $\boldsymbol{A}$ 的秩等于 $x_1,x_2,\cdots,x_n$ 中互异元的个数.

# 6 多 项 式

多项式是代数学中最重要的研究对象之一，历史悠久，成果丰富.它对于其他数学分支有重要的应用.本章将介绍多项式的一些基本的知识.

## 6.1 一元多项式的概念

设 $F$ 是数域.所谓数域(number field)，就是复数集合中一个包含 0 和 1 的子集，在这个子集的内部可以做加减乘除(除数不为零)，所得结果仍然属于这个子集.例如复数的全体、实数的全体、有理数的全体都是数域，分别称为复数域 **C**、实数域 **R**、有理数域 **Q**.但整数的全体不是数域，因为除式$\frac{5}{4}$不再是整数.

以后的叙述中，除非特别说明，我们所称的数域 $F$ 是指实数域 **R** 或者复数域 **C**.

**定义 1** 设 $\boldsymbol{x}$ 是一个变量[或称为不定元(indeterminate)]，$n$ 是一个非负整数，形式表达式

$$a_nx^n+a_{n-1}x^{n-1}+\cdots+a_1x+a_0 \quad (a_n,a_{n-1},\cdots,a_1,a_0\in F) \tag{6.1}$$

称为数域 $F$ 上的一元多项式(polynomial).

这里定义的多项式只含有一个变量，所以称之为一元多项式.本书中所讨论的都是一元多项式，因而简称为多项式.通常用 $f(x)$,$g(x)$等表示多项式，或者简单地用 $f$,$g$ 等表示多项式.

我们规定 $x^0=1$.在式(6.1)中，$a_n,a_{n-1},\cdots,a_1,a_0$ 称之为多项式的系数(coefficient)，$a_kx^k$ 称为$k$ 次项(term)，如果多项式中最高次项 $a_nx^n$ 前的系数非零，则称此项为多项式的首项(leading term)，其系数称为首项系数，首项系数为 1 的多项式称为首一多项式(monic polynomial)，首项的次数称为多项式的次数(degree)，记作 $\deg f$.

例如，$f(x)=\frac{1}{2}x^3+5x-5$，$g(x)=x^4+2\mathrm{i}x^2+1.8$ 均为多项式，def $f=3$，def $g=4$，且$g(x)$是首一多项式.非零常数 $c(c\neq0)$是次数为零的多项式，称之为零次多项式；0 是零多项式，对于零多项式不规定其次数.

**定义 2** 如果两个多项式 $f(x)$和 $g(x)$的同次项的系数全相等，则称多项式 $f(x)$和$g(x)$相等，记为 $f(x)=g(x)$.

下面我们定义多项式的和、差、积运算，由于这样的运算在中学已经接触过，我们将举例来说明.

**【例 1】** 设 $f(x)=x^2+2x-1$，$g(x)=2x^3-x^2+3x+2$，求 $f(x)+g(x)$，$f(x)-g(x)$ 和 $f(x)g(x)$.

**【解】**

$$\begin{aligned} f(x)+g(x) &= (x^2+2x-1)+(2x^3-x^2+3x+2) \\ &= 2x^3+(1-1)x^2+(2+3)x+(2-1) \\ &= 2x^3+5x+1, \end{aligned}$$

$$\begin{aligned} f(x)-g(x) &= (x^2+2x-1)-(2x^3-x^2+3x+2) \\ &= (0-2)x^3+[1-(-1)]x^2+(2-3)x+(-1-2) \\ &= -2x^3+2x^2-x-3, \end{aligned}$$

$$\begin{aligned} f(x)g(x) &= (x^2+2x-1)(2x^3-x^2+3x+2) \\ &= 1\cdot 2x^5+(2\cdot 2-1\cdot 1)x^4+[1\cdot 3+2\cdot(-1)-1\cdot 2]x^3 \\ &\quad +[1\cdot 2+(-1)\cdot(-1)+2\cdot 3]x^2+(-1\cdot 3+2\cdot 2)x-1\cdot 2 \\ &= 2x^5+3x^4-x^3+9x^2+x-2. \end{aligned}$$

对于一般的多项式

$$f(x) = a_n x^n + a_{n-1}x^{n-1} + \cdots + a_1 x + a_0,$$
$$g(x) = b_m x^{m-1} + b_{m-1}x^{m-1} + \cdots + b_1 x + b_0,$$

定义加法为

$$(f+g)(x) = f(x)+g(x) = \sum_{i=0}^{\max\{m,n\}} (a_i+b_i)x^i,$$

其中，当 $i>n$ 时，$a_i=0$；当 $i>m$ 时，$b_i=0$.

定义乘法为

$$(f\cdot g)(x) = f(x)g(x) = \sum_{s=0}^{m+n}\Big(\sum_{i+j=s} a_i b_j\Big)x^s.$$

显然，由定义知

$$\deg(f\pm g) \leqslant \max\{\deg f, \deg g\}$$
$$\deg(f\cdot g) = \deg f + \deg g$$

我们记 $F[x]$为数域 $F$ 上的一元多项式的全体. 容易验证多项式的加法和乘法满足诸如交换律、结合律、分配律的运算规律，具有环的结构，因而称 $F[x]$为一元多项式环(polynomial ring).

## 6.2 多项式的整除

### 6.2.1 带余除法

6.1 节中我们定义了多项式的和、差、积，知道多项式在这三种运算下的结果仍为多项式，但是多项式相除的结果却不一定是多项式. 一般情况下，只能做带余除法.

**定理 1(带余除法)** 对于任意两个多项式 $f(x)$和 $g(x)$，其中 $g(x)\neq 0$，总存在多项式 $q(x)$及 $r(x)$，使得

$$f(x)=q(x)g(x)+r(x),$$

其中 $r(x)=0$，或 $\deg r<\deg g$，而且满足这两个条件的 $q(x)$及 $r(x)$是唯一的.

$q(x)$称为 $f(x)$被 $g(x)$除的商式(quotient)；$r(x)$称为余式(remainder).

在证明之前，我们先看一个例子.

**【例 1】** 设 $f(x)=2x^4+4x^2-5x+6$，$g(x)=x^2-3x+1$，求 $f(x)$被 $g(x)$除的商式及余式.

**【解】** 用长除法

$$\begin{array}{r|l}
 & \qquad\qquad 2x^2+6x+20 \\
x^2-3x+1 & 2x^4 \qquad +4x^2-5x+6 \\
 & 2x^4-6x^3+2x^2 \\ \cline{2-2}
 & \qquad 6x^3+2x^2-5x+6 \\
 & \qquad 6x^3-18x^2+6x \\ \cline{2-2}
 & \qquad\quad 20x^2-11x+6 \\
 & \qquad\quad 20x^2-60x+20 \\ \cline{2-2}
 & \qquad\qquad\quad 49x-14
\end{array}$$

于是，得商式 $q(x)=2x^3+6x+20$，余式 $r(x)=49x-14$，显然 $\deg r<\deg g$.

**定理 1 的证明** $q(x)$与 $r(x)$存在性可由上面例子中的算法得到，一般的情况不再赘述.

下面证明唯一性. 设有两对多项式 $q(x)$，$r(x)$及 $q_1(x)$，$r_1(x)$满足定理中的条件，即

$$f(x)=q(x)g(x)+r(x),\ \deg r<\deg g \text{ 或 } r(x)=0;$$

$$f(x)=q_1(x)g(x)+r_1(x),\ \deg r_1<\deg g \text{ 或 } r_1(x)=0.$$

于是，

$$[q(x)-q_1(x)]g(x)=r_1(x)-r(x).$$

如果 $q(x)\neq q_1(x)$，则 $\deg(q-q_1)\geqslant 0$. 于是

$$\deg(r_1-r)=\deg(q-q_1)+\deg g\geqslant \deg g,$$

而

$$\deg(r_1-r)\leqslant \max\{\deg r_1,\deg r\}<\deg g,$$

矛盾，则 $q(x)=q_1(x)$，由此也有 $r(x)=r_1(x)$.

## 6.2.2 多项式整除

用非零多项式 $g(x)$去除多项式 $f(x)$，可以得到一个商式和一个余式，余式一般不等于 0. 当余式等于 0 时，就有下面的整除概念.

**定义 1** 设有两个多项式 $f(x)$和 $g(x)$，如果存在多项式 $q(x)$，使得

$$f(x)=q(x)g(x),$$

则称 $g(x)$整除 $f(x)$，或 $f(x)$被 $g(x)$整除. 此时，$f(x)$称为 $g(x)$的一个倍式，$g(x)$称为 $f(x)$的一个因式.

我们用“$g(x)|f(x)$”表示 $g(x)$ 整除 $f(x)$. 任何多项式 $f(x)$ 可以整除它本身，即 $f(x)|f(x)$；零次多项式 $c(c\neq 0)$ 可以整除任何一个多项式；任何多项式都可以整除零多项式.

注意不要混淆整除和相除的概念. 例如，$0=f(x)\cdot 0$ 表示多项式 $f(x)$ 或 0 可以整除零多项式 0，但是 0 与 0 相除是无意义的. 也不要混淆数的整除与多项式整除的概念. 整数 $a$ 可以整除 $b$，是指 $b$ 可以写成 $a$ 与另一个整数 $c$ 相乘的形式，即 $b=ac$. 因此，对于数的整除而言，3 并不能整除 1. 但是如果将 3 和 1 视为数域 $F$ 上的零次多项式，则由 $3\cdot\frac{1}{3}=1$ 可知多项式 3 可以整除多项式 1. 出现这样的差异，是因为我们在不同的集合中考虑问题，前者是在整数域 $\mathbf{Q}$ 中，而后者是在多项式环 $F[x]$ 中.

下面我们用带余除法给出整除的一个判别方法.

**定理 2** 非零多项式 $g(x)$ 整除 $f(x)$，当且仅当 $g(x)$ 除 $f(x)$ 的余式为 0.

**【证】** 如果 $g(x)$ 除 $f(x)$ 的余式为 0，则 $f(x)$ 可以表示成 $f(x)=q(x)g(x)$. 由定义知 $f(x)|g(x)$.

如果 $f(x)|g(x)$，由整除的定义，存在多项式 $q(x)$，使得

$$f(x)=q(x)g(x)=q(x)g(x)+0,$$

根据带余除法的唯一性知余式 $r(x)=0$.

**【例 2】** 设 $f(x)=2x^4-3x^3+5x^2-6$，$g(x)=x^2-x-1$，判断 $g(x)$ 能否整除 $f(x)$.

**【解】** 使用长除法，为简便计算，仅写系数的形式

```
                  2  -1   6
1 -1 -1 )  2 -3   5   0  -6
           2 -2  -2
          -------------------
             -1   7   0
             -1   1   1
          -------------------
                  6  -1  -6
                  6  -6  -6
          -------------------
                      5   0
```

于是，$f(x)=(2x^2-x+6)g(x)+5x$，余式 $r(x)=5x\neq 0$，从而 $g(x)$ 不能整除 $f(x)$.

**性质 1** 如果 $f(x)|g(x)$，$g(x)|f(x)$，那么 $f(x)=cg(x)$，其中 $c$ 是一个非零常数.

**【证】** 设 $f(x)|g(x)$，$g(x)|f(x)$，则存在 $q_1(x)$，$q_2(x)$，使得 $g(x)=f(x)q_1(x)$，$f(x)=g(x)q_2(x)$. 于是，

$$f(x)=f(x)q_1(x)q_2(x).$$

如果 $f(x)=0$，则 $g(x)=0$，此时结论成立. 如果 $f(x)\neq 0$，则由上式知

$$f(x)[q_1(x)q_2(x)-1]=0,$$

因此，$q_1(x)q_2(x)=1$. 由此 $\deg q_1+\deg q_2=0$，从而 $q_1(x)$ 和 $q_2(x)$ 均为非零常数.

**性质 2** 如果 $g(x)|f(x)$，$h(x)|g(x)$，那么 $h(x)|f(x)$.

【证】 设 $g(x)\mid f(x)$，$h(x)\mid g(x)$，则存在多项式 $q_1(x)$，$q_2(x)$使得 $f(x)=q_1(x)g(x)$，$g(x)=q_2(x)h(x)$，从而

$$f(x)=q_1(x)q_2(x)h(x),$$

即 $h(x)\mid f(x)$.

**性质 3** 如果 $g(x)\mid f_i(x)(i=1,2,\cdots,s)$，则对任意的多项式 $u_i(i=1,2,\cdots,s)$，有

$$g(x)\mid[u_1(x)f_1(x)+u_2(x)f_2(x)+\cdots+u_s(x)f_s(x)].$$

【证】 设 $g(x)\mid f_i(x)\ (i=1,2,\cdots,s)$，则存在多项式 $q_i(x)$，使得

$$f_i(x)=q_i(x)g(x)\quad(i=1,2,\cdots,s),$$

从而

$$\begin{aligned}&u_1(x)f_1(x)+u_2(x)f_2(x)+\cdots+u_s(x)f_s(x)\\=&u_1(x)q_1(x)g(x)+u_2(x)q_2(x)g(x)+\cdots+u_s(x)q_s(x)g(x)\\=&[u_1(x)q_1(x)+u_2(x)q_2(x)+\cdots+u_s(x)q_s(x)]g(x).\end{aligned}$$

因此，$g(x)\mid[u_1(x)f_1(x)+u_2(x)f_2(x)+\cdots+u_s(x)f_s(x)]$.

【例 3】 确定 $m,p$ 的值，使 $x^2+3x+2\mid x^4+mx^2-px+2$.

【解】 用待定系数法. 设 $q(x)=x^2+ax+b$，使

$$x^4+mx^2-px+2=q(x)(x^2+3x+1)=(x^2+ax+b)(x^2+3x+2)$$

将上式两边展开，并比较同次项的系数，得

$$0=a+3,\quad m=2+3a+b,\quad -p=2a+3b,\quad 2=2b,$$

解得 $a=-3$，$b=1$，$m=-6$，$p=3$.

## 6.3 最大公因式

如果多项式 $h(x)$既是 $f(x)$的因式，又是 $g(x)$的因式，则 $h(x)$就称为 $f(x)$与 $g(x)$的一个公因式(common factor, common divisor). 任意两个多项式，它们总是有公因式的，例如非零常数就是它们的公因式. 6.2 节中我们定义了多项式的和、差、积，知道多项式在这三种运算下的结果仍为多项式，但是多项式相除的结果却不一定是多项式.

### 6.3.1 最大公因式的概念

**定义 1** 设 $f(x)$和 $g(x)$是两个多项式，如果多项式 $d(x)$满足：

① $d(x)$是 $f(x)$与 $g(x)$的公因式；

② $f(x)$与 $g(x)$的任何一个公因式都是 $d(x)$的因式，则称 $d(x)$为 $f(x)$与 $g(x)$的一个最大公因式(greatest common divisor).

如果 $f(x)$与 $g(x)$都等于 0，则它们的最大公因式就是 0. 如果 $f(x)$与 $g(x)$不全为 0，则它们的最大公因式是非零多项式. 事实上，任何非零常数 $c$ 是任何两个不全为 0 的多项式的公因式. 以后仅就 $f(x)$与 $g(x)$不全为 0 的情形进行讨论.

如果 $d(x)$是 $f(x)$与 $g(x)$的一个最大公因式，那么 $d(x)$的常数倍式 $cd(x)$也是 $f(x)$与 $g(x)$的最大公因式，其中 $c$ 为非零常数. 事实上，$d(x)$与 $cd(x)$相互整除，因而根据整除的性

质 2 知 $cd(x)$满足最大公因式的条件，故它是 $f(x)$与 $g(x)$的一个最大公因式. 另外，如果 $d(x)$与 $d_1(x)$都是 $f(x)$与 $g(x)$的最大公因式，那么根据最大公因式的定义中条件②知 $d(x)$与$d_1(x)$可以互相整除，从而由整除性质 1 知它们只相差一个非零常数倍，即

$$d_1(x)=cd(x).$$

这启发我们考虑首一的最大公因式，记之为$[f(x),g(x)]$. 于是，$f(x)$与 $g(x)$的任何一个最大公因式可以表示成

$$c[f(x),g(x)].$$

虽然最大公因式不唯一，但是首一的最大公因式是唯一的.

### 6.3.2 辗转相除法

给定两个多项式 $f(x)$与 $g(x)$，我们希望能求出它们的最大公因式. 这里所用的方法称之为辗转相除法或欧几里得算法(Euclidean algorithm). 在此之前，我们证明一个引理.

**引理 1** 设 $f(x)=q(x)g(x)+r(x)$，则 $f(x)$与 $g(x)$，$g(x)$与 $r(x)$有相同的公因式，从而有相同的最大公因式.

**【证】** 设 $d(x)$是 $f(x)$与 $g(x)$的一个公因式，则 $d(x)\mid f(x)$，$d(x)\mid g(x)$. 根据整除的性质 3，

$$d(x)\mid[f(x)-q(x)g(x)],$$

即 $d(x)$是 $r(x)$的一个因式，从而是 $g(x)$与 $r(x)$的一个公因式. 反之，如果 $d(x)$是 $g(x)$与 $r(x)$的一个公因式，则 $d(x)\mid g(x)$，$d(x)\mid r(x)$，再次根据整除的性质 3，知 $d(x)\mid f(x)$，从而 $d(x)$是 $f(x)$与 $g(x)$的一个公因式.

**定理 1** 对于任意两个多项式 $f(x)$与 $g(x)$，一定存在最大公因式 $d(x)$，且 $d(x)$可以表示成 $f(x)$与 $g(x)$的线性组合，即可找到多项式 $u(x),v(x)$，使得

$$d(x)=u(x)f(x)+v(x)g(x).$$

**【证】** 如果 $g(x)=0$，则 $f(x)$就是 $f(x)$与 $g(x)$的最大公因式，且

$$f(x)=1\cdot f(x)+0\cdot g(x).$$

现设 $g(x)\neq 0$. 由带余除法，用 $g(x)$除 $f(x)$可得商式 $q_1(x)$与余式 $r_1(x)$. 如果 $r_1(x)\neq 0$，则用 $r_1(x)$去除 $g(x)$，可得商式 $q_2(x)$和余式 $r_2(x)$；又如果 $r_2(x)\neq 0$，则用 $r_2(x)$去除 $r_1(x)$，可得商式 $q_3(x)$和余式 $r_3(x)$. 如此辗转相除，所得余式次数不断降低：

$$\deg g>\deg r_1>\deg r_2>\cdots.$$

在有限次后余式等于 0，不妨设 $r_{s+1}(x)$是第一个不等于 0 的余式. 于是，

$$\begin{aligned}
&f(x)=q_1(x)g(x)+r_1(x),\\
&g(x)=q_2(x)r_1(x)+r_2(x),\\
&r_1(x)=q_3(x)r_2(x)+r_3(x),\\
&\quad\cdots\cdots\cdots\\
&r_{s-3}(x)=q_{s-1}(x)r_{s-2}(x)+r_{s-1}(x),\\
&r_{s-2}(x)=q_s(x)r_{s-1}(x)+r_s(x),\\
&r_{s-1}(x)=q_{s+1}(x)r_s+0.
\end{aligned}$$

$r_s(x)$是$r_s(x)$与 0 的最大公因式，根据引理 1，$r_s(x)$也是$r_{s-1}(x)$与$r_s(x)$的最大公因式，依次反推上去，$r_s(x)$是$f(x)$与$g(x)$的最大公因式.

由上面倒数第二式，$r_s(x)=r_{s-2}(x)-q_s(x)r_{s-1}(x)$，又由倒数第三式，$r_{s-1}(x)=r_{s-3}(x)-q_{s-1}(x)r_{s-3}(x)$，从而有

$$r_s(x)=[1+q_{s-1}(x)]r_{s-2}(x)-q_s(x)r_{s-3}(x),$$

用同样的方法逐个消去$r_{s-2}(x),\cdots,r_1(x)$，最终得到$r_s(x)=u(x)f(x)+v(x)g(x)$.

**【例 1】** 设$f(x)=6x^4-x^3-52x^2+11x+18$，$g(x)=6x^3-19x^2+3x+7$，求$[f(x),g(x)]$并把它表示成$f(x)$与$g(x)$的一个线性组合.

**【解】** 用辗转相除法

| | $g(x)$ | $f(x)$ | |
|---|---|---|---|
| $3x-2=q_2(x)$ | $6x^3-19x^2+3x+7$ | $6x^4-x^3-52x^2+11x+18$ | $x+3=q_1(x)$ |
| | $6x^3-15x^2-9x$ | $6x^4-19x^3+3x^2+7x$ | |
| | $-4x^2+12x+7$ | $18x^3-55x^2+4x+18$ | |
| | $-4x^2+10x+6$ | $18x^3-57x^2+9x+21$ | |
| | $r_2(x)=2x+1$ | $r_1(x)=2x^2-5x-3$ | $x-3=q_3(x)$ |
| | | $2x^2+x$ | |
| | | $-6x-3$ | |
| | | $-6x-3$ | |
| | | $r_3(x)=0$ | |

最后一个非零的余式$r_2(x)=2x+1$，于是

$$[f(x),g(x)]=x+\frac{1}{2}.$$

上面的辗转相除为

$$f(x)=q_1(x)g(x)+r_1(x),$$
$$g(x)=q_2(x)r_1(x)+r_2(x),$$
$$r_1(x)=q_3(x)r_2(x).$$

由此，

$$\begin{aligned}r_2(x)&=g(x)-q_2(x)r_1(x)\\&=g(x)-q_2(x)[f(x)-q_1(x)g(x)]\\&=-q_2(x)f(x)+[1+q_1(x)q_2(x)]g(x)\end{aligned}$$

即$2x+1=(-3x+2)f(x)+(3x^2+7x-5)g(x)$，从而

$$[f(x),g(x)]=(-\frac{3}{2}x+1)f(x)+(\frac{3}{2}x^2+\frac{7}{2}x-\frac{5}{2})g(x).$$

定理 1 说明公因式$d(x)$表示成$f(x)$与$g(x)$的线性组合是$d(x)$为$f(x)$与$g(x)$的最大公因式的必要条件. 其实这个必要条件亦是充分条件.

**定理 2** 设 $d(x)$ 是 $f(x)$ 与 $g(x)$ 的公因式. 如果 $d(x)$ 可以表示成 $f(x)$ 与 $g(x)$ 的线性组合，即

$$d(x)=u(x)f(x)+v(x)g(x),$$

其中，$u(x),v(x)$ 为多项式，则 $d(x)$ 是 $f(x)$ 与 $g(x)$ 的最大公因式.

【证】 只需证明最大公因式定义中的第② 条. 对于 $f(x)$ 与 $g(x)$ 的任何一个公因式 $\varphi(x)$，有 $\varphi(x)\mid f(x)$，$\varphi(x)\mid g(x)$，于是，$\varphi(x)\mid[u(x)f(x)+v(x)g(x)]$，即 $\varphi(x)\mid d(x)$.

下面我们讨论多项式的互素.

**定义 2** 如果 $f(x)$ 与 $g(x)$ 的最大公因式是非零常数，即 $[f(x),g(x)]=1$，则称 $f(x)$ 与 $g(x)$ 互素(coprime).

显然，零次多项式 $f(x)=c(c\neq 0)$ 与任何一个多项式互素.

根据定理 1 和定理 2，可以得到：

**定理 3** 两个多项式 $f(x)$ 与 $g(x)$ 互素的充要条件是存在多项式 $u(x),v(x)$，使得

$$1=u(x)f(x)+v(x)g(x).$$

从定理 3 可以得到关于互素的几个重要性质.

**推论 1** ① 若 $(f(x),h(x))=1,(g(x),h(x))=1$，则 $(f(x)g(x),h(x))=1$；

② 若 $(f(x),g(x))=1,f(x)\mid g(x)h(x)$，则 $f(x)\mid h(x)$；

③ 若 $f_1(x)\mid g(x),f_2(x)\mid g(x)$，且 $(f_1(x),f_2(x))=1$，则 $f_1(x)f_2(x)\mid g(x)$.

【证】 为简便计算，下面的叙述中不写变量 $x$ 的符号.

① 设 $(f,h)=1,(g,h)=1$，根据定理 3，$uf+vh=1,sg+th=1$，其中 $u,v,s,t$ 为多项式. 左右相乘，得到

$$(us)fg+(uft+vsg+vht)h=1,$$

即表明 $(fg,h)=1$.

② 因为 $(f,g)=1$，所以，$uf+vg=1$，从而 $uhf+vgh=h$. 又 $f\mid gh$，故 $f\mid h$.

③ 由 $f_1\mid g$ 知 $g=f_1q_1$；因为 $f_2\mid g$，所以 $f_2\mid f_1q_1$. 又因为 $(f_2,f_1)=1$，所以根据② 的结果，有 $f_2\mid q_1$，从而 $q_1=f_2q_2$. 于是，$g=f_1f_2q_2$，即 $f_1f_2\mid g$.

## 6.4 因式分解定理

从这一节开始我们介绍多项式的核心内容——因式分解.

**定义 1** 设 $p(x)$ 是数域 $F$ 上一个次数大于等于 1 的多项式. 如果 $p(x)$ 不能分解成两个次数比它低的数域 $F$ 上的多项式的乘积，则称 $p(x)$ 是数域 $F$ 上的不可约多项式(irreducible polynomial).

由定义可知：一次多项式 $ax+b(a\neq 0)$ 总是不可约的. 如果 $p(x)$ 是一个不可约多项式，则 $p(x)$ 的因式只有 $c_1$ 及 $c_2p(x)$，其中 $c_1,c_2$ 是任意的非零的常数，而且 $c_2p(x)$ 也是不可约的.

一个多项式是否不可约，依赖于系数所处的数域. 例如 $x^2+2$ 是实数域 $\mathbf{R}$ 上的不可约多项式，而在复数域 $\mathbf{C}$ 上则可以分解为两个一次因式的乘积：

$$x^2+2=(x+\sqrt{2}\mathrm{i})(x-\sqrt{2}\mathrm{i}),$$

因而在复数域 $\mathbf{C}$ 上是可约的. 又如 $x^2-2$ 是实数域 $\mathbf{R}$ 上的可约多项式：

$$x^2-2=(x+\sqrt{2})(x-\sqrt{2}),$$

却是有理数域 $\mathbf{Q}$ 上的不可约多项式.

不可约多项式具有与素数类似的性质：若 $p$ 可以整除 $ab$，则 $p$ 一定可以整除其中之一. 这是由算术基本定理(fundamental theorem of arithmetic)保证的. 因此，有如下的定理.

**定理 1** 设 $p(x)$ 是一个不可约多项式，则：

① 对于任一多项式 $f(x)$，或者 $p(x)\mid f(x)$，或者 $f(x)$ 与 $p(x)$ 互素；

② 对于任意两个多项式 $f(x)$ 与 $g(x)$，如果 $p(x)\mid f(x)g(x)$，则或者 $p(x)\mid f(x)$，或者 $p(x)\mid g(x)$.

**【证】** ① 设 $[f(x),p(x)]=d(x)$，则 $d(x)\mid p(x)$. 由 $p(x)$ 的不可约性，$d(x)=1$ 或者 $d(x)=cp(x)(c\neq 0)$. 若 $d(x)=1$，则 $f(x)$ 与 $p(x)$ 互素；若 $d(x)=cp(x)$，则由 $d(x)\mid f(x)$ 知 $p(x)\mid f(x)$.

② 若 $p(x)\mid f(x)$，则结论已成立；若 $p(x)$ 不能整除 $f(x)$，则由① 知 $[p(x),f(x)]=1$，根据 6.3 节推论 1② 知 $p(x)\mid g(x)$.

设 $f(x)$ 是数域 $F$ 上的一个多项式，如果 $f(x)$ 是不可约的，则不能进行因式分解. 如果不是，则 $f(x)$ 可以分解为两个次数比它低的多项式的乘积：$f(x)=f_1(x)f_2(x)$. 如果 $f_1(x)$，$f_2(x)$ 都是不可约的，则表明 $f(x)$ 可以分解成两个不可约的多项式的乘积，分解完毕. 如果不是，可继续对 $f_1(x)$，$f_2(x)$ 再分解. 依此类推，总可以把 $f(x)$ 分解成一些不可约的多项式的乘积，不仅如此，这种分解是唯一的. 下面的定理正说明了这一事实.

**定理 2(因式分解定理)** 数域 $F$ 上的每一个次数 $\geqslant 1$ 的多项式 $f(x)$ 都可以分解为数域 $F$ 上一些不可约多项式的乘积，并且分解是唯一的. 唯一性是指如果有两个分解式：

$$f(x)=p_1(x)p_2(x)\cdots p_s(x)=q_1(x)q_2(x)\cdots q_t(x), \tag{6.2}$$

那么一定有 $s=t$，并且适当排列因式的次序后，有

$$p_i(x)=c_iq_i(x)\quad (i=1,2,\cdots,s),$$

其中 $p_i(x)$，$q_i(x)$ 都是不可约多项式，$c_i$ 是非零常数.

**【证】** 分解式的存在性可由上面的分析推知. 下面证明分解式的唯一性. 设 $f(x)$ 有式(6.2)所示的两个分解式. 我们对因式个数 $s$ 作数学归纳法.

当 $s=1$ 时，$f(x)$ 是不可约的，由定义

$$s=t=1,\quad f(x)=p_1(x)=q_1(x),$$

因此结论成立. 先假设唯一性结论对多项式分解为 $s-1$ 个不可约因式的情形是正确的. 由式(6.2)$p_1(x)\mid q_1(x)\cdots q_t(x)$. 因此 $p_1(x)$ 整除 $q_1(x),\cdots,q_t(x)$ 其中一个，不妨设 $p_1(x)\mid q_1(x)$. 由于 $q_1(x)$ 不可约性，

$$p_1(x)=c_1q_1(x),\quad c_1\neq 0.$$

于是在式(6.2)中消去 $q_1(x)$，得

$$p_2(x)\cdots p_s(x)=c_1^{-1}q_2(x)\cdots q_t(x),$$

由归纳假设，$s-1=t-1$，即得 $s=t$，且经适当的排列次序后，有

$$p_i(x)=c_iq_i(x)\quad(i=2,\cdots,s).$$

因式分解定理只表明了多项式是可以分解的，但是它并没有给出分解多项式的方法. 事实上，普遍可行的分解多项式的方法是不存在的.

## 6.5 重 因 式

这一节继续讨论因式分解问题.

**定义 1** 不可约多项式 $p(x)$ 称为多项式 $f(x)$ 的 $k$ 重因式，如果 $p^k(x)$ 整除 $f(x)$，而 $p^{k+1}(x)$ 不能整除 $f(x)$.

当 $k=0$ 时，$p(x)$ 不是 $f(x)$ 的因式；当 $k=1$ 时，$p(x)$ 是 $f(x)$ 的单因式；当 $k>1$ 时，$p(x)$ 是 $f(x)$ 的重因式.

下面我们寻找判别有无重因式的方法.

对于数域 $F$ 上的多项式

$$f(x)=a_nx^n+a_{n-1}x^{n-1}+\cdots+a_1x+a_0,$$

其一阶导数定义为

$$f'(x)=na_nx^{n-1}+(n-1)a_{n-1}x^{n-2}+\cdots+a_1.$$

注意这一定义虽然来源于微积分，但是微积分中的导数涉及极限的概念，而这里的定义完全是形式上的定义，不涉及极限的概念.

$f'(x)$ 的导数称之为 $f(x)$ 的二阶导数，记为 $f''(x)$；$f''(x)$ 的导数称之为 $f(x)$ 的三阶导数，记为 $f'''(x)$；依此类推，可以定义 $f(x)$ 的 $k$ 阶导数，记之为 $f^{(k)}(x)$.

**定理 1** 设不可约多项式 $p(x)$ 是 $f(x)$ 的 $k$ 重因式($k\geqslant1$)，则 $p(x)$ 是 $f'(x)$ 的 $k-1$ 重因式.

**【证】** 因为 $p(x)$ 是 $f(x)$ 的 $k$ 重因式，所以

$$f(x)=p^k(x)g(x),\text{且 }p(x)\text{不能整除 }g(x).$$

于是

$$f'(x)=p^{k-1}(x)[kp'(x)g(x)+p(x)g'(x)],$$

由此，$p^{k-1}(x)\mid f'(x)$. 因为 $p(x)$ 不能整除 $p'(x)$，且 $p(x)$ 不能整除 $g(x)$，所以 $p(x)$ 不能整除 $kp'(x)g(x)$，从而 $p(x)$ 不能整除 $kp'(x)g(x)+p(x)g'(x)$，即证 $p(x)$ 是 $f'(x)$ 的 $k-1$ 重因式.

由此可以得到如下判别多项式无重因式的方法.

**推论 1** 多项式 $f(x)$ 无重因式的充分必要条件是 $f(x)$ 与 $f'(x)$ 互素，即 $[f(x),f'(x)]=1$.

**【证】** 设 $f(x)$ 与 $f'(x)$ 互素. 假设 $p(x)$ 是 $f(x)$ 的重因式，则由定理 1 知 $p(x)$ 是 $f'(x)$ 的因式，从而也是 $f(x)$ 与 $f'(x)$ 的公因式，这和 $f(x)$ 与 $f'(x)$ 互素的事实矛盾. 因此 $f(x)$ 无重因式.

反之，设 $f(x)$ 无重因式. 令 $p(x)$ 为 $f(x)$ 的任一不可约因式，则 $p(x)$ 是单因式，于是不是 $f'(x)$ 的因式，从而 $p(x)$ 不是 $f(x)$ 与 $f'(x)$ 的公因式，这表明 $f(x)$ 与 $f'(x)$ 互素.

根据推论 1 的证明，也有如下结论.

**推论 2** 不可约多项式 $p(x)$ 是 $f(x)$ 的重因式当且仅当 $p(x)$ 是 $f(x)$ 与 $f'(x)$ 的公因式.

**【例 1】** 求 $f(x)=x^4+x^3-3x^2-5x-2$ 的重因式.

**【解】** $f'(x)=4x^3+3x^2-6x-5$，用辗转相除法可得

$$[f(x),f'(x)]=(x+1)^2,$$

故 $x+1$ 是 $f(x)$ 的 3 重因式. 再用 $(x+1)^3$ 去除 $f(x)$ 可得商式 $x-2$，从而

$$f(x)=(x+1)^3(x-2).$$

## 6.6 多项式的根与代数学基本定理

多项式的研究源于代数方程求解问题. 如何找到代数方程的解或多项式的根在整个数学史上占据了相当长一段时间. 最早的可以追溯到 4000 年前，古巴比伦人已经在考虑一元二次方程的解，并且得到相应的解的表达式. 在微积分出现之前，数学家的主要活动之一也是如何找到高次代数方程的公式解. 三次、四次的代数方程其解已经可以用公式表达，那么五次及五次以上的方程是否也有一般的公式解呢？这样的问题最终被两位年轻的数学家阿贝尔(Abel)和伽罗瓦(Galois)解决了，他们证明了五次及五次以上的代数方程不可能存在一般的公式解. 对于一般的多项式，其根是否存在的问题，则是另一个非常重要而基本的问题. 这一问题最终被高斯(Gauss)于 1799 年在他的博士论文中解决，这就是代数学基本定理. 高斯在其后又给出了 3 个不同的证明.

**定义 1** 设有数域 $F$ 上的多项式

$$f(x)=a_nx^n+a_{n-1}x^{n-1}+\cdots+a_1x+a_0.$$

如果用一个数 $x_0\in F$ 代替表达式中的字母 $x$，可以使得

$$f(x_0)=a_nx_0^n+a_{n-1}x_0^{n-1}+\cdots+a_1x_0+a_0=0,$$

则称 $x_0$ 为多项式 $f(x)$ 的一个根(root)或零点.

利用带余除法，可以得到下面的余数定理.

**定理 1(余数定理)** 用一次多项式 $x-c$ 除 $f(x)$ 得到的余数是常数 $f(c)$.

**【证】** 由带余除法 $f(x)=(x-c)q(x)+C$，用 $c$ 代 $x$，得 $f(c)=C$.

下面的推论揭示了多项式的根与一次因式的关系.

**推论 1** $f(x)$ 以 $c$ 为根的充要条件是 $x-c$ 是 $f(x)$ 的因式.

用 $x-c$ 除 $f(x)$ 的带余除法可以根据综合除法(synthetic division)的原理，我们观察 $f(x)$ 被 $x-c$ 除所得的商式及余式与 $f(x)$ 的关系. 设

$$f(x)=a_0x^n+a_1x^{n-1}+\cdots+a_{n-1}x+a_n,$$

$f(x)$被 $x-c$ 除所得的商式是 $n-1$ 次多项式，记为

$$q(x)=b_0x^{n-1}+b_1x^{n-2}+\cdots+b_{n-2}x+b_{n-1},$$

余式记为 $r$，则 $f(x)=(x-c)q(x)+r$，即

$$\begin{aligned}&a_0x^n+a_1x^{n-1}+\cdots+a_{n-1}x+a_n\\=&(x-c)(b_0x^{n-1}+b_1x^{n-2}+\cdots+b_{n-2}x+b_{n-1})+r,\end{aligned}$$

比较系数，得

$$\begin{cases}a_0=b_0,\\a_1=b_1-cb_0,\\\cdots\cdots\cdots\\a_{n-1}=b_{n-1}-cb_{n-2},\\a_n=r-cb_{n-1},\end{cases}\quad\text{由此，}\quad\begin{cases}b_0=a_0,\\b_1=a_1+cb_0,\\\cdots\cdots\cdots\\b_{n-1}=a_{n-1}+cb_{n-2},\\r=a_n+cb_{n-1}.\end{cases}$$

为了求 $q(x)$与 $r$，可以将多项式 $f(x)$的由高次到低次项的系数排列，利用上面的递推式逐个求出 $q(x)$的系数与 $r$，写成表即为

| | | | | | | |
|---|---|---|---|---|---|---|
| $c$ | $a_0$ | $a_1$ | $a_2$ | $\cdots$ | $a_{n-1}$ | $a_n$ |
| | | $cb_0$ | $cb_1$ | $\cdots$ | $cb_{n-2}$ | $cb_{n-1}$ |
| | $a_0$ | $a_1+cb_0$ | $a_2+cb_1$ | $\cdots$ | $a_{n-1}+cb_{n-2}$ | $a_n+cb_{n-1}$ |

上面表中最后一排的数值依次是商式中项 $x^{n-1},x^{n-2},\cdots,x$ 及常数项的系数，最后一个数值是余数 $r$.

**【例 1】** 求用 $x+3$ 除 $f(x)=x^4+x^2+4x-9$ 的商式及余数.

**【解】** 由综合除法，

| | | | | | |
|---|---|---|---|---|---|
| $-3$ | 1 | 0 | 1 | 4 | $-9$ |
| | | $-3$ | 9 | $-10$ | 78 |
| | 1 | $-3$ | 10 | $-26$ | 69 |

得 $q(x)=x^3-3x^2+10x-26, r=69$.

有重因式的概念，可以定义多项式的重根. 如果 $x-c$ 是 $f(x)$的 $k$ 重因式，就称 $c$ 为$f(x)$的 $k$ 重根. 当 $k=1$ 时，$c$ 称为单根(simple root)；当 $k>1$ 时，$c$ 称为重根(multiple root).

**定理 2** 数域 $F$ 上的 $n$ 次多项式($n\geqslant 0$)数域 $F$ 中的根不超过 $n$ 个(其中重根按重数计算).

**【证】** 对零次多项式定理显然成立. 设 $f(x)$是次数$>0$ 的多项式，根据因式分解定理，可以分解成不可约多项式的乘积，根据根与一次因式的关系，$f(x)$在数域 $F$ 中的根的个数等于分解式中一次因式的个数，多项式的次数决定了该数目不会超过 $n$.

定理 2 的重要应用体现在下面一个推论.

**推论 2** 如果多项式 $f(x)$，$g(x)$的次数都不超过 $n$，并且它们对于 $n+1$ 个不同的数 $a_1$，$a_2,\cdots,a_{n+1}$有相同的值，即

$$f(a_i)=g(a_i)\quad(i=1,2,\cdots,n+1),$$

则 $f(x)=g(x)$.

【证】 令 $F(x)=f(x)-g(x)$，利用定理 2 即得.

推论 2 的重要之处在于要确定两个多项式函数的图象是否重合，只需要检验有限个点：如果有 $n+1$ 个点重合，则图像完全重合.

**定理 3(代数学基本定理)** 任何次数大于 0 的多项式在复数域中一定有根.

代数学基本定理有多种证明，高斯就给出了 4 种证明. 在复变函数课程中可以找到比较简单的证明方法. 关于该定理的证明，可以参见参考文献[1].

代数学基本定理只是从理论上肯定了 $n$ 次代数方程有复数根，但是并未给出根的具体的求法. 由代数学基本定理可以得到如下定理：

**定理 4(复系数多项式在复数域上因式分解定理)** 每个次数大于 0 的复系数多项式在复数域上都可以唯一分解为一次因式的乘积.

具体地，复系数多项式 $f(x)$ 可以分解为如下形式的标准分解式

$$f(x)=a(x-a_1)^{s_1}(x-a_2)^{s_2}\cdots(x-a_t)^{s_t},$$

其中 $a_1,a_2,\cdots,a_t$ 是不同的复数，$s_1,s_2,\cdots,s_t$ 是正整数，

$$s_1+s_2+\cdots+s_t=\deg f.$$

【例 2】 求复系数多项式 $f(x)=x^8-1$ 的标准分解式.

【解】

$$\begin{aligned}f(x)&=(x^4-1)(x^4+1)\\&=(x^2-1)(x^2+1)(x^4+1)\\&=(x-1)(x+1)(x+\mathrm{i})(x-\mathrm{i})(x^2+\mathrm{i})(x^2-\mathrm{i})\\&=(x-1)(x+1)(x+\mathrm{i})(x-\mathrm{i})\left(x+\frac{\sqrt{2}}{2}+\frac{\sqrt{2}}{2}\mathrm{i}\right)\left(x-\frac{\sqrt{2}}{2}-\frac{\sqrt{2}}{2}\mathrm{i}\right)\\&\quad\cdot\left(x+\frac{\sqrt{2}}{2}-\frac{\sqrt{2}}{2}\mathrm{i}\right)\left(x-\frac{\sqrt{2}}{2}+\frac{\sqrt{2}}{2}\mathrm{i}\right).\end{aligned}$$

下面讨论实系数多项式的因式分解.

**引理 1** 如果复数 $c$ 是实系数多项式 $f(x)$ 的一个根，则 $c$ 的共轭复数 $\bar{c}$ 也是 $f(x)$ 的一个根.

【证】 设多项式 $f(x)$ 形如

$$f(x)=a_nx^n+a_{n-1}x^{n-1}+\cdots+a_1x+a_0,$$

其中 $a_n,a_{n-1},\cdots,a_1,a_0$ 都是实数. 因为 $c$ 是 $f(x)$ 的根，所以

$$a_nc^n+a_{n-1}c^{n-1}+\cdots+a_1c+a_0=0,$$

两边取共轭，有

$$\begin{aligned}f(\bar{c})&=a_n\bar{c}^n+a_{n-1}\bar{c}^{n-1}+\cdots+a_1\bar{c}+a_0\\&=\overline{a_nc^n+a_{n-1}c^{n-1}+\cdots+a_1c+a_0}\\&=\bar{0}\\&=0,\end{aligned}$$

即 $\bar{c}$ 也是 $f(x)$ 的一个根.

由此有下面的

**定理 5(实系数多项式因式分解定理)** 每个次数大于 0 的实系数多项式在实数域上都可以唯一分解为一次因式和二次不可约因式的乘积.

**【证】** 由因式分解定理，$f(x)$一定可以唯一分解为实系数不可约多项式的乘积.下面只证明实系数不可约多项式只有一次和二次多项式.

设 $p(x)$是实系数不可约多项式.由代数学基本定理，$p(x)$有一复根 $c$.如果 $c$ 是实数，则 $x-c\mid p(x)$.由于 $p(x)$的不可约性，$p(x)=a(x-c)$，即表明 $p(x)$是一次的.如果 $c$ 是虚数，则 $\bar{c}$ 也是 $p(x)$的根，从而

$$p(x)=a(x-c)(x-\bar{c})=a[x^2-(c+\bar{c})x+c\bar{c}],$$

即表明 $p(x)$是二次的.因此定理得证.

由此定理，$n$ 次实系数多项式 $f(x)$可以唯一分解为

$$f(x)=a(x-c_1)^{s_1}\cdots(x-c_l)^{s_l}(x^2+p_1x+q_1)^{k_1}\cdots(x^2+p_tx+q_t)^{k_t},$$

其中 $c_1,c_2,\cdots,c_l$ 为相异实数；$p_i,q_i$ 为相异实数对，满足 $p_i^2<4q_i,i=1,2,\cdots,t$.

$$s_1+\cdots+s_l+2k_1+\cdots+2k_t=n.$$

## 习题 6

练习

1. 计算 $f(x)$被 $g(x)$除所得的商式及余式：

(1) $f(x)=2x^4-3x^3+4x^2-5x+6, g(x)=x^2-3x+1$；

(2) $f(x)=x^3-3x^2-x-1, g(x)=3x^2-2x+1$；

(3) $f(x)=x^3+(1-\mathrm{i})x^2+(5+3\mathrm{i})x-\mathrm{i}, g(x)=x^2+\mathrm{i}x-1$.

2. 如果$(x-1)^2\mid Ax^4+Bx+1$，求 $A,B$.

3. 问 $l,m,n$ 满足什么条件，$x^2+lx+1$ 能整除 $x^3+mx+n$?

4. 求 $g(x)=x^3-x+1$ 除 $f(x)=x^5+3x^4-3x^3+kx^2+5x+l$ 所得的商式与余式，并确定 $k,l$ 的值，使 $g(x)$整除 $f(x)$.

5. 证明：如果 $g(x)\mid f_1(x)+2f_2(x), g(x)\mid 3f_1(x)+4f_2(x)$，那么 $g(x)\mid f_1(x), g(x)\mid f_2(x)$.

6. 设 $f(x)=2x^4-6x^3+3x^2-2x+5$，

(1)求 $f(x)$被 $x-2$ 除所得的商式及余数；

(2) $f(2)$.

7. 把 $f(x)$表示成 $x-c$ 的方幂和，即表示成

$$a_0+a_1(x-c)+a_2(x-c)^2+\cdots$$

的形式：

(1) $f(x)=x^5,\quad c=1$；

(2) $f(x)=x^4-6x^3+12x^2-7x-4,\ c=1$；

(3) $f(x)=2x^4+6x^3+3x^2+4x+1,\ c=-2$.

8. 求 $u(x),v(x)$，使 $u(x)f(x)+v(x)g(x)=[f(x),g(x)]$.

(1) $f(x)=3x^5+5x^4-16x^3-6x^2-5x-6,\ g(x)=3x^4-4x^3-x^2-x-2$；

(2) $f(x)=x^4+2x^3-4x-4,\ g(x)=x^4+2x^3-x^2-4x-2$；

(3) $f(x)=2x^4-x^3-8x^2+3x+4$，$g(x)=2x^3-x^2-4x-3$.

9. 证明：如果 $[f(x),g(x)]=1$，那么 $[f(x)g(x),f(x)+g(x)]=1$.

10. 求一个次数 $<4$ 的多项式 $f(x)$，使得 $f(-1)=-5, f(2)=-5, f(3)=-1, f(4)=15$.

11. 判别下列多项式有无重因式：

(1) $f(x)=x^5-5x^4+7x^3-2x^2+4x-8$；

(2) $f(x)=x^4+4x^2-4x-3$.

12. 求 $t$，使 $x^3-3x^2+tx-1$ 有重根，并求相应的重根及重数.

13. 求多项式 $x^3+px+q$ 有重根的条件.

14. 证明：$c$ 是 $f(x)$ 的 $k$ 重根的充分必要条件是

$$f(c)=f'(c)=f''(c)=\cdots=f^{(k-1)}(c)=0, f^{(k)}(c)\neq 0.$$

15. 若 $x-1\mid f(x^n)$，问是否必有 $x^n-1\mid f(x^n)$，若不成立，举出反例；若成立，请说明理由.

16. 证明：如果 $x^2+x+1\mid f_1(x^3)+xf_2(x^3)$，那么 $x-1\mid f_1(x)$，$x-1\mid f_2(x)$.

17. 求多项式 $x^n-1$ 在复数域和实数域内的因式分解.

18. 求一个次数尽可能低的实系数多项式，以 $1,0,\mathrm{i},\mathrm{i},1-\mathrm{i}$ 为根.

19. 设 $a_1,a_2,\cdots,a_n$ 是 $n$ 个不同数，而

$$F(x)=(x-a_1)(x-a_2)\cdots(x-a_n).$$

证明：

(1) $\displaystyle\sum_{i=1}^{n}\frac{F(x)}{(x-a_i)F'(a_i)}=1$；

(2) 任意多项式 $f(x)$ 用 $F(x)$ 除所得的余式为

$$\sum_{i=1}^{n}\frac{f(a_i)F(x)}{(x-a_i)F'(a_i)}.$$

20. 设 $a_1,a_2,\cdots,a_n$ 与 $F(x)$ 同上题，$b_1,b_2,\cdots,b_n$ 是任意 $n$ 个数，显然

$$L(x)=\sum_{i=1}^{n}\frac{b_iF(x)}{(x-a_i)F'(a_i)}$$

满足条件

$$L(a_i)=b_i \quad (i=1,2,\cdots,n).$$

这称之为拉格朗日(Lagrange)插值公式. 利用上面的公式求：

(1) 一个次数 $<4$ 的多项式 $f(x)$，它满足：$f(2)=3, f(3)=-1, f(4)=0, f(5)=2$；

(2) 一个二次多项式 $f(x)$，它在 $x=0,\frac{\pi}{2},\pi$ 处与 $\sin x$ 有相同的值；

(3) 一个次数尽可能低的多项式 $f(x)$，使 $f(0)=1, f(1)=2, f(2)=5, f(3)=10$.

# 7 线性空间

集合是现代数学的基本概念. 在这一章中我们讨论一类非常有用的集合. 这个集合类中包含 3 维向量的集合，数域 $F$ 上的多项式的集合，闭区间$[a,b]$上连续函数的集合等. 这些集合来自不同的领域(它们分别来自物理、代数、分析学等)，看起来区别很大，没有什么关联，但是它们与 $n$ 维向量空间具有相同的代数结构. 研究的对象也是类似的，都是研究线性组合，即形如 $k_1\boldsymbol{\alpha}_1+k_2\boldsymbol{\alpha}_2+\cdots+k_s\boldsymbol{\alpha}_s$ 的式子. 在这个式子中，包含两种运算：集合元素之间的加法和数与元素的乘法，而且为了方便做代数运算，还须满足一些基本的运算法则.

## 7.1 线性空间的概念

我们先看两个例子.

**【例 1】** 三维空间中所有的向量(有向线段)的全体所成集合 $\mathbf{R}^3$. 对于任意的两个向量$\vec{a}$、$\vec{b}$，可由平行四边形法则得到唯一的向量$\vec{c}$，称$\boldsymbol{c}$为$\boldsymbol{a}$与$\boldsymbol{b}$的和(sum)，记为$\vec{c}=\vec{a}+\vec{b}$，这就定义了向量的加法. 对于任意的数 $k$，任意的向量$\vec{a}$，可以构造唯一的向量$\vec{d}$，使得$\vec{d}$与$\vec{a}$平行，长度为$\vec{a}$的$|k|$倍，称$\vec{d}$为 $k$ 与$\vec{a}$的乘法，记为$\vec{d}=k\vec{a}$，这就定义了数量乘法. 通过几何作图，可以验证这两种运算满足 8 条运算规则：对于任意的向量$\vec{a}$、$\vec{b}$，任意的数 $k$、$l$，有

① $\vec{a}+\vec{b}=\vec{b}+\vec{a}$；

② $(\vec{a}+\vec{b})+\vec{c}=\vec{a}+(\vec{b}+\vec{c})$；

③ $\vec{a}+\vec{0}=\vec{a}$；

④ $\vec{a}+(-\vec{a})=\vec{0}$；

⑤ $1\cdot\vec{a}=\vec{a}$；

⑥ $(kl)\vec{a}=k(l\vec{a})$；

⑦ $(k+l)\vec{a}=k\vec{a}+l\vec{a}$；

⑧ $k(\vec{a}+\vec{b})=k\vec{a}+k\vec{b}$.

**【例 2】** 闭区间$[a,b]$上实值连续函数的全体所成集合 $C[a,b]$. 对 $C[a,b]$中的任意两个元素 $f\equiv f(x)$，$g\equiv g(x)$，可定义函数的加法$(f+g)(x)=f(x)+g(x)$；对任意的实数 $k$，任意 $C[a,b]$中的元素 $f(x)$，也可定义数量乘法$(kf)(x)=kf(x)$. 不仅如此，这两种运算同样满足如下算律：对于任意的 $f\equiv f(x)$，$g\equiv g(x)$，$h\equiv h(x)$，任意的数 $k$、$l$，有

①$f+g=g+f$；

②$(f+g)+h=g+(f+h)$；

③$f+0=f$；

④$f+(-f)=0$；

⑤$1\cdot f=f$；

⑥$(kl)f=k(lf)$；

⑦$(k+l)f=kf+lf$；

⑧$k(f+g)=kf+kg$.

上面的分析表明，虽然两个集合看起来表象不一样，但是它们却有相同的代数特征：两种运算(加法和数乘)，以及八条运算规则. 我们还可以举出更多的具有相同代数特征的例子. 因此，有必要将具有这种代数特征的集合抽象出来进行研究.

下面我们给出线性空间的定义，它以公理化的方式表述，其最终形式是由佩亚诺(Peano)在1888年提出的.

**定义1** 设$V$是非空集合，$F$是数域.定义两种运算：

(1)$V$上的向量加法，即对任意的$\boldsymbol{\alpha},\boldsymbol{\beta}\in V$，存在唯一的元素$\boldsymbol{\gamma}\in V$与之对应，称$\boldsymbol{\gamma}$为$\boldsymbol{\alpha}$与$\boldsymbol{\beta}$的和(sum)，记为$\boldsymbol{\gamma}=\boldsymbol{\alpha}+\boldsymbol{\beta}$；

(2)$F$与$V$之间的数量乘法，即对任意的$k\in F$，$\boldsymbol{\alpha}\in V$，存在唯一的元素$\boldsymbol{\eta}\in V$与之对应，称$\boldsymbol{\eta}$为$k$与$\boldsymbol{\alpha}$的数量乘积，记为$\boldsymbol{\eta}=k\boldsymbol{\alpha}$.

如果加法和数量乘法满足下述8条运算法则，对任意的$\boldsymbol{\alpha},\boldsymbol{\beta},\boldsymbol{\gamma}\in V$，任意的$k,l\in F$.

① $\boldsymbol{\alpha}+\boldsymbol{\beta}=\boldsymbol{\beta}+\boldsymbol{\alpha}$；

② $(\boldsymbol{\alpha}+\boldsymbol{\beta})+\boldsymbol{\gamma}=\boldsymbol{\alpha}+(\boldsymbol{\beta}+\boldsymbol{\gamma})$；

③ 存在向量$\mathbf{0}\in V$，使得对任意的$\boldsymbol{\alpha}\in V$，有$\mathbf{0}+\boldsymbol{\alpha}=\boldsymbol{\alpha}$；

(具有这种性质的向量$\mathbf{0}$称为零向量)

④ 对每一个$\boldsymbol{\alpha}\in V$，存在$\boldsymbol{\beta}\in V$，使得$\boldsymbol{\alpha}+\boldsymbol{\beta}=\mathbf{0}$；

($\boldsymbol{\beta}$称为$\boldsymbol{\alpha}$的负向量，记为$\boldsymbol{\beta}=-\boldsymbol{\alpha}$)

⑤ $1\cdot\boldsymbol{\alpha}=\boldsymbol{\alpha}$；

⑥ $k(l\boldsymbol{\alpha})=(kl)\boldsymbol{\alpha}$；

⑦ $k(\boldsymbol{\alpha}+\boldsymbol{\beta})=k\boldsymbol{\alpha}+k\boldsymbol{\beta}$；

⑧ $(k+l)\boldsymbol{\alpha}=k\boldsymbol{\alpha}+l\boldsymbol{\alpha}$.

则称$V$是数域$F$上的一个**线性空间**(linear space).称线性空间的元素为**向量**(vector)，因而又称线性空间为**向量空间**(vector space).

显然例1、2中的集合都是线性空间.现在再看几个例子.

**【例3】** 所有$n$维向量的集合$F^n=\{\boldsymbol{\alpha}=(x_1,x_2,\cdots,x_n)^{\mathrm{T}}\mid x_i\in F\}$. $\forall\boldsymbol{\alpha}=(x_1,x_2,\cdots,x_n)^{\mathrm{T}}$，$\boldsymbol{\beta}=(y_1,y_2,\cdots,y_n)^{\mathrm{T}}\in F^n$，$\forall k\in F$.

定义两种运算

$$\boldsymbol{\alpha}+\boldsymbol{\beta}=(x_1+y_1,x_2+y_2,\cdots,x_n+y_n)^{\mathrm{T}};$$

$$k\boldsymbol{\alpha}=(kx_1,kx_2,\cdots,kx_n)^{\mathrm{T}}.$$

于是$F^n$对于这两种运算成为数域$F$上的向量空间.

**【例4】** 矩阵的全体$F^{m\times n}=\{\mathbf{A}=(a_{ij})_{mn}\mid a_{ij}\in F\}$.在其上定义矩阵的加法以及数与矩阵的乘法.于是$F^{m\times n}$对于这两种运算成为数域$F$上的向量空间.

**【例5】** 数域$F$上的多项式的全体，记为$F[t]$. $F[t]$按通常的多项式加法和数与多项式的乘法构成数域$F$上的线性空间.如果只考虑次数小于$n$的多项式全体，则要添加零多项式方可在通常的多项式加法及数与多项式的乘法下构成线性空间，记之为$F[t]_n$，这是因为零多项式是这个线性空间的零元素.具体的，$F[t]_n$可写为

$$F[t]_n=\{f(t)=a_0+a_1t+\cdots+a_{n-1}t^{n-1}\mid a_i\in F,i=0,1,\cdots,n-1\}.$$

**【例6】** 在正实数集$\mathbf{R}_+$中定义加法和数乘运算为

$$a\oplus b=ab,$$

$$k\circ a=a^k,$$

其中 $a,b\in\mathbf{R}_+,k\in\mathbf{R}$. 这里用$\oplus$表示加法，用$\circ$表示数乘，一方面是为了区别通常的加法和数乘，另一方面也说明了线性空间定义中的加法和数乘是“人为”规定的某种运算. $\mathbf{R}_+$关于这两种运算构成实数域 $\mathbf{R}$ 上的线性空间. 事实上，不难验证 $\mathbf{R}_+$ 对两种运算封闭，即 $a\oplus b\in\mathbf{R}_+$，$k\circ a\in\mathbf{R}_+$，并且满足线性空间定义中的①② 及⑤至⑧. 又因为 $1\in\mathbf{R}_+$，且对任意的 $a\in\mathbf{R}_+$，有 $a\oplus 1=a$，同时又有 $a\oplus\frac{1}{a}=1$，且$\frac{1}{a}\in\mathbf{R}_+$，所以 1 是 $\mathbf{R}_+$ 中的零向量，$\frac{1}{a}$是 $a$ 的负向量，从而线性空间定义中的③ 和④ 得以验证.

虽然线性空间与常见的数集相去甚远，但是它有一些特性与数集相似. 下面我们依据线性空间的定义做逻辑推理，得到下面的基本性质，这些性质也正好反映了线性空间的结构.

设 $V$ 是数域上的线性空间.

(1) $V$ 中的零向量唯一

**【证】** 设 $\mathbf{0}_1,\mathbf{0}_2$ 是 $V$ 的两个零向量. 一方面由于 $\mathbf{0}_1$ 是零向量，所以 $\mathbf{0}_1+\mathbf{0}_2=\mathbf{0}_2$；另一方面，因为 $\mathbf{0}_2$ 是零向量，所以 $\mathbf{0}_1+\mathbf{0}_2=\mathbf{0}_1$. 因此 $\mathbf{0}_1=\mathbf{0}_2$，即零向量是唯一的.

(2) $V$ 中每一个向量的负向量是唯一的

**【证】** 设 $\boldsymbol{\beta}_1,\boldsymbol{\beta}_2$ 都是 $\boldsymbol{\alpha}$ 的负向量，则 $\boldsymbol{\beta}_1+\boldsymbol{\alpha}=\mathbf{0},\boldsymbol{\alpha}+\boldsymbol{\beta}_2=\mathbf{0}$. 于是

$$\boldsymbol{\beta}_1=\boldsymbol{\beta}_1+\mathbf{0}=\boldsymbol{\beta}_1+(\boldsymbol{\alpha}+\boldsymbol{\beta}_2)=(\boldsymbol{\beta}_1+\boldsymbol{\alpha})+\boldsymbol{\beta}_2=\mathbf{0}+\boldsymbol{\beta}_2=\boldsymbol{\beta}_2.$$

利用负向量，可以定义向量的减法如下：

$$\boldsymbol{\alpha}-\boldsymbol{\beta}=\boldsymbol{\alpha}+(-\boldsymbol{\beta}).$$

(3) $k\boldsymbol{\alpha}=\mathbf{0}$ 当且仅当 $k=0$ 或 $\boldsymbol{\alpha}=\mathbf{0}$.

**【证】** 首先证明 $k\mathbf{0}=\mathbf{0}$. 因为

$$k\mathbf{0}=k(\mathbf{0}+\mathbf{0})=k\mathbf{0}+k\mathbf{0},$$

两边加上$-k\mathbf{0}$，得 $k\mathbf{0}=\mathbf{0}$.

其次证明 $0\boldsymbol{\alpha}=\mathbf{0}$. 因为

$$\boldsymbol{\alpha}+0\boldsymbol{\alpha}=1\boldsymbol{\alpha}+0\boldsymbol{\alpha}=(1+0)\boldsymbol{\alpha}=\boldsymbol{\alpha},$$

两边加上$-\boldsymbol{\alpha}$，得 $0\boldsymbol{\alpha}=\mathbf{0}$.

最后，设 $k\boldsymbol{\alpha}=0$. 如果 $k\neq 0$，则

$$\boldsymbol{\alpha}=1\boldsymbol{\alpha}=k^{-1}(k\boldsymbol{\alpha})=k^{-1}\mathbf{0}=\mathbf{0}.$$

(4) $(-1)\boldsymbol{\alpha}=-\boldsymbol{\alpha}$.

**【证】** $\boldsymbol{\alpha}+(-1)\boldsymbol{\alpha}=1\boldsymbol{\alpha}+(-1)\boldsymbol{\alpha}=[1+(-1)]\boldsymbol{\alpha}=0\boldsymbol{\alpha}=\mathbf{0}$. 由负向量的唯一性知道 $(-1)\boldsymbol{\alpha}=-\boldsymbol{\alpha}$.

## 7.2 线性空间的基和维数

这一节我们将研究线性空间的结构. 前面已知线性空间又称为向量空间，其目的是和 $\mathbf{R}^n$ 做类比. 事实上，$\mathbf{R}^n$ 中向量组的一些概念都可以移植到向量空间.

**定义 1** 设 $V$ 是数域 $F$ 上的一个线性空间，$\boldsymbol{\alpha}_1,\boldsymbol{\alpha}_2,\cdots,\boldsymbol{\alpha}_s$ 是 $V$ 中的一组向量，$k_1,k_2,\cdots,k_s$ 是数域 $F$ 上的数，那么向量

$$\boldsymbol{\beta}=k_1\boldsymbol{\alpha}_1+k_2\boldsymbol{\alpha}_2+\cdots+k_s\boldsymbol{\alpha}_s$$

称为向量组 $\boldsymbol{\alpha}_1,\boldsymbol{\alpha}_2,\cdots,\boldsymbol{\alpha}_s$ 的一个线性组合(linear combination)，而称向量 $\boldsymbol{\beta}$ 可由向量组 $\boldsymbol{\alpha}_1,\boldsymbol{\alpha}_2,\cdots,\boldsymbol{\alpha}_s$ 线性表示(linear represented).

**定义 2** 线性空间 $V$ 中的向量组 $\boldsymbol{\alpha}_1,\boldsymbol{\alpha}_2,\cdots,\boldsymbol{\alpha}_s$ 称为线性相关的，如果有数域 $F$ 中不全为零的数 $k_1,k_2,\cdots,k_s$，使得

$$k_1\boldsymbol{\alpha}_1+k_2\boldsymbol{\alpha}_2+\cdots+k_s\boldsymbol{\alpha}_s=\mathbf{0};$$

如果从上面等式可以推出 $k_1=k_2=\cdots=k_s=0$，则称向量组 $\boldsymbol{\alpha}_1,\boldsymbol{\alpha}_2,\cdots,\boldsymbol{\alpha}_s$ 是线性无关的.

下面的结果，其证明的方法都与第 3 章 $n$ 维向量一致，因而不再赘述.

**定理 1** 向量组(个数$\geqslant 2$)线性相关当且仅当其中有一个向量可被其余的向量线性表示.

**定理 2** 设向量组 $\boldsymbol{\alpha}_1,\boldsymbol{\alpha}_2,\cdots,\boldsymbol{\alpha}_s$ 线性无关，$\boldsymbol{\alpha}_1,\boldsymbol{\alpha}_2,\cdots,\boldsymbol{\alpha}_s,\boldsymbol{\beta}$ 线性相关，则 $\boldsymbol{\beta}$ 可由 $\boldsymbol{\alpha}_1,\boldsymbol{\alpha}_2,\cdots,\boldsymbol{\alpha}_s$ 唯一线性表示.

**定义 3** 设 $A$、$B$ 都是 $V$ 中的向量组，如果 $A$ 中的每一个向量都可由向量组 $B$ 中有限个向量线性表示，则称 $A$ 可由 $B$ 线性表示. 如果 $A$ 与 $B$ 可以互相线性表示，则称 $A$ 与 $B$ 是等价的.

**定理 3** 设向量组 $\boldsymbol{\alpha}_1,\boldsymbol{\alpha}_2,\cdots,\boldsymbol{\alpha}_r$ 线性无关，且它可由向量组 $\boldsymbol{\beta}_1,\boldsymbol{\beta}_2,\cdots,\boldsymbol{\beta}_s$ 线性表示，则 $r\leqslant s$.

**定义 4** 设 $\boldsymbol{\alpha}_1,\boldsymbol{\alpha}_2,\cdots,\boldsymbol{\alpha}_r$ 是向量组 $A$ 的一个部分组，如果：

① $\boldsymbol{\alpha}_1,\boldsymbol{\alpha}_2,\cdots,\boldsymbol{\alpha}_r$ 线性无关；

② 对于向量组 $A$ 中的任意一向量 $\boldsymbol{\beta}$，$\boldsymbol{\alpha}_1,\boldsymbol{\alpha}_2,\cdots,\boldsymbol{\alpha}_r,\boldsymbol{\beta}$ 线性相关，则称部分组 $\boldsymbol{\alpha}_1,\boldsymbol{\alpha}_2,\cdots,\boldsymbol{\alpha}_r$ 是向量组 $A$ 的一个极大线性无关组(maximal linearly independent system).

根据定义 3、定义 4 及定理 2、定理 3 知：

① 极大线性无关组与原向量组等价，同一个向量组的两个极大线性无关组也等价；

② 任何两个极大线性无关组有相等的向量个数.

**定义 5** 向量组的一个极大线性无关组所含向量的个数称为这个向量组的秩(rank). 只含零向量的向量组，其秩为 0. 用 $\operatorname{rank}\{\boldsymbol{\alpha}_1,\boldsymbol{\alpha}_2,\cdots,\boldsymbol{\alpha}_s\}$ 表示向量组 $\boldsymbol{\alpha}_1,\boldsymbol{\alpha}_2,\cdots,\boldsymbol{\alpha}_s$ 的秩.

根据本节定理 2，如果设向量组 $\boldsymbol{\alpha}_1,\boldsymbol{\alpha}_2,\cdots,\boldsymbol{\alpha}_r$ 是向量组 $A$ 的一个极大线性无关组，则 $A$ 的每一个向量都可由 $\boldsymbol{\alpha}_1,\boldsymbol{\alpha}_2,\cdots,\boldsymbol{\alpha}_r$ 唯一线性表示. 这引出了线性空间的基的概念.

**定义 6** 设 $V$ 是一个线性空间，如果 $V$ 中存在 $n$ 个线性无关的向量 $\boldsymbol{\alpha}_1,\boldsymbol{\alpha}_2,\cdots,\boldsymbol{\alpha}_n$，使 $V$ 中的任一向量都可由 $\boldsymbol{\alpha}_1,\boldsymbol{\alpha}_2,\cdots,\boldsymbol{\alpha}_n$ 线性表示，则称 $\boldsymbol{\alpha}_1,\boldsymbol{\alpha}_2,\cdots,\boldsymbol{\alpha}_n$ 是 $V$ 的一组基(basis)；线性空间 $V$ 称为 $n$ 维线性空间；$n$ 称为 $V$ 的维数(dimension)，记为 $\dim V$.

仅由零向量所成的线性空间没有基，其维数为 0，这样的线性空间称为零空间.

在 $n$ 维线性空间中，任意的 $n$ 个线性无关的向量组都是它的一组基；反之，它的基中所含的向量个数为 $n$. $n$ 维线性空间中任何 $n+1$ 个都是线性相关的.

如果一个线性空间存在任意多个线性无关的向量，则称之为无限维线性空间，例如闭区间$[a,b]$上所有实值连续函数所成的线性空间 $C[a,b]$就是一个无限维的线性空间. $n$ 维线性

空间统称为有限维线性空间. 本书主要讨论有限维线性空间.

**【例 1】** 数域 $F$ 上所有 $n$ 维向量所成的线性空间 $F^n$，其维数为 $n$，且基本单位向量组 $\varepsilon_1=(1,0,\cdots,0)^{\mathrm{T}},\varepsilon_2=(0,1,\cdots,0)^{\mathrm{T}},\cdots,\varepsilon_n=(0,\cdots,0,1)^{\mathrm{T}}$ 是它的一组基.

**【例 2】** 数域 $F$ 上所有 $m\times n$ 矩阵所成的线性空间 $F^{m\times n}$，$\{\boldsymbol{E}_{ij}\mid i=1,2,\cdots,m;j=1,2,\cdots,n\}$ 是它的一组基，其中 $\boldsymbol{E}_{ij}$ 是第 $i$ 行、第 $j$ 列处元为 1，其余元为 0 的基本矩阵. 因此 $\dim F^{m\times n}=mn$.

**【例 3】** 数域 $F$ 上所有一元多项式形成的线性空间 $F[t]$ 中，子集

$$1,t,t^2,\cdots,t^n,\cdots$$

是 $F[t]$ 的一组基，从而 $F[t]$ 是无限维的线性空间.

线性空间的基对于研究线性空间的结构有着非常重要的作用.

**定理 4** 设 $\boldsymbol{\varepsilon}_1,\boldsymbol{\varepsilon}_2,\cdots,\boldsymbol{\varepsilon}_n$ 是 $n$ 维线性空间 $V$ 的一组基，则 $V$ 的每一个向量 $\boldsymbol{\alpha}$ 都可以唯一表示成

$$\boldsymbol{\alpha}=x_1\boldsymbol{\varepsilon}_1+x_2\boldsymbol{\varepsilon}_2+\cdots+x_n\boldsymbol{\varepsilon}_n.$$

**【证】** 表达式的存在性根据基的定义即得. 现在证明唯一性. 设 $\boldsymbol{\alpha}$ 还有另一表达式

$$\boldsymbol{\alpha}=y_1\boldsymbol{\varepsilon}_1+y_2\boldsymbol{\varepsilon}_2+\cdots+y_n\boldsymbol{\varepsilon}_n,$$

于是 $x_1\boldsymbol{\varepsilon}_1+x_2\boldsymbol{\varepsilon}_2+\cdots+x_n\boldsymbol{\varepsilon}_n=y_1\boldsymbol{\varepsilon}_1+y_2\boldsymbol{\varepsilon}_2+\cdots+y_n\boldsymbol{\varepsilon}_n$，移项得

$$(x_1-y_1)\boldsymbol{\varepsilon}_1+(x_2-y_2)\boldsymbol{\varepsilon}_2+\cdots+(x_n-y_n)\boldsymbol{\varepsilon}_n=\boldsymbol{0},$$

根据基的线性无关性可知 $x_i=y_i(i=1,2,\cdots,n)$.

**【例 4】** 数域 $F$ 上所有次数小于 $n$ 的多项式与零多项式所成线性空间 $F_n[t]$ 中，子集是 $F[t]$ 的一组基. 设 $a_1,a_2,\cdots,a_n$ 为互不相同的 $n$ 个数，令

$$f_i(t)=\prod_{j\neq i}\frac{t-a_j}{a_i-a_j}\quad(i=1,2,\cdots,n),$$

若存在 $k_1,k_2,\cdots,k_n$，使得

$$\sum_{i=1}^{n}k_if_i(t)=0,$$

则依次代入 $a_1,a_2,\cdots,a_n$，且由 $f_i(a_j)=\delta_{ij}$ 可得 $k_i=0$. 这表明 $f_1(t),f_2(t),\cdots,f_n(t)$ 线性无关，从而是 $F_n[t]$ 的一组基. 故对任意的多项式 $f(t)\in F_n[t]$，存在唯一的 $b_1,b_2,\cdots,b_n$，使得

$$f(t)=\sum_{i=1}^{n}b_if_i(t),\quad f(a_i)=b_i\quad(i=1,2,\cdots,n).$$

这样的函数即为 Lagrange 插值公式.

定理 4 表明，如果给定线性空间 $V$ 的一组基，则线性空间的每一个向量 $\boldsymbol{\alpha}$ 都与一 $n$ 维有序数组 $(x_1,x_2,\cdots,x_n)$ 一一对应. 因而要研究向量，现在只需要研究向量所对应的有序数组. 这种做法正是解析几何的核心思想. 在解析几何中，我们首先用三个基本向量建立标架，于是任何一个向量 $r$ 都可写成三个基本单位向量 $\boldsymbol{e}_1,\boldsymbol{e}_2,\boldsymbol{e}_3$ 的线性表示，即

$$\boldsymbol{r}=x_1\boldsymbol{e}_1+x_2\boldsymbol{e}_2+x_3\boldsymbol{e}_3,$$

由此建立了向量与有序数组 $(x_1,x_2,x_3)^{\mathrm{T}}$ 之间的一一对应关系，这样做的好处在于将一个几何量转化为一个代数量进行处理.

**定义 7** 设 $\boldsymbol{\varepsilon}_1,\boldsymbol{\varepsilon}_2,\cdots,\boldsymbol{\varepsilon}_n$ 是线性空间 $V$ 的一组基，如果 $V$ 中向量 $\boldsymbol{\alpha}$ 可以表示成 $\boldsymbol{\alpha}=x_1\boldsymbol{\varepsilon}_1+x_2\boldsymbol{\varepsilon}_2+\cdots+x_n\boldsymbol{\varepsilon}_n$，则称 $n$ 元有序数组 $(x_1,x_2,\cdots,x_n)^{\mathrm{T}}$ 为向量 $\boldsymbol{\alpha}$ 在基 $\boldsymbol{\varepsilon}_1,\boldsymbol{\varepsilon}_2,\cdots,\boldsymbol{\varepsilon}_n$ 下的坐标(coordinate).

下面介绍一种写法：

$$\boldsymbol{\alpha}=x_1\boldsymbol{\varepsilon}_1+x_2\boldsymbol{\varepsilon}_2+\cdots+x_n\boldsymbol{\varepsilon}_n=(\boldsymbol{\varepsilon}_1,\boldsymbol{\varepsilon}_2,\cdots,\boldsymbol{\varepsilon}_n)\begin{pmatrix}x_1\\x_2\\\vdots\\x_n\end{pmatrix}. \tag{7.1}$$

注意式(7.1)的这种写法是形式上的，因为它把向量看作一个矩阵的元素，一般来说是没有意义的.但是这种写法在应用中是很有用的.

下面我们讨论线性空间的两组基之间的关系，以及同一个向量在不同基下的坐标之间的关系.

设 $\boldsymbol{\varepsilon}_1,\boldsymbol{\varepsilon}_2,\cdots,\boldsymbol{\varepsilon}_n$ 与 $\boldsymbol{\alpha}_1,\boldsymbol{\alpha}_2,\cdots,\boldsymbol{\alpha}_n$ 是线性空间 $V$ 的两组基，向量 $\boldsymbol{\alpha}$ 在这两组基下的坐标分别为

$$\boldsymbol{X}=(x_1,x_2,\cdots,x_n)^{\mathrm{T}},\boldsymbol{Y}=(y_1,y_2,\cdots,y_n)^{\mathrm{T}}.$$

首先我们讨论两组基之间的关系.对于每一个向量 $\boldsymbol{\alpha}_i(i=1,2,\cdots,n)$，在基 $\boldsymbol{\varepsilon}_1,\boldsymbol{\varepsilon}_2,\cdots,\boldsymbol{\varepsilon}_n$ 下都可以唯一写成

$$\begin{cases}\boldsymbol{\alpha}_1=a_{11}\boldsymbol{\varepsilon}_1+a_{21}\boldsymbol{\varepsilon}_2+\cdots+a_{n1}\boldsymbol{\varepsilon}_n,\\\boldsymbol{\alpha}_2=a_{12}\boldsymbol{\varepsilon}_1+a_{22}\boldsymbol{\varepsilon}_2+\cdots+a_{n2}\boldsymbol{\varepsilon}_n,\\\quad\cdots\cdots\cdots\\\boldsymbol{\alpha}_n=a_{1n}\boldsymbol{\varepsilon}_1+a_{2n}\boldsymbol{\varepsilon}_2+\cdots+a_{nn}\boldsymbol{\varepsilon}_n,\end{cases}$$

简写成如下形式

$$(\boldsymbol{\alpha}_1,\boldsymbol{\alpha}_2,\cdots,\boldsymbol{\alpha}_n)=(\boldsymbol{\varepsilon}_1,\boldsymbol{\varepsilon}_2,\cdots,\boldsymbol{\varepsilon}_n)\begin{pmatrix}a_{11}&a_{12}&\cdots&a_{1n}\\a_{21}&a_{22}&\cdots&a_{2n}\\\vdots&\vdots&&\vdots\\a_{n1}&a_{n2}&\cdots&a_{nn}\end{pmatrix}. \tag{7.2}$$

记式(7.2)右端的矩阵为 $\boldsymbol{A}$，称之为由基 $\boldsymbol{\varepsilon}_1,\boldsymbol{\varepsilon}_2,\cdots,\boldsymbol{\varepsilon}_n$ 到基 $\boldsymbol{\alpha}_1,\boldsymbol{\alpha}_2,\cdots,\boldsymbol{\alpha}_n$ 的**过渡矩阵**，于是式(7.2)又可以在形式上写成

$$(\boldsymbol{\alpha}_1,\boldsymbol{\alpha}_2,\cdots,\boldsymbol{\alpha}_n)=(\boldsymbol{\varepsilon}_1,\boldsymbol{\varepsilon}_2,\cdots,\boldsymbol{\varepsilon}_n)\boldsymbol{A}.$$

其次，我们讨论两个坐标之间的关系，一方面

$$\boldsymbol{\alpha}=y_1\boldsymbol{\alpha}_1+y_2\boldsymbol{\alpha}_2+\cdots+y_n\boldsymbol{\alpha}_n=(\boldsymbol{\alpha}_1,\boldsymbol{\alpha}_2,\cdots,\boldsymbol{\alpha}_n)\boldsymbol{Y}=(\boldsymbol{\varepsilon}_1,\boldsymbol{\varepsilon}_2,\cdots,\boldsymbol{\varepsilon}_n)\boldsymbol{AY};$$

另一方面，$\boldsymbol{\alpha}=x_1\boldsymbol{\varepsilon}_1+x_2\boldsymbol{\varepsilon}_2+\cdots+x_n\boldsymbol{\varepsilon}_n=(\boldsymbol{\varepsilon}_1,\boldsymbol{\varepsilon}_2,\cdots,\boldsymbol{\varepsilon}_n)\boldsymbol{X}$. 于是，有 $\boldsymbol{X}=\boldsymbol{AY}$，亦即

$$\begin{pmatrix}x_1\\x_2\\\vdots\\x_n\end{pmatrix}=\boldsymbol{A}\begin{pmatrix}y_1\\y_2\\\vdots\\y_n\end{pmatrix}.$$

**命题 1** 设 $\boldsymbol{\varepsilon}_1,\boldsymbol{\varepsilon}_2,\cdots,\boldsymbol{\varepsilon}_n$ 是 $n$ 维线性空间 $V$ 的一组基，$\boldsymbol{A}$ 是数域 $F$ 上的一个 $n$ 阶方阵，

$$(\boldsymbol{\eta}_1,\boldsymbol{\eta}_2,\cdots,\boldsymbol{\eta}_n)=(\boldsymbol{\varepsilon}_1,\boldsymbol{\varepsilon}_2,\cdots,\boldsymbol{\varepsilon}_n)\boldsymbol{A},$$

则向量组 $\boldsymbol{\eta}_1,\boldsymbol{\eta}_2,\cdots,\boldsymbol{\eta}_n$ 线性无关的充分必要条件是 $\boldsymbol{A}$ 可逆.

**【证】** 令 $\boldsymbol{X}=(x_1,x_2,\cdots,x_n)^{\mathrm{T}}$，则

$$x_1\boldsymbol{\eta}_1+x_2\boldsymbol{\eta}_2+\cdots+x_n\boldsymbol{\eta}_n=(\boldsymbol{\eta}_1,\boldsymbol{\eta}_2,\cdots,\boldsymbol{\eta}_n)\boldsymbol{X}=(\boldsymbol{\varepsilon}_1,\boldsymbol{\varepsilon}_2,\cdots,\boldsymbol{\varepsilon}_n)\boldsymbol{A}\boldsymbol{X},$$

于是,$\boldsymbol{A}$ 可逆$\Leftrightarrow$齐次线性方程组 $\boldsymbol{AX}=\boldsymbol{0}$ 只有零解$\Leftrightarrow \boldsymbol{\eta}_1,\boldsymbol{\eta}_2,\cdots,\boldsymbol{\eta}_n$ 线性无关.

由此，过渡矩阵一定可逆.此外，如果由基 $\boldsymbol{\varepsilon}_1,\boldsymbol{\varepsilon}_2,\cdots,\boldsymbol{\varepsilon}_n$ 到基 $\boldsymbol{\alpha}_1,\boldsymbol{\alpha}_2,\cdots,\boldsymbol{\alpha}_n$ 的过渡矩阵为 $\boldsymbol{A}$，即$(\boldsymbol{\alpha}_1,\boldsymbol{\alpha}_2,\cdots,\boldsymbol{\alpha}_n)=(\boldsymbol{\varepsilon}_1,\boldsymbol{\varepsilon}_2,\cdots,\boldsymbol{\varepsilon}_n)\boldsymbol{A}$.因为 $\boldsymbol{A}$ 可逆，所以有

$$(\boldsymbol{\alpha}_1,\boldsymbol{\alpha}_2,\cdots,\boldsymbol{\alpha}_n)\boldsymbol{A}^{-1}=(\boldsymbol{\varepsilon}_1,\boldsymbol{\varepsilon}_2,\cdots,\boldsymbol{\varepsilon}_n),$$

即表明由基 $\boldsymbol{\alpha}_1,\boldsymbol{\alpha}_2,\cdots,\boldsymbol{\alpha}_n$ 到基 $\boldsymbol{\varepsilon}_1,\boldsymbol{\varepsilon}_2,\cdots,\boldsymbol{\varepsilon}_n$ 的过渡矩阵为 $\boldsymbol{A}^{-1}$.

最后，如果由基 $\boldsymbol{\varepsilon}_1,\boldsymbol{\varepsilon}_2,\cdots,\boldsymbol{\varepsilon}_n$ 到基 $\boldsymbol{\alpha}_1,\boldsymbol{\alpha}_2,\cdots,\boldsymbol{\alpha}_n$ 的过渡矩阵为 $\boldsymbol{A}$，由基 $\boldsymbol{\alpha}_1,\boldsymbol{\alpha}_2,\cdots,\boldsymbol{\alpha}_n$ 到基 $\boldsymbol{\beta}_1,\boldsymbol{\beta}_2,\cdots,\boldsymbol{\beta}_n$ 的过渡矩阵为 $\boldsymbol{B}$，

$$(\boldsymbol{\alpha}_1,\boldsymbol{\alpha}_2,\cdots,\boldsymbol{\alpha}_n)=(\boldsymbol{\varepsilon}_1,\boldsymbol{\varepsilon}_2,\cdots,\boldsymbol{\varepsilon}_n)\boldsymbol{A},$$
$$(\boldsymbol{\beta}_1,\boldsymbol{\beta}_2,\cdots,\boldsymbol{\beta}_n)=(\boldsymbol{\alpha}_1,\boldsymbol{\alpha}_2,\cdots,\boldsymbol{\alpha}_n)\boldsymbol{B},$$

于是

$$(\boldsymbol{\beta}_1,\boldsymbol{\beta}_2,\cdots,\boldsymbol{\beta}_n)=(\boldsymbol{\alpha}_1,\boldsymbol{\alpha}_2,\cdots,\boldsymbol{\alpha}_n)\boldsymbol{B}=(\boldsymbol{\varepsilon}_1,\boldsymbol{\varepsilon}_2,\cdots,\boldsymbol{\varepsilon}_n)(\boldsymbol{AB}),$$

即由基 $\boldsymbol{\varepsilon}_1,\boldsymbol{\varepsilon}_2,\cdots,\boldsymbol{\varepsilon}_n$ 到基 $\boldsymbol{\beta}_1,\boldsymbol{\beta}_2,\cdots,\boldsymbol{\beta}_n$ 的过渡矩阵为 $\boldsymbol{AB}$.

**【例 4】** 设

$$\boldsymbol{\varepsilon}_1=(1,0,-1),\boldsymbol{\varepsilon}_2=(2,1,1),\boldsymbol{\varepsilon}_3=(1,1,1);$$
$$\boldsymbol{\eta}_1=(0,1,1),\boldsymbol{\eta}_2=(-1,1,0),\boldsymbol{\eta}_3=(1,2,1).$$

① 证明 $\boldsymbol{\varepsilon}_1,\boldsymbol{\varepsilon}_2,\boldsymbol{\varepsilon}_3$ 与 $\boldsymbol{\eta}_1,\boldsymbol{\eta}_2,\boldsymbol{\eta}_3$ 为 $F^3$ 的两组基;

② 求由基 $\boldsymbol{\varepsilon}_1,\boldsymbol{\varepsilon}_2,\boldsymbol{\varepsilon}_3$ 到 $\boldsymbol{\eta}_1,\boldsymbol{\eta}_2,\boldsymbol{\eta}_3$ 的过渡矩阵;

③ 求 $\boldsymbol{\xi}=(1,2,3)$在基 $\boldsymbol{\varepsilon}_1,\boldsymbol{\varepsilon}_2,\boldsymbol{\varepsilon}_3$ 下的坐标.

**【解】** ① 由

$$\begin{vmatrix}1&2&1\\0&1&1\\-1&1&1\end{vmatrix}=-1,\begin{vmatrix}0&-1&1\\1&1&2\\1&0&1\end{vmatrix}=-2$$

知 $R\{\boldsymbol{\varepsilon}_1,\boldsymbol{\varepsilon}_2,\boldsymbol{\varepsilon}_3\}=R\{\boldsymbol{\eta}_1,\boldsymbol{\eta}_2,\boldsymbol{\eta}_3\}=3$，从而 $\boldsymbol{\varepsilon}_1,\boldsymbol{\varepsilon}_2,\boldsymbol{\varepsilon}_3$ 和 $\boldsymbol{\eta}_1,\boldsymbol{\eta}_2,\boldsymbol{\eta}_3$ 都是线性无关的，又因为 $F^3$ 的维数为 3，所以 $\boldsymbol{\varepsilon}_1,\boldsymbol{\varepsilon}_2,\boldsymbol{\varepsilon}_3$ 和 $\boldsymbol{\eta}_1,\boldsymbol{\eta}_2,\boldsymbol{\eta}_3$ 都是 $F^3$ 的基.

② 设$(\boldsymbol{\varepsilon}_1,\boldsymbol{\varepsilon}_2,\boldsymbol{\varepsilon}_3)\boldsymbol{A}=(\boldsymbol{\eta}_1,\boldsymbol{\eta}_2,\boldsymbol{\eta}_3)$，由

$$\left(\begin{array}{ccc:ccc}1&2&1&0&-1&1\\0&1&1&1&1&2\\-1&1&1&1&0&1\end{array}\right)\xrightarrow{r}\left(\begin{array}{ccc:ccc}1&0&0&0&1&1\\0&1&0&-1&-3&-2\\0&0&1&2&4&4\end{array}\right)$$

知由基 $\boldsymbol{\varepsilon}_1,\boldsymbol{\varepsilon}_2,\boldsymbol{\varepsilon}_3$ 到 $\boldsymbol{\eta}_1,\boldsymbol{\eta}_2,\boldsymbol{\eta}_3$ 的过渡矩阵为 $\boldsymbol{A}=\begin{pmatrix}0&1&1\\-1&-3&-2\\2&4&4\end{pmatrix}$.

③ 设 $x_1\boldsymbol{\varepsilon}_1+x_2\boldsymbol{\varepsilon}_2+x_3\boldsymbol{\varepsilon}_3=\boldsymbol{\xi}$，由

$$\left(\begin{array}{ccc:c}1&2&1&1\\0&1&1&2\\-1&1&1&3\end{array}\right)\xrightarrow{r}\left(\begin{array}{ccc:c}1&0&0&-1\\0&1&0&0\\0&0&1&2\end{array}\right)$$

得 $\boldsymbol{\xi}$ 在基 $\boldsymbol{\varepsilon}_1,\boldsymbol{\varepsilon}_2,\boldsymbol{\varepsilon}_3$ 下的坐标为$(-1,0,2)^{\mathrm{T}}$.

# 7.3 线性子空间及其运算

## 7.3.1 线性子空间

这一节讨论线性空间的子集合. 这些子集中最值得关心的是那些和整个线性空间一样有着完美的代数结构的集合，亦即子空间.

**定义 1** 设 $V$ 是数域 $F$ 上的线性空间，$W$ 是 $V$ 的非空子集. 如果 $W$ 对于 $V$ 的两种运算(加法和数乘)也构成数域 $F$ 上的一个线性空间，则称 $W$ 是 $V$ 的一个线性子空间(linear subspace)，简称为子空间.

**定理 1** 数域 $F$ 上线性空间 $V$ 的非空子集 $W$ 是 $V$ 的一个子空间的充分必要条件是 $W$ 关于 $V$ 的两种运算封闭，即：

① 如果 $\boldsymbol{\alpha},\boldsymbol{\beta}\in W$，则 $\boldsymbol{\alpha}+\boldsymbol{\beta}\in W$；

② 如果 $\boldsymbol{\alpha}\in W, k\in F$，则 $k\boldsymbol{\alpha}\in W$.

**【证】** 必要性由线性子空间的定义即得. 现在证明充分性. 设 $W$ 关于 $V$ 的两种运算满足上面的封闭性条件①和② . 下面定义验证 $W$ 是线性空间. 首先注意到 $W$ 的加法和数乘都是 $V$ 的运算，因而 $W$ 关于加法满足线性空间定义中的①②，关于数乘满足线性空间定义中的⑤至⑧.

由于 $W$ 非空，则有 $\boldsymbol{\alpha}\in W$. 因为 $W$ 运算封闭，所以 $0\boldsymbol{\alpha}\in W$；又因为 $\boldsymbol{\alpha}$ 作为 $V$ 的向量有 $0\boldsymbol{\alpha}=\boldsymbol{0}$，所以 $\boldsymbol{0}\in W$，于是 $V$ 的零元也是 $W$ 的零元，即证明了线性空间定义中的③ .

对于任意的 $\boldsymbol{\alpha}\in W$，由 $W$ 的封闭性条件知 $(-1)\boldsymbol{\alpha}\in W$. 又因为 $\boldsymbol{\alpha}$ 作为 $V$ 的向量，有 $-\boldsymbol{\alpha}=(-1)\boldsymbol{\alpha}$，从而 $\boldsymbol{\alpha}$ 在 $V$ 中的负元也是 $\alpha$ 在 $W$ 的负元，即证明线性空间定义中的④ .

因此，$W$ 是数域 $F$ 上的线性空间，也是 $V$ 的子空间.

下面给出几个子空间的例子.

① $\{\boldsymbol{0}\}$ 是线性空间 $V$ 的一个子空间，称之为 $V$ 的零子空间，记为 $O$；$V$ 是 $V$ 的一个子空间. $O$ 与 $V$ 称为 $V$ 的平凡子空间(trivial subspace)，其余的称为 $V$ 的非平凡子空间.

② 设 $\boldsymbol{A}=(a_{ij})_{mn}$ 是数域 $F$ 上的矩阵，则齐次线性方程组 $\boldsymbol{Ax}=\boldsymbol{0}$ 的解集合 $S=\{\boldsymbol{x}\in F^n \mid \boldsymbol{Ax}=\boldsymbol{0}\}$ 是 $F^n$ 的一个子空间. 但是非齐次线性方程组 $\boldsymbol{Ax}=\boldsymbol{b}(\boldsymbol{b}\neq\boldsymbol{0})$ 的解集合不是 $F^n$ 的子空间，因为它不包含零向量.

③ 数域 $F$ 上所有次数小于 $n$ 的一元多项式和零多项式组成的集合 $F[t]_n$ 是一元多项式空间 $F[t]$ 的一个子空间.

**定义 2** 设 $\boldsymbol{\alpha}_1,\boldsymbol{\alpha}_2,\cdots,\boldsymbol{\alpha}_s$ 是数域 $F$ 上线性空间 $V$ 的向量. 集合

$$\{k_1\boldsymbol{\alpha}_1+k_2\boldsymbol{\alpha}_2+\cdots+k_s\boldsymbol{\alpha}_s \mid k_i\in F, i=1,\cdots,s\}$$

是 $V$ 的子空间，称之为由 $\boldsymbol{\alpha}_1,\boldsymbol{\alpha}_2,\cdots,\boldsymbol{\alpha}_s$ 生成的子空间，记为 $\mathrm{Span}\{\boldsymbol{\alpha}_1,\boldsymbol{\alpha}_2,\cdots,\boldsymbol{\alpha}_s\}$.

**命题 1** 设 $\boldsymbol{\alpha}_{i_1},\boldsymbol{\alpha}_{i_2},\cdots,\boldsymbol{\alpha}_{i_r}$ 是向量组 $\boldsymbol{\alpha}_1,\boldsymbol{\alpha}_2,\cdots,\boldsymbol{\alpha}_s$ 的一个极大线性无关组，则：

① $\mathrm{Span}\{\boldsymbol{\alpha}_1,\boldsymbol{\alpha}_2,\cdots,\boldsymbol{\alpha}_s\}=\mathrm{Span}\{\boldsymbol{\alpha}_{i_1},\boldsymbol{\alpha}_{i_2},\cdots,\boldsymbol{\alpha}_{i_r}\}$；

② $\boldsymbol{\alpha}_{i_1},\boldsymbol{\alpha}_{i_2},\cdots,\boldsymbol{\alpha}_{i_r}$ 是 $\mathrm{Span}\{\boldsymbol{\alpha}_1,\boldsymbol{\alpha}_2,\cdots,\boldsymbol{\alpha}_s\}$ 的一组基；

③ $\dim\mathrm{Span}\{\boldsymbol{\alpha}_1,\boldsymbol{\alpha}_2,\cdots,\boldsymbol{\alpha}_s\}=\dim\mathrm{Span}\{\boldsymbol{\alpha}_{i_1},\boldsymbol{\alpha}_{i_2},\cdots,\boldsymbol{\alpha}_{i_r}\}$ .

【证】 ① 显然 $\mathrm{Span}\{\boldsymbol{\alpha}_{i_1},\boldsymbol{\alpha}_{i_2},\cdots,\boldsymbol{\alpha}_{i_r}\}\subset\mathrm{Span}\{\boldsymbol{\alpha}_1,\boldsymbol{\alpha}_2,\cdots,\boldsymbol{\alpha}_s\}$. 下面证明集合的反向包含关系成立. 任取 $\boldsymbol{\beta}\in\mathrm{Span}\{\boldsymbol{\alpha}_1,\boldsymbol{\alpha}_2,\cdots,\boldsymbol{\alpha}_s\}$，则 $\boldsymbol{\beta}$ 可由 $\boldsymbol{\alpha}_1,\boldsymbol{\alpha}_2,\cdots,\boldsymbol{\alpha}_s$ 线性表示. 又因为 $\boldsymbol{\alpha}_{i_1},\boldsymbol{\alpha}_{i_2},\cdots,\boldsymbol{\alpha}_{i_r}$ 与 $\boldsymbol{\alpha}_1,\boldsymbol{\alpha}_2,\cdots,\boldsymbol{\alpha}_s$ 等价，所以 $\boldsymbol{\beta}$ 可由 $\boldsymbol{\alpha}_{i_1},\boldsymbol{\alpha}_{i_2},\cdots,\boldsymbol{\alpha}_{i_r}$ 线性表示，即表明 $\boldsymbol{\beta}\in\mathrm{Span}\{\boldsymbol{\alpha}_{i_1},\boldsymbol{\alpha}_{i_2},\cdots,\boldsymbol{\alpha}_{i_r}\}$.

② 因为 $\boldsymbol{\alpha}_{i_1},\boldsymbol{\alpha}_{i_2},\cdots,\boldsymbol{\alpha}_{i_r}$ 是 $\boldsymbol{\alpha}_1,\boldsymbol{\alpha}_2,\cdots,\boldsymbol{\alpha}_s$ 的极大线性无关组，所以它本身是线性无关的. 由①知任意 $\mathrm{Span}\{\boldsymbol{\alpha}_1,\boldsymbol{\alpha}_2,\cdots,\boldsymbol{\alpha}_s\}$ 的向量都可以由 $\boldsymbol{\alpha}_{i_1},\boldsymbol{\alpha}_{i_2},\cdots,\boldsymbol{\alpha}_{i_r}$ 线性表示，从而 $\boldsymbol{\alpha}_{i_1},\boldsymbol{\alpha}_{i_2},\cdots,\boldsymbol{\alpha}_{i_r}$ 是 $\mathrm{Span}\{\boldsymbol{\alpha}_1,\boldsymbol{\alpha}_2,\cdots,\boldsymbol{\alpha}_s\}$ 的一组基.

③ 由② 的结论即知.

【例 1】 设 $\boldsymbol{e}_1=(1,0,0)^{\mathrm{T}},\boldsymbol{e}_2=(0,1,0)^{\mathrm{T}},\boldsymbol{e}_3=(0,0,1)^{\mathrm{T}},\boldsymbol{\alpha}=(1,2,3)^{\mathrm{T}}$，则

$$\mathrm{Span}\{\boldsymbol{e}_1\}=\{x_1\boldsymbol{e}_1\mid x_1\in\mathbf{R}\}=\{(x_1,0,0)^{\mathrm{T}}\mid x_1\in\mathbf{R}\};$$

$$\mathrm{Span}\{\boldsymbol{e}_1,\boldsymbol{e}_2\}=\{x_1\boldsymbol{e}_1+x_2\boldsymbol{e}_2\mid x_1,x_2\in\mathbf{R}\}=\{(x_1,x_2,0)^{\mathrm{T}}\mid x_1,x_2\in\mathbf{R}\};$$

$$\mathrm{Span}\{\boldsymbol{e}_1,\boldsymbol{e}_2,\boldsymbol{e}_3,\boldsymbol{\alpha}\}=\mathrm{Span}\{\boldsymbol{e}_1,\boldsymbol{e}_2,\boldsymbol{e}_3\}=\mathbf{R}^3.$$

**命题 2** 设 $\boldsymbol{\varepsilon}_1,\boldsymbol{\varepsilon}_2,\cdots,\boldsymbol{\varepsilon}_n$ 是线性空间 $V$ 的一组基，则 $V=\mathrm{Span}\{\boldsymbol{\varepsilon}_1,\boldsymbol{\varepsilon}_2,\cdots,\boldsymbol{\varepsilon}_n\}$.

【证】 显然 $\mathrm{Span}\{\boldsymbol{\varepsilon}_1,\boldsymbol{\varepsilon}_2,\cdots,\boldsymbol{\varepsilon}_n\}\subset V$. 反之，设 $\boldsymbol{\beta}\in V$，它一定可以表示为 $\boldsymbol{\beta}=x_1\boldsymbol{\varepsilon}_1+x_2\boldsymbol{\varepsilon}_2+\cdots+x_n\boldsymbol{\varepsilon}_n\in\mathrm{Span}\{\boldsymbol{\varepsilon}_1,\boldsymbol{\varepsilon}_2,\cdots,\boldsymbol{\varepsilon}_n\}$，从而 $V\subset\mathrm{Span}\{\boldsymbol{\varepsilon}_1,\boldsymbol{\varepsilon}_2,\cdots,\boldsymbol{\varepsilon}_n\}$.

**定理 2** 设 $W$ 是 $n$ 维线性空间 $V$ 的一个非零子空间，则 $W$ 的任何一组基都可以扩充为 $V$ 的一组基.

【证】 设 $\boldsymbol{\varepsilon}_1,\boldsymbol{\varepsilon}_2,\cdots,\boldsymbol{\varepsilon}_r$ 是 $W$ 的一组基. 如果 $r=n$，则 $\boldsymbol{\varepsilon}_1,\boldsymbol{\varepsilon}_2,\cdots,\boldsymbol{\varepsilon}_r$ 也是 $V$ 的一组基. 下设 $r<n$. 一定可以找到向量 $\boldsymbol{\varepsilon}_{r+1}\in V-W$，使得 $\boldsymbol{\varepsilon}_1,\boldsymbol{\varepsilon}_2,\cdots,\boldsymbol{\varepsilon}_r,\boldsymbol{\varepsilon}_{r+1}$ 线性无关；否则，对每个向量 $\boldsymbol{\beta}\in V-W$，$\boldsymbol{\varepsilon}_1,\cdots,\boldsymbol{\varepsilon}_r,\boldsymbol{\beta}$ 线性相关，从而 $\boldsymbol{\varepsilon}_1,\boldsymbol{\varepsilon}_2,\cdots,\boldsymbol{\varepsilon}_r$ 是 $V$ 的一组基，这与 $V$ 的维数是 $n$ 矛盾.

如果 $r+1=n$，则 $\boldsymbol{\varepsilon}_1,\boldsymbol{\varepsilon}_2,\cdots,\boldsymbol{\varepsilon}_r,\boldsymbol{\varepsilon}_{r+1}$ 就是 $V$ 的一组基. 如果 $r+1<n$，令 $W_1=\mathrm{Span}\{\boldsymbol{\varepsilon}_1,\boldsymbol{\varepsilon}_2,\cdots,\boldsymbol{\varepsilon}_{r+1}\}$，于是又可以在 $V-W_1$ 中找到一向量 $\boldsymbol{\varepsilon}_{r+2}$，使得 $\boldsymbol{\varepsilon}_1,\cdots,\boldsymbol{\varepsilon}_{r+1},\boldsymbol{\varepsilon}_{r+2}$ 线性无关. 如果 $r+2=n$，则 $\boldsymbol{\varepsilon}_1,\cdots,\boldsymbol{\varepsilon}_{r+1},\boldsymbol{\varepsilon}_{r+2}$ 就是 $V$ 的一组基. 如果 $r+2<n$，则继续上面的做法，有限步骤后，得到 $\boldsymbol{\varepsilon}_1,\cdots,\boldsymbol{\varepsilon}_r,\boldsymbol{\varepsilon}_{r+1},\cdots,\boldsymbol{\varepsilon}_n$ 为 $V$ 的一组基.

### 7.3.2 子空间的交与和

下面介绍子空间的交与和的运算.

**定理 3** 设 $W_1,W_2$ 是数域 $F$ 上线性空间 $V$ 的子空间，则子空间 $W_1,W_2$ 的交集 $W_1\cap W_2$ 也是 $V$ 的子空间.

【证】 因为 $\mathbf{0}\in W_1\cap W_2$，所以 $W_1\cap W_2$ 是非空开集. 设 $\boldsymbol{\alpha},\boldsymbol{\beta}\in W_1\cap W_2$，则 $\boldsymbol{\alpha},\boldsymbol{\beta}\in W_1$，且 $\boldsymbol{\alpha},\boldsymbol{\beta}\in W_2$. 由于 $W_1,W_2$ 是子空间，因此 $\boldsymbol{\alpha}+\boldsymbol{\beta}\in W_1$，$\boldsymbol{\alpha}+\boldsymbol{\beta}\in W_2$，从而 $\boldsymbol{\alpha}+\boldsymbol{\beta}\in W_1\cap W_2$. 最后，对任意的 $k\in F$，$k\boldsymbol{\alpha}\in W_1,k\boldsymbol{\alpha}\in W_2$，所以 $k\boldsymbol{\alpha}\in W_1\cap W_2$. 根据定理 1，$W_1\cap W_2$ 是 $V$ 的子空间.

【例 2】 在 $\mathbf{R}^2$ 中考虑子空间 $W_1=\{(x_1,0)^{\mathrm{T}}\mid x_1\in\mathbf{R}\}$ 与 $W_2=\{(0,x_2)^{\mathrm{T}}\mid x_2\in\mathbf{R}\}$. 显然向量 $\boldsymbol{e}_1=(1,0)^{\mathrm{T}}\in W_1,\boldsymbol{e}_2=(0,1)^{\mathrm{T}}\in W_2$，但是 $\boldsymbol{e}_1+\boldsymbol{e}_2=(1,1)^{\mathrm{T}}\notin W_1\cup W_2$. 这表明子空间的并集 $W_1\cup W_2$ 关于加法不封闭，从而不是子空间.

**定理 4** 设 $W_1,W_2$ 是数域 $F$ 上线性空间 $V$ 的子空间，则

$$W_1+W_2=\{\boldsymbol{\alpha}_1+\boldsymbol{\alpha}_2\mid\boldsymbol{\alpha}_1\in W_1,\boldsymbol{\alpha}_2\in W_2\}$$

是 $V$ 的子空间. 称之为 $W_1$ 与 $W_2$ 的和(sum)空间.

【证】 由于 $\mathbf{0}=\mathbf{0}+\mathbf{0}\in W_1+W_2$，所以 $W_1+W_2$ 非空集. 设 $\boldsymbol{\alpha},\boldsymbol{\beta}\in W_1+W_2$，则 $\boldsymbol{\alpha}=\boldsymbol{\alpha}_1+\boldsymbol{\alpha}_2,\boldsymbol{\beta}=\boldsymbol{\beta}_1+\boldsymbol{\beta}_2$，其中 $\boldsymbol{\alpha}_1,\boldsymbol{\beta}_1\in W_1,\boldsymbol{\alpha}_2,\boldsymbol{\beta}_2\in W_2$. 因为 $W_1,W_2$ 是子空间，所以 $\boldsymbol{\alpha}_1+\boldsymbol{\beta}_1\in W_1$，$\boldsymbol{\alpha}_2+\boldsymbol{\beta}_2\in W_2$，于是

$$\boldsymbol{\alpha}+\boldsymbol{\beta}=(\boldsymbol{\alpha}_1+\boldsymbol{\alpha}_2)+(\boldsymbol{\beta}_1+\boldsymbol{\beta}_2)=(\boldsymbol{\alpha}_1+\boldsymbol{\beta}_1)+(\boldsymbol{\alpha}_2+\boldsymbol{\beta}_2)\in W_1+W_2.$$

对任意的 $k\in F$，$k\boldsymbol{\alpha}_1\in W_1,k\boldsymbol{\alpha}_2\in W_2$，于是

$$k\boldsymbol{\alpha}=k(\boldsymbol{\alpha}_1+\boldsymbol{\alpha}_2)=k\boldsymbol{\alpha}_1+k\boldsymbol{\alpha}_2\in W_1+W_2.$$

根据定理 1 知，$W_1+W_2$ 是 $V$ 的子空间.

**命题 3** 设 $\boldsymbol{\alpha}_1,\boldsymbol{\alpha}_2,\cdots,\boldsymbol{\alpha}_s$；$\boldsymbol{\beta}_1,\boldsymbol{\beta}_2,\cdots,\boldsymbol{\beta}_t$ 都是线性空间 $V$ 中的向量，则

$$\mathrm{Span}\{\boldsymbol{\alpha}_1,\boldsymbol{\alpha}_2,\cdots,\boldsymbol{\alpha}_s\}+\mathrm{Span}\{\boldsymbol{\beta}_1,\boldsymbol{\beta}_2,\cdots,\boldsymbol{\beta}_t\}=\mathrm{Span}\{\boldsymbol{\alpha}_1,\boldsymbol{\alpha}_2,\cdots,\boldsymbol{\alpha}_s;\boldsymbol{\beta}_1,\boldsymbol{\beta}_2,\cdots,\boldsymbol{\beta}_t\}.$$

【证】

$$\begin{aligned}&\mathrm{Span}\{\boldsymbol{\alpha}_1,\boldsymbol{\alpha}_2,\cdots,\boldsymbol{\alpha}_s\}+\mathrm{Span}\{\boldsymbol{\beta}_1,\boldsymbol{\beta}_2,\cdots,\boldsymbol{\beta}_t\}\\&=\{(k_1\boldsymbol{\alpha}_1+\cdots+k_s\boldsymbol{\alpha}_s)+(l_1\boldsymbol{\beta}_1+\cdots+l_t\boldsymbol{\beta}_t)\mid k_i,l_j\in F\}\\&=\mathrm{Span}\{\boldsymbol{\alpha}_1,\boldsymbol{\alpha}_2,\cdots,\boldsymbol{\alpha}_s;\boldsymbol{\beta}_1,\boldsymbol{\beta}_2,\cdots,\boldsymbol{\beta}_t\}.\end{aligned}$$

子空间的交与和有如下的集合包含关系：

$$W_1\cap W_2\subseteq W_1(\text{或 }W_2)\subseteq W_1\cup W_2\subseteq W_1+W_2,$$

且有如下的维数定理.

**定理 5(维数公式)** 设 $W_1,W_2$ 是线性空间 $V$ 的子空间，则

$$\dim W_1+\dim W_2=\dim(W_1\cap W_2)+\dim(W_1+W_2). \tag{7.3}$$

【证】 设 $\dim W_1=n_1,\dim W_2=n_2,\dim(W_1\cap W_2)=m$，显然 $m\leqslant n_1,m\leqslant n_2$. 如果 $m\neq 0$，取 $W_1\cap W_2$ 的一组基 $\boldsymbol{\alpha}_1,\boldsymbol{\alpha}_2,\cdots,\boldsymbol{\alpha}_m$，并把它分别扩充为 $W_1,W_2$ 的一组基

$$\boldsymbol{\alpha}_1,\boldsymbol{\alpha}_2,\cdots,\boldsymbol{\alpha}_m,\boldsymbol{\beta}_1,\cdots,\boldsymbol{\beta}_{n_1-m};$$

$$\boldsymbol{\alpha}_1,\boldsymbol{\alpha}_2,\cdots,\boldsymbol{\alpha}_m,\boldsymbol{\gamma}_1,\cdots,\boldsymbol{\gamma}_{n_2-m},$$

于是 $W_1=\mathrm{Span}\{\boldsymbol{\alpha}_1,\boldsymbol{\alpha}_2,\cdots,\boldsymbol{\alpha}_m,\boldsymbol{\beta}_1,\cdots,\boldsymbol{\beta}_{n_1-m}\}$，$W_2=\mathrm{Span}\{\boldsymbol{\alpha}_1,\boldsymbol{\alpha}_2,\cdots,\boldsymbol{\alpha}_m,\boldsymbol{\gamma}_1,\cdots,\boldsymbol{\gamma}_{n_2-m}\}$，且

$$W_1+W_2=\mathrm{Span}\{\boldsymbol{\alpha}_1,\boldsymbol{\alpha}_2,\cdots,\boldsymbol{\alpha}_m,\boldsymbol{\beta}_1,\cdots,\boldsymbol{\beta}_{n_1-m},\boldsymbol{\gamma}_1,\cdots,\boldsymbol{\gamma}_{n_2-m}\}.$$

下面证 $\boldsymbol{\alpha}_1,\cdots,\boldsymbol{\alpha}_m,\boldsymbol{\beta}_1,\cdots,\boldsymbol{\beta}_{n_1-m},\boldsymbol{\gamma}_1,\cdots,\boldsymbol{\gamma}_{n_2-m}$ 线性无关. 为此，设

$$k_1\boldsymbol{\alpha}_1+\cdots+k_m\boldsymbol{\alpha}_m+p_1\boldsymbol{\beta}_1+\cdots+p_{n_1-m}\boldsymbol{\beta}_{n_1-m}+q_1\boldsymbol{\gamma}_1+\cdots+q_{n_2-m}\boldsymbol{\gamma}_{n_2-m}=\mathbf{0}, \tag{7.4}$$

上式可写为

$$q_1\boldsymbol{\gamma}_1+\cdots+q_{n_2-m}\boldsymbol{\gamma}_{n_2-m}=-k_1\boldsymbol{\alpha}_1-\cdots-k_m\boldsymbol{\alpha}_m-p_1\boldsymbol{\beta}_1-\cdots-p_{n_1-m}\boldsymbol{\beta}_{n_1-m}, \tag{7.5}$$

式(7.5)中等式的左边向量属于 $W_2$，因为等式右边的向量属于 $W_1$，所以左边的向量属于 $W_1\cap W_2$，从而它可以由 $\boldsymbol{\alpha}_1,\boldsymbol{\alpha}_2,\cdots,\boldsymbol{\alpha}_m$ 线性表示，即

$$q_1\boldsymbol{\gamma}_1+\cdots+q_{n_2-m}\boldsymbol{\gamma}_{n_2-m}=l_1\boldsymbol{\alpha}_1+\cdots+l_m\boldsymbol{\alpha}_m,$$

对上式移项，有

$$-l_1\boldsymbol{\alpha}_1-\cdots-l_m\boldsymbol{\alpha}_m+q_1\boldsymbol{\gamma}_1+\cdots+q_{n_2-m}\boldsymbol{\gamma}_{n_2-m}=\mathbf{0}.$$

由于 $\boldsymbol{\alpha}_1,\boldsymbol{\alpha}_2,\cdots,\boldsymbol{\alpha}_m,\boldsymbol{\gamma}_1,\cdots,\boldsymbol{\gamma}_{n_2-m}$ 是 $W_2$ 的基，因此线性无关，从而由上式知系数都为 0，特别的

$$q_1=q_2=\cdots=q_{n_2-m}=0. \tag{7.6}$$

将式(7.6)代入式(7.4)，有

$$k_1\boldsymbol{\alpha}_1+\cdots+k_m\boldsymbol{\alpha}_m+p_1\boldsymbol{\beta}_1+\cdots+p_{n_1-m}\boldsymbol{\beta}_{n_1-m}=\mathbf{0},$$

再由 $\boldsymbol{\alpha}_1,\boldsymbol{\alpha}_2,\cdots,\boldsymbol{\alpha}_m,\boldsymbol{\beta}_1,\cdots,\boldsymbol{\beta}_{n_1-m}$ 是 $W_1$ 的基知

$$k_1=\cdots=k_m=0,p_1=\cdots=p_{n_1-m}=0. \tag{7.7}$$

因此，式(7.6)和式(7.7)表明只有系数都为 0 式(7.4)成立，从而向量组 $\boldsymbol{\alpha}_1,\cdots,\boldsymbol{\alpha}_m,\boldsymbol{\beta}_1,\cdots,\boldsymbol{\beta}_{n_1-m},\boldsymbol{\gamma}_1,\cdots,\boldsymbol{\gamma}_{n_2-m}$ 是线性无关的. 由此，它是 $W_1+W_2$ 的一组基，故 $\dim(W_1+W_2)=n_1+n_2-m$，这就证明了式(7.3).

**【例 3】** 已知

$\boldsymbol{\alpha}_1=(2,5,-1,-5),\boldsymbol{\alpha}_2=(-1,2,-2,-3),\boldsymbol{\beta}_1=(2,0,-1,2),\boldsymbol{\beta}_2=(1,3,2,-4)$.
求 $W_1=\mathrm{Span}\{\boldsymbol{\alpha}_1,\boldsymbol{\alpha}_2\}$ 及 $W_2=\mathrm{Span}\{\boldsymbol{\beta}_1,\boldsymbol{\beta}_2\}$ 的交与和，并分别求它们的维数和一组基.

**【解】** (1)$W_1+W_2=\mathrm{Span}\{\boldsymbol{\alpha}_1,\boldsymbol{\alpha}_2,\boldsymbol{\beta}_1,\boldsymbol{\beta}_2\}$，将向量 $\boldsymbol{\alpha}_1,\boldsymbol{\alpha}_2,\boldsymbol{\beta}_1,\boldsymbol{\beta}_2$ 写成列并做初等行变换，

$$(\boldsymbol{\alpha}_1,\boldsymbol{\alpha}_2,\boldsymbol{\beta}_1,\boldsymbol{\beta}_2)=\begin{pmatrix}2&-1&2&1\\5&2&0&3\\-1&-2&-1&2\\-5&-3&2&-4\end{pmatrix}\xrightarrow{r}\begin{pmatrix}1&0&0&1\\0&1&0&-1\\0&0&1&-1\\0&0&0&0\end{pmatrix},$$

于是 $\boldsymbol{\alpha}_1,\boldsymbol{\alpha}_2,\boldsymbol{\beta}$ 是向量组 $\boldsymbol{\alpha}_1,\boldsymbol{\alpha}_2,\boldsymbol{\beta}_1,\boldsymbol{\beta}_2$ 的一个极大线性无关组，从而它是 $W_1+W_2$ 的一组基.

(2)下面讨论交. 任取 $\boldsymbol{\alpha}\in\mathrm{Span}\{\boldsymbol{\alpha}_1,\boldsymbol{\alpha}_2\}\cap\mathrm{Span}\{\boldsymbol{\beta}_1,\boldsymbol{\beta}_2\}$，则

$$\boldsymbol{\alpha}=x_1\boldsymbol{\alpha}_1+x_2\boldsymbol{\alpha}_2=-y_1\boldsymbol{\beta}_1-y_2\boldsymbol{\beta}_2,$$

即

$$x_1\boldsymbol{\alpha}_1+x_2\boldsymbol{\alpha}_2+y_1\boldsymbol{\beta}_1+y_2\boldsymbol{\beta}_2=0,$$

或

$$\begin{pmatrix}2&-1&2&1\\5&2&0&3\\-1&-2&-1&2\\-5&-3&2&-4\end{pmatrix}\begin{pmatrix}x_1\\x_2\\y_1\\y_2\end{pmatrix}=\begin{pmatrix}0\\0\\0\\0\end{pmatrix},$$

解之得通解 $c(-1,1,1,1)^{\mathrm{T}}$，即 $x_1=-c,x_2=c,y_1=c,y_2=c$，其中 $c$ 为任意常数. 于是 $\boldsymbol{\alpha}$ 可表示为 $\boldsymbol{\alpha}=-c(\boldsymbol{\alpha}_1-\boldsymbol{\alpha}_2)$，从而

$$\boldsymbol{\xi}=\boldsymbol{\alpha}_1-\boldsymbol{\alpha}_2=(3,3,1,-2)$$

是交 $W_1\cap W_2$ 的一组基.

**定义 3** 设 $W_1,W_2$ 是数域 $F$ 上线性空间 $V$ 的子空间，如果 $W_1+W_2$ 中每一个向量 $\boldsymbol{\alpha}$ 能唯一表示成

$$\boldsymbol{\alpha}=\boldsymbol{\alpha}_1+\boldsymbol{\alpha}_2,\boldsymbol{\alpha}_1\in W_1,\boldsymbol{\alpha}_2\in W_2,$$

则称 $W_1+W_2$ 是直和(direct sum)，记为 $W_1\oplus W_2$.

下面给出两个子空间的和是直和的充分必要条件.

**定理 6** 设 $W_1,W_2$ 是线性空间 $V$ 的子空间，则下列命题互相等价：

① $W_1+W_2$ 是直和；

② $W_1+W_2$ 中的零向量分解唯一，即：如果 $\mathbf{0}=\boldsymbol{\alpha}_1+\boldsymbol{\alpha}_2,\boldsymbol{\alpha}_1\in W_1,\boldsymbol{\alpha}_2\in W_2$，则必有 $\boldsymbol{\alpha}_1=\mathbf{0},\boldsymbol{\alpha}_2=\mathbf{0}$；

③ $W_1\cap W_2=\{\mathbf{0}\}$；

④ $\dim(W_1+W_2)=\dim W_1+\dim W_2$.

【证】 ① ⇒② 显然.

② ⇒③ . 任取 $\boldsymbol{\alpha}\in W_1\cap W_2$. 因为零向量可表示成 $\mathbf{0}=\boldsymbol{\alpha}+(-\boldsymbol{\alpha})$, $\boldsymbol{\alpha}\in W_1$, $-\boldsymbol{\alpha}\in W_2$, 因此由② 知 $\boldsymbol{\alpha}=\mathbf{0}$, 即证明 $W_1\cap W_2=\{\mathbf{0}\}$.

③ ⇔④ 因为维数为 0 的线性子空间只能是零空间$\{\mathbf{0}\}$, 所以 $W_1\cap W_2=\{\mathbf{0}\}$当且仅当 $\dim(W_1\cap W_2)=0$. 根据维数公式可知③ ⇔④ .

③ ⇒① 任取 $\boldsymbol{\alpha}\in W_1+W_2$. 设 $\boldsymbol{\alpha}$ 有两种表示式, 即 $\boldsymbol{\alpha}=\boldsymbol{\alpha}_1+\boldsymbol{\alpha}_2=\boldsymbol{\beta}_1+\boldsymbol{\beta}_2$, 其中 $\boldsymbol{\alpha}_1,\boldsymbol{\beta}_1\in W_1$, $\boldsymbol{\alpha}_2,\boldsymbol{\beta}_2\in W_2$. 于是

$$\boldsymbol{\alpha}_1-\boldsymbol{\beta}_1=-\boldsymbol{\alpha}_2+\boldsymbol{\beta}_2.$$

因为 $W_1,W_2$ 是子空间, 所以上式左边属于 $W_1$, 右边属于 $W_2$, 从而 $\boldsymbol{\alpha}_1-\boldsymbol{\beta}_1=-\boldsymbol{\alpha}_2+\boldsymbol{\beta}_2\in W_1\cap W_2$. 由③ 知 $\boldsymbol{\alpha}_1-\boldsymbol{\beta}_1=-\boldsymbol{\alpha}_2+\boldsymbol{\beta}_2=\mathbf{0}$, 因此 $\boldsymbol{\alpha}_1=\boldsymbol{\beta}_1,\boldsymbol{\alpha}_2=\boldsymbol{\beta}_2$.

【例 4】 设 $\boldsymbol{\varepsilon}_1,\cdots,\boldsymbol{\varepsilon}_r,\boldsymbol{\varepsilon}_{r+1},\cdots,\boldsymbol{\varepsilon}_s$ 是线性空间 $V$ 的线性无关组,

$$W_1=\mathrm{Span}\{\boldsymbol{\varepsilon}_1,\cdots,\boldsymbol{\varepsilon}_r\},W_2=\mathrm{Span}\{\boldsymbol{\varepsilon}_{r+1},\cdots,\boldsymbol{\varepsilon}_s\},$$

则 $W_1+W_2$ 是直和.

【证】 设 $\boldsymbol{\alpha}\in W_1\cap W_2$, 则 $\boldsymbol{\alpha}=k_1\boldsymbol{\varepsilon}_1+\cdots+k_r\boldsymbol{\varepsilon}_r=l_{r+1}\boldsymbol{\varepsilon}_{r+1}+\cdots+l_s\boldsymbol{\varepsilon}_s$. 于是

$$k_1\boldsymbol{\varepsilon}_1+\cdots+k_r\boldsymbol{\varepsilon}_r-l_{r+1}\boldsymbol{\varepsilon}_{r+1}-\cdots-l_s\boldsymbol{\varepsilon}_s=\mathbf{0}.$$

根据向量组的线性无关性知 $k_1=\cdots=k_r=l_{r+1}=\cdots=l_s=0$, 从而 $\boldsymbol{\alpha}=\mathbf{0}$, 即 $W_1\cap W_2=\{\mathbf{0}\}$. 因此 $W_1+W_2$ 是直和.

对于多个子空间运算情形, 我们有如下的结论.

**定理 7** 设 $W_1,W_2,\cdots,W_s$ 是线性空间 $V$ 的子空间($s\geqslant 2$), 则它们的交

$$W_1\cap W_2\cap\cdots\cap W_s$$

与和

$$W_1+W_2+\cdots+W_s=\{\boldsymbol{\alpha}_1+\boldsymbol{\alpha}_2+\cdots+\boldsymbol{\alpha}_s\mid\boldsymbol{\alpha}_i\in W_i\quad(i=1,\cdots,s)\}$$

都是 $V$ 的子空间.

**定义 4** 设 $W_1,W_2,\cdots,W_s$ 是数域 $F$ 上线性空间 $V$ 的子空间, 如果 $W_1+W_2+\cdots+W_s$ 的每一个向量 $\boldsymbol{\alpha}$ 都可以唯一表示成

$$\boldsymbol{\alpha}=\boldsymbol{\alpha}_1+\boldsymbol{\alpha}_2+\cdots+\boldsymbol{\alpha}_s,\boldsymbol{\alpha}_i\in W_i\quad(i=1,\cdots,s),$$

则称 $W_1+W_2+\cdots+W_s$ 是直和, 记为 $W_1\oplus W_2\oplus\cdots\oplus W_s$.

**定理 8** 设 $W_1,W_2,\cdots,W_s$ 是数域 $F$ 上线性空间 $V$ 的子空间, 则下列命题互相等价:

① $W_1+W_2+\cdots+W_s$ 是直和;

② $W_1+W_2+\cdots+W_s$ 中零向量分解唯一, 即: 如果

$$\mathbf{0}=\boldsymbol{\alpha}_1+\boldsymbol{\alpha}_2+\cdots+\boldsymbol{\alpha}_s,\boldsymbol{\alpha}_i\in W_i\quad(i=1,\cdots,s),$$

则必有 $\boldsymbol{\alpha}_1=\boldsymbol{\alpha}_2=\cdots=\boldsymbol{\alpha}_s=\mathbf{0}$;

③ $W_i\cap\left(\sum\limits_{j\neq i}W_j\right)=\{\mathbf{0}\}$;

④ $\dim(W_1+W_2+\cdots+W_s)=\dim W_1+\dim W_2+\cdots+\dim W_s$.

【例 5】 在线性空间 $\mathbf{R}^3$ 中, $\boldsymbol{\varepsilon}_1,\boldsymbol{\varepsilon}_2,\boldsymbol{\varepsilon}_3$ 是三个基本单位向量. $W_i=\mathrm{Span}\{\boldsymbol{\varepsilon}_i\}$ $(i=1,2,3)$, 则 $W_1+W_2+W_3$ 是直和, 且 $\mathbf{R}^3=W_1\oplus W_2\oplus W_3$.

## 7.4 线性空间的同构

这一节中我们将揭示：有限维线性空间与 $n$ 维向量空间 $F^n$ 的代数结构是一样的.

首先回顾映射的概念. 设 $V,W$ 是两个集合，如果对 $V$ 中每一个元素 $x$ 在 $W$ 中都有唯一的元素 $y$ 与之对应，则称这种对应关系为一个由 $V$ 到 $W$ 的映射，记为 $\sigma$.

$$\sigma: x \mapsto y=\sigma(x)$$

称 $\sigma(V)=\{\sigma(x)\mid x\in V\}$ 为 $\sigma$ 的象集.

如果 $\sigma(V)=W$，则称 $\sigma$ 是满射(surjective)；如果由 $x_1\neq x_2$ 可得 $\sigma(x_1)\neq\sigma(x_2)$，则称 $\sigma$ 是单射(injective)；如果 $\sigma$ 既是单射又是满射，则称 $\sigma$ 是一一映射(bijective).

如果 $\sigma$ 是一一的，则其逆映射 $\sigma^{-1}$ 存在，且 $\sigma^{-1}$ 也是一一的. 如果 $\sigma_1,\sigma_2$ 分别是 $V$ 到 $W$，$W$ 到 $Z$ 的一一映射，则 $\sigma_2\circ\sigma_1$ 是 $V$ 到 $\mathbf{Z}$ 的一一映射.

**定义 1** 设 $V,W$ 都是数域 $F$ 上的线性空间，$\sigma$ 是 $V$ 到 $W$ 的一个映射. 如果 $\sigma$ 满足：

① $\sigma: V\to W$ 是一一映射；

② $\sigma$ 是线性映射，即对于任意的 $\boldsymbol{\alpha},\boldsymbol{\beta}\in V$，$k\in F$，有

$$\sigma(\boldsymbol{\alpha}+\boldsymbol{\beta})=\sigma(\boldsymbol{\alpha})+\sigma(\boldsymbol{\beta}),$$
$$\sigma(k\boldsymbol{\alpha})=k\sigma(\boldsymbol{\alpha}),$$

则称 $\sigma$ 是 $V$ 到 $W$ 的一个同构映射(isomorphism)，简称为同构. 如果数域 $F$ 上的线性空间 $V$ 与 $W$ 之间可以建立一个同构映射，则称 $V$ 与 $W$ 是同构的.

下面给出同构映射的一些性质.

**定理 1** 设 $\sigma$ 是数域 $F$ 上线性空间 $V$ 到 $W$ 的一个同构映射，则

① $\sigma(\mathbf{0})=\mathbf{0}$；

② $\sigma(-\boldsymbol{\alpha})=-\sigma(\boldsymbol{\alpha})$；

③ $\sigma(k_1\boldsymbol{\alpha}_1+\cdots+k_s\boldsymbol{\alpha}_s)=k_1\sigma(\boldsymbol{\alpha}_1)+\cdots+k_s\sigma(\boldsymbol{\alpha}_s)$，其中 $\boldsymbol{\alpha}_1,\cdots,\boldsymbol{\alpha}_s\in V,k_1,\cdots,k_s\in F$；

④ $V$ 中向量组 $\boldsymbol{\alpha}_1,\cdots,\boldsymbol{\alpha}_s$ 线性相关当且仅当它们的像 $\sigma(\boldsymbol{\alpha}_1),\cdots,\sigma(\boldsymbol{\alpha}_s)$ 线性相关；

⑤ 如果 $\boldsymbol{\varepsilon}_1,\cdots,\boldsymbol{\varepsilon}_n$ 是 $V$ 的一组基，则 $\sigma(\boldsymbol{\varepsilon}_1),\cdots,\sigma(\boldsymbol{\varepsilon}_n)$ 是 $W$ 的一组基.

**【证】** ① 因为 $\sigma(\mathbf{0})=\sigma(\mathbf{0}+\mathbf{0})=\sigma(\mathbf{0})+\sigma(\mathbf{0})$，所以 $\sigma(\mathbf{0})=\mathbf{0}$.

② $\sigma(-\boldsymbol{\alpha})=\sigma[(-1)\boldsymbol{\alpha}]=(-1)\sigma(\boldsymbol{\alpha})=-\sigma(\boldsymbol{\alpha})$.

③ 由定义 1 即得.

④ 设 $k_1\boldsymbol{\alpha}_1+\cdots+k_s\boldsymbol{\alpha}_s=\mathbf{0}$. 由③ 知 $k_1\sigma(\boldsymbol{\alpha}_1)+\cdots+k_s\sigma(\boldsymbol{\alpha}_s)=\mathbf{0}$. 反之，如果 $k_1\sigma(\boldsymbol{\alpha}_1)+\cdots+k_s\sigma(\boldsymbol{\alpha}_s)=\mathbf{0}$，可得 $\sigma(k_1\boldsymbol{\alpha}_1+\cdots+k_s\boldsymbol{\alpha}_s)=\mathbf{0}$. 因为 $\sigma$ 是一一的，只有零向量使得 $\sigma(\mathbf{0})=\mathbf{0}$，所以 $k_1\boldsymbol{\alpha}_1+\cdots+k_s\boldsymbol{\alpha}_s=\mathbf{0}$. 因此 $\boldsymbol{\alpha}_1,\cdots,\boldsymbol{\alpha}_s$ 与 $\sigma(\boldsymbol{\alpha}_1),\cdots,\sigma(\boldsymbol{\alpha}_s)$ 有相同的线性相关性.

⑤ 由④ 知 $\sigma(\boldsymbol{\varepsilon}_1),\cdots,\sigma(\boldsymbol{\varepsilon}_n)$ 线性无关. 任取 $\boldsymbol{\beta}\in W$，则存在 $\boldsymbol{\alpha}\in V$，使 $\boldsymbol{\beta}=\sigma(\boldsymbol{\alpha})$. 又 $\boldsymbol{\alpha}=x_1\boldsymbol{\varepsilon}_1+\cdots+x_n\boldsymbol{\varepsilon}_n$，因此 $\boldsymbol{\beta}=x_1\sigma(\boldsymbol{\varepsilon}_1)+\cdots+x_n\sigma(\boldsymbol{\varepsilon}_n)$. 即证明 $\sigma(\boldsymbol{\varepsilon}_1),\cdots,\sigma(\boldsymbol{\varepsilon}_n)$ 是 $W$ 的一组基.

**定理 2** 同构映射的逆映射以及两个同构映射的乘积还是同构映射.

**【证】** 设 $\sigma$ 是 $V$ 到 $W$ 的一个同构映射. 因为 $\sigma$ 是一一的，所以其逆映射 $\sigma^{-1}$ 存在，且 $\sigma^{-1}$

是 $W$ 到 $V$ 的一个映射. 下面只需证明 $\sigma^{-1}$ 是线性的. 设 $\boldsymbol{\alpha}',\boldsymbol{\beta}'\in W$，则存在 $\boldsymbol{\alpha},\boldsymbol{\beta}\in V$ 使 $\boldsymbol{\alpha}'=\sigma(\boldsymbol{\alpha}),\boldsymbol{\beta}'=\sigma(\boldsymbol{\beta})$. 于是

$$\begin{aligned}\sigma^{-1}(\boldsymbol{\alpha}'+\boldsymbol{\beta}')&=\sigma^{-1}[\sigma(\boldsymbol{\alpha})+\sigma(\boldsymbol{\beta})]=\sigma^{-1}[\sigma(\boldsymbol{\alpha}+\boldsymbol{\beta})]\\&=\boldsymbol{\alpha}+\boldsymbol{\beta}=\sigma^{-1}(\boldsymbol{\alpha}')+\sigma^{-1}(\boldsymbol{\beta}'),\\\sigma^{-1}(k\boldsymbol{\alpha}')&=\sigma^{-1}[k\sigma(\boldsymbol{\alpha})]=\sigma^{-1}[\sigma(k\boldsymbol{\alpha})]=k\boldsymbol{\alpha}=k\sigma^{-1}(\boldsymbol{\alpha}'),\end{aligned}$$

即证 $\sigma^{-1}$ 是同构映射.

设 $\tau$ 是 $W$ 到 $Z$ 的同构映射，则 $\tau\sigma$ 是 $V$ 到 $Z$ 的一一映射. 下面只需证明 $\tau\sigma$ 是线性的. 设 $\boldsymbol{\alpha},\boldsymbol{\beta}\in V$，$k\in F$，则

$$\begin{aligned}\tau\sigma(\boldsymbol{\alpha}+\boldsymbol{\beta})&=\tau(\sigma(\boldsymbol{\alpha})+\sigma(\boldsymbol{\beta}))=\tau\sigma(\boldsymbol{\alpha})+\tau\sigma(\boldsymbol{\beta}),\\\tau\sigma(k\boldsymbol{\alpha})&=\tau(k\sigma(\boldsymbol{\alpha}))=k\tau\sigma(\boldsymbol{\alpha}),\end{aligned}$$

即证 $\tau\sigma$ 是同构映射.

根据定理 2 知，同构作为数域 $F$ 上两个线性空间之间的一个关系，具有反身性、对称性与传递性.

**定理 3** 数域 $F$ 上任何一个 $n$ 维线性空间都与 $F^n$ 同构.

**【证】** 设 $V$ 是数域 $F$ 上一个 $n$ 维线性空间，$\boldsymbol{\varepsilon}_1,\boldsymbol{\varepsilon}_2,\cdots,\boldsymbol{\varepsilon}_n$ 是 $V$ 的一组基. 对于 $V$ 的每一个向量 $\boldsymbol{\alpha}$，都可以唯一表示成

$$\boldsymbol{\alpha}=x_1\boldsymbol{\varepsilon}_1+x_2\boldsymbol{\varepsilon}_2+\cdots+x_n\boldsymbol{\varepsilon}_n,$$

其中 $\boldsymbol{X}=(x_1,x_2,\cdots,x_n)^{\mathrm{T}}\in F^n$ 是 $\boldsymbol{\alpha}$ 在基 $\boldsymbol{\varepsilon}_1,\boldsymbol{\varepsilon}_2,\cdots,\boldsymbol{\varepsilon}_n$ 下的坐标，由此定义了一个 $V$ 到 $F^n$ 的映射 $\sigma$，

$$\sigma(\boldsymbol{\alpha})=\boldsymbol{X}\in F^n,\ \forall\,\boldsymbol{\alpha}\in V.$$

因为向量 $\boldsymbol{\alpha}$ 与其坐标 $\boldsymbol{X}$ 是一一对应的关系，所以 $\sigma$ 一一映射. 下面只需要证明 $\sigma$ 是线性的. 设 $\boldsymbol{\alpha},\boldsymbol{\beta}\in V$，它们在基 $\boldsymbol{\varepsilon}_1,\boldsymbol{\varepsilon}_2,\cdots,\boldsymbol{\varepsilon}_n$ 下的坐标分别是

$$\boldsymbol{X}=(x_1,\cdots,x_n)^{\mathrm{T}},\ \boldsymbol{Y}=(y_1,\cdots,y_n)^{\mathrm{T}}\in F^n,$$

且 $\boldsymbol{\alpha}=x_1\boldsymbol{\varepsilon}_1+\cdots+x_n\boldsymbol{\varepsilon}_n,\boldsymbol{\beta}=y_1\boldsymbol{\varepsilon}_1+\cdots+y_n\boldsymbol{\varepsilon}_n$，由此

$$\boldsymbol{\alpha}+\boldsymbol{\beta}=(x_1+y_1)\boldsymbol{\varepsilon}_1+\cdots+(x_n+y_n)\boldsymbol{\varepsilon}_n,\quad k\boldsymbol{\alpha}=(kx_1)\boldsymbol{\varepsilon}_1+\cdots+(kx_n)\boldsymbol{\varepsilon}_n,$$

于是

$$\sigma(\boldsymbol{\alpha}+\boldsymbol{\beta})=(x_1+y_1,\cdots,x_n+y_n)^{\mathrm{T}}=(x_1,\cdots,x_n)^{\mathrm{T}}+(y_1,\cdots,y_n)^{\mathrm{T}}=\boldsymbol{X}+\boldsymbol{Y}=\sigma(\boldsymbol{\alpha})+\sigma(\boldsymbol{\beta}),$$

$$\sigma(k\boldsymbol{\alpha})=(kx_1,\cdots,kx_n)^{\mathrm{T}}=k(x_1,\cdots,x_n)^{\mathrm{T}}=k\boldsymbol{X}=k\sigma(\boldsymbol{\alpha}),$$

因此 $\sigma$ 是线性的，从而 $\sigma$ 是 $V$ 到 $F^n$ 的同构.

**定理 4** 数域 $F$ 上任何两个有限维线性空间同构当且仅当它们的维数相等.

练习

## 习题 7

1. 检验以下集合对于所指的线性运算是否构成实数域上的线性空间.

(1)次数等于 $n(n\geqslant 1)$ 的实系数多项式的全体，对于多项式的加法和数量乘法；

(2)次数小于 $n(n\geqslant 1)$ 的实系数多项式全体再添上零多项式，对于多项式的加法和数量乘法；

(3)全体 $n$ 阶实对称(反对称，上三角)矩阵，对于矩阵的加法和数量乘法；

(4)设 $\mathbf{A}$ 是一个 $n$ 阶方阵，$\mathbf{A}$ 的实系数多项式 $f(\mathbf{A})$ 的全体，对于矩阵的加法和数量乘法；

(5)全体实数的二元数列，对于下面定义的运算

$$(a_1,b_1)\oplus(a_2,b_2)=(a_1+a_2,b_1+b_2+a_1a_2),$$

$$k\circ(a_1,b_1)=(ka_1,kb_1+\frac{k(k-1)}{2}a_1^2).$$

2. 试证：对于线性空间 $V$ 中的任意两个向量 $\boldsymbol{\alpha},\boldsymbol{\beta}$，有 $V$ 中唯一的一个向量 $\boldsymbol{\gamma}$，使 $\boldsymbol{\alpha}+\boldsymbol{\gamma}=\boldsymbol{\beta}$，即方程 $\boldsymbol{\alpha}+\boldsymbol{x}=\boldsymbol{\beta}$ 在 $V$ 中有唯一解.

3. 证明：在实函数空间中，$1,\cos^2 t,\cos 2t$ 是线性相关的.

4. 在线性空间 $F^{2\times 2}$ 中，已知 $\boldsymbol{E}_{11},\boldsymbol{E}_{12},\boldsymbol{E}_{21},\boldsymbol{E}_{22}$ 是 $F^{2\times 2}$ 的一组基，

(1)证明：$\boldsymbol{E}_{11},\boldsymbol{E}_{22},\boldsymbol{E}_{12}+\boldsymbol{E}_{21},\boldsymbol{E}_{12}-\boldsymbol{E}_{21}$ 也是 $F^{2\times 2}$ 的一组基；

(2)求 $\begin{pmatrix}1 & 2\\ 3 & 4\end{pmatrix}$ 在基 $\boldsymbol{E}_{11},\boldsymbol{E}_{22},\boldsymbol{E}_{12}+\boldsymbol{E}_{21},\boldsymbol{E}_{12}-\boldsymbol{E}_{21}$ 下的坐标.

5. 已知 $F[t]_4$ 的一组基 $1,t,t^2,t^3$.

(1)证明：$1,1+t,(1+t)^2,(1+t)^3$ 也是 $F[t]_4$ 的一组基；

(2)求由基 $1,1+t,(1+t)^2,(1+t)^3$ 到基 $1,t,t^2,t^3$ 的过渡矩阵；

(3)求 $a_3t^3+a_2t^2+a_1t+a_0$ 对于基 $1,1+t,(1+t)^2,(1+t)^3$ 的坐标.

6. 在 $F^4$ 中，求基 $\boldsymbol{\varepsilon}_1,\boldsymbol{\varepsilon}_2,\boldsymbol{\varepsilon}_3,\boldsymbol{\varepsilon}_4$ 到基 $\boldsymbol{\eta}_1,\boldsymbol{\eta}_2,\boldsymbol{\eta}_3,\boldsymbol{\eta}_4$ 的过渡矩阵，其中

$\boldsymbol{\varepsilon}_1=(1,1,1,1),\boldsymbol{\varepsilon}_2=(1,1,-1,-1),\boldsymbol{\varepsilon}_3=(1,-1,1,-1),\boldsymbol{\varepsilon}_4=(1,-1,-1,1)$,

$\boldsymbol{\eta}_1=(1,1,0,1),\boldsymbol{\eta}_2=(2,1,3,1),\boldsymbol{\eta}_3=(1,1,0,0),\boldsymbol{\eta}_4=(0,1,-1,-1)$,

并求 $\boldsymbol{\xi}=(1,0,0,-1)$ 在 $\boldsymbol{\eta}_1,\boldsymbol{\eta}_2,\boldsymbol{\eta}_3,\boldsymbol{\eta}_4$ 下的坐标.

7. 设 $W=\left\{\begin{pmatrix}a_{11} & a_{12}\\ a_{21} & a_{22}\end{pmatrix}\in\mathbf{R}^{2\times 2}\mid a_{11}+a_{22}=0\right\}$.

(1)证明 $W$ 是 $\mathbf{R}^{2\times 2}$ 的子空间；

(2)试求 $W$ 的一组基；

(3)试求 $\begin{pmatrix}3 & 2\\ 5 & -3\end{pmatrix}$ 在所求基下的坐标.

8. 设 $\mathbf{A}=\begin{pmatrix}1 & 1\\ 0 & 1\end{pmatrix}$. (1)证明：$C(\mathbf{A})=\{\mathbf{B}\in\mathbf{R}^{2\times 2}\mid \mathbf{AB}=\mathbf{BA}\}$ 是 $\mathbf{R}^{2\times 2}$ 的一个子空间；(2)求 $C(\mathbf{A})$ 的维数与一组基.

9. 试求由向量 $\boldsymbol{\alpha}_1,\boldsymbol{\alpha}_2,\boldsymbol{\alpha}_3$ 和 $\boldsymbol{\beta}_1,\boldsymbol{\beta}_2,\boldsymbol{\beta}_3$ 所生成的两个子空间 $W_1,W_2$ 的和与交的基：

(1)$\boldsymbol{\alpha}_1=(1,2,1),\boldsymbol{\alpha}_2=(1,1,-1),\boldsymbol{\alpha}_3=(1,3,3)$；$\boldsymbol{\beta}_1=(2,3,-1),\boldsymbol{\beta}_2=(1,2,2),\boldsymbol{\beta}_3=(1,1,-3)$.

(2)$\boldsymbol{\alpha}_1=(1,2,1,-2),\boldsymbol{\alpha}_2=(2,3,1,0),\boldsymbol{\alpha}_3=(1,2,2,-3)$；$\boldsymbol{\beta}_1=(1,1,1,1),\boldsymbol{\beta}_2=(1,0,1,-1),\beta_3=(1,3,0,-4)$.

10. 试证：在 $\mathbf{R}^4$ 中，由 $(1,1,0,0),(1,0,1,1)$ 生成的子空间与由 $(2,-1,3,3),(0,1,-1,-1)$ 生成的子空间相同.

11. 试求 $\mathbf{R}^4$ 的两个子空间

$W_1=\{(a_1,a_2,a_3,a_4)\mid a_1-a_2+a_3-a_4=0\},W_2=\{(a_1,a_2,a_3,a_4)\mid a_1+a_2+a_4+a_4=0\}$

的交 $W_1 \cap W_2$ 的一组基.

12. 在 $F^4$ 中，求由齐次线性方程组

$$\begin{cases} 3x_1+2x_2-5x_3+4x_4=0, \\ 3x_1-x_2+3x_3-3x_4=0, \\ 3x_1+5x_2-13x_3+11x_4=0 \end{cases}$$

确定的解空间的基与维数.

13. 已知 $\mathbf{R}^{n\times n}$ 的两个子空间 $W_1=\{\boldsymbol{A}\in\mathbf{R}^{n\times n} \mid \boldsymbol{A}^{\mathrm{T}}=\boldsymbol{A}\}$，$W_2=\{\boldsymbol{A}\in\mathbf{R}^{n\times n} \mid \boldsymbol{A}^{\mathrm{T}}=-\boldsymbol{A}\}$，证明：$\mathbf{R}^{n\times n}=W_1 \oplus W_2$.

14. 设 $W_1$ 与 $W_2$ 分别是齐次线性方程组 $x_1+x_2+\cdots+x_n=0$ 与 $x_1=x_2=\cdots=x_n$ 的解空间，证明：$F^n=W_1 \oplus W_2$.

15. 证明：每一个 $n$ 维线性空间都可以表示成 $n$ 个 1 维子空间的直和.

# 8 线性变换

映射是数学的另外一个最基本的概念. 这一章将讨论一种特殊的映射，即线性空间上的线性变换. 这种映射在泛函分析、积分方程和其他应用科学中有十分重要的位置.

## 8.1 线性变换的概念

为了更好地理解线性变换的定义，我们先看一个例子.

考虑 2 维线性空间 $\mathbf{R}^2$ 以及矩阵 $\boldsymbol{A}=\begin{pmatrix}1 & 3\\0 & 1\end{pmatrix}$. 对于 $\mathbf{R}^2$ 的每一个向量 $\boldsymbol{x}=(x_1,x_2)^{\mathrm{T}}$. 定义映射 $T:\mathbf{R}^2\to\mathbf{R}^2$，$T(\boldsymbol{x})=\boldsymbol{A}\boldsymbol{x}$. 现在我们观察 $\mathbf{R}^2$ 中的图形经过变换后有何变化. 比如由三点 $O(0,0)$，$A(0,2)$，$B(1,0)$所形成的三角形 $OAB$，以及 $OA$ 的中点 $C(0,1)$，经过变换后所得的点依次为 $O(0,0)$，$A'(6,2)$，$B'(1,0)$，$C'(3,1)$. 如图 8.1 所示.

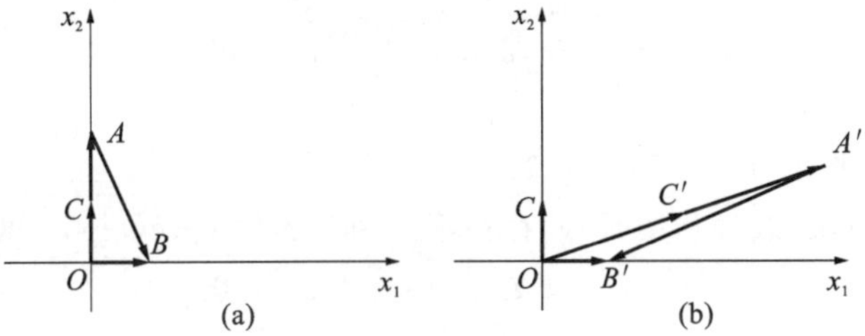


**图 8.1　图形变换**

由图形分析知，虽然图形的形状、大小、角度、长度都发生了变化，但是有一些性质保持下来了. 其一是三角形关系得以保持，三角形 $OAB$ 在变换后的像 $OA'B'$ 仍然是一个三角形. 这一条抽象成数学的概念，就是保持向量的加法不变，即向量$\overrightarrow{OB}$是$\overrightarrow{OA}$与$\overrightarrow{AB}$的和. 变换后，$\overrightarrow{OB}$的像$\overrightarrow{OB'}$正好是$\overrightarrow{OA}$与$\overrightarrow{AB}$的像$\overrightarrow{OA'}$与$\overrightarrow{A'B'}$之和. 其二是保持比例不变，向量$\overrightarrow{OC}$是$\overrightarrow{OA}$的 1/2，变换后，$\overrightarrow{OC}$的像$\overrightarrow{OC'}$正好是$\overrightarrow{OA}$的像$\overrightarrow{OA'}$的 1/2.

我们把这样的想法推广到一般的线性空间上，就有

**定义 1**　设 $T$ 是数域 $F$ 上线性空间 $V$ 到 $V$ 的一个映射. 如果 $T$ 是线性的，即对 $V$ 中任意向量 $\boldsymbol{\alpha}$，$\boldsymbol{\beta}$，以及数域 $F$ 中的任意数 $k$. 都有

$$T(\boldsymbol{\alpha}+\boldsymbol{\beta})=T(\boldsymbol{\alpha})+T(\boldsymbol{\beta}),$$
$$T(k\boldsymbol{\alpha})=kT(\boldsymbol{\alpha}),$$

则称 $T$ 是 $V$ 上的线性变换(linear transformation).

下面给出线性变换的例子.

**【例 1】** 线性空间 $V$ 上的恒等变换是线性变换. 恒等变换又称为单位变换，记为 $I$，即

$$I(\boldsymbol{\alpha})=\boldsymbol{\alpha},\quad \forall\,\boldsymbol{\alpha}\in V.$$

线性空间 $V$ 的零变换也是线性变换. 零变换记为 $O$. 即

$$O(\boldsymbol{\alpha})=0,\quad \forall\,\boldsymbol{\alpha}\in V.$$

**【例 2】** 设线性空间 $V$ 为 $\mathbf{R}$，$a\in\mathbf{R}$，$a\neq 0$. 定义 $T:\mathbf{R}\to\mathbf{R}$ 为

$$T(x)=ax,\quad \forall\,x\in\mathbf{R},$$

则 $T$ 是 $\mathbf{R}$ 的一个线性变换. 这个线性变换其实为一次函数，其图像为一条直线. 我们把这样的线性变换推广到 $\mathbf{R}^n$ 上，设 $\mathbf{A}=(a_{ij})_{nn}$ 为 $n$ 阶实矩阵，定义

$$T(\boldsymbol{\alpha})=\mathbf{A}\boldsymbol{\alpha},\quad \forall\,\boldsymbol{\alpha}\in\mathbf{R}^n,$$

则 $T$ 是 $\mathbf{R}^n$ 上的线性变换.

**【例 3】** 在线性空间 $F[t]$ 上定义 $D$ 为

$$D[f(t)]=f'(t),\quad \forall\,f(t)\in F[t],$$

则由导数的运算性质知 $D$ 是 $F[t]$ 上的线性变换.

下面分析线性变换的性质.

**定理 1** 设 $T$ 是线性空间 $V$ 上的线性变换，则

① $T(\mathbf{0})=\mathbf{0}$；

② $T(-\boldsymbol{\alpha})=-T(\boldsymbol{\alpha})$；

③ $T(k_1\boldsymbol{\alpha}_1+k_2\boldsymbol{\alpha}_2+\cdots+k_s\boldsymbol{\alpha}_s)=k_1T(\boldsymbol{\alpha}_1)+k_2T(\boldsymbol{\alpha}_2)+\cdots+k_sT(\boldsymbol{\alpha}_s)$. 其中 $\boldsymbol{\alpha}_1,\cdots,\boldsymbol{\alpha}_s\in V$，$k_1,\cdots,k_s\in F$；

④ 如果 $V$ 中向量组 $\boldsymbol{\alpha}_1,\boldsymbol{\alpha}_2,\cdots,\boldsymbol{\alpha}_s$ 线性相关，则它们的像 $T(\boldsymbol{\alpha}_1),T(\boldsymbol{\alpha}_2),\cdots,T(\boldsymbol{\alpha}_s)$ 也线性相关.

**【证】** ①～③的证明同 7.4 节定理 1.

④由于 $\boldsymbol{\alpha}_1,\boldsymbol{\alpha}_2,\cdots,\boldsymbol{\alpha}_s$ 线性相关，因此存在不全为 0 的数 $k_1,k_2,\cdots,k_s$ 使

$$k_1\boldsymbol{\alpha}_1+k_2\boldsymbol{\alpha}_2+\cdots+k_s\boldsymbol{\alpha}_s=\mathbf{0}.$$

根据①和③有

$$\mathbf{0}=T(\mathbf{0})=T(k_1\boldsymbol{\alpha}_1+k_2\boldsymbol{\alpha}_2+\cdots+k_s\boldsymbol{\alpha}_s)=k_1T(\boldsymbol{\alpha}_1)+k_2T(\boldsymbol{\alpha}_2)+\cdots+k_sT(\boldsymbol{\alpha}_s),$$

这表明 $T(\boldsymbol{\alpha}_1),T(\boldsymbol{\alpha}_2),\cdots,T(\boldsymbol{\alpha}_s)$ 也线性相关.

**定义 2** 设 $T_1,T_2$ 都是线性空间 $V$ 上的线性变换，如果对于任意的 $\boldsymbol{\alpha}\in V$，都有 $T_1(\boldsymbol{\alpha})=T_2(\boldsymbol{\alpha})$，则称 $T_1$ 与 $T_2$ 相等，记为 $T_1=T_2$.

**定理 2** 设 $\boldsymbol{\varepsilon}_1,\boldsymbol{\varepsilon}_2,\cdots,\boldsymbol{\varepsilon}_n$ 是线性空间 $V$ 的一组基，则 $V$ 上的线性变换 $T_1$ 与 $T_2$ 相等的充分必要条件是

$$T_1(\boldsymbol{\varepsilon}_i)=T_2(\boldsymbol{\varepsilon}_i)\quad (i=1,2,\cdots,n).$$

**【证】** 必要性是显然的，下面证充分性. 对 $V$ 中的任一向量 $\boldsymbol{\alpha}$，有 $\boldsymbol{\alpha}=x_1\boldsymbol{\varepsilon}_1+\cdots+x_n\boldsymbol{\varepsilon}_n$. 于是

$$\begin{aligned}T_1(\boldsymbol{\alpha})&=T_1(x_1\boldsymbol{\varepsilon}_1+\cdots+x_n\boldsymbol{\varepsilon}_n)\\&=x_1T_1(\boldsymbol{\varepsilon}_1)+\cdots+x_nT_1(\boldsymbol{\varepsilon}_n)\end{aligned}$$

$$
\begin{aligned}
&= x_1 T_2(\boldsymbol{\varepsilon}_1) + \cdots + x_n T_2(\boldsymbol{\varepsilon}_n) \\
&= T_2(x_1\boldsymbol{\varepsilon}_1 + \cdots + x_n\boldsymbol{\varepsilon}_n) \\
&= T_2(\boldsymbol{\alpha}).
\end{aligned}
$$

这一结果表明线性变换由它在一组基上的作用唯一确定.

**定理 3** 设 $\boldsymbol{\varepsilon}_1,\boldsymbol{\varepsilon}_2,\cdots,\boldsymbol{\varepsilon}_n$ 是线性空间 $V$ 的一组基. 对任意一组向量 $\boldsymbol{\alpha}_1,\boldsymbol{\alpha}_2,\cdots,\boldsymbol{\alpha}_n$, 一定有唯一的一个线性变换 $T$, 使

$$T(\boldsymbol{\varepsilon}_i)=\boldsymbol{\alpha}_i \quad (i=1,2,\cdots,n).$$

**【证】** 先证存在性. 对任意 $\boldsymbol{\alpha}\in V$, 有 $\boldsymbol{\alpha}=x_1\boldsymbol{\varepsilon}_1+x_2\boldsymbol{\varepsilon}_2+\cdots+x_n\boldsymbol{\varepsilon}_n$, 定义 $V$ 上的映射 $T$ 为

$$T(\boldsymbol{\alpha})=x_1\boldsymbol{\alpha}_1+x_2\boldsymbol{\alpha}_2+\cdots+x_n\boldsymbol{\alpha}_n.$$

下面证明 $T$ 是线性变换. 设 $\boldsymbol{\alpha},\boldsymbol{\beta}\in V$, 且 $\boldsymbol{\alpha}=x_1\boldsymbol{\varepsilon}_1+\cdots+x_n\boldsymbol{\varepsilon}_n$, $\boldsymbol{\beta}=y_1\boldsymbol{\varepsilon}_1+\cdots+y_n\boldsymbol{\varepsilon}_n$. 则 $\boldsymbol{\alpha}+\boldsymbol{\beta}=(x_1+y_1)\boldsymbol{\varepsilon}_1+\cdots+(x_n+y_n)\boldsymbol{\varepsilon}_n$, $k\boldsymbol{\alpha}=(kx_1)\boldsymbol{\varepsilon}_1+\cdots+(kx_n)\boldsymbol{\varepsilon}_n$. 于是

$$
\begin{aligned}
T(\boldsymbol{\alpha}+\boldsymbol{\beta}) &= (x_1+y_1)\boldsymbol{\alpha}_1+\cdots+(x_n+y_n)\boldsymbol{\alpha}_n \\
&= (x_1\boldsymbol{\alpha}_1+\cdots+x_n\boldsymbol{\alpha}_n)+(y_1\boldsymbol{\alpha}_1+\cdots+y_n\boldsymbol{\alpha}_n) \\
&= T(\boldsymbol{\alpha})+T(\boldsymbol{\beta}),
\end{aligned}
$$

$$T(k\boldsymbol{\alpha})=(kx_1)\boldsymbol{\alpha}_1+\cdots+(kx_n)\boldsymbol{\alpha}_n=k(x_1\boldsymbol{\alpha}_1+\cdots+x_n\boldsymbol{\alpha}_n)=kT(\boldsymbol{\alpha}),$$

因此 $T$ 是线性变换.

因为 $\boldsymbol{\varepsilon}_i=0\boldsymbol{\varepsilon}_1+\cdots+0\boldsymbol{\varepsilon}_{i-1}+1\boldsymbol{\varepsilon}_i+0\boldsymbol{\varepsilon}_{i+1}+\cdots+0\boldsymbol{\varepsilon}_n$, 所以

$$T(\boldsymbol{\varepsilon}_i)=0\boldsymbol{\alpha}_1+\cdots+0\boldsymbol{\alpha}_{i-1}+1\boldsymbol{\alpha}_i+0\boldsymbol{\alpha}_{i+1}+\cdots+0\boldsymbol{\alpha}_n=\boldsymbol{\alpha}_i \quad (i=1,2,\cdots,n).$$

最后根据定理 2 知 $T$ 的唯一性成立.

**【例 4】** 设

$$\boldsymbol{\varepsilon}_1=(1,1,1)^{\mathrm{T}},\boldsymbol{\varepsilon}_2=(1,1,0)^{\mathrm{T}},\boldsymbol{\varepsilon}_3=(1,0,0)^{\mathrm{T}},$$
$$\boldsymbol{\alpha}_1=(1,2,3)^{\mathrm{T}},\boldsymbol{\alpha}_2=(-1,1,1)^{\mathrm{T}},\boldsymbol{\alpha}_3=(1,0,-2)^{\mathrm{T}}.$$

求 $\mathbf{R}^3$ 上的线性变换 $T$, 使 $T(\boldsymbol{\varepsilon}_i)=\boldsymbol{\alpha}_i$, $i=1,2,3$.

**【解】** 因为 $\begin{vmatrix}1&1&1\\1&1&0\\1&0&0\end{vmatrix}=-1\neq0$, 所以 $\boldsymbol{\varepsilon}_1,\boldsymbol{\varepsilon}_2,\boldsymbol{\varepsilon}_3$ 是 $\mathbf{R}^3$ 的一组基. 对 $\mathbf{R}^3$ 中的任一向量 $\boldsymbol{\alpha}=(x_1,x_2,x_3)^{\mathrm{T}}$, 都可以唯一表示成 $\boldsymbol{\alpha}=x_3\boldsymbol{\varepsilon}_1+(x_2-x_3)\boldsymbol{\varepsilon}_2+(x_1-x_2)\boldsymbol{\varepsilon}_3$, 于是定义 $\mathbf{R}^3$ 上的映射为

$$
\begin{aligned}
T(\boldsymbol{\alpha}) &= x_3\boldsymbol{\alpha}_1+(x_2-x_3)\boldsymbol{\alpha}_2+(x_1-x_2)\boldsymbol{\alpha}_3 \\
&= (x_1-2x_2+2x_3,x_2+x_3,-2x_1+3x_2+2x_3),
\end{aligned}
$$

则 $T$ 是所求的线性变换.

设 $L(V)$ 为数域 $F$ 上线性空间 $V$ 的所有线性变换构成的集合. 现在我们讨论 $L(V)$ 上的运算.

设 $T_1,T_2\in L(V)$, 定义 $T_1$ 与 $T_2$ 的和 $T_1+T_2$ 为

$$(T_1+T_2)(\boldsymbol{\alpha})=T_1(\boldsymbol{\alpha})+T_2(\boldsymbol{\alpha}) \quad (\forall\,\boldsymbol{\alpha}\in V).$$

设 $k$ 是数域 $F$ 中的数, 定义 $k$ 与 $T_1$ 的数量乘积 $kT_1$ 为

$$(kT_1)(\boldsymbol{\alpha})=kT_1(\boldsymbol{\alpha}) \quad (\boldsymbol{\alpha}\in V).$$

易知 $T_1+T_2$, $kT_1$ 都是 $V$ 上的线性变换, 从而 $T_1+T_2$, $kT_1\in L(V)$. 于是, 还有

**定理 4** $L(V)$是数域 $F$ 上的线性空间.

设 $T_1,T_2\in L(V)$,定义 $T_1,T_2$ 的乘积 $T_2T_1$ 为

$$(T_2T_1)(\boldsymbol{\alpha})=T_2[T_1(\boldsymbol{\alpha})]\quad(\forall\,\boldsymbol{\alpha}\in V).$$

对 $T_1\in L(V)$,如果存在 $T_2\in L(V)$,使得 $T_1T_2=T_2T_1=I$,则称 $T_1$ 是可逆的(invertible),且称 $T_2$ 为 $T_1$ 的逆,记为 $T_1^{-1}$.

设 $T\in L(V)$,$f(x)=a_mx^m+a_{m-1}x^{m-1}+\cdots+a_1x+a_0$ 是多项式.定义线性变换的多项式

$$f(T)=a_mT^m+a_{m-1}T^{m-1}+\cdots+a_1T+a_0I.$$

## 8.2 线性变换的矩阵

8.1 节中我们发现线性变换由它在 $V$ 的一组基上的像唯一确定.根据这一点,我们引入线性变换的矩阵的概念,由此将一个线性变换与一个方阵对应起来.

**定义 1** 设 $V$ 是数域 $F$ 上的一个线性空间,$\boldsymbol{\varepsilon}_1,\boldsymbol{\varepsilon}_2,\cdots,\boldsymbol{\varepsilon}_n$ 是 $V$ 的一组基,$T$ 是 $V$ 上的线性变换.$T(\boldsymbol{\varepsilon}_1),T(\boldsymbol{\varepsilon}_2),\cdots,T(\boldsymbol{\varepsilon}_n)$可由 $\boldsymbol{\varepsilon}_1,\boldsymbol{\varepsilon}_2,\cdots,\boldsymbol{\varepsilon}_n$ 唯一线性表示,即

$$\begin{cases}T(\boldsymbol{\varepsilon}_1)=a_{11}\boldsymbol{\varepsilon}_1+a_{21}\boldsymbol{\varepsilon}_2+\cdots+a_{n1}\boldsymbol{\varepsilon}_n,\\ T(\boldsymbol{\varepsilon}_2)=a_{12}\boldsymbol{\varepsilon}_1+a_{22}\boldsymbol{\varepsilon}_2+\cdots+a_{n2}\boldsymbol{\varepsilon}_n,\\ \cdots\cdots\cdots\\ T(\boldsymbol{\varepsilon}_n)=a_{1n}\boldsymbol{\varepsilon}_1+a_{2n}\boldsymbol{\varepsilon}_2+\cdots+a_{nn}\boldsymbol{\varepsilon}_n.\end{cases}\tag{8.1}$$

矩阵 $\mathbf{A}=\begin{pmatrix}a_{11}&a_{12}&\cdots&a_{1n}\\a_{21}&a_{22}&\cdots&a_{2n}\\\vdots&\vdots&&\vdots\\a_{n1}&a_{n2}&\cdots&a_{nn}\end{pmatrix}$称为 $T$ 在基 $\boldsymbol{\varepsilon}_1,\boldsymbol{\varepsilon}_2,\cdots,\boldsymbol{\varepsilon}_n$ 下的矩阵.

注意到这里的矩阵 $\mathbf{A}$ 的第 $j$ 列$(a_{1j},a_{2j},\cdots,a_{nj})^{\mathrm{T}}$ 就是 $T(\boldsymbol{\varepsilon}_j)$在基 $\boldsymbol{\varepsilon}_1,\boldsymbol{\varepsilon}_2,\cdots,\boldsymbol{\varepsilon}_n$ 下的坐标.因为取定基后,向量与其坐标一一对应,所以 $V$ 的每一个线性变换 $T$,都有唯一的矩阵 $\mathbf{A}$ 与之对应,亦即线性变换的矩阵是唯一的.

**【例 1】** 设 $\mathbf{R}^3$ 上的线性变换 $T$ 为

$$T(\boldsymbol{x})=(x_1,x_2,x_1+x_2),\quad\forall\,\boldsymbol{x}=(x_1,x_2,x_3).$$

$\mathbf{R}^3$ 的一组基 $\boldsymbol{\varepsilon}_1=(1,0,0),\boldsymbol{\varepsilon}_2=(0,1,0),\varepsilon_3=(0,0,1)$,则

$$T(\boldsymbol{\varepsilon}_1)=(1,0,1)=1\boldsymbol{\varepsilon}_1+0\boldsymbol{\varepsilon}_2+1\boldsymbol{\varepsilon}_3,$$
$$T(\boldsymbol{\varepsilon}_2)=(0,1,1)=0\boldsymbol{\varepsilon}_1+1\boldsymbol{\varepsilon}_2+1\boldsymbol{\varepsilon}_3,$$
$$T(\boldsymbol{\varepsilon}_3)=(0,0,0)=0\boldsymbol{\varepsilon}_1+0\boldsymbol{\varepsilon}_2+0\boldsymbol{\varepsilon}_3,$$

于是 $T$ 在基 $\boldsymbol{\varepsilon}_1,\boldsymbol{\varepsilon}_2,\boldsymbol{\varepsilon}_3$ 下的矩阵为

$$\mathbf{A}=\begin{pmatrix}1&0&0\\0&1&0\\1&1&0\end{pmatrix}.$$

为了应用方便,我们用形式的写法来表示式(8.1).将式(8.1)的左边写成一个行向量的形式,并用 $T(\boldsymbol{\varepsilon}_1,\boldsymbol{\varepsilon}_2,\cdots,\boldsymbol{\varepsilon}_n)$表示$[T(\boldsymbol{\varepsilon}_1),T(\boldsymbol{\varepsilon}_2),\cdots,T(\boldsymbol{\varepsilon}_n)]$.于是式(8.1)可写为

$$T(\boldsymbol{\varepsilon}_1,\boldsymbol{\varepsilon}_2,\cdots,\boldsymbol{\varepsilon}_n)=(\boldsymbol{\varepsilon}_1,\boldsymbol{\varepsilon}_2,\cdots,\boldsymbol{\varepsilon}_n)\begin{pmatrix}a_{11}&a_{12}&\cdots&a_{1n}\\a_{21}&a_{22}&\cdots&a_{2n}\\\vdots&\vdots&&\vdots\\a_{n1}&a_{n2}&\cdots&a_{nn}\end{pmatrix}=(\boldsymbol{\varepsilon}_1,\boldsymbol{\varepsilon}_2,\cdots,\boldsymbol{\varepsilon}_n)\boldsymbol{A}.$$

这表明矩阵 $\boldsymbol{A}$ 是线性变换 $T$ 在基 $\boldsymbol{\varepsilon}_1,\boldsymbol{\varepsilon}_2,\cdots,\boldsymbol{\varepsilon}_n$ 下的矩阵当且仅当下式成立：

$$T(\boldsymbol{\varepsilon}_1,\boldsymbol{\varepsilon}_2,\cdots,\boldsymbol{\varepsilon}_n)=(\boldsymbol{\varepsilon}_1,\boldsymbol{\varepsilon}_2,\cdots,\boldsymbol{\varepsilon}_n)\boldsymbol{A}.$$

我们先看这种简便记法的一个应用：利用线性变换的矩阵计算一个向量的像. 设 $\boldsymbol{\alpha}$ 在基 $\boldsymbol{\varepsilon}_1,\boldsymbol{\varepsilon}_2,\cdots,\boldsymbol{\varepsilon}_n$ 下的坐标为 $(x_1,x_2,\cdots,x_n)^{\mathrm{T}}$，即

$$\boldsymbol{\alpha}=(\boldsymbol{\varepsilon}_1,\boldsymbol{\varepsilon}_2,\cdots,\boldsymbol{\varepsilon}_n)\begin{pmatrix}x_1\\x_2\\\vdots\\x_n\end{pmatrix}.$$

于是

$$T(\boldsymbol{\alpha})=T(\boldsymbol{\varepsilon}_1,\boldsymbol{\varepsilon}_2,\cdots,\boldsymbol{\varepsilon}_n)\begin{pmatrix}x_1\\x_2\\\vdots\\x_n\end{pmatrix}=(\boldsymbol{\varepsilon}_1,\boldsymbol{\varepsilon}_2,\cdots,\boldsymbol{\varepsilon}_n)\boldsymbol{A}\begin{pmatrix}x_1\\x_2\\\vdots\\x_n\end{pmatrix},$$

从而 $T(\boldsymbol{\alpha})$ 在基 $\boldsymbol{\varepsilon}_1,\boldsymbol{\varepsilon}_2,\cdots,\boldsymbol{\varepsilon}_n$ 下的坐标为

$$\begin{pmatrix}y_1\\y_2\\\vdots\\y_n\end{pmatrix}=\boldsymbol{A}\begin{pmatrix}x_1\\x_2\\\vdots\\x_n\end{pmatrix}.$$

线性变换的矩阵与所取的基有关，同一个线性变换在不同基下的矩阵一般不相等. 下面我们讨论线性变换在不同基下的矩阵之间的关系.

**定理 1** ① 同一个线性变换在两组基下的矩阵是相似的. 具体的，如果线性空间 $V$ 的线性变换 $T$ 在 $V$ 的两组基

$$\boldsymbol{\varepsilon}_1,\boldsymbol{\varepsilon}_2,\cdots,\boldsymbol{\varepsilon}_n;\quad \boldsymbol{\alpha}_1,\boldsymbol{\alpha}_2,\cdots,\boldsymbol{\alpha}_n$$

下的矩阵分别是 $\boldsymbol{A},\boldsymbol{B}$，由 $\boldsymbol{\varepsilon}_1,\boldsymbol{\varepsilon}_2,\cdots,\boldsymbol{\varepsilon}_n$ 到 $\boldsymbol{\alpha}_1,\boldsymbol{\alpha}_2,\cdots,\boldsymbol{\alpha}_n$ 的过渡矩阵为 $\boldsymbol{P}$，则

$$\boldsymbol{B}=\boldsymbol{P}^{-1}\boldsymbol{A}\boldsymbol{P}.$$

② 相似的矩阵可看作同一个线性变换在不同基下的矩阵.

**【证】** ① 由假设条件

$$T(\boldsymbol{\varepsilon}_1,\boldsymbol{\varepsilon}_2,\cdots,\boldsymbol{\varepsilon}_n)=(\boldsymbol{\varepsilon}_1,\boldsymbol{\varepsilon}_2,\cdots,\boldsymbol{\varepsilon}_n)\boldsymbol{A},$$
$$T(\boldsymbol{\alpha}_1,\boldsymbol{\alpha}_2,\cdots,\boldsymbol{\alpha}_n)=(\boldsymbol{\alpha}_1,\boldsymbol{\alpha}_2,\cdots,\boldsymbol{\alpha}_n)\boldsymbol{B},$$
$$(\boldsymbol{\alpha}_1,\boldsymbol{\alpha}_2,\cdots,\boldsymbol{\alpha}_n)=(\boldsymbol{\varepsilon}_1,\boldsymbol{\varepsilon}_2,\cdots,\boldsymbol{\varepsilon}_n)\boldsymbol{P}.$$

于是

$$\begin{aligned}&T(\boldsymbol{\alpha}_1,\boldsymbol{\alpha}_2,\cdots,\boldsymbol{\alpha}_n)\\=&\ T[(\boldsymbol{\varepsilon}_1,\boldsymbol{\varepsilon}_2,\cdots,\boldsymbol{\varepsilon}_n)\boldsymbol{P}]\\=&\ T(\boldsymbol{\varepsilon}_1,\boldsymbol{\varepsilon}_2,\cdots,\boldsymbol{\varepsilon}_n)\boldsymbol{P}\end{aligned}$$

$$= (\boldsymbol{\varepsilon}_1,\boldsymbol{\varepsilon}_2,\cdots,\boldsymbol{\varepsilon}_n)\boldsymbol{AP}$$
$$= (\boldsymbol{\alpha}_1,\boldsymbol{\alpha}_2,\cdots,\boldsymbol{\alpha}_n)\boldsymbol{P}^{-1}\boldsymbol{AP},$$

由此，$\boldsymbol{B}=\boldsymbol{P}^{-1}\boldsymbol{AP}$.

② 设 $n$ 阶矩阵 $\boldsymbol{A}$ 与 $\boldsymbol{B}$ 相似，即 $\boldsymbol{B}=\boldsymbol{P}^{-1}\boldsymbol{AP}$，其中 $\boldsymbol{P}$ 是可逆矩阵. 设线性变换 $T$ 在基 $\boldsymbol{\varepsilon}_1,\boldsymbol{\varepsilon}_2,\cdots,\boldsymbol{\varepsilon}_n$ 下的矩阵为 $\boldsymbol{A}$. 令 $(\boldsymbol{\alpha}_1,\boldsymbol{\alpha}_2,\cdots,\boldsymbol{\alpha}_n)=(\boldsymbol{\varepsilon}_1,\boldsymbol{\varepsilon}_2,\cdots,\boldsymbol{\varepsilon}_n)\boldsymbol{P}$，则 $\boldsymbol{\alpha}_1,\boldsymbol{\alpha}_2,\cdots,\boldsymbol{\alpha}_n$ 是 $V$ 的一组基. 根据 ① 的演算可知 $T$ 在基 $\boldsymbol{\alpha}_1,\boldsymbol{\alpha}_2,\cdots,\boldsymbol{\alpha}_n$ 下的矩阵为 $\boldsymbol{B}$.

**【例 2】** 设 $\mathbf{R}^3$ 的线性变换 $T$ 在基 $\boldsymbol{\varepsilon}_1=(1,0,0)^{\mathrm{T}},\boldsymbol{\varepsilon}_2=(0,1,0)^{\mathrm{T}},\boldsymbol{\varepsilon}_3=(0,0,1)^{\mathrm{T}}$ 下的矩阵为

$$\boldsymbol{A}=\begin{pmatrix}2&10&5\\-2&-4&-4\\3&5&6\end{pmatrix},$$

又设 $\boldsymbol{\alpha}_1=(0,2,-3)^{\mathrm{T}},\boldsymbol{\alpha}_2=(5,2,-5)^{\mathrm{T}},\boldsymbol{\alpha}_3=(1,1,-2)^{\mathrm{T}}$ 是 $\mathbf{R}^3$ 的另一组基. 求 $T$ 在基 $\boldsymbol{\alpha}_1,\boldsymbol{\alpha}_2,\boldsymbol{\alpha}_3$ 下的矩阵 $\boldsymbol{B}$.

**【解】** 由基 $\boldsymbol{\varepsilon}_1,\boldsymbol{\varepsilon}_2,\boldsymbol{\varepsilon}_3$ 到 $\boldsymbol{\alpha}_1,\boldsymbol{\alpha}_2,\boldsymbol{\alpha}_3$ 的过渡矩阵是 $\boldsymbol{P}=\begin{pmatrix}0&5&1\\2&2&1\\-3&-5&-2\end{pmatrix}$. 其逆矩阵为 $\boldsymbol{P}^{-1}=\begin{pmatrix}1&5&3\\1&3&2\\-4&-15&-10\end{pmatrix}$，于是 $\boldsymbol{B}=\boldsymbol{P}^{-1}\boldsymbol{AP}=\begin{pmatrix}1&0&0\\1&1&0\\0&0&2\end{pmatrix}$.

已知 $V$ 上线性变换的集合 $L(V)$ 是一个线性空间，下面我们讨论 $L(V)$ 的代数结构. 我们将揭示 $L(V)$ 与 $F^{n\times n}$ 其实是同构的关系.

首先，给定线性空间 $V$ 的一组基 $\boldsymbol{\varepsilon}_1,\boldsymbol{\varepsilon}_2,\cdots,\boldsymbol{\varepsilon}_n$. 那么对 $L(V)$ 中的每一个线性变换 $T$，都有唯一的线性变换的矩阵 $\boldsymbol{A}$ 与之对应，且

$$T(\boldsymbol{\varepsilon}_1,\boldsymbol{\varepsilon}_2,\cdots,\boldsymbol{\varepsilon}_n)=(\boldsymbol{\varepsilon}_1,\boldsymbol{\varepsilon}_2,\cdots,\boldsymbol{\varepsilon}_n)\boldsymbol{A} \tag{8.2}$$

这正好定义了由 $V$ 到 $F^{n\times n}$ 的映射 $\sigma: T\mapsto \boldsymbol{A}=\sigma(T)$. 因为线性变换的矩阵由线性变换唯一确定，所以 $\sigma$ 是单射. 反之，对 $F^{n\times n}$ 的每一个矩阵 $\boldsymbol{A}$，可以定义一个线性变换 $T\in L(V)$，使它满足式(8.2). 这就证明了 $\sigma$ 是满射.

综合上述，$\sigma: L(V)\to F^{n\times n}$ 是一一映射.

其次，为了说明 $\sigma$ 的线性性质，我们证明如下：

**定理 2** 设 $\boldsymbol{\varepsilon}_1,\boldsymbol{\varepsilon}_2,\cdots,\boldsymbol{\varepsilon}_n$ 是数域 $F$ 上线性空间 $V$ 的一组基. 在这组基下，$V$ 的每一个线性变换都对应于数域 $F$ 上的一个 $n$ 阶矩阵，则这个对应 $\sigma$ 具有以下的性质：

① 线性变换的和对应于矩阵的和；

② 线性变换的数量乘积对应于矩阵的数量乘积.

**【证】** 设 $T,S\in L(V)$，它们在基 $\boldsymbol{\varepsilon}_1,\boldsymbol{\varepsilon}_2,\cdots,\boldsymbol{\varepsilon}_n$ 下的矩阵分别是 $\boldsymbol{A},\boldsymbol{B}$，即

$$T(\boldsymbol{\varepsilon}_1,\boldsymbol{\varepsilon}_2,\cdots,\boldsymbol{\varepsilon}_n)=(\boldsymbol{\varepsilon}_1,\boldsymbol{\varepsilon}_2,\cdots,\boldsymbol{\varepsilon}_n)\boldsymbol{A};\ S(\boldsymbol{\varepsilon}_1,\boldsymbol{\varepsilon}_2,\cdots,\boldsymbol{\varepsilon}_n)=(\boldsymbol{\varepsilon}_1,\boldsymbol{\varepsilon}_2,\cdots,\boldsymbol{\varepsilon}_n)\boldsymbol{B}. \tag{8.3}$$

① 由

$$(T+S)(\boldsymbol{\varepsilon}_1,\boldsymbol{\varepsilon}_2,\cdots,\boldsymbol{\varepsilon}_n)$$
$$=T(\boldsymbol{\varepsilon}_1,\boldsymbol{\varepsilon}_2,\cdots,\boldsymbol{\varepsilon}_n)+S(\boldsymbol{\varepsilon}_1,\boldsymbol{\varepsilon}_2,\cdots,\boldsymbol{\varepsilon}_n)$$

$$= (\boldsymbol{\varepsilon}_1,\boldsymbol{\varepsilon}_2,\cdots,\boldsymbol{\varepsilon}_n)\boldsymbol{A} + (\boldsymbol{\varepsilon}_1,\boldsymbol{\varepsilon}_2,\cdots,\boldsymbol{\varepsilon}_n)\boldsymbol{B}$$
$$= (\boldsymbol{\varepsilon}_1,\boldsymbol{\varepsilon}_2,\cdots,\boldsymbol{\varepsilon}_n)(\boldsymbol{A}+\boldsymbol{B})$$

得 $T+S$ 在基 $\boldsymbol{\varepsilon}_1,\boldsymbol{\varepsilon}_2,\cdots,\boldsymbol{\varepsilon}_n$ 下的矩阵为 $\boldsymbol{A}+\boldsymbol{B}$；

② 由

$$(kT)(\boldsymbol{\varepsilon}_1,\boldsymbol{\varepsilon}_2,\cdots,\boldsymbol{\varepsilon}_n) = kT(\boldsymbol{\varepsilon}_1,\boldsymbol{\varepsilon}_2,\cdots,\boldsymbol{\varepsilon}_n) = k(\boldsymbol{\varepsilon}_1,\boldsymbol{\varepsilon}_2,\cdots,\boldsymbol{\varepsilon}_n)\boldsymbol{A} = (\boldsymbol{\varepsilon}_1,\boldsymbol{\varepsilon}_2,\cdots,\boldsymbol{\varepsilon}_n)(k\boldsymbol{A})$$

得 $kT$ 在基 $\boldsymbol{\varepsilon}_1,\boldsymbol{\varepsilon}_2,\cdots,\boldsymbol{\varepsilon}_n$ 下的矩阵为 $k\boldsymbol{A}$.

根据定理 2 知 $\sigma$ 满足：对任意的 $T,S\in L(V)$，$k\in F$，有

$$\sigma(T+S)=\sigma(T)+\sigma(S),\quad \sigma(kT)=k\sigma(T),$$

这表明 $\sigma$ 具有线性性质.

最后，由上面的分析，我们有

**定理 3** 设 $V$ 是数域 $F$ 上 $n$ 维线性空间，则 $V$ 上的所有线性变换所成线性空间 $L(V)$ 与线性空间 $F^{n\times n}$ 是同构的，且 $\dim L(V)=n^2$.

另外，对 $L(V)$ 中的线性变换，乘积与逆也有与定理 2 类似的性质.

**定理 4** 设定理 3 中的条件成立，则：

① 线性变换的乘积对应于矩阵的乘积；

② 线性变换可逆，当且仅当它对应的矩阵可逆，且当线性变换可逆时，它的逆变换对应于矩阵的逆.

**【证】** ① 设 $T,S\in L(V)$ 且式(8.3)成立，于是由

$$\begin{aligned}&(TS)(\boldsymbol{\varepsilon}_1,\boldsymbol{\varepsilon}_2,\cdots,\boldsymbol{\varepsilon}_n)\\&= T[S(\boldsymbol{\varepsilon}_1,\boldsymbol{\varepsilon}_2,\cdots,\boldsymbol{\varepsilon}_n)]\\&= T[(\boldsymbol{\varepsilon}_1,\boldsymbol{\varepsilon}_2,\cdots,\boldsymbol{\varepsilon}_n)\boldsymbol{B}]\\&= T(\boldsymbol{\varepsilon}_1,\boldsymbol{\varepsilon}_2,\cdots,\boldsymbol{\varepsilon}_n)\boldsymbol{B}\\&= (\boldsymbol{\varepsilon}_1,\boldsymbol{\varepsilon}_2,\cdots,\boldsymbol{\varepsilon}_n)(\boldsymbol{AB})\end{aligned}$$

得 $TS$ 在基 $\boldsymbol{\varepsilon}_1,\boldsymbol{\varepsilon}_2,\cdots,\boldsymbol{\varepsilon}_n$ 下的矩阵为 $\boldsymbol{AB}$；

② 记 $\sigma$ 为 $L(V)$ 到 $F^{n\times n}$ 的同构映射，则① 的结论可以表示为

$$\sigma(TS)=\sigma(T)\sigma(S)=\boldsymbol{AB}.$$

对于恒等变换，有 $\sigma(I)=E$，于是

线性变换 $T$ 可逆

$\Leftrightarrow$存在 $V$ 上的线性变换 $S$，使 $ST=TS=I$；

$\Leftrightarrow$存在 $V$ 上的线性变换 $S$，使 $\sigma(ST)=\sigma(T)\sigma(S)=\sigma(I)=E$；

$\Leftrightarrow$存在数域 $F$ 上的 $n$ 阶矩阵 $\boldsymbol{B}$，使 $\boldsymbol{AB}=\boldsymbol{BA}=\boldsymbol{E}$；

$\Leftrightarrow$矩阵 $\boldsymbol{A}$ 可逆，且 $T^{-1}(\boldsymbol{\varepsilon}_1,\boldsymbol{\varepsilon}_2,\cdots,\boldsymbol{\varepsilon}_n)=(\boldsymbol{\varepsilon}_1,\boldsymbol{\varepsilon}_2,\cdots,\boldsymbol{\varepsilon}_n)\boldsymbol{A}^{-1}$.

**【例 3】** 定义 $\mathbf{R}^3$ 上的线性变换 $T$ 为 $T(x_1,x_2,x_3)=(x_1+x_2,x_2+x_3,x_3)$. 证明：$T$ 可逆，并求其逆变换.

**【解】** 取 $\mathbf{R}^3$ 的一组基 $\boldsymbol{\varepsilon}_1=(1,0,0)$，$\boldsymbol{\varepsilon}_2=(0,1,0)$，$\boldsymbol{\varepsilon}_3=(0,0,1)$，则

$$T(\boldsymbol{\varepsilon}_1)=(1,0,0),T(\boldsymbol{\varepsilon}_2)=(1,1,0),T(\boldsymbol{\varepsilon}_3)=(0,1,1).$$

于是

$$T(\boldsymbol{\varepsilon}_1,\boldsymbol{\varepsilon}_2,\boldsymbol{\varepsilon}_3)=(\boldsymbol{\varepsilon}_1,\boldsymbol{\varepsilon}_2,\boldsymbol{\varepsilon}_3)\begin{pmatrix}1&1&0\\0&1&1\\0&0&1\end{pmatrix},$$

从而 $T$ 在基 $\boldsymbol{\varepsilon}_1,\boldsymbol{\varepsilon}_2,\boldsymbol{\varepsilon}_3$ 下的矩阵 $\boldsymbol{A}$ 为上式右端 3 阶方阵. 因为 $\boldsymbol{A}$ 可逆，所以线性变换 $T$ 可逆，且

$$T^{-1}(\boldsymbol{\varepsilon}_1,\boldsymbol{\varepsilon}_2,\boldsymbol{\varepsilon}_3)=(\boldsymbol{\varepsilon}_1,\boldsymbol{\varepsilon}_2,\boldsymbol{\varepsilon}_3)\boldsymbol{A}^{-1}.\text{ 其中 }\boldsymbol{A}^{-1}=\begin{pmatrix}1&-1&1\\0&1&-1\\0&0&1\end{pmatrix}.$$

从而对任意的 $\boldsymbol{\alpha}=(x_1,x_2,x_3)\in\mathbf{R}^3$，$\boldsymbol{\alpha}=x_1\boldsymbol{\varepsilon}_1+x_2\boldsymbol{\varepsilon}_2+x_3\boldsymbol{\varepsilon}_3$，于是

$$T^{-1}(\boldsymbol{\alpha})=T^{-1}(\boldsymbol{\varepsilon}_1,\boldsymbol{\varepsilon}_2,\boldsymbol{\varepsilon}_3)\begin{pmatrix}x_1\\x_2\\x_3\end{pmatrix}=(\boldsymbol{\varepsilon}_1,\boldsymbol{\varepsilon}_2,\boldsymbol{\varepsilon}_3)\boldsymbol{A}^{-1}\begin{pmatrix}x_1\\x_2\\x_3\end{pmatrix}=(\boldsymbol{\varepsilon}_1,\boldsymbol{\varepsilon}_2,\boldsymbol{\varepsilon}_3)\begin{pmatrix}x_1-x_2+x_3\\x_2-x_3\\x_3\end{pmatrix}$$
$$=(x_1-x_2+x_3,x_2-x_3,x_3).$$

## 8.3 线性变换的特征值与特征向量

这一节中讨论线性变换的重要的特征——特征值与特征向量.

**定义 1** 设 $T$ 是数域 $F$ 上线性空间 $V$ 的一个线性变换. 如果 $V$ 中有一个非零向量 $\boldsymbol{\xi}$ 和数域 $F$ 中的数 $\lambda$，使

$$T(\boldsymbol{\xi})=\lambda\boldsymbol{\xi},$$

则称 $\lambda$ 是 $T$ 的特征值(eigenvalue)，称 $\boldsymbol{\xi}$ 是 $T$ 的属于特征值 $\lambda$ 的特征向量(eigenvector).

下面我们分析线性变换的特征值与特征向量和线性变换的矩阵的特征值与特征向量之间的关系.

设 $\boldsymbol{\varepsilon}_1,\boldsymbol{\varepsilon}_2,\cdots,\boldsymbol{\varepsilon}_n$ 是 $V$ 的一组基，线性变换在这组基下的矩阵为 $\boldsymbol{A}$，

$$T(\boldsymbol{\varepsilon}_1,\boldsymbol{\varepsilon}_2,\cdots,\boldsymbol{\varepsilon}_n)=(\boldsymbol{\varepsilon}_1,\boldsymbol{\varepsilon}_2,\cdots,\boldsymbol{\varepsilon}_n)\boldsymbol{A}.$$

再设 $\boldsymbol{\xi}$ 是线性变换 $T$ 的属于特征值 $\lambda$ 的特征向量，且 $\boldsymbol{\xi}$ 在基 $\boldsymbol{\varepsilon}_1,\boldsymbol{\varepsilon}_2,\cdots,\boldsymbol{\varepsilon}_n$ 下的坐标为 $\boldsymbol{p}=(x_1,x_2,\cdots,x_n)^{\mathrm{T}}$，

$$\boldsymbol{\xi}=(\boldsymbol{\varepsilon}_1,\boldsymbol{\varepsilon}_2,\cdots,\boldsymbol{\varepsilon}_n)\boldsymbol{p},$$

于是 $T(\boldsymbol{\xi})=T(\boldsymbol{\varepsilon}_1,\boldsymbol{\varepsilon}_2,\cdots,\boldsymbol{\varepsilon}_n)\boldsymbol{p}=(\boldsymbol{\varepsilon}_1,\boldsymbol{\varepsilon}_2,\cdots,\boldsymbol{\varepsilon}_n)\boldsymbol{A}\boldsymbol{p}$.

另外，$\lambda\boldsymbol{\xi}=(\boldsymbol{\varepsilon}_1,\boldsymbol{\varepsilon}_2,\cdots,\boldsymbol{\varepsilon}_n)\lambda\boldsymbol{p}$. 由 $T(\boldsymbol{\xi})=\lambda\boldsymbol{\xi}$ 有

$$\boldsymbol{A}\boldsymbol{p}=\lambda\boldsymbol{p}.$$

因为 $\boldsymbol{\xi}\neq\mathbf{0}$，所以 $\boldsymbol{p}\neq\mathbf{0}$. 这表明 $\lambda$ 是矩阵 $\boldsymbol{A}$ 的特征值，$\boldsymbol{p}$ 是 $\boldsymbol{A}$ 的属于特征值 $\lambda$ 的特征向量. 由此可以看出：

① 线性变换 $T$ 与它的矩阵 $\boldsymbol{A}$ 有相同的特征值 $\lambda$；

② 如果 $\boldsymbol{p}=(x_1,x_2,\cdots,x_n)^{\mathrm{T}}$ 是 $\boldsymbol{A}$ 的属于特征值 $\lambda$ 的特征向量，令

$$\boldsymbol{\xi}=(\boldsymbol{\varepsilon}_1,\boldsymbol{\varepsilon}_2,\cdots,\boldsymbol{\varepsilon}_n)\boldsymbol{p}=x_1\boldsymbol{\varepsilon}_1+x_2\boldsymbol{\varepsilon}_2+\cdots+x_n\boldsymbol{\varepsilon}_n,$$

则 $\boldsymbol{\xi}$ 是线性变换 $T$ 属于特征值 $\lambda$ 的特征向量. 这表明线性变换 $T$ 的特征向量 $\boldsymbol{\xi}$ 在基 $\boldsymbol{\varepsilon}_1,\boldsymbol{\varepsilon}_2,\cdots,\boldsymbol{\varepsilon}_n$ 下的坐标是矩阵 $\boldsymbol{A}$ 的特征向量 $\boldsymbol{p}$.

【例 1】 设 $V$ 是数域 $F$ 上 3 维线性空间，$T$ 是 $V$ 的一个线性变换，且它在 $V$ 的一组基 $\boldsymbol{\varepsilon}_1$，$\boldsymbol{\varepsilon}_2$，$\boldsymbol{\varepsilon}_3$ 下的矩阵为

$$\boldsymbol{A}=\begin{pmatrix}1&2&2\\2&1&2\\2&2&1\end{pmatrix}.$$

求 $T$ 的全部特征值和特征向量.

【解】 首先求 $\boldsymbol{A}$ 的特征值与特征向量，由

$$|\lambda\boldsymbol{E}-\boldsymbol{A}|=\begin{vmatrix}\lambda-1&-2&-2\\-2&\lambda-1&-2\\-2&-2&\lambda-1\end{vmatrix}=(\lambda+1)^2(\lambda-5)$$

得 $T$ 的全部特征值为 $\lambda_1=\lambda_2=-1$，$\lambda_3=5$.

当 $\lambda_1=\lambda_2=-1$ 时，解 $(\lambda_1\boldsymbol{E}-\boldsymbol{A})\boldsymbol{x}=\boldsymbol{0}$ 得基础解系 $\boldsymbol{p}_1=\begin{pmatrix}1\\0\\-1\end{pmatrix}$，$\boldsymbol{p}_2=\begin{pmatrix}1\\-1\\0\end{pmatrix}$；令 $\boldsymbol{\xi}_1=(\boldsymbol{\varepsilon}_1,\boldsymbol{\varepsilon}_2,\boldsymbol{\varepsilon}_3)\boldsymbol{p}_1=\boldsymbol{\varepsilon}_1-\boldsymbol{\varepsilon}_3$，$\boldsymbol{\xi}_2=(\boldsymbol{\varepsilon}_1,\boldsymbol{\varepsilon}_2,\boldsymbol{\varepsilon}_3)\boldsymbol{p}_2=\boldsymbol{\varepsilon}_1-\boldsymbol{\varepsilon}_2$，则 $\boldsymbol{\xi}_1$，$\boldsymbol{\xi}_2$ 为属于特征值 $-1$ 的两个线性无关的特征向量. 而属于特征值 $-1$ 的全部特征向量是 $k_1\boldsymbol{\xi}_1+k_2\boldsymbol{\xi}_2(k_1^2+k_2^2\neq 0)$.

当 $\lambda_3=5$ 时，解 $(\lambda_3\boldsymbol{E}-\boldsymbol{A})\boldsymbol{x}=\boldsymbol{0}$ 得基础解系 $\boldsymbol{p}_3=\begin{pmatrix}1\\1\\1\end{pmatrix}$，则 $\boldsymbol{\xi}_3=(\boldsymbol{\varepsilon}_1,\boldsymbol{\varepsilon}_2,\boldsymbol{\varepsilon}_3)\boldsymbol{p}_3=\boldsymbol{\varepsilon}_1+\boldsymbol{\varepsilon}_2+\boldsymbol{\varepsilon}_3$ 是属于特征值 5 的一个线性无关的特征向量，而属于特征值 5 的全部特征向量是 $k_3\boldsymbol{\xi}_3(k_3\neq 0)$.

下面我们考虑线性变换的一个重要的问题：如何选择线性空间的一组基使得线性变换 $T$ 在这组基下的矩阵最简单. 最简单的矩阵莫过于对角阵.

**定义 2** 设 $T$ 是线性空间 $V$ 的线性变换，如果存在 $V$ 的一组基使 $T$ 在这组基下的矩阵是对角矩阵，则称线性变换 $T$ 可对角化(diagonizable).

因为线性变换 $T$ 在不同基下的矩阵是相似的，所以有

**定理 1** 设 $T$ 是 $n$ 维线性空间 $V$ 的线性变换，则 $T$ 可对角化的充分必要条件是 $T$ 在 $V$ 的任何一组基下的矩阵可对角化.

类似矩阵可对角的条件，我们有

**定理 2** 设 $T$ 是 $n$ 维线性空间 $V$ 上的线性变换，则 $T$ 可对角化的充分必要条件是 $T$ 有 $n$ 个线性无关的特征向量.

【证】 设 $T$ 在一组基 $\boldsymbol{\varepsilon}_1,\boldsymbol{\varepsilon}_2,\cdots,\boldsymbol{\varepsilon}_n$ 下的矩阵是对角阵 $\boldsymbol{\Lambda}=\mathrm{diag}(\lambda_1,\lambda_2,\cdots,\lambda_n)$，则

$$T(\boldsymbol{\varepsilon}_1,\boldsymbol{\varepsilon}_2,\cdots,\boldsymbol{\varepsilon}_n)=(\boldsymbol{\varepsilon}_1,\boldsymbol{\varepsilon}_2,\cdots,\boldsymbol{\varepsilon}_n)\begin{pmatrix}\lambda_2&&&\\&\lambda_2&&\\&&\ddots&\\&&&\lambda_n\end{pmatrix}=(\lambda_1\boldsymbol{\varepsilon}_1,\lambda_2\boldsymbol{\varepsilon}_2,\cdots,\lambda_n\boldsymbol{\varepsilon}_n).$$

由此，$T(\boldsymbol{\varepsilon}_i)=\lambda_i\boldsymbol{\varepsilon}_i$，$i=1,2,\cdots,n$. 因此 $\boldsymbol{\varepsilon}_1,\boldsymbol{\varepsilon}_2,\cdots,\boldsymbol{\varepsilon}_n$ 就是 $T$ 的 $n$ 个线性无关的特征向量.

反之，如果 $T$ 有 $n$ 个线性无关的特征向量 $\boldsymbol{\varepsilon}_1,\boldsymbol{\varepsilon}_2,\cdots,\boldsymbol{\varepsilon}_n$，则 $T(\boldsymbol{\varepsilon}_i)=\lambda_i\boldsymbol{\varepsilon}_i(i=1,2,\cdots,n)$. 于是又有 $T(\boldsymbol{\varepsilon}_1,\boldsymbol{\varepsilon}_2,\cdots,\boldsymbol{\varepsilon}_n)=(\boldsymbol{\varepsilon}_1,\boldsymbol{\varepsilon}_2,\cdots,\boldsymbol{\varepsilon}_n)\boldsymbol{\Lambda}$，其中 $\boldsymbol{\Lambda}=\mathrm{diag}(\lambda_1,\lambda_2,\cdots,\lambda_n)$. 因此 $T$ 在 $\boldsymbol{\varepsilon}_1,\boldsymbol{\varepsilon}_2,\cdots,\boldsymbol{\varepsilon}_n$ 这组基下的矩阵为对角阵 $\boldsymbol{\Lambda}$.

**【例 2】** 在线性空间 $F[t]_3$ 上定义线性变换 $T$：对任意的 $f(t)=a_0+a_1t+a_2t^2\in F[t]_3$，

$$T[f(t)]=(a_1+a_2)+(a_0+a_2)t+(a_0+a_1)t^2.$$

判断线性变换 $T$ 是否可对角化，如果可以，求 $V$ 的一组基使 $T$ 在这组基下的矩阵是对角阵.

**【解】** 首先，取 $F[t]_3$ 的一组基 $1,t,t^2$，并求 $T$ 在这组基下的矩阵. 由

$$T[1]=t+t^2,T[t]=1+t^2,T[t^2]=1+t$$

得线性变换 $T$ 在基 $1,t,t^2$ 下的矩阵为

$$\boldsymbol{A}=\begin{pmatrix}0&1&1\\1&0&1\\1&1&0\end{pmatrix}.$$

其次，计算矩阵 $\boldsymbol{A}$ 的特征值与特征向量. 由 $|\lambda\boldsymbol{E}-\boldsymbol{A}|=(\lambda-2)(\lambda+1)^2$ 的 $\boldsymbol{A}$(或 $T$)的特征值为 $\lambda_1=\lambda_2=-1,\lambda_3=2$. 当 $\lambda_1=\lambda_2=-1$ 时，解 $(-\boldsymbol{E}-\boldsymbol{A})\boldsymbol{x}=\boldsymbol{0}$ 得 $\boldsymbol{A}$ 的属于特征值 $-1$ 的两个线性无关的特征向量

$$\boldsymbol{p}_1=\begin{pmatrix}1\\-1\\0\end{pmatrix},\boldsymbol{p}_2=\begin{pmatrix}1\\0\\-1\end{pmatrix}.$$

当 $\lambda_3=2$ 时，解 $(2\boldsymbol{E}-\boldsymbol{A})\boldsymbol{x}=0$ 得 $\boldsymbol{A}$ 的属于特征值 2 的一个特征向量

$$\boldsymbol{p}_3=\begin{pmatrix}1\\1\\1\end{pmatrix}.$$

令 $\boldsymbol{P}=(\boldsymbol{p}_1,\boldsymbol{p}_2,\boldsymbol{p}_3)=\begin{pmatrix}1&1&1\\-1&0&1\\0&-1&1\end{pmatrix},\boldsymbol{\Lambda}=\begin{pmatrix}-1&&\\&-1&\\&&2\end{pmatrix}$，则 $\boldsymbol{A}=\boldsymbol{P\Lambda P}^{-1}$，因此 $\boldsymbol{A}$(或 $T$)可对角化.

最后，令

$$\boldsymbol{\xi}_1=(1,t,t^2)\boldsymbol{p}_1=1-t,$$
$$\boldsymbol{\xi}_2=(1,t,t^2)\boldsymbol{p}_2=1-t^2,$$
$$\boldsymbol{\xi}_3=(1,t,t^2)\boldsymbol{p}_3=1+t+t^2,$$

则 $\boldsymbol{\xi}_1,\boldsymbol{\xi}_2,\boldsymbol{\xi}_3$ 是 $T$ 的 3 个线性无关的特征向量，且为 $F[t]_3$ 的基，在该组基下 $T$ 的矩阵为对角阵 $\boldsymbol{\Lambda}$.

## 8.4 线性变换的不变子空间

8.3 节中最后一个例子说明线性变换的特征向量可以化简线性变换的矩阵. 这一节中将介绍线性变换的一个重要的概念——线性变换的不变子空间. 这一概念将更深入地揭示线性变换与它的矩阵之间的联系.

**定义 1** 设 $T$ 是数域 $F$ 上线性空间 $V$ 的线性变换，$W$ 是 $V$ 的一个子空间. 如果 $W$ 中向量在 $T$ 的作用下的像仍在 $W$ 中，即对每一个向量 $\boldsymbol{\alpha}\in W$，都有 $T(\boldsymbol{\alpha})\in W$，则称 $W$ 是 $T$ 的一个不变子空间(invariant subspace)或 $T$-子空间.

**【例 1】** 对线性空间 $V$ 的任何一个线性变换 $T$，$V$ 的两个平凡子空间 $V$ 和零子空间都是 $T$ 的不变子空间.

**定义 2** 设 $T$ 是线性空间 $V$ 的线性变换. $T$ 的全部像组成的集合称为 $T$ 的像(image)，记为 $\mathrm{Im}T$；所有被 $T$ 变成零向量的向量组成的集合称为 $T$ 的核(kernel)，记为 $\mathrm{Ker}T$. 写成集合形式

$$\mathrm{Im}T=\{T(\boldsymbol{\alpha})\mid\boldsymbol{\alpha}\in V\},\quad \mathrm{Ker}T=\{\boldsymbol{\alpha}\in V\mid T(\boldsymbol{\alpha})=0\}.$$

**命题 1** $\mathrm{Im}T$，$\mathrm{Ker}T$ 都是 $T$ 的不变子空间.

**命题 2** 设 $T$ 是 $n$ 维线性空间 $V$ 的一个线性变换，$\boldsymbol{\varepsilon}_1,\boldsymbol{\varepsilon}_2,\cdots,\boldsymbol{\varepsilon}_n$ 是 $V$ 的一组基. 在这组基下 $T$ 的矩阵是 $\boldsymbol{A}$，则 $T$ 的像空间 $\mathrm{Im}T$ 是由基像生成的子空间，即

$$\mathrm{Im}T=\mathrm{Span}\,\{T(\boldsymbol{\varepsilon}_1),T(\boldsymbol{\varepsilon}_2),\cdots,T(\boldsymbol{\varepsilon}_n)\}.$$

**定理 1** 设 $T$ 是 $n$ 维线性空间 $V$ 的一个线性变换，则

$$\dim\,\mathrm{Im}T+\dim\,\mathrm{Ker}\,T=n.$$

**【证】** 设 $T$ 在 $V$ 的一组基 $\boldsymbol{\varepsilon}_1,\boldsymbol{\varepsilon}_2,\cdots,\boldsymbol{\varepsilon}_n$ 下的矩阵为 $\boldsymbol{A}$，即

$$T(\boldsymbol{\varepsilon}_1,\boldsymbol{\varepsilon}_2,\cdots,\boldsymbol{\varepsilon}_n)=(\boldsymbol{\varepsilon}_1,\boldsymbol{\varepsilon}_2,\cdots,\boldsymbol{\varepsilon}_n)\boldsymbol{A},$$

由此 $\dim\,\mathrm{Im}T=\mathrm{rank}\boldsymbol{A}$，$\dim\,\mathrm{Ker}T=\dim N(\boldsymbol{A})$，其中 $N(\boldsymbol{A})$ 是齐次方程组 $\boldsymbol{Ax}=\boldsymbol{0}$ 的解空间. 于是

$$\dim\,\mathrm{Ker}T=\dim N(\boldsymbol{A})=n-\mathrm{rank}\boldsymbol{A}=n-\dim\,\mathrm{Im}T.$$

**【例 2】** 在线性空间 $\mathbf{R}^{2\times 2}$ 上定义线性变换 $T$：

$$T(\boldsymbol{X})=\boldsymbol{XM}-\boldsymbol{MX},\ \forall\,\boldsymbol{X}\in\mathbf{R}^{2\times 2},$$

其中 $\boldsymbol{M}=\begin{pmatrix}1&2\\0&3\end{pmatrix}$. 分别求 $\mathrm{Im}T$，$\mathrm{Ker}T$ 的一组基及维数.

**【解】** 先求核空间 $\mathrm{Ker}T$ 的一组基及维数. 设

$$\boldsymbol{X}=\begin{pmatrix}x_1&x_2\\x_3&x_4\end{pmatrix}\in\mathrm{Ker}T,$$

由 $T(\boldsymbol{X})=\boldsymbol{O}$ 得

$$\begin{pmatrix}x_1&x_2\\x_3&x_4\end{pmatrix}\begin{pmatrix}1&2\\0&3\end{pmatrix}-\begin{pmatrix}1&2\\0&3\end{pmatrix}\begin{pmatrix}x_1&x_2\\x_3&x_4\end{pmatrix}=\boldsymbol{O},$$

即

$$\begin{cases}x_1+x_2-x_4=0,\\ \qquad\qquad x_3=0,\end{cases}$$

解之得基础解系 $\boldsymbol{\xi}_1=(-1,1,0,0)^{\mathrm{T}}$，$\boldsymbol{\xi}_2=(1,0,0,1)^{\mathrm{T}}$，改写成矩阵的形式得 $\mathrm{Ker}T$ 的一组基为

$$\boldsymbol{X}_1=\begin{pmatrix}-1&1\\0&0\end{pmatrix},\boldsymbol{X}_2=\begin{pmatrix}1&0\\0&1\end{pmatrix},$$

并且 $\mathrm{Ker}T$ 是 2 维的.

再求像空间 $\mathrm{Im}T$ 的一组基及维数. 由定理 1 可知,像空间的维数 $\dim \mathrm{Im}T=4-2=2$. 另外,若取 $\mathbf{R}^{2\times 2}$ 的一组基分别为

$$\boldsymbol{E}_1=\begin{pmatrix}1&0\\0&0\end{pmatrix},\boldsymbol{E}_2=\begin{pmatrix}0&1\\0&0\end{pmatrix},\boldsymbol{E}_3=\begin{pmatrix}0&0\\1&0\end{pmatrix},\boldsymbol{E}_4=\begin{pmatrix}0&0\\0&1\end{pmatrix},$$

根据命题 2,$T$ 的像空间

$$\mathrm{Im}T=\mathrm{Span}\{T(\boldsymbol{E}_1),T(\boldsymbol{E}_2),T(\boldsymbol{E}_3),T(\boldsymbol{E}_4)\}.$$

因为 $T(\boldsymbol{E}_1)=\begin{pmatrix}0&2\\0&0\end{pmatrix}$ 与 $T(\boldsymbol{E}_3)=\begin{pmatrix}-2&0\\-2&2\end{pmatrix}$ 线性无关,所以它们就是 $\mathrm{Im}T$ 的一组基.

下面我们介绍一个重要的不变子空间.

**定义 3** 设 $T$ 是数域 $F$ 上线性空间 $V$ 的一个线性变换,$\lambda_0$ 是 $T$ 的一个特征值,令

$$V_{\lambda_0}=\{\boldsymbol{\xi}\in V\mid T(\boldsymbol{\xi})=\lambda_0\boldsymbol{\xi}\}=\mathrm{Ker}(T-\lambda_0\boldsymbol{I}),$$

则 $V_{\lambda_0}$ 是 $T$ 的一个不变子空间,称为 $T$ 的一个特征子空间(eigen-subspace).

事实上,易知 $V_{\lambda_0}$ 是 $V$ 的子空间. 对于任意的 $\boldsymbol{\xi}\in V_{\lambda_0}$,有 $T(\boldsymbol{\xi})=\lambda_0\boldsymbol{\xi}$. 由

$$T[T(\boldsymbol{\xi})]=T(\lambda_0\boldsymbol{\xi})=\lambda_0T(\boldsymbol{\xi})$$

有 $T(\boldsymbol{\xi})\in V_{\lambda_0}$. 因此 $V_{\lambda_0}$ 是 $T$ 的一个不变子空间.

**定理 2** 设 $T$ 是数域 $F$ 上线性空间 $V$ 的线性变换,$W$ 是 $V$ 的子空间. $\boldsymbol{\varepsilon}_1,\boldsymbol{\varepsilon}_2,\cdots,\boldsymbol{\varepsilon}_r$ 是 $W$ 的一组基,则 $W$ 是 $T$-子空间的充分必要条件是 $T(\varepsilon_i)\in W,i=1,2,\cdots,r$.

**【证】** 必要性是显然的,下面证充分性. 任取 $W$ 的一个向量 $\boldsymbol{\alpha}$,则 $\boldsymbol{\alpha}$ 可由基 $\boldsymbol{\varepsilon}_1,\boldsymbol{\varepsilon}_2,\cdots,\boldsymbol{\varepsilon}_r$ 线性表示,即

$$\boldsymbol{\alpha}=x_1\boldsymbol{\varepsilon}_1+x_2\boldsymbol{\varepsilon}_2+\cdots+x_r\boldsymbol{\varepsilon}_r.$$

于是,由 $T(\boldsymbol{\varepsilon}_i)\in W\ (i=1,2,\cdots,r)$ 有

$$T(\boldsymbol{\alpha})=x_1T(\boldsymbol{\varepsilon}_1)+x_2T(\boldsymbol{\varepsilon}_2)+\cdots+x_rT(\boldsymbol{\varepsilon}_r)\in W.$$

因此 $W$ 是 $T$-子空间.

**【例 3】** 设 $W_1,W_2$ 是线性空间 $V$ 上线性变换 $T$ 的不变子空间,则 $W_1\cap W_2$、$W_1+W_2$ 仍是 $T$ 的不变子空间.

**【证】** 首先,任取 $\boldsymbol{\alpha}\in W_1\cap W_2$,则 $\boldsymbol{\alpha}\in W_1,\boldsymbol{\alpha}\in W_2$. 因为 $W_1,W_2$ 是 $T$-子空间,所以 $T(\boldsymbol{\alpha})\in W_1,T(\boldsymbol{\alpha})\in W_2$. 于是 $T(\boldsymbol{\alpha})\in W_1\cap W_2$,因此 $W_1\cap W_2$ 是 $T$-子空间.

其次,任取 $\boldsymbol{\alpha}=\boldsymbol{\alpha}_1+\boldsymbol{\alpha}_2\in W_1+W_2$,其中 $\boldsymbol{\alpha}_1\in W_1,\boldsymbol{\alpha}_2\in W_2$. 因为 $T(\boldsymbol{\alpha}_1)\in W_1,T(\boldsymbol{\alpha}_2)\in W_2$,所以 $T(\boldsymbol{\alpha})=T(\boldsymbol{\alpha}_1)+T(\boldsymbol{\alpha}_2)\in W_1+W_2$. 因此 $W_1+W_2$ 也是 $T$-子空间.

不变子空间可以化简线性变换的矩阵. 具体有以下定理:

**定理 3** 设 $T$ 是数域 $F$ 上线性空间 $V$ 的一个线性变换,$W$ 是 $T$ 的一个非平凡的不变子空间,则存在 $V$ 的一组基,使得 $T$ 在这组基下的矩阵为分块上三角矩阵

$$\begin{pmatrix}\boldsymbol{A}_1&\boldsymbol{A}_3\\\boldsymbol{O}&\boldsymbol{A}_2\end{pmatrix}.$$

**【证】** 因为 $W$ 是非平凡子空间,所以 $0<\dim W=r<n$. 取 $W$ 的一组基 $\boldsymbol{\varepsilon}_1,\boldsymbol{\varepsilon}_2,\cdots,\boldsymbol{\varepsilon}_r$,把它

扩充为 $V$ 的一组基 $\boldsymbol{\varepsilon}_1,\boldsymbol{\varepsilon}_2,\cdots,\boldsymbol{\varepsilon}_r,\boldsymbol{\varepsilon}_{r+1},\cdots,\boldsymbol{\varepsilon}_n$. 因为 $T(\boldsymbol{\varepsilon}_i)\in W\ (i=1,2,\cdots,r)$,所以

$$T(\boldsymbol{\varepsilon}_1,\cdots,\boldsymbol{\varepsilon}_r,\boldsymbol{\varepsilon}_{r+1},\cdots,\boldsymbol{\varepsilon}_n)=(\boldsymbol{\varepsilon}_1,\cdots,\boldsymbol{\varepsilon}_r,\boldsymbol{\varepsilon}_{r+1},\cdots,\boldsymbol{\varepsilon}_n)\begin{pmatrix} a_{11} & \cdots & a_{1r} & a_{1,r+1} & \cdots & a_{1n} \\ \vdots & & \vdots & \vdots & & \vdots \\ a_{r1} & \cdots & a_{rr} & a_{r,r+1} & \cdots & a_{rn} \\ 0 & \cdots & 0 & a_{r+1,r+1} & \cdots & a_{r+1,n} \\ \vdots & & \vdots & \vdots & & \vdots \\ 0 & \cdots & 0 & a_{n,r+1} & \cdots & a_{nn} \end{pmatrix},$$

因此 $T$ 在基 $\boldsymbol{\varepsilon}_1,\boldsymbol{\varepsilon}_2,\cdots,\boldsymbol{\varepsilon}_r,\boldsymbol{\varepsilon}_{r+1},\cdots,\boldsymbol{\varepsilon}_n$ 下的矩阵为 $\begin{pmatrix} \boldsymbol{A}_1 & \boldsymbol{A}_3 \\ \boldsymbol{O} & \boldsymbol{A}_2 \end{pmatrix}$.

更进一步,有

**定理 4** 设 $T$ 是数域 $F$ 上 $n$ 维线性空间 $V$ 的一个线性变换,$W_1,W_2$ 是 $T$ 的两个非平凡的不变子空间,满足 $V=W_1\oplus W_2$,则存在 $V$ 的一组基,使 $T$ 在这组基下的矩阵是准对角阵

$$\begin{pmatrix} \boldsymbol{A}_1 & \\ & \boldsymbol{A}_2 \end{pmatrix}.$$

【证】 分别取 $W_1,W_2$ 的一组基:

$$\boldsymbol{\varepsilon}_1,\cdots,\boldsymbol{\varepsilon}_r,\boldsymbol{\varepsilon}_{r+1},\cdots,\boldsymbol{\varepsilon}_n,$$

则 $\boldsymbol{\varepsilon}_1,\cdots,\boldsymbol{\varepsilon}_r,\boldsymbol{\varepsilon}_{r+1},\cdots,\boldsymbol{\varepsilon}_n$ 为 $V$ 的一组基. 因为 $T(\boldsymbol{\varepsilon}_i)\in W_1(i=1,\cdots,r)$,$T(\boldsymbol{\varepsilon}_j)\in W_2(j=r+1,\cdots,n)$,所以

$$T(\boldsymbol{\varepsilon}_1,\cdots,\boldsymbol{\varepsilon}_r,\boldsymbol{\varepsilon}_{r+1},\cdots,\boldsymbol{\varepsilon}_n)=(\boldsymbol{\varepsilon}_1,\cdots,\boldsymbol{\varepsilon}_r,\boldsymbol{\varepsilon}_{r+1},\cdots,\boldsymbol{\varepsilon}_n)\begin{pmatrix} a_{11} & \cdots & a_{1r} & 0 & \cdots & 0 \\ \vdots & & \vdots & \vdots & & \vdots \\ a_{r1} & \cdots & a_{rr} & 0 & \cdots & 0 \\ 0 & \cdots & 0 & a_{r+1,r+1} & \cdots & a_{r+1,n} \\ \vdots & & \vdots & \vdots & & \vdots \\ 0 & \cdots & 0 & a_{n,r+1} & \cdots & a_{nn} \end{pmatrix},$$

即 $T$ 在基 $\boldsymbol{\varepsilon}_1,\cdots,\boldsymbol{\varepsilon}_r,\boldsymbol{\varepsilon}_{r+1},\cdots,\boldsymbol{\varepsilon}_n$ 下的矩阵为准对角阵 $\begin{pmatrix} \boldsymbol{A}_1 & \\ & \boldsymbol{A}_2 \end{pmatrix}$.

**推论 1** 设 $T$ 是 $n$ 维线性空间 $V$ 的一个线性变换. 如果 $V$ 可以分解成若干个非平凡 $T$-子空间的直和 $V=W_1\oplus W_2\oplus\cdots\oplus W_s$,则存在 $V$ 的一组基,使 $T$ 在这组基下的矩阵是准对角阵

$$\begin{pmatrix} A_1 & & & \\ & A_2 & & \\ & & \ddots & \\ & & & A_s \end{pmatrix}.$$

下面我们希望找到 $V$ 的一些非平凡不变子空间的直和分解.

首先,我们观察特征子空间.

**定理 5** 设 $T$ 是数域 $F$ 上 $n$ 维线性空间 $V$ 的一个线性变换. $\lambda_1,\lambda_2,\cdots,\lambda_t$ 是 $T$ 的不同的特征值,则特征子空间直和 $V_{\lambda_1}+V_{\lambda_2}+\cdots+V_{\lambda_t}$ 是直和 $V_{\lambda_1}\oplus V_{\lambda_2}\oplus\cdots\oplus V_{\lambda_t}$.

【证】 取 $\xi_i \in V_{\lambda_i} \quad (i=1,2,\cdots,t)$，使

$$\xi_1+\xi_2+\cdots+\xi_t=\mathbf{0}.$$

将 $T,T^2,\cdots,T^{t-1}$ 依次作用于上面等式两边，得

$$\begin{gathered}\lambda_1\xi_1+\lambda_2\xi_2+\cdots+\lambda_t\xi_t=\mathbf{0},\\ \lambda_1^2\xi_1+\lambda_2^2\xi_2+\cdots+\lambda_t^2\xi_t=\mathbf{0},\\ \cdots\cdots\cdots\\ \lambda_1^{t-1}\xi_1+\lambda_2^{t-1}\xi_2+\cdots+\lambda_t^{t-1}\xi_t=\mathbf{0}.\end{gathered}$$

上式可在形式上写成

$$(\xi_1,\xi_2,\cdots,\xi_t)\boldsymbol{A}=(\mathbf{0},\mathbf{0},\cdots,\mathbf{0}), \tag{8.4}$$

其中

$$\boldsymbol{A}=\begin{pmatrix}1 & \lambda_1 & \cdots & \lambda_t\\ 1 & \lambda_1^2 & \cdots & \lambda_t^2\\ \vdots & \vdots & & \vdots\\ 1 & \lambda_1^{t-1} & \cdots & \lambda_t^{t-1}\end{pmatrix}.$$

因为 $|\boldsymbol{A}|$ 为 Vandermonde 行列式，$|\boldsymbol{A}|=\prod\limits_{1\leqslant j<i\leqslant t}(\lambda_i-\lambda_j)\neq 0$，所以 $\boldsymbol{A}$ 可逆. 在式(8.4)两边乘以 $\boldsymbol{A}^{-1}$，得到 $\xi_i=\mathbf{0}\ (i=1,2,\cdots,t)$，因此零向量分解唯一，从而 $V_{\lambda_1}+V_{\lambda_2}+\cdots+V_{\lambda_t}$ 是直和.

但是这个直和只是 $V$ 的一个子空间，还不一定能够将 $V$ 直和分解.

**定义 4** 设 $T$ 是复数域 $\mathbf{C}$ 上 $n$ 维线性空间 $V$ 的线性变换，$\boldsymbol{A}$ 是 $T$ 在 $V$ 的一组基下的矩阵. $T$(或 $\boldsymbol{A}$)的特征多项式 $f(\lambda)$ 在复数域中分解式为

$$f(\lambda)=|\lambda\boldsymbol{E}-\boldsymbol{A}|=(\lambda-\lambda_1)^{s_1}(\lambda-\lambda_2)^{s_2}\cdots(\lambda-\lambda_t)^{s_t}.$$

其中 $\lambda_1,\lambda_2,\cdots,\lambda_t$ 是 $f(\lambda)$ 的全部不同的特征值，称一次因式 $\lambda-\lambda_i$ 的指数 $s_i$ 为特征值 $\lambda_i$ 的代数重数(algebraic multiplicity).

显然代数重数满足

$$s_1+s_2+\cdots+s_t=n=\dim V.$$

**定义 5** 设 $\lambda_i$ 是线性变换 $T$ 的一个特征值，则特征子空间 $V_{\lambda_i}$ 的维数 $m_i$ 称为特征值 $\lambda_i$ 的几何重数(geometric multiplicity).

**定理 6** 设 $T$ 是复数域 $\mathbf{C}$ 上的 $n$ 维线性空间 $V$ 的线性变换，则 $T$ 的每一个特征值的几何重数都不大于代数重数.

【证】 设 $\boldsymbol{\lambda}_i$ 是 $T$ 的一个特征值，其几何重数为 $m_i=\dim V_{\lambda_i}$. 取 $V_{\lambda_i}$ 的一组基 $\xi_1,\cdots,\xi_{m_i}$，并将它扩为 $V$ 的一组基 $\xi_1,\cdots,\xi_{m_i},\xi_{m_i+1},\cdots,\xi_n$，由 $T(\xi_k)=\lambda_i\xi_k(k=1,2,\cdots,m_i)$，有

$$T(\xi_1,\cdots,\xi_{m_i},\xi_{m_i+1},\cdots,\xi_n)=(\xi_1,\cdots,\xi_{m_i},\xi_{m_i+1},\cdots,\xi_n)\boldsymbol{B}.$$

其中

$$\boldsymbol{B}=\begin{pmatrix}\lambda_i\boldsymbol{E}_{m_i} & \boldsymbol{B}_1\\ \boldsymbol{O} & \boldsymbol{B}_2\end{pmatrix}$$

是 $T$ 在基 $\xi_1,\cdots,\xi_{m_i},\xi_{m_i+1},\cdots,\xi_n$ 下的矩阵. 于是 $\boldsymbol{B}$(或 $T$)的特征多项式为

$$f(\lambda)=(\lambda-\lambda_i)^{m_i}|\lambda\boldsymbol{E}-\boldsymbol{B}_2|.$$

又因为线性变换 $T$ 的代数重数为 $s_i$，所以 $T$ 的特征多项式为 $f(\lambda)=(\lambda-\lambda_i)^{s_i}g(\lambda)$. 注意到 $s_i$ 是 $f(\lambda)$ 中一次因式 $\lambda-\lambda_i$ 的最高次幂指数，因此 $m_i\leqslant s_i$.

根据定理 5、定理 6 可以得到线性变换可对角化的一个条件.

**定理 7** 设 $T$ 是复数域 $\mathbf{C}$ 上的 $n$ 维线性空间 $V$ 的线性变换，则 $T$ 可对角化的充分必要条件是每一个特征值 $\lambda_i$ 的几何重数等于代数重数.

**【证】** 先证充分性. 设 $\lambda_1,\lambda_2,\cdots,\lambda_t$ 是 $T$ 的全部不同的特征值，$\lambda_i$ 的几何重数和代数重数分别是 $m_i,s_i$. 由于 $m_i=s_i$，于是 $m_1+m_2+\cdots+m_t=n$. 分别取 $V_{\lambda_i}$ 的基为

$$\xi_{11},\cdots,\xi_{1,m_1};\quad \xi_{21},\cdots,\xi_{2,m_2};\quad \cdots;\quad \xi_{t1},\cdots,\xi_{t,m_t}.$$

根据定理 4 知这些向量恰好是 $T$ 的 $n$ 个线性无关的特征向量，从而 $T$ 可对角化.

再证必要性，用反证法. 假设有一个特征值 $\lambda_k$ 的几何重数小于代数重数，根据定理 4 取每个 $V_{\lambda_i}$ 的一组基，这些向量合并为 $T$ 的 $m_1+m_2+\cdots+m_t$ 个线性无关的特征向量，也是 $T$ 的所有特征向量的集合的一个最大线性无关组. 但是 $m_1+m_2+\cdots+m_t<n$，因此 $T$ 不可对角化，矛盾.

将这一结果应用到矩阵. 有

**定理 8** $n$ 阶矩阵 $\boldsymbol{A}$ 可对角化，当且仅当每个特征值的几何重数等于代数重数.

这里 $\boldsymbol{A}$ 的特征值 $\lambda_i$ 的几何重数为特征子空间 $V_{\lambda_i}=\{\boldsymbol{x}\in F^n\mid \boldsymbol{A}\boldsymbol{x}=\lambda_i\boldsymbol{x}\}$ 的维数. 因为 $V_{\lambda_i}$ 的基其实就是齐次方程组 $(\lambda_i\boldsymbol{E}-\boldsymbol{A})\boldsymbol{x}=\boldsymbol{0}$ 的基础解系，所以特征值 $\lambda_i$ 的几何重数为

$$m_i=\dim V_{\lambda_i}=n-R(\lambda_i\boldsymbol{E}-\boldsymbol{A}).$$

**【例 4】** 已知矩阵 $\boldsymbol{A}=\begin{pmatrix}3 & 2 & -2\\ -k & -1 & k\\ 4 & 2 & -3\end{pmatrix}$ 可对角化，求 $k$.

**【解】** 矩阵 $\boldsymbol{A}$ 的特征多项式为 $f(\lambda)=|\lambda\boldsymbol{E}-\boldsymbol{A}|=(\lambda-1)(1+\lambda)^2$，则 $\boldsymbol{A}$ 的特征值为 $\lambda_1=\lambda_2=-1,\lambda_3=1$. 根据定理 8，要使 $\boldsymbol{A}$ 可对角化，代数重数为 2 的特征值 $-1$，它的几何重数必须为 2，由此 $R(-\boldsymbol{E}-\boldsymbol{A})=3-2=1$. 而

$$\begin{pmatrix}-4 & -2 & 2\\ k & 0 & -k\\ -4 & -2 & 2\end{pmatrix}\to\begin{pmatrix}-4 & -2 & 2\\ k & 0 & k\\ 0 & 0 & 0\end{pmatrix},$$

从而 $k=0$ 时，$\boldsymbol{A}$ 可对角化.

因为特征子空间不足以将线性空间直和分解，我们考虑特征值的根子空间.

**定义 6** 设 $T$ 是复数域 $\mathbf{C}$ 上的 $n$ 维线性空间 $V$ 的线性变换，$T$ 的特征多项式

$$f(\lambda)=|\lambda\boldsymbol{E}-\boldsymbol{A}|=(\lambda-\lambda_1)^{s_1}(\lambda-\lambda_2)^{s_2}\cdots(\lambda-\lambda_t)^{s_t},$$

其中 $\lambda_1,\lambda_2,\cdots,\lambda_t$ 是 $f(\lambda)$ 的全部不同的特征值. 对每个特征值 $\lambda_i$，

$$V_i=\{\boldsymbol{\xi}\in V\mid (T-\lambda_i I)^{s_i}\boldsymbol{\xi}=\boldsymbol{0}\}=\mathrm{Ker}(T-\lambda_i I)^{s_i}$$

是 $V$ 的一个子空间，称之为特征值 $\lambda_i$ 的根子空间(root subspace)，$V_i$ 的向量称之为根向量.

**定理 9** $V$ 可分解成 $V$ 上线性变换 $T$ 的根子空间的直和

$$V=V_1\oplus V_2\oplus\cdots\oplus V_t.$$

【证】 首先，任取 $\boldsymbol{\alpha}\in V_i$，因为

$$(T-\lambda_i)^{s_i}[T(\boldsymbol{\alpha})]=T[(T-\lambda_i)^{s_i}(\boldsymbol{\alpha})]=\mathbf{0},$$

所以根子空间 $V_i$ 是 $T$-子空间.

其次，令

$$f_i(\lambda)=\frac{f(\lambda)}{(\lambda-\lambda_i)^{s_i}}=(\lambda-\lambda_1)^{s_1}\cdots(\lambda-\lambda_{i-1})^{s_{i-1}}(\lambda-\lambda_{i+1})^{s_{i+1}}\cdots(\lambda-\lambda_t)^{s_t}\quad(i=1,2,\cdots,t),$$

由 $f_1(\lambda),\cdots,f_t(\lambda)$ 互素知，存在多项式 $u_1(\lambda),\cdots,u_t(\lambda)$ 使 $u_1(\lambda)f_1(\lambda)+\cdots+u_tf_t(\lambda)=1$.

从而

$$u_1(T)f_1(T)+\cdots+u_t(T)f_t(T)=I,$$

于是对任意的 $\boldsymbol{\alpha}\in V$，有 $\boldsymbol{\alpha}=\boldsymbol{\alpha}_1+\boldsymbol{\alpha}_2+\cdots+\boldsymbol{\alpha}_t$. 其中 $\boldsymbol{\alpha}_i=[u_i(T)f_i(T)](\boldsymbol{\alpha})\ (i=1,\cdots,t)$.

另外，将 Cayley-Hamilton 定理应用到线性变换上有 $f(T)=\mathbf{0}$，于是

$$(T-\lambda_i)^{s_i}(\boldsymbol{\alpha}_i)=[u_i(T)f(T)](\boldsymbol{\alpha})=\mathbf{0}.$$

因此 $\boldsymbol{\alpha}_i\in V_i$，这表明 $V=V_1+\cdots+V_t$.

最后，为证直和，设 $\boldsymbol{\alpha}\in V_1\cap\left(\sum_{j\neq 1}V_j\right)$. 因为 $(\lambda-\lambda_1)^{s_1}$ 与 $f_1(\lambda)$ 互素，所以存在多项式 $v_1(\lambda),v_2(\lambda)$ 使 $v_1(\lambda)(\lambda-\lambda_1)^{s_1}+v_2(\lambda)f_1(\lambda)=1$. 用 $T$ 代替 $\lambda$，并作用在向量 $\boldsymbol{\alpha}$ 上，有

$$\boldsymbol{\alpha}=v_1(T)(T-\lambda_1I)^{s_1}(\boldsymbol{\alpha})+v_2(T)f_1(T)(\boldsymbol{\alpha}).$$

由于 $\boldsymbol{\alpha}\in V_1$，可得 $(T-\lambda_1I)^{s_1}(\boldsymbol{\alpha})=\mathbf{0}$；又由于 $\boldsymbol{\alpha}\in\sum_{j\neq 1}V_j$，可得 $f_1(T)(\boldsymbol{\alpha})=\mathbf{0}$，因此 $\boldsymbol{\alpha}=\mathbf{0}$. 类似可证 $V_i\cap\left(\sum_{j\neq i}V_j\right)=\{\mathbf{0}\}\ (i=2,\cdots,t)$，从而 $V=V_1\oplus\cdots\oplus V_t$.

**定理 10** 设 $T$ 是线性空间 $V$ 上线性变换，则 $T$ 的特征值 $\lambda_i$ 的代数重数等于根子空间的维数，即

$$s_i=\dim V_i=\dim\operatorname{Ker}(T-\lambda_iI)^{s_i}.$$

【证】 取 $V$ 的一组基使 $T$ 在其下的矩阵为 Jordan 标准形 $\boldsymbol{J}=\operatorname{diag}(\boldsymbol{J}_1,\boldsymbol{J}_2,\cdots,\boldsymbol{J}_t)$，并设 $\boldsymbol{J}_1$ 是 $\boldsymbol{J}$ 中所有主对角元为 $\lambda_i$ 所形成的 $s_i\times s_i$ 矩阵. 考虑矩阵

$$(\boldsymbol{J}-\lambda_i\boldsymbol{E})^{s_i}=\operatorname{diag}[(\boldsymbol{J}_1-\lambda_i\boldsymbol{E}_1)^{s_i},(\boldsymbol{J}_2-\lambda_i\boldsymbol{E}_2)^{s_i},\cdots,(\boldsymbol{J}_t-\lambda_i\boldsymbol{E}_t)^{s_i}].$$

由于 $\lambda_i$ 的代数重数为 $s_i$，故 $\boldsymbol{J}_1$ 中 Jordan 块的阶数均不超过 $s_i$，于是 $(\boldsymbol{J}_1-\lambda_i\boldsymbol{E}_1)^{s_i}=\boldsymbol{O}$. 但是 $(\boldsymbol{J}_k-\lambda_i\boldsymbol{E}_k)^{s_i}\ (k=2,\cdots,t)$ 均为可逆矩阵，因此 $\operatorname{rank}(\boldsymbol{J}-\lambda_i\boldsymbol{E}_k)^{s_i}=n-s_i$，这表明

$$\dim\operatorname{Ker}(T-\lambda_i\boldsymbol{I})^{s_i}=\dim\operatorname{Ker}(\boldsymbol{J}-\lambda_i\boldsymbol{E})^{s_i}=s_i.$$

利用根子空间分解可以证明 9.1 节定理 1. 下面我们通过一个例子说明根子空间化简线性变换的矩阵，得到 Jordan 标准形. 关于 Jordan 标准形，可参见第 9 章.

【例 5】 设 $\boldsymbol{A}=\begin{pmatrix}4&3&0&1\\0&2&0&0\\1&3&2&1\\0&0&0&2\end{pmatrix}$. 求可逆矩阵 $\boldsymbol{P}$，使 $\boldsymbol{A}=\boldsymbol{PJP}^{-1}$. 其中 $\boldsymbol{J}$ 为 $\boldsymbol{A}$ 的 Jordan 标准形.

【解】 注意到矩阵 $\boldsymbol{A}$ 本身可以视作线性空间 $\mathbf{R}^4$ 上的线性变换. 这个线性变换在自然基下的矩阵是 $\boldsymbol{A}$. 矩阵 $\boldsymbol{A}$ 的特征多项式为 $f(\lambda)=|\lambda\boldsymbol{E}-\boldsymbol{A}|=(\lambda-4)(\lambda-2)^3$，则 $\boldsymbol{A}$ 有两个不同的

特征值 4,2,且特征值 4,2 的根子空间分别为

$$V_1 = \{\boldsymbol{\xi} \mid (\boldsymbol{A} - 4\boldsymbol{E})\boldsymbol{\xi} = 0\}, \quad V_2 = \{\boldsymbol{\xi} \mid (\boldsymbol{A} - 2\boldsymbol{E})^3\boldsymbol{\xi} = \boldsymbol{0}\},$$

于是 $V=\mathbf{R}^4=V_1 \oplus V_2$.

下面分别求 $V_1,V_2$ 的一组基. 解齐次线性方程组 $(\boldsymbol{A}-4\boldsymbol{E})\boldsymbol{x}=\boldsymbol{0}$ 得

$$\boldsymbol{\xi}_1=(2,0,1,0)^{\mathrm{T}}$$

为 $V_1$ 的一组基.

为求 $V_2$ 的一组基,我们先观察 $V_2$ 的维数. 根据 $R[(\boldsymbol{A}-2\boldsymbol{E})^3]=1$ 知 $\dim V_2=4-1=3$. 因此,只需要求出 $V_2$ 的三个线性无关的向量即可. 首先,解齐次线性方程组 $(\boldsymbol{A}-2\boldsymbol{E})\boldsymbol{x}=\boldsymbol{0}$ 得基础解系

$$\boldsymbol{\xi}_2=(0,1,0,-3)^{\mathrm{T}},\boldsymbol{\xi}_3=(0,0,1,0)^{\mathrm{T}},$$

显然 $\boldsymbol{\xi}_2,\boldsymbol{\xi}_3\in V_2$. 其次,为求向量 $\boldsymbol{\xi}_4$,我们考虑齐次线性方程组 $(\boldsymbol{A}-2\boldsymbol{E})^2\boldsymbol{x}=\boldsymbol{0}$. 该方程组的解都属于 $V_2$,并且该方程组的解中也包含 $\boldsymbol{\xi}_2,\boldsymbol{\xi}_3$. 因此,考虑非齐次线性方程组

$$(\boldsymbol{A}-2\boldsymbol{E})\boldsymbol{x}=c_1\boldsymbol{\xi}_2+c_2\boldsymbol{\xi}_3,$$

其中 $c_1,c_2$ 为待定的常数. 因为

$$(\boldsymbol{A} - 2\boldsymbol{E}, c_1\boldsymbol{\xi}_2 + c_2\boldsymbol{\xi}_3) \to \begin{pmatrix} 1 & 0 & 0 & 0 & -c_2 \\ 0 & 3 & 0 & 1 & 2c_2 \\ 0 & 0 & 0 & 0 & c_1 \\ 0 & 0 & 0 & 0 & 0 \end{pmatrix},$$

所以可取 $c_1=0,c_2=1$,并得方程组的一个解为

$$\boldsymbol{\xi}_4 = (-1,1,0,-1)^{\mathrm{T}}.$$

于是 $(\boldsymbol{A}-4\boldsymbol{E})\boldsymbol{\xi}_1=\boldsymbol{0},(\boldsymbol{A}-2\boldsymbol{E})\boldsymbol{\xi}_2=\boldsymbol{0},(\boldsymbol{A}-2\boldsymbol{E})\boldsymbol{\xi}_3=\boldsymbol{0},(\boldsymbol{A}-2\boldsymbol{E})\boldsymbol{\xi}_4=\boldsymbol{\xi}_3$,即

$$\boldsymbol{A}\boldsymbol{\xi}_1=4\boldsymbol{\xi}_1,\boldsymbol{A}\boldsymbol{\xi}_2=2\boldsymbol{\xi}_2,\boldsymbol{A}\boldsymbol{\xi}_3=2\boldsymbol{\xi}_3,\boldsymbol{A}\boldsymbol{\xi}_4=\boldsymbol{\xi}_3+2\boldsymbol{\xi}_4.$$

令 $\boldsymbol{P}=(\boldsymbol{\xi}_1,\boldsymbol{\xi}_2,\boldsymbol{\xi}_3,\boldsymbol{\xi}_4)=\begin{pmatrix} 2 & 0 & 0 & -1 \\ 0 & 1 & 0 & 1 \\ 1 & 0 & 1 & 0 \\ 0 & -3 & 0 & -1 \end{pmatrix}$,则 $\boldsymbol{P}$ 可逆,且有

$$\boldsymbol{P}^{-1}\boldsymbol{A}\boldsymbol{P} = \boldsymbol{J} = \begin{pmatrix} 4 & & & \\ & 2 & & \\ & & 2 & 1 \\ & & & 2 \end{pmatrix}.$$

由这个例子可以看出:

① 特征值 $\lambda_i$ 的根子空间的维数等于 $\lambda_i$ 的代数重数,即

$$s_i = \dim V_i = \dim \operatorname{Ker}(T - \lambda_i \boldsymbol{I})^{s_i};$$

② 根子空间的直和分解可以化简线性变换的矩阵,但是要得到矩阵的 Jordan 标准形,还需对根子空间作更精细的分解,而且这种方法计算上也不方便,更无法判断两个 $n$ 阶矩阵是否相似.

练习

# 习题 8

1. 判断下面所定义的变换哪些是线性的，哪些不是：

(1) 在线性空间 $V$ 中 $T(\boldsymbol{\xi})=\boldsymbol{\xi}+\boldsymbol{\alpha}$，其中 $\boldsymbol{\alpha}\in V$ 是一固定的非零向量；

(2) 在线性空间 $V$ 中 $T(\boldsymbol{\xi})=\boldsymbol{\alpha}$，其中 $\boldsymbol{\alpha}\in V$ 是一固定的非零向量；

(3) 在 $\mathbf{R}^3$ 中 $T(x_1,x_2,x_3)=(x_1^2,x_2^2,x_1+x_2+x_3)$；

(4) 在 $\mathbf{R}^3$ 中 $T(x_1,x_2,x_3)=(2x_1-x_2,x_1+x_2,x_1)$；

(5) 在 $F[t]$ 中 $T[f(t)]=f(t+1)$.

2. 求 $\mathbf{R}^3$ 的一个线性变换 $T$ 满足

$$T(1,-1,-3)=(1,0,-1),T(2,1,1)=(2,-1,1),T(1,0,-1)=(1,0,-1).$$

3. 证明：$T_1(x_1,x_2)=(x_2,-x_1)$，$T_2(x_1,x_2)=(x_1,-x_2)$，$\forall(x_1,x_2)\in\mathbf{R}^2$ 是 $\mathbf{R}^2$ 上的两个线性变换，并求 $T_1+T_2$.

4. 设 $\boldsymbol{B}=\begin{pmatrix}1 & 1\\ 1 & -1\end{pmatrix}\in F^{2\times 2}$，$\forall\boldsymbol{X}\in F^{2\times 2}$，定义 $T(\boldsymbol{X})=\boldsymbol{XB}$.

(1) 证明：$T$ 是 $F^{2\times 2}$ 上的线性变换；

(2) 试求 $T$ 在基 $\boldsymbol{E}_{11},\boldsymbol{E}_{12},\boldsymbol{E}_{21},\boldsymbol{E}_{22}$ 下的矩阵.

5. 在 $\mathbf{R}^3$ 中，已知线性变换 $T$ 在基 $\boldsymbol{\alpha}_1=(-1,1,1)^{\mathrm{T}},\boldsymbol{\alpha}_2=(1,0,-1)^{\mathrm{T}},\boldsymbol{\alpha}_3=(0,0,1)^{\mathrm{T}}$ 下的矩阵是 $\begin{pmatrix}1 & 0 & 1\\ 1 & 1 & 0\\ -1 & 2 & 1\end{pmatrix}$. 试求 $T$ 在基 $\boldsymbol{\varepsilon}_1=(1,0,0)^{\mathrm{T}},\boldsymbol{\varepsilon}_2=(0,1,0)^{\mathrm{T}},\boldsymbol{\varepsilon}_3=(0,0,1)^{\mathrm{T}}$ 下的矩阵.

6. 设 $\boldsymbol{B}=\begin{pmatrix}0 & 1\\ 4 & 0\end{pmatrix}$，在 $\mathbf{R}^{2\times 2}$ 中定义线性变换 $T(\boldsymbol{X})=\boldsymbol{XB}$，$\forall\boldsymbol{X}\in\mathbf{R}^{2\times 2}$. 试求 $\mathbf{R}^{2\times 2}$ 的一组基，使 $T$ 在所求基下的矩阵为对角矩阵.

7. 设 $\boldsymbol{\varepsilon}_1,\boldsymbol{\varepsilon}_2,\boldsymbol{\varepsilon}_3,\boldsymbol{\varepsilon}_4$ 是 4 维线性空间 $V$ 的一组基. $V$ 上的线性变换 $T$ 在这组基下的矩阵为

$$\begin{pmatrix}1 & 1 & 1 & 1\\ 1 & 1 & -1 & -1\\ 1 & -1 & 1 & -1\\ 1 & -1 & -1 & 1\end{pmatrix}.$$

(1) 求 $T$ 的全部特征值及特征向量；

(2) 求 $V$ 的一组基，使 $T$ 在这组基下的矩阵是对角矩阵.

8. 设 $\boldsymbol{\varepsilon}_1,\boldsymbol{\varepsilon}_2,\boldsymbol{\varepsilon}_3$ 是线性空间 $V$ 的一组基，$T$ 是 $V$ 的线性变换，且 $T(\boldsymbol{\varepsilon}_1)=\boldsymbol{\varepsilon}_1$，$T(\boldsymbol{\varepsilon}_2)=\boldsymbol{\varepsilon}_1+\boldsymbol{\varepsilon}_2$，$T(\boldsymbol{\varepsilon}_3)=\boldsymbol{\varepsilon}_1+\boldsymbol{\varepsilon}_2+\boldsymbol{\varepsilon}_3$.

(1) 证明：$T$ 是可逆的线性变换；

(2) 求 $2T-T^{-1}$ 在基 $\boldsymbol{\varepsilon}_1,\boldsymbol{\varepsilon}_2,\boldsymbol{\varepsilon}_3$ 下的矩阵.

9. 设 $T$ 是 $\mathbf{R}^3$ 中的线性变换.

$\boldsymbol{\varepsilon}_1=(1,0,0),\boldsymbol{\varepsilon}_2=(0,1,0),\boldsymbol{\varepsilon}_3=(0,0,1)$ 和 $\boldsymbol{\alpha}_1=(1,1,1),\boldsymbol{\alpha}_2=(1,1,0),\boldsymbol{\alpha}_3=(1,0,0)$ 是 $\mathbf{R}^3$ 的两组基，且 $T(\boldsymbol{\alpha}_1)=(1,0,0),T(\boldsymbol{\alpha}_2)=(2,1,0),T(\boldsymbol{\alpha}_3)=(3,2,1)$. 求 $T$ 在基 $\boldsymbol{\varepsilon}_1,\boldsymbol{\varepsilon}_2,\boldsymbol{\varepsilon}_3$ 下的矩阵.

10. 设 $V$ 是 $n$ 维线性空间. $V$ 上的线性变换 $T$ 与 $V$ 中的向量 $\xi$ 满足 $T^{n-1}(\boldsymbol{\xi})\neq\mathbf{0}$, $T^{n}(\boldsymbol{\xi})=\mathbf{0}$. 证明：$V$ 中存在一组基，使 $T$ 在这组基下的矩阵是

$$\begin{pmatrix} 0 & 1 & 0 & \cdots & 0 \\ 0 & 0 & 1 & \cdots & 0 \\ \vdots & \vdots & \vdots & & \vdots \\ 0 & 0 & 0 & \cdots & 1 \\ 0 & 0 & 0 & \cdots & 0 \end{pmatrix}.$$

11. 设 $V$ 是线性空间，$T$ 是 $V$ 上的可逆的线性变换.

(1)证明：$T$ 的特征值非负；

(2)证明：如果 $\lambda$ 是 $T$ 的特征值，则 $\frac{1}{\lambda}$ 是 $T^{-1}$ 的特征值.

12. 设 $T$ 是线性空间 $V$ 上的线性变换. 试证：$T$ 是可逆的线性变换，当且仅当 $T$ 的特征值全不等于 0.

13. 设 $T$ 是数域 $F$ 上线性空间 $V$ 的一个线性变换. $W$ 是 $T$ 的不变子空间. 试证：

(1)$W$ 是 $T^2$ 的不变子空间；

(2)对于 $F[x]$ 中的任意多项式 $f(x)$，$W$ 是 $f(T)$ 的不变子空间；

(3)如果 $T$ 可逆，则 $W$ 是 $T^{-1}$ 的不变子空间.

14. 设 $\boldsymbol{\varepsilon}_1,\boldsymbol{\varepsilon}_2,\boldsymbol{\varepsilon}_3,\boldsymbol{\varepsilon}_4$ 是 4 维线性空间 $V$ 的一组基. 已知 $V$ 的线性变换 $T$ 在这组基下的矩阵为

$$\begin{pmatrix} 1 & 0 & 2 & 1 \\ -1 & 2 & 1 & 3 \\ 1 & 2 & 5 & 6 \\ 2 & -2 & 1 & -2 \end{pmatrix}.$$

(1)求 $T$ 的值域与核，并分别求它们的维数与基；

(2)求 $\mathrm{Im}T\cap\mathrm{Ker}T$ 及 $\mathrm{Im}T+\mathrm{Ker}T$，并求它们的维数与基；

(3)在 $\mathrm{Ker}T$ 中选一组基，把它扩充为 $V$ 的一组基，并求 $T$ 在这组基下的矩阵；

(4)在 $\mathrm{Im}T$ 中选一组基，把它扩充为 $V$ 的一组基，并求 $T$ 在这组基下的矩阵.

15. 设 $\boldsymbol{M}=\begin{pmatrix} 1 & 2 \\ 0 & 3 \end{pmatrix}$. 定义线性空间 $\mathbf{R}^{2\times 2}$ 上的线性变换 $T(\boldsymbol{A})=\boldsymbol{AM}-\boldsymbol{MA}$, $\forall\,\boldsymbol{A}\in\mathbf{R}^{2\times 2}$. 求 $T$ 的核的维数与一组基.

16. 设 $T$ 是 $n$ 维线性空间 $V$ 的线性变换，且满足 $T^2=T$(即 $T$ 是幂等变换)，则

$$V=\mathrm{Im}T\oplus\mathrm{Ker}T.$$

17. 设 $T$ 是 $n$ 维线性空间 $V$ 的线性变换. 证明：$T$ 是幂等变换的充分必要条件是

$$R(T)+R(I-T)=n,$$

其中 $I$ 是恒等变换，$R(T)$ 为 $T$ 的矩阵的秩.

18. 已知矩阵 $\boldsymbol{A}=\begin{pmatrix} 1 & 2 & -3 \\ -1 & 4 & -3 \\ 1 & a & 5 \end{pmatrix}$ 的特征多项式有一个二重根，求 $a$ 的值，并讨论 $T$ 是否可对角化.

# 9 矩阵的标准形

矩阵标准形是高等代数中的重要概念，本章我们将介绍矩阵的 Jordan 标准形、$\lambda$-矩阵、Smith 标准形、Cayley-Hamilton 定理及最小多项式等内容，这些理论不仅在数学研究中有着重要地位，在物理学、工程技术以及经济等应用领域也发挥着重要作用.

## 9.1 Jordan 标准形

在很多情况下，需要计算方阵 $\boldsymbol{A}$ 的幂 $\boldsymbol{A}^k$. 为此，我们寻求一个简单的矩阵 $\boldsymbol{B}$，使得 $\boldsymbol{A}$ 与 $\boldsymbol{B}$ 相似，即 $\boldsymbol{A}=\boldsymbol{PBP}^{-1}$，其中 $\boldsymbol{P}$ 为可逆矩阵. 于是

$$\boldsymbol{A}^k = \boldsymbol{PB}^k\boldsymbol{P}^{-1}.$$

如果 $\boldsymbol{B}$ 为对角阵 $\mathrm{diag}(\lambda_1,\lambda_2,\cdots,\lambda_n)$，则

$$\boldsymbol{A}^k = \boldsymbol{P}\,\mathrm{diag}(\lambda_1^k,\lambda_2^k,\cdots,\lambda_n^k)\boldsymbol{P}^{-1}.$$

但是并非所有的方阵都可以和一个对角阵相似，于是，现在的问题是方阵 $\boldsymbol{A}$ 到底能和一个多么简单的矩阵相似？这样的矩阵就是 Jordan 标准形.

### 9.1.1 Jordan 标准形

**定义 1** 形如

$$\boldsymbol{J}_i = \begin{pmatrix} \lambda_i & 1 & & & \\ & \lambda_i & 1 & & \\ & & \ddots & \ddots & \\ & & & \lambda_i & 1 \\ & & & & \lambda_i \end{pmatrix}_{s_i\times s_i} \tag{9.1}$$

的方阵称之为 $s_i$ 阶 Jordan 块(block)，其中 $\lambda_i$ 是复数；由若干个 Jordan 块所组成的分块对角阵

$$\boldsymbol{J} = \begin{pmatrix} \boldsymbol{J}_1 & & & \\ & \boldsymbol{J}_2 & & \\ & & \ddots & \\ & & & \boldsymbol{J}_t \end{pmatrix}$$

称为 $n$ 阶 Jordan 型矩阵，其中 $\boldsymbol{J}_i(i=1,2,\cdots,t)$ 为 $s_i$ 阶 Jordan 块，$s_1+s_2+\cdots+s_t=n$.

例如

$$\begin{pmatrix}2&1\\0&2\end{pmatrix},\quad\begin{pmatrix}1-i&1&0\\0&1-i&1\\0&0&1-i\end{pmatrix},\quad\begin{pmatrix}0&1&0&0\\0&0&1&0\\0&0&0&1\\0&0&0&0\end{pmatrix}$$

都是 Jordan 块.

$$\begin{pmatrix}1&&&&&\\&1+i&1&&&\\&0&1+i&&&\\&&&0&1&0\\&&&0&0&1\\&&&0&0&0\end{pmatrix}$$

是 Jordan 型矩阵. 特别的，对角阵

$$\begin{pmatrix}\lambda_1&&&\\&\lambda_2&&\\&&\ddots&\\&&&\lambda_n\end{pmatrix}$$

也是 Jordan 型矩阵，其中每个 Jordan 块都是一阶的.

下面给出这一章的核心结论.

**定理 1** 每个 $n$ 阶复方阵 $\boldsymbol{A}$ 都与一个 Jordan 型矩阵相似. 这个 Jordan 型矩阵除去其中 Jordan 块的排列次序外由矩阵 $\boldsymbol{A}$ 唯一决定，称之为 $\boldsymbol{A}$ 的 Jordan 标准形(Jordan canonical form).

该定理的证明在 9.4 节中给出. 值得注意的是，Jordan 标准形的对角线元是矩阵的特征值.

要计算方阵 $\boldsymbol{A}$ 的幂 $\boldsymbol{A}^k$，我们只需要计算 Jordan 标准形的幂就可以，下面的例子说明 Jordan 块的幂是非常容易计算的.

**【例 1】** 已知 $\boldsymbol{J}=\begin{pmatrix}2&1&0\\0&2&1\\0&0&2\end{pmatrix}$，计算 $\boldsymbol{J}^k$.

**【解】** 令 $\boldsymbol{\Lambda}=\begin{pmatrix}2&0&0\\0&2&0\\0&0&2\end{pmatrix}$，$\boldsymbol{C}=\begin{pmatrix}0&1&0\\0&0&1\\0&0&0\end{pmatrix}$，则 $\boldsymbol{J}=\boldsymbol{\Lambda}+\boldsymbol{B}$. 计算可知 $\boldsymbol{B}^k=\boldsymbol{0}$，$k\geqslant 3$，由于 $\boldsymbol{\Lambda}$ 与 $\boldsymbol{B}$ 可交换，因此根据二项式公式有

$$\boldsymbol{J}^k=(\boldsymbol{\Lambda}+\boldsymbol{B})^k=\boldsymbol{C}_k^0\boldsymbol{\Lambda}^k+\boldsymbol{C}_k^1\boldsymbol{\Lambda}^{k-1}\boldsymbol{B}+\boldsymbol{C}_k^2\boldsymbol{\Lambda}^{k-2}\boldsymbol{B}^2=\begin{pmatrix}2^n&n2^{n-1}&\dfrac{n(n-1)}{2}2^{n-2}\\&2^n&n2^{n-1}\\&&2^n\end{pmatrix}.$$

## 9.1.2 计算矩阵 Jordan 标准形方法一

下面我们给出计算矩阵的 Jordan 标准形的方法，这种方法可以用图 9.1 所示的流程图

表示.

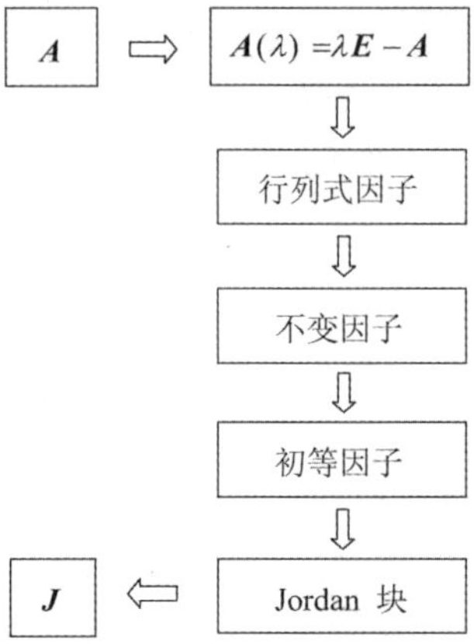


**图 9.1 计算矩阵 Jordan 标准形方法一**

这里 $\boldsymbol{A}$ 是 $n$ 阶复方阵，$\boldsymbol{A}(\lambda)=\lambda\boldsymbol{E}-\boldsymbol{A}$ 称之为 $\boldsymbol{A}$ 的特征矩阵.

**定义 2** $\boldsymbol{A}(\lambda)$中所有的 $k$ 阶子式的首项系数为 1 的最大公因式称为 $\boldsymbol{A}(\lambda)$的 $k$ 阶行列式因子(determinant divisor)，记为 $D_k(\lambda)$，$k=1,2,\cdots,n$.

由定义知，$D_n(\lambda)=|\lambda\boldsymbol{E}-\boldsymbol{A}|$. 因为 $D_{k-1}(\lambda)$可以整除每个 $k-1$ 阶子式，所有可以整除每个 $k$ 阶子式. 因此 $D_{k-1}(\lambda)$可以整除 $D_k(\lambda)$，即

$$D_{k-1}(\lambda)\,|\,D_k(\lambda)\quad(k=2,\cdots,n).$$

**定义 3** 称多项式

$$d_1(\lambda)=D_1(\lambda),d_2(\lambda)=\frac{D_2(\lambda)}{D_1(\lambda)},\cdots,d_n(\lambda)=\frac{D_n(\lambda)}{D_{n-1}(\lambda)}$$

为 $\boldsymbol{A}(\lambda)$的不变因子(invariant divisor).

**定义 4** 把 $\boldsymbol{A}(\lambda)$的每个次数大于 0 的不变因子分解为互不相同的首项系数为 1 的一次因式方幂的乘积，所有这些一次因式方幂(相同的必须按出现的次数计算)称为 $\boldsymbol{A}(\lambda)$的初等因子(elementary divisor).

在这里，由于 $\boldsymbol{A}(\lambda)=\lambda\boldsymbol{E}-\boldsymbol{A}$ 完全由矩阵 $\boldsymbol{A}$ 确定，所以 $\boldsymbol{A}(\lambda)$的不变因子及初级因子，也称为矩阵 $\boldsymbol{A}$ 的不变因子和初级因子.

**【例 2】** 设 $\boldsymbol{A}=\begin{pmatrix}-1&-2&6\\-1&0&3\\-1&-1&4\end{pmatrix}$，求 $\boldsymbol{A}$ 的不变因子和初等因子.

**【解】** $\boldsymbol{A}(\lambda)=\lambda\boldsymbol{E}-\boldsymbol{A}=\begin{pmatrix}\lambda+1&2&-6\\1&\lambda&-3\\1&1&\lambda-4\end{pmatrix}$. 可以求得 $\boldsymbol{A}$ 的行列式因子为

$$D_1(\lambda)=1,\quad D_2(\lambda)=\lambda-1,\quad D_3(\lambda)=(\lambda-1)^3,$$

由此，$\boldsymbol{A}$ 的不变因子为

$$d_1(\lambda)=1,\quad d_2(\lambda)=\lambda-1,\quad d_3(\lambda)=(\lambda-1)^2.$$

把 $d_2(\lambda),d_3(\lambda)$ 做因式分解，得到 $\boldsymbol{A}$ 的初等因子为

$$\lambda-1,\quad (\lambda-1)^2.$$

**【例 3】** 设 $\boldsymbol{A}=\begin{pmatrix}-2&1&0&0\\0&-2&1&0\\0&0&-2&1\\0&0&0&-2\end{pmatrix}$，求 $\boldsymbol{A}$ 的初等因子.

**【解】** $\boldsymbol{A}(\lambda)=\lambda\boldsymbol{E}-\boldsymbol{A}=\begin{pmatrix}\lambda+2&-1&0&0\\0&\lambda+2&-1&0\\0&0&\lambda+2&-1\\0&0&0&\lambda+2\end{pmatrix}$. 因为右上角有 3 阶子式

$$\begin{vmatrix}-1&0&0\\\lambda+2&-1&0\\0&\lambda+2&-1\end{vmatrix}=-1,$$

所以 3 阶行列式因子 $D_3(\lambda)=1$，从而 $D_1(\lambda)=D_2(\lambda)=1$，又 $D_4(\lambda)=|\lambda\boldsymbol{E}-\boldsymbol{A}|=(\lambda+2)^4$，所以 $\boldsymbol{A}$ 的不变因子为

$$d_1(\lambda)=d_2(\lambda)=d_3(\lambda)=1,\quad d_4(\lambda)=(\lambda+2)^4.$$

从而 $\boldsymbol{A}$ 的初等因子为 $(\lambda+2)^4$.

有了初等因子，我们就可以构造 Jordan 块，并把这些 Jordan 块组合起来就得到矩阵 $\boldsymbol{A}$ 的 Jordan 标准形. 在本节中我们只给出具体的计算程序，至于它在理论上的合理性，我们在后面几节中详细阐述. 例 3 中的矩阵 $\boldsymbol{A}$ 是 Jordan 块，因此我们猜测它本身即为它的 Jordan 标准形. 从这个例子可以看出 Jordan 块和初等因子的对应关系. 这启发我们做下面的步骤：

设 $n$ 阶复方阵 $\boldsymbol{A}$ 的全部初等因子为

$$(\lambda-\lambda_1)^{k_1},(\lambda-\lambda_2)^{k_2},\cdots,(\lambda-\lambda_t)^{k_t},$$

这里 $\lambda_1,\lambda_2,\cdots,\lambda_t$ 可能有相同的，这种情况是存在的，因为它们可能来自不同的不变因子，$k_1+k_2+\cdots+k_t=n$. 对每一个初等因子 $(\lambda-\lambda_i)^{k_i}$ 构造一个 $k_i$ 阶 Jordan 块，

$$\boldsymbol{J}_i=\begin{pmatrix}\lambda_i&1&&\\&\lambda_i&\ddots&\\&&\ddots&1\\&&&\lambda_i\end{pmatrix}_{k_i\times k_i}\qquad(i=1,2,\cdots,t).$$

于是由所有这些 Jordan 块所形成的分块对角阵

$$\boldsymbol{J}=\begin{pmatrix}\boldsymbol{J}_1&&&\\&\boldsymbol{J}_2&&\\&&\ddots&\\&&&\boldsymbol{J}_t\end{pmatrix},$$

即为矩阵 $\boldsymbol{A}$ 的 Jordan 标准形.

**【例 4】** 设矩阵 $\boldsymbol{A}$ 如例 2 中所示，求 $\boldsymbol{A}$ 的 Jordan 标准形.

**【解】** 在例 2 中已求得 $\boldsymbol{A}$ 的初等因子为

$$\lambda-1,(\lambda-1)^2.$$

对初等因子 $\lambda-1$ 和 $(\lambda-1)^2$，分别构造 Jordan 块

$$\boldsymbol{J}_1=(1),\ \boldsymbol{J}_2=\begin{pmatrix}1&1\\0&1\end{pmatrix}.$$

故 $\boldsymbol{A}$ 的 Jordan 标准形为 $\boldsymbol{J}=\begin{pmatrix}1&0&0\\0&1&1\\0&0&1\end{pmatrix}$ 或 $\boldsymbol{J}=\begin{pmatrix}1&1&0\\0&1&0\\0&0&1\end{pmatrix}$.

用同样的方法可以知道例 1 中的对角阵和例 3 中的 Jordan 块，它们的 Jordan 标准形就是它们本身. 这和前面的结果是吻合的.

## 9.2 λ-矩阵及其 Smith 标准形

### 9.2.1 λ-矩阵

在 9.1 节中我们利用特征矩阵 $\boldsymbol{A}(\lambda)$ 的初等因子构造出矩阵 $\boldsymbol{A}$ 的 Jordan 标准形，其中所依据的理论将在这一节及后面两节中详细介绍. 这一节中我们介绍一般的 $\lambda$-矩阵以及它们的 Smith 标准形.

**定义 1** 形如

$$\boldsymbol{A}(\lambda)=\begin{pmatrix}a_{11}(\lambda)&a_{12}(\lambda)&\cdots&a_{1n}(\lambda)\\a_{21}(\lambda)&a_{22}(\lambda)&\cdots&a_{2n}(\lambda)\\\vdots&\vdots&&\vdots\\a_{m1}(\lambda)&a_{m2}(\lambda)&\cdots&a_{mn}(\lambda)\end{pmatrix}$$

的 $m\times n$ 矩阵称为 $\lambda$-矩阵或多项式矩阵，其中元素 $a_{ij}(\lambda)\quad(i=1,\cdots,m;j=1,\cdots,n)$ 是数域 $F$ 上关于 $\lambda$ 的多项式.

如果矩阵的每一个元素都是数域 $F$ 上的数，则这样的矩阵称为数字矩阵. 显然，数字方阵 $\boldsymbol{A}$ 与其特征矩阵 $\boldsymbol{A}(\lambda)$ 都是 $\lambda$-矩阵.

如同数字矩阵，可以定义 $\lambda$-矩阵的相等、加法、数乘、乘法等，而且与数字矩阵的运算有相同的运算法则. 对于 $\lambda$-矩阵，也可以定义行列式、子式、余子式、伴随矩阵等. $\lambda$-矩阵的秩定义为 $\boldsymbol{A}(\lambda)$ 中不为零的子式的最高阶数，记为 $\operatorname{rank}\boldsymbol{A}(\lambda)$.

例如，$\lambda$-矩阵 $\begin{pmatrix}\lambda&\lambda&\lambda\\\lambda^2&\lambda^2&\lambda^2\end{pmatrix}$ 的秩为 1；$\begin{pmatrix}\lambda&0&0\\0&\lambda^2&\lambda^2\end{pmatrix}$ 的秩为 2. 对于 $n$ 阶数字矩阵 $\boldsymbol{A}$，其秩 $\operatorname{rank}\boldsymbol{A}\leqslant n$，而其特征矩阵 $\boldsymbol{A}(\lambda)$ 的行列式 $|\lambda\boldsymbol{E}-\boldsymbol{A}|$ 为 $n$ 次多项式，因而特征矩阵 $\boldsymbol{A}(\lambda)$ 的秩为 $n$，亦即 $\operatorname{rank}\boldsymbol{A}(\lambda)=n$.

**定义 2** 设 $\boldsymbol{A}(\lambda)$ 为 $n$ 阶 $\lambda$-矩阵. 如果存在 $n$ 阶 $\lambda$-矩阵 $\boldsymbol{B}(\lambda)$，使

$$\boldsymbol{A}(\lambda)\boldsymbol{B}(\lambda)=\boldsymbol{B}(\lambda)\boldsymbol{A}(\lambda)=\boldsymbol{E},$$

则称 $\boldsymbol{A}(\lambda)$ 是可逆的(invertible)，且称 $\boldsymbol{B}(\lambda)$ 为 $\boldsymbol{A}(\lambda)$ 的逆矩阵，记为 $\boldsymbol{A}^{-1}(\lambda)$.

如果 $\boldsymbol{A}(\lambda)$ 的逆矩阵存在，则必定唯一. 下面给出 $\lambda$-矩阵可逆的条件.

**定理 1** $\boldsymbol{A}(\lambda)$ 可逆的充分必要条件是行列式 $|\boldsymbol{A}(\lambda)|$ 是一个非零常数.

【证】 设$\boldsymbol{A}(\lambda)$可逆，则有$\lambda$-矩阵$\boldsymbol{B}(\lambda)$，使

$$\boldsymbol{A}(\lambda)\boldsymbol{B}(\lambda)=\boldsymbol{E}.$$

两边取行列式，有

$$|\boldsymbol{A}(\lambda)|\cdot|\boldsymbol{B}(\lambda)|=|\boldsymbol{E}|=1,$$

由此$|\boldsymbol{A}(\lambda)|$，$|\boldsymbol{B}(\lambda)|$都只能是零次多项式，即$|\boldsymbol{A}(\lambda)|$为非零常数.

反之，设$|\boldsymbol{A}(\lambda)|=C\neq 0$. 令$\boldsymbol{A}^*(\lambda)$是$\boldsymbol{A}(\lambda)$的伴随矩阵，则由定义知$\dfrac{1}{C}\boldsymbol{A}^*(\lambda)$是$\boldsymbol{A}(\lambda)$的逆矩阵.

【例 1】 判断下列$\lambda$-矩阵是否可逆，若可逆，求其逆.

$$\boldsymbol{A}(\lambda)=\begin{pmatrix}\lambda+1 & \lambda+3\\ \lambda^2+3\lambda+2 & \lambda^2+5\lambda+6\end{pmatrix},$$

$$\boldsymbol{B}(\lambda)=\begin{pmatrix}\lambda & 1\\ -1 & \lambda\end{pmatrix},$$

$$\boldsymbol{C}(\lambda)=\begin{pmatrix}\lambda+1 & \lambda+3\\ \lambda^2+3\lambda & \lambda^2+5\lambda+4\end{pmatrix}.$$

【解】 由于$|\boldsymbol{A}(\lambda)|=0$，$|\boldsymbol{B}(\lambda)|=\lambda^2+1$都不是非零常数，故$\boldsymbol{A}(\lambda)$，$\boldsymbol{B}(\lambda)$都不可逆. 而$|\boldsymbol{C}(\lambda)|=4$，故$\boldsymbol{C}(\lambda)$可逆，且

$$\boldsymbol{C}^{-1}(\lambda)=\frac{1}{|\boldsymbol{C}(\lambda)|}\boldsymbol{C}^*(\lambda)=\frac{1}{4}\begin{pmatrix}\lambda^2+5\lambda+4 & -\lambda-3\\ -\lambda^2-3\lambda & \lambda+1\end{pmatrix}.$$

### 9.2.2 λ-矩阵初等变换

$\lambda$-矩阵也可以定义初等变换和初等矩阵.

**定义 3** 下面的三种变换称为$\lambda$-矩阵的初等变换：

① 矩阵的两行(列)互换位置；

② 矩阵的某一行(列)乘以非零数$k$；

③ 矩阵的某一行(列)乘以多项式$\varphi(\lambda)$后加到另一行(列).

相应地，对单位矩阵$E$施加一次初等变换后的矩阵称为初等矩阵，共计三种：

$$\boldsymbol{E}(i,j),\quad \boldsymbol{E}[i(k)],\quad \boldsymbol{E}[j,i(\varphi(\lambda))].$$

初等矩阵都是可逆的，且其逆仍然是初等矩阵. 同样的，对$\lambda$-矩阵$\boldsymbol{A}(\lambda)$做一次初等行(列)变换，就相当于在$\boldsymbol{A}(\lambda)$的左(右)边乘以相应的初等矩阵.

**定义 4** 如果$\lambda$-矩阵$\boldsymbol{A}(\lambda)$经过有限次初等变换可以化为矩阵$\boldsymbol{B}(\lambda)$，则称$\boldsymbol{A}(\lambda)$与$\boldsymbol{B}(\lambda)$等价(equivalent).

等价是$\lambda$-矩阵之间的一种关系，这个关系满足下列性质：

① 反身性：$\boldsymbol{A}(\lambda)$与其自身等价；

② 对称性：若$\boldsymbol{A}(\lambda)$与$\boldsymbol{B}(\lambda)$等价，则$\boldsymbol{B}(\lambda)$与$\boldsymbol{A}(\lambda)$等价；

③ 传递性：若$\boldsymbol{A}(\lambda)$与$\boldsymbol{B}(\lambda)$等价，$\boldsymbol{B}(\lambda)$与$\boldsymbol{C}(\lambda)$等价，则$\boldsymbol{A}(\lambda)$与$\boldsymbol{C}(\lambda)$等价.

和数字矩阵一样，初等变换不改变矩阵的秩，因此，等价的$\lambda$-矩阵其秩相等.

对于数字矩阵 $\boldsymbol{A}_{m\times n}$，它总可以经有限次的初等变换化为标准形

$$\begin{pmatrix} \boldsymbol{E}_r & 0 \\ 0 & 0 \end{pmatrix}.$$

对于 λ-矩阵，也有类似的标准形，而且有多种标准形在不同的场合中被使用. 我们将介绍其中最基本的一种，即 Smith 标准形.

**定理 2** 任意一个非零的 $m\times n$ 的 λ-矩阵 $\boldsymbol{A}(\lambda)$ 都等价于下列形式的矩阵

$$\boldsymbol{J}(\lambda)=\begin{pmatrix} d_1(\lambda) & 0 & \cdots & 0 & 0 & \cdots & 0 \\ 0 & d_2(\lambda) & \cdots & 0 & 0 & \cdots & 0 \\ \vdots & \vdots & & \vdots & \vdots & & \vdots \\ 0 & 0 & \cdots & d_r(\lambda) & 0 & \cdots & 0 \\ 0 & 0 & \cdots & 0 & 0 & \cdots & 0 \\ \vdots & \vdots & & \vdots & \vdots & & \vdots \\ 0 & 0 & \cdots & 0 & 0 & \cdots & 0 \end{pmatrix}_{m\times n},$$

其中 $r=\operatorname{rank}\boldsymbol{A}(\lambda)$，$d_i(\lambda)\ (i=1,2,\cdots,r)$ 是首一的多项式，且

$$d_i(\lambda)\mid d_{i+1}(\lambda)\ (i=1,2,\cdots,r-1).$$

称矩阵 $\boldsymbol{J}(\lambda)$ 为 λ-矩阵 $\boldsymbol{A}(\lambda)$ 的 Smith 标准形.

在证明这个定理之前，先建立一个引理.

**引理 1** 设 λ-矩阵 $\boldsymbol{A}(\lambda)$ 的左上角元素 $a_{11}(\lambda)\neq 0$，且 $\boldsymbol{A}(\lambda)$ 中至少有一个元素不能被它除尽，则一定可以找到一个矩阵 $\boldsymbol{B}(\lambda)$ 与之等价，且 $\boldsymbol{B}(\lambda)$ 的左上角元素非零，其次数比 $a_{11}(\lambda)$ 的次数低.

**【证】** 分三种情况讨论.

① 若 $\boldsymbol{A}(\lambda)$ 的第 1 列中元素 $a_{i1}(\lambda)$ 不能被 $a_{11}(\lambda)$ 整除，由带余除法，

$$a_{i1}(\lambda)=\varphi(\lambda)a_{11}(\lambda)+r(\lambda),$$

其中余式 $r(\lambda)\neq 0$，且次数比 $a_{11}(\lambda)$ 低. 将 $\boldsymbol{A}(\lambda)$ 第 1 行乘 $-\varphi(\lambda)$ 后加到第 $i$ 行，而后第 1 行与第 $i$ 行互换，得 $\boldsymbol{B}(\lambda)$ 即为所求：

$$\boldsymbol{A}(\lambda)=\begin{pmatrix} a_{11}(\lambda) & \cdots \\ \vdots & \\ a_{i1}(\lambda) & \cdots \\ \vdots & \end{pmatrix}\xrightarrow{r_i-\varphi(\lambda)r_1}\begin{pmatrix} a_{11}(\lambda) & \cdots \\ \vdots & \\ r(\lambda) & \cdots \\ \vdots & \end{pmatrix}\xrightarrow{r_1\leftrightarrow r_i}\begin{pmatrix} r(\lambda) & \cdots \\ \vdots & \\ a_{11}(\lambda) & \cdots \\ \vdots & \end{pmatrix}=\boldsymbol{B}(\lambda);$$

② 若 $\boldsymbol{A}(\lambda)$ 的第 1 行中有一元素 $a_{1j}(\lambda)$ 不能被 $a_{11}(\lambda)$ 整除，则可用① 中同样的方法得到矩阵 $\boldsymbol{B}(\lambda)$；

③ 若 $\boldsymbol{A}(\lambda)$ 的第 1 行和第 1 列中的元素都可被 $a_{11}(\lambda)$ 整除，但 $a_{ij}(\lambda)$ 不能被 $a_{11}(\lambda)$ 整除. 设 $a_{i1}(\lambda)=a_{11}(\lambda)\varphi(\lambda)$，对 $\boldsymbol{A}(\lambda)$ 做初等变换，

$$\boldsymbol{A}(\lambda)=\begin{pmatrix} a_{11}(\lambda) & \cdots & a_{1j}(\lambda) & \cdots \\ \vdots & & \vdots & \\ a_{i1}(\lambda) & \cdots & a_{ij}(\lambda) & \cdots \\ \vdots & & \vdots & \end{pmatrix}$$

$$\xrightarrow{r_i-\varphi(\lambda)r_1}\begin{pmatrix} a_{11}(\lambda) & \cdots & a_{1j}(\lambda) & \cdots \\ \vdots & & \vdots & \\ 0 & \cdots & a_{ij}(\lambda)-\varphi(\lambda)a_{1j}(\lambda) & \cdots \\ \vdots & & \vdots & \end{pmatrix}$$

$$\xrightarrow{r_i+r_1}\begin{pmatrix} a_{11}(\lambda) & \cdots & a_{ij}(\lambda)+[1-\varphi(\lambda)]a_{1j}(\lambda) & \cdots \\ \vdots & & \vdots & \\ 0 & \cdots & a_{ij}(\lambda)-\varphi(\lambda)a_{1j}(\lambda) & \cdots \\ \vdots & & \vdots & \end{pmatrix}=\boldsymbol{A}_1(\lambda).$$

因为 $\boldsymbol{A}_1(\lambda)$的第 1 行中元素 $a_{ij}(\lambda)+[1-\varphi(\lambda)]a_{1j}(\lambda)$不能被 $a_{11}(\lambda)$整除，所以这化为②的情况. 于是用②的步骤，可以得到矩阵 $B(\lambda)$.

**定理 2 的证明** 分步骤证明.

步骤一 如果必要，可以交换行列，使 $\boldsymbol{A}(\lambda)$的左上角元 $a_{11}(\lambda)$非零.

步骤二 如果 $a_{11}(\lambda)$不能整除 $\boldsymbol{A}(\lambda)$的全部元素，则由引理 1，可以找到矩阵 $\boldsymbol{B}(\lambda)$与之等价，且 $\boldsymbol{B}_1(\lambda)$的左上角元素 $b_1(\lambda)$的次数比 $a_{11}(\lambda)$低.

步骤三 如果 $b_1(\lambda)$仍不能整除 $\boldsymbol{B}_1(\lambda)$的全部元素，则重复步骤二，由此依次得到矩阵 $\boldsymbol{B}_2(\lambda),\cdots,\boldsymbol{B}_s(\lambda)$，都与 $\boldsymbol{A}(\lambda)$等价. 这些矩阵的左上角元素的次数逐渐降低，且 $\boldsymbol{B}_s(\lambda)$的左上角元素 $d_1(\lambda)$可以整除 $\boldsymbol{B}_s(\lambda)$的全部元素. 对 $\boldsymbol{B}_s(\lambda)$作初等变换，

$$\boldsymbol{B}_s(\lambda)=\begin{pmatrix} d_1(\lambda) & b_{12}(\lambda) & \cdots \\ b_{21}(\lambda) & b_{22}(\lambda) & \cdots \\ \vdots & \vdots & \end{pmatrix}\to\begin{pmatrix} d_1(\lambda) & 0 & \cdots & 0 \\ 0 & & & \\ \vdots & & \boldsymbol{A}_1(\lambda) & \\ 0 & & & \end{pmatrix}.$$

由于 $\boldsymbol{A}_1(\lambda)$中的元素都是 $\boldsymbol{B}_s(\lambda)$的元素的线性组合，从而 $\boldsymbol{A}_1(\lambda)$中的每一个元素都可被 $d_1(\lambda)$除尽.

步骤四 对 $\boldsymbol{B}_s(\lambda)$中的右下角的矩阵 $\boldsymbol{A}_1(\lambda)$重复步骤一至三，可得

$$\begin{pmatrix} d_1(\lambda) & 0 & 0 & \cdots & 0 \\ 0 & d_2(\lambda) & 0 & \cdots & 0 \\ 0 & 0 & & & \\ \vdots & \vdots & & \boldsymbol{A}_2(\lambda) & \\ 0 & 0 & & & \end{pmatrix},$$

该矩阵与 $\boldsymbol{A}(\lambda)$等价，$d_1(\lambda)\mid d_2(\lambda)$，且 $d_2(\lambda)$可以整除 $\boldsymbol{A}_2(\lambda)$的每一元素.

步骤五 重复步骤一至步骤四的过程，逐步降低矩阵的阶数，最终可得所求的 Smith 标准形.

定理的证明的思路体现在下面的例子中.

**【例 2】** 用初等变换化下列 $\lambda$-矩阵 $\boldsymbol{A}(\lambda)$为标准形：

$$\boldsymbol{A}(\lambda)=\begin{pmatrix} -2\lambda^3+2\lambda & -2\lambda^4 & -2\lambda-2 \\ \lambda^2-\lambda & \lambda^3 & 1 \\ \lambda^2-\lambda & \lambda^3-\lambda & -\lambda+1 \end{pmatrix}.$$

**【解】** 因为 $\boldsymbol{A}(\lambda)$中有元素 $a_{23}(\lambda)=1$ 可以整除任何矩阵的任何一个元素，所以先交换第 1 行和第 2 行的位置，再交换第 1 列和第 3 列的位置，可以得到

$$A(\lambda)\to\begin{pmatrix}1&\lambda^3&\lambda^2-\lambda\\-2\lambda-2&-2\lambda^4&-2\lambda^3+2\lambda^2\\-\lambda+1&\lambda^3-\lambda&\lambda^2-\lambda\end{pmatrix}=B_1(\lambda),$$

于是矩阵 $B_1(\lambda)$左上角的元素可以整除第 1 行和第 1 列其他的元素，作初等变换，

$$B_1(\lambda)\to\begin{pmatrix}1&0&0\\0&2\lambda^3&2\lambda^2-2\lambda\\0&\lambda^4-\lambda&\lambda^3-\lambda^2\end{pmatrix}=\begin{pmatrix}1&\mathbf{0}\\\mathbf{0}&A_1(\lambda)\end{pmatrix}=B_2(\lambda).$$

现在对 $A_1(\lambda)$作初等变换. 因为 $A_1(\lambda)$的 4 个元素之间都不能互相整除，所以我们先做几次初等变换，将它化为比较简单的形式. 注意到$A_1(\lambda)$的元素有一个公因式 $\lambda$，这启发我们通过初等变换使得 $A_1(\lambda)$的左上角元素是 $\lambda$. 于是

$$B_2(\lambda)\xrightarrow[r_3-\lambda r_2]{\frac{1}{2}r_2}\begin{pmatrix}1&0&0\\0&\lambda^3&\lambda^2-\lambda\\0&-\lambda&0\end{pmatrix}\xrightarrow{r_2\leftrightarrow r_3}\begin{pmatrix}1&0&0\\0&-\lambda&0\\0&\lambda^3&\lambda^2-\lambda\end{pmatrix}=B_3(\lambda),$$

从而 $B_3(\lambda)$的(2,2)位置元素$-\lambda$ 可以整除其余各元素，因此有

$$B_3(\lambda)\xrightarrow[-1\cdot r_2]{r_3+\lambda^2 r_2}\begin{pmatrix}1&0&0\\0&\lambda&0\\0&0&\lambda^2-\lambda\end{pmatrix}=J(\lambda),$$

则 $J(\lambda)$即为所求.

## 9.3 λ-矩阵的等价不变量

这一节我们将特征矩阵 $A(\lambda)=\lambda E-A$ 的行列式因子、不变因子等概念推广到一般的 $\lambda$-矩阵.

**定义 1** $m\times n$ 的$\lambda$-矩阵 $A(\lambda)$中所有的 $k$ 阶非零子式的首一的最大公因式称为 $A(\lambda)$的 $k$ 阶行列式因子，记为 $D_k(\lambda)(k=1,2,\cdots,\min\{m,n\})$.

如果 $\mathrm{rank}A(\lambda)=r$，则 $A(\lambda)$的每一个 $r+1$ 阶子式为 0，从而 $D_{r+1}(\lambda)=\cdots=D_s(\lambda)=0$. 和 9.1 节中结论一样，有

$$D_{k-1}(\lambda)\mid D_k(\lambda)\quad(k=2,\cdots,\min\{m,n\}).$$

**定义 2** 设 $\mathrm{rank}A(\lambda)=r$，$D_1(\lambda),\cdots,D_r(\lambda)$是 $\lambda$-矩阵 $A(\lambda)$的非零的行列式因子. 称

$$d_1(\lambda)=D_1(\lambda),d_2(\lambda)=\frac{D_2(\lambda)}{D_1(\lambda)},\cdots,d_r(\lambda)=\frac{D_r(\lambda)}{D_{r-1}(\lambda)}$$

为 $A(\lambda)$的不变因子.

**定义 3** 将 $A(\lambda)$的每个次数大于 0 的不变因子分解为互不相同的一次因式方幂的乘积，所有这些一次因式的方幂(相同的按出现的次数计算)称为 $A(\lambda)$的初等因子.

**定理 1** 等价的 $\lambda$-矩阵具有相同的秩和相同的各阶行列式因子.

【证】 只需要证明经一次初等变换，$\lambda$-矩阵的秩和行列式因子都不变. 设 $\boldsymbol{A}(\lambda)$ 经一次初等变换化为 $\boldsymbol{B}(\lambda)$，$D_k(\lambda)$ 与 $D_k'(\lambda)$ 分别是 $\boldsymbol{A}(\lambda)$ 与 $\boldsymbol{B}(\lambda)$ 的 $k$ 阶行列式因子. 对于初等行变换，下面分三种情况讨论.

① 交换 $\boldsymbol{A}(\lambda)$ 的两行后得 $\boldsymbol{B}(\lambda)$. 这时 $\boldsymbol{B}(\lambda)$ 的每个 $k$ 阶子式或者等于 $\boldsymbol{A}(\lambda)$ 的某一个 $k$ 阶子式，或者等于 $\boldsymbol{A}(\lambda)$ 的某一个 $k$ 阶子式的 $-1$ 倍. 根据行列式因子的定义，$D_k(\lambda) \mid D_k'(\lambda)$.

② 用非零数 $c$ 乘 $\boldsymbol{A}(\lambda)$ 的某一行得 $\boldsymbol{B}(\lambda)$. 这时 $\boldsymbol{B}(\lambda)$ 的每个 $k$ 阶子式或者等于 $\boldsymbol{A}(\lambda)$ 的相同位置的 $k$ 阶子式，或者等于 $\boldsymbol{A}(\lambda)$ 的相同位置的 $k$ 阶子式的 $c$ 倍，从而也有 $D_k(\lambda) \mid D_k'(\lambda)$.

③ 将 $\boldsymbol{A}(\lambda)$ 的第 $j$ 行乘 $\varphi(\lambda)$ 后加到第 $i$ 行得 $\boldsymbol{B}(\lambda)$. 这时 $\boldsymbol{B}(\lambda)$ 中包含第 $j$ 行和第 $i$ 行的 $k$ 阶子式和那些不包含第 $i$ 行的 $k$ 阶子式都等于 $\boldsymbol{A}(\lambda)$ 中对应的 $k$ 阶子式；$\boldsymbol{B}(\lambda)$ 中包含第 $i$ 行但不包含第 $j$ 行的 $k$ 阶子式等于 $\boldsymbol{A}(\lambda)$ 中对应的 $k$ 阶子式与另一个 $k$ 阶子式的 $\pm\varphi(\lambda)$ 倍的和，亦即 $\boldsymbol{A}(\lambda)$ 中的两个 $k$ 阶子式的组合. 因此 $D_k(\lambda)$ 仍然是 $B(\lambda)$ 的 $k$ 阶子式的公因式，从而 $D_k(\lambda) \mid D_k'(\lambda)$.

对于列初等变换，可以做同样的讨论. 由初等变换的可逆性，$\boldsymbol{B}(\lambda)$ 经一次初等变换也可以化为 $\boldsymbol{A}(\lambda)$. 根据上面的讨论，$D_k'(\lambda) \mid D_k(\lambda)$，从而有

$$D_k(\lambda)=D_k'(\lambda) \quad (k=1,2,\cdots,\min\{m,n\}).$$

当 $\boldsymbol{A}(\lambda)$ 的全部 $k$ 阶子式为 0 时，$\boldsymbol{B}(\lambda)$ 的全部 $k$ 阶子式也为 0，反之亦然. 因此，$\boldsymbol{A}(\lambda)$ 与 $\boldsymbol{B}(\lambda)$ 有相同的秩和各阶行列式因子.

现在我们根据定理 1 推断 $\lambda$-矩阵 $\boldsymbol{A}(\lambda)$ 的不变因子与其 Smith 标准形之间的关系. 设 $\boldsymbol{A}(\lambda)$ 的 Smith 标准形 $\boldsymbol{J}(\lambda)$ 形如

$$\boldsymbol{J}(\lambda)=\begin{pmatrix} d_1(\lambda) & 0 & \cdots & 0 & 0 & \cdots & 0 \\ 0 & d_2(\lambda) & \cdots & 0 & 0 & \cdots & 0 \\ \vdots & \vdots & & \vdots & \vdots & & \vdots \\ 0 & 0 & \cdots & d_r(\lambda) & 0 & \cdots & 0 \\ 0 & 0 & \cdots & 0 & 0 & \cdots & 0 \\ \vdots & \vdots & & \vdots & \vdots & & \vdots \\ 0 & 0 & \cdots & 0 & 0 & \cdots & 0 \end{pmatrix},$$

这里 $d_{k-1}(\lambda) \mid d_k(\lambda)(k=2,\cdots,r)$. 根据定理 1 知 $\boldsymbol{A}(\lambda)$ 与 $\boldsymbol{J}(\lambda)$ 有相同的各阶行列式因子. 于是 $\boldsymbol{J}(\lambda)$（或者 $\boldsymbol{A}(\lambda)$）的行列式因子为

$$\begin{aligned} &D_1(\lambda)=d_1(\lambda), \\ &D_2(\lambda)=d_1(\lambda)d_2(\lambda), \\ &\cdots\cdots\cdots \\ &D_r(\lambda)=d_1(\lambda)d_2(\lambda)\cdots d_r(\lambda), \\ &D_{r+1}(\lambda)=\cdots=D_s(\lambda)=0 \quad (s=\min\{m,n\}). \end{aligned}$$

由此与定义 2 知，$d_1(\lambda)$，$d_2(\lambda)$，$\cdots$，$d_r(\lambda)$ 即 $\boldsymbol{A}(\lambda)$ 的不变因子. 这说明如果将 $\lambda$-矩阵 $\boldsymbol{A}(\lambda)$ 经初等变换化为 Smith 标准形 $\boldsymbol{J}(\lambda)$ 后，$\boldsymbol{J}(\lambda)$ 中的 $d_1(\lambda)$，$d_2(\lambda)$，$\cdots$，$d_r(\lambda)$ 就是 $\boldsymbol{A}(\lambda)$ 的不变因子. 由于不变因子是由行列式因子唯一确定的，因此有如下结论.

**定理 2** $\lambda$-矩阵 $\boldsymbol{A}(\lambda)$ 的 Smith 标准形是唯一的.

下面我们解释不变因子和初等因子的关系. 设 $\boldsymbol{A}(\lambda)$ 的不变因子为 $d_1(\lambda)$，$d_2(\lambda)$，$\cdots$，

$d_r(\lambda)$. 由于低阶不变因子可以整除高阶不变因子，因此，在复数域中，不变因子有如下形式的因式分解：

$$d_1(\lambda)=(\lambda-\lambda_1)^{s_{11}}(\lambda-\lambda_2)^{s_{12}}\cdots(\lambda-\lambda_t)^{s_{1t}},$$
$$d_2(\lambda)=(\lambda-\lambda_1)^{s_{21}}(\lambda-\lambda_2)^{s_{22}}\cdots(\lambda-\lambda_t)^{s_{2t}},$$
$$\cdots\cdots$$
$$d_r(\lambda)=(\lambda-\lambda_1)^{s_{r1}}(\lambda-\lambda_2)^{s_{r2}}\cdots(\lambda-\lambda_t)^{s_{rt}},$$

其中，每个根 $\lambda_j(j=1,2,\cdots,t)$ 的重数有递增的关系：

$$0\leqslant s_{1j}\leqslant s_{2j}\leqslant\cdots\leqslant s_{rj}.$$

初等因子是不变因子中一次因式的方幂，即

$$(\lambda-\lambda_j)^{s_{kj}}\quad(1\leqslant k\leqslant r,\ 1\leqslant j\leqslant t,\ s_{kj}\geqslant 1).$$

重数的递增关系说明同一个一次因式的方幂形成的初等因子中，例如初等因子

$$(\lambda-\lambda_1)^{s_{k1}}\quad(1\leqslant k\leqslant r, s_{k1}\geqslant 1),$$

幂次最高的项 $(\lambda-\lambda_1)^{s_{r1}}$ 一定出现在 $d_r(\lambda)$ 的分解式中，幂次次高的项 $(\lambda-\lambda_1)^{s_{r-1,1}}$ 必定出现在 $d_{r-1}(\lambda)$ 的分解式中，如此顺推下去，可知属于同一个一次因式的方幂所形成的初等因子在不变因子中出现的位置是唯一确定的. 因此，不变因子也可以由初等因子及秩唯一确定.

上面的分析给出了如何从 $\lambda$-矩阵的初等因子及秩作出不变因子的方法. 下面我们用一个例子来说明.

**【例 1】** 已知 4 阶方阵 $\boldsymbol{A}(\lambda)$ 的秩为 3，初等因子为

$$\lambda^2,\lambda^4,(\lambda-1)^2,(\lambda-1)^3,\lambda+1,$$

求 $\boldsymbol{A}(\lambda)$ 的不变因子、行列式因子及 Smith 标准形.

**【解】** 因为 $\boldsymbol{A}(\lambda)$ 的秩为 3，所以 $\boldsymbol{A}(\lambda)$ 的 4 阶行列式因子 $D_4(\lambda)=0$，且最后一个不变因子为 $d_3(\lambda)$. 又因为初等因子中一次因式的方幂的最高次幂出现在 $d_3(\lambda)$ 中，所以

$$d_3(\lambda)=\lambda^4(\lambda-1)^3(\lambda+1).$$

剩下的一次因式的方幂的次高次幂出现在 $d_2(\lambda)$ 中，所以

$$d_2(\lambda)=\lambda^2(\lambda-1)^2.$$

由于没有剩余的初等因子，从而

$$d_1(\lambda)=1.$$

根据不变因子与行列式因子的关系，可以得到行列式因子为

$$D_1(\lambda)=d_1(\lambda)=1,$$
$$D_2(\lambda)=d_1(\lambda)d_2(\lambda)=\lambda^2(\lambda-1)^2,$$
$$D_3(\lambda)=d_1(\lambda)d_2(\lambda)d_3(\lambda)=\lambda^6(\lambda-1)^5(\lambda+1),$$

而前面已得

$$D_4(\lambda)=0.$$

最后，$\boldsymbol{A}(\lambda)$ 的 Smith 标准形为

$$\boldsymbol{J}(\lambda)=\begin{pmatrix}1 & & & \\ & \lambda^2(\lambda-1)^2 & & \\ & & \lambda^4(\lambda-1)^3(\lambda+1) & \\ & & & 0\end{pmatrix}.$$

至此，我们观察出如下事实：$\lambda$-矩阵的行列式因子、不变因子与初等因子，这三者可以互相

唯一确定.

**定理 3** 两个 $m\times n$ 的 $\lambda$-矩阵等价的充要条件是它们有相同的行列式因子,或者它们有相同的不变因子,又或者它们有相同的初等因子.

**【证】** 只需要证明 $\lambda$-矩阵等价的充要条件是它们有相同的不变因子. 首先,必要性已由定理 1 给出. 其次,充分性是显然的. 事实上,如果 $\boldsymbol{A}(\lambda)$ 与 $\boldsymbol{B}(\lambda)$ 有相同的不变因子,则 $\boldsymbol{A}(\lambda)$ 和 $\boldsymbol{B}(\lambda)$ 都与同一个 Smith 标准形等价,因而 $\boldsymbol{A}(\lambda)$ 与 $\boldsymbol{B}(\lambda)$ 等价.

## 9.3.2 计算矩阵 Jordan 标准形方法二

最后,我们来看一下 $\lambda$-矩阵的 Smith 标准形在求数字矩阵的 Jordan 标准形时的应用. 由于 Smith 标准形可以提供不变因子,因此,有图 9.2 所示的流程图.

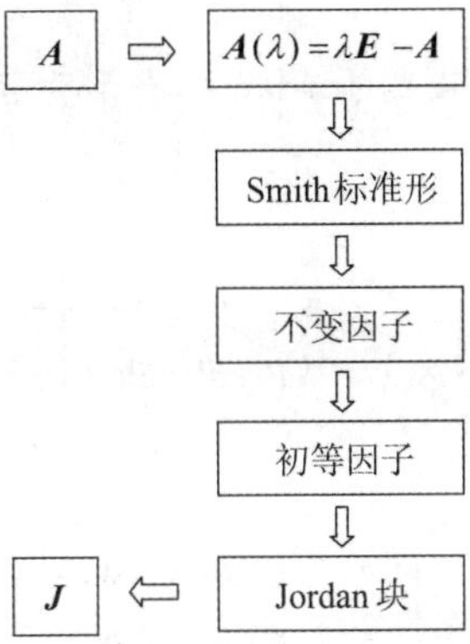


图 9.2 计算矩阵 Jordan 标准形方法二

**【例 2】** 求矩阵 $\boldsymbol{A}=\begin{pmatrix}2 & -1 & -1\\ 2 & -1 & -2\\ -1 & 1 & 2\end{pmatrix}$ 的 Jordan 标准形.

**【解】** 对特征矩阵 $\boldsymbol{A}(\lambda)=\lambda\boldsymbol{E}-\boldsymbol{A}$ 作初等变换如下:

$$\boldsymbol{A}(\lambda)=\begin{pmatrix}\lambda-2 & 1 & 1\\ -2 & \lambda+1 & 2\\ 1 & -1 & \lambda-2\end{pmatrix}\xrightarrow{r_1\leftrightarrow r_2}\begin{pmatrix}1 & -1 & \lambda-2\\ -2 & \lambda+1 & 2\\ \lambda-2 & 1 & 1\end{pmatrix}$$

$$\xrightarrow[c_3+(-\lambda+2)c_1]{c_2+c_1}\begin{pmatrix}1 & 0 & 0\\ -2 & \lambda-1 & 2(\lambda-1)\\ \lambda-2 & \lambda-1 & -(\lambda-1)(\lambda-3)\end{pmatrix}$$

$$\xrightarrow[r_3+(-\lambda+2)r_1]{r_2+2r_1}\begin{pmatrix}1 & 0 & 0\\ 0 & \lambda-1 & 2(\lambda-1)\\ 0 & \lambda-1 & -(\lambda-1)(\lambda-3)\end{pmatrix}$$

$$\xrightarrow[\substack{r_3-r_2\\ -1\cdot r_3}]{c_3-2c_2}\begin{pmatrix}1 & 0 & 0\\ 0 & \lambda-1 & 0\\ 0 & 0 & (\lambda-1)^2\end{pmatrix},$$

于是，特征矩阵的 Smith 标准形为 $\boldsymbol{J}(\lambda)=\begin{pmatrix}1 & & \\ & \lambda-1 & \\ & & (\lambda-1)^2\end{pmatrix}$，从而矩阵 $\boldsymbol{A}$ 的不变因子为

$$d_1(\lambda)=1,\quad d_2(\lambda)=\lambda-1,\quad d_3(\lambda)=(\lambda-1)^2,$$

初等因子为 $\lambda-1,(\lambda-1)^2$. 故 $\boldsymbol{A}$ 的 Jordan 标准形为 $\boldsymbol{J}=\begin{pmatrix}1&0&0\\0&1&1\\0&0&1\end{pmatrix}$.

对于给定的矩阵 $\boldsymbol{A}$，在已求得其 Jordan 标准形的情形下，如何求可逆矩阵 $\boldsymbol{P}$ 使 $\boldsymbol{A}=\boldsymbol{PJP}^{-1}$？这里给出一种简单的方法.

**【例 3】** 设矩阵 $\boldsymbol{A}$ 如例 2 所示，求可逆矩阵 $\boldsymbol{P}$ 使 $\boldsymbol{A}=\boldsymbol{PJP}^{-1}$，其中 $\boldsymbol{J}$ 为 $\boldsymbol{A}$ 的 Jordan 标准形.

**【解】** 在例 2 中已经得到矩阵 $\boldsymbol{A}$ 的 Jordan 标准形为 $\boldsymbol{J}=\begin{pmatrix}1&0&0\\0&1&1\\0&0&1\end{pmatrix}$. 设 $\boldsymbol{P}=(\boldsymbol{p}_1,\boldsymbol{p}_2,\boldsymbol{p}_3)$，则由 $\boldsymbol{AP}=\boldsymbol{PJ}$ 有

$$\boldsymbol{A}(\boldsymbol{p}_1,\boldsymbol{p}_2,\boldsymbol{p}_3)=(\boldsymbol{p}_1,\boldsymbol{p}_2,\boldsymbol{p}_3)\begin{pmatrix}1&0&0\\0&1&1\\0&0&1\end{pmatrix},$$

亦即

$$\begin{cases}(\boldsymbol{A}-\boldsymbol{E})\boldsymbol{p}_1=\boldsymbol{0},\\(\boldsymbol{A}-\boldsymbol{E})\boldsymbol{p}_2=\boldsymbol{0},\\(\boldsymbol{A}-\boldsymbol{E})\boldsymbol{p}_3=\boldsymbol{p}_2.\end{cases}$$

这表明向量 $\boldsymbol{p}_1$ 和 $\boldsymbol{p}_2$ 是齐次线性方程组 $(\boldsymbol{A}-\boldsymbol{E})\boldsymbol{x}=\boldsymbol{0}$ 的解；而 $\boldsymbol{p}_3$ 是非齐次线性方程组 $(\boldsymbol{A}-\boldsymbol{E})\boldsymbol{x}=\boldsymbol{p}_2$ 的解. 解方程组 $(\boldsymbol{A}-\boldsymbol{E})\boldsymbol{x}=\boldsymbol{0}$ 得基础解系为

$$\boldsymbol{\eta}_1=\begin{pmatrix}1\\1\\0\end{pmatrix},\quad \boldsymbol{\eta}_2=\begin{pmatrix}1\\0\\1\end{pmatrix}.$$

令 $\boldsymbol{p}_1=\boldsymbol{\eta}_1=\begin{pmatrix}1\\1\\0\end{pmatrix}$，并设 $\boldsymbol{p}_2=c_1\boldsymbol{\eta}_1+c_2\boldsymbol{\eta}_2=\begin{pmatrix}c_1+c_2\\c_1\\c_2\end{pmatrix}$. 对方程组 $(\boldsymbol{A}-\boldsymbol{E})\boldsymbol{x}=\boldsymbol{p}_2$ 的增广矩阵做初等行变换

$$(\boldsymbol{A}-\boldsymbol{E},\boldsymbol{p}_2)\xrightarrow{r}\left(\begin{array}{ccc:c}1&-1&-1&c_1+c_1\\0&0&0&c_1+2c_2\\0&0&0&0\end{array}\right),$$

由此当 $c_1+2c_2=0$ 时 $(\boldsymbol{A}-\boldsymbol{E})\boldsymbol{x}=\boldsymbol{p}_2$ 有解. 因此，可取 $c_1=2,c_2=-1$，此时 $\boldsymbol{p}_2=\begin{pmatrix}1\\2\\-1\end{pmatrix}$，且非齐次线性方程组 $(\boldsymbol{A}-\boldsymbol{E})\boldsymbol{x}=\boldsymbol{p}_2$ 有一个特解 $\boldsymbol{p}_3=\begin{pmatrix}1\\0\\0\end{pmatrix}$. 于是可逆矩阵

$$P=(p_1,p_2,p_3)=\begin{pmatrix}1&1&1\\1&2&0\\0&-1&0\end{pmatrix}$$

可使 $A=PJP^{-1}$.

## 9.4 矩阵相似的条件

前面我们给出如何得到数字矩阵 $A$ 的 Jordan 标准形 $J$ 的方法. 这个方法的关键是求出特征矩阵 $A(\lambda)=\lambda E-A$ 的初等因子,而后由初等因子构造出 Jordan 标准形 $J$. 在前面的例子中我们也发现,这些初等因子其实也是 $J$ 的特征矩阵 $J(\lambda)=\lambda E-J$ 的初等因子,亦即 $\lambda E-A$ 与 $\lambda E-J$ 有相同的初等因子,从而 $\lambda E-A$ 与 $\lambda E-J$ 是等价的. 现在我们考虑逆命题,如果特征矩阵 $\lambda E-A$ 与 $\lambda E-J$ 等价,那么数字矩阵 $A$ 与 $J$ 是否相似? 这一结果体现在下面的定理中.

**定理 1** 设 $A,B$ 是数域 $F$ 上的两个 $n$ 阶数字矩阵. $A$ 与 $B$ 相似的充要条件是它们的特征矩阵 $\lambda E-A$ 与 $\lambda E-B$ 等价.

定理 1 的证明放在本节的最后. 我们先根据它推导几个有用的结论.

**定理 2** 矩阵 $A$ 与 $B$ 相似的充要条件是下面三者之一:

① 它们有相同的行列式因子;

② 它们有相同的不变因子;

③ 它们有相同的初等因子.

**【证】** 根据本节定理 1 和 9.3 节定理 1 即得.

下面我们给出 9.1 节中定理 1 的证明.

设 $A$ 的初等因子为 $(\lambda-\lambda_1)^{k_1},(\lambda-\lambda_2)^{k_2},\cdots,(\lambda-\lambda_s)^{k_s}$,其中 $k_i>0,i=1,2,\cdots,s$. 对每个初等因子 $(\lambda-\lambda_i)^{k_i}$,有 Jordan 块

$$J_i=\begin{pmatrix}\lambda_i&1&&\\&\lambda_i&\ddots&\\&&\ddots&1\\&&&\lambda_i\end{pmatrix}\quad(i=1,2,\cdots,s).$$

令 $J=\mathrm{diag}(J_1,J_2,\cdots,J_s)$,则 $J$ 为 $A$ 的 Jordan 标准形. 因为 $A$ 与 $J$ 有相同的初等因子,从而根据定理 2,它们的特征矩阵等价. 最后根据定理 1 知 $A$ 与它的 Jordan 标准形 $J$ 相似.

**【例 1】** 证明:矩阵 $A$ 与 $A^{\mathrm{T}}$ 相似.

**【证】** 因为 $\lambda E-A^{\mathrm{T}}=(\lambda E-A)^{\mathrm{T}}$,所以矩阵 $A^{\mathrm{T}}$ 的特征矩阵 $\lambda E-A^{\mathrm{T}}$ 的每一个子式都是 $A$ 的特征矩阵 $\lambda E-A$ 的某个子式的转置,从而 $\lambda E-A^{\mathrm{T}}$ 与 $\lambda E-A$ 有相同的行列式因子,故根据定理 2 知 $A$ 与 $A^{\mathrm{T}}$ 相似.

特别的,Jordan 块 $\begin{pmatrix}a&1&&\\&a&\ddots&\\&&\ddots&1\\&&&a\end{pmatrix}$ 与矩阵 $\begin{pmatrix}a&&&\\1&a&&\\&\ddots&\ddots&\\&&1&a\end{pmatrix}$ 相似,因此这两个矩阵都称为

Jordan 块.

【例 2】 证明:Jordan 标准形矩阵 $\begin{pmatrix} J_1 & & & \\ & J_2 & & \\ & & \ddots & \\ & & & J_s \end{pmatrix}$ 与 $\begin{pmatrix} J_{i_1} & & & \\ & J_{i_2} & & \\ & & \ddots & \\ & & & J_{i_s} \end{pmatrix}$ 相似,其中 $J_i$ 是 Jordan 块,$i_1,i_2,\cdots,i_s$ 是 $1,2,\cdots,s$ 的任何一个排列.

【证】 显然,这两个矩阵具有相同的 Jordan 块,因而有相同的初等因子. 根据定理 2 可知这两个矩阵相似.

于是,如果不考虑 Jordan 块的顺序,矩阵 $A$ 的 Jordan 标准形是唯一的.

【例 3】 矩阵 $A=\begin{pmatrix} -1 & -2 & 6 \\ -1 & 0 & 3 \\ -1 & -1 & 4 \end{pmatrix}$ 与 $B=\begin{pmatrix} 2 & -1 & -1 \\ 2 & -1 & -2 \\ -1 & 1 & 2 \end{pmatrix}$ 是否相似?

【解】 根据 9.1 节例 2 和 9.3 节例 2 可知 $A$ 与 $B$ 的不变因子均为

$$d_1(\lambda)=1,d_2(\lambda)=\lambda-1,d_3(\lambda)=(\lambda-1)^2,$$

故根据定理 2 可知矩阵 $A$ 与 $B$ 相似.

为了理论的完整性,我们最后来证明定理 1,为此,先证明两个引理.

**引理 1** 如果有 $n$ 阶数字矩阵 $P,Q$,使得对矩阵 $A$ 与 $B$ 的特征矩阵有

$$\lambda E-A=P(\lambda E-B)Q,$$

则 $A$ 与 $B$ 相似.

【证】 $\lambda E-A=P(\lambda E-B)Q=\lambda PQ-PBQ$. 比较第一式和最后一式,有 $PQ=E,A=PBQ$. 由此 $Q=P^{-1},A=PBP^{-1}$,从而 $A$ 与 $B$ 相似.

在介绍下一个引理之前,我们先看一个关于 $\lambda$-矩阵的写法,即多项式表法.

设 $\lambda$-矩阵 $A(\lambda)$的元素的最高次数为 $m$,则 $A(\lambda)$可以表示为:

$$A(\lambda)=\lambda^m A_0+\lambda^{m-1}A_1+\cdots+\lambda A_{m-1}+A_m,$$

其中 $A_m,A_{m-1},\cdots,A_1,A_0$ 都是数字矩阵. 这种表示法是将一个 $\lambda$-矩阵视作以数字矩阵为系数的多项式. 例如

$$A(\lambda)=\begin{pmatrix} \lambda^2 & 1 & 2 \\ 1 & \lambda^2+2 & \lambda^2+1 \\ \lambda^3+\lambda^2 & \lambda^2+1 & 2\lambda^3-3\lambda^2-1 \end{pmatrix}$$

$$=\lambda^3\begin{pmatrix} 0 & 0 & 0 \\ 0 & 0 & 0 \\ 1 & 0 & 2 \end{pmatrix}+\lambda^2\begin{pmatrix} 1 & 0 & 0 \\ 0 & 1 & 1 \\ 1 & 1 & -3 \end{pmatrix}+\lambda\begin{pmatrix} 0 & 0 & 0 \\ 0 & 0 & 0 \\ 0 & 0 & 0 \end{pmatrix}+\begin{pmatrix} 0 & 1 & 2 \\ 1 & 2 & 1 \\ 0 & 1 & -1 \end{pmatrix}.$$

用一次因式 $\lambda-a$ 去除多项式 $f(\lambda)$,有带余除式

$$f(\lambda)=(\lambda-a)q(\lambda)+c,\quad c=f(a).$$

对于 $\lambda$-矩阵,也有类似的结论.

**引理 2** 对于任何非零的 $n$ 阶数字矩阵 $\boldsymbol{A}$ 和 $\lambda$-矩阵 $\boldsymbol{P}(\lambda)$，一定存在 $\lambda$-矩阵 $\boldsymbol{Q}(\lambda)$，$\widetilde{\boldsymbol{Q}}(\lambda)$ 以及数字矩阵 $\boldsymbol{R}_0$，$\widetilde{\boldsymbol{R}}_0$，使得，

$$\boldsymbol{P}(\lambda)=(\lambda\boldsymbol{E}-\boldsymbol{A})\boldsymbol{Q}(\lambda)+\boldsymbol{R}_0,$$
$$\boldsymbol{P}(\lambda)=\widetilde{\boldsymbol{Q}}(\lambda)(\lambda\boldsymbol{E}-\boldsymbol{A})+\widetilde{\boldsymbol{R}}_0.$$

**【证】** 将 $\lambda$-矩阵 $\boldsymbol{P}(\lambda)$ 写成

$$\boldsymbol{P}(\lambda)=\lambda^m\boldsymbol{A}_0+\lambda^{m-1}\boldsymbol{A}_1+\cdots+\lambda\boldsymbol{A}_{m-1}+\boldsymbol{A}_m,$$

其中 $\boldsymbol{A}_0,\boldsymbol{A}_1,\cdots,\boldsymbol{A}_m$ 都是数字矩阵. 若 $m=0$，令 $\boldsymbol{Q}(\lambda)=\boldsymbol{O}$，$\boldsymbol{R}_0=\boldsymbol{A}_0$，显然它们满足引理中的要求.

设 $m>0$，令 $\boldsymbol{Q}(\lambda)=\lambda^{m-1}\boldsymbol{Q}_0+\lambda^{m-2}\boldsymbol{Q}_1+\cdots+\lambda\boldsymbol{Q}_{m-2}+\boldsymbol{Q}_{m-1}$,

$$\begin{aligned}\boldsymbol{P}(\lambda)&=(\lambda\boldsymbol{E}-\boldsymbol{A})\boldsymbol{Q}(\lambda)+\boldsymbol{R}_0\\&=\lambda^m\boldsymbol{Q}_0+\lambda^{m-1}(\boldsymbol{Q}_1-\boldsymbol{A}\boldsymbol{Q}_0)+\lambda^{m-2}(\boldsymbol{Q}_2-\boldsymbol{A}\boldsymbol{Q}_1)+\cdots+\lambda(\boldsymbol{Q}_{m-1}-\boldsymbol{A}\boldsymbol{Q}_{m-2})-\boldsymbol{A}\boldsymbol{Q}_{m-1}+\boldsymbol{R}_0,\end{aligned}$$

比较 $\boldsymbol{P}(\lambda)$ 的系数，有迭代式

$$\boldsymbol{Q}_0=\boldsymbol{A}_0,\quad \boldsymbol{Q}_1=\boldsymbol{A}_1+\boldsymbol{A}\boldsymbol{Q}_0,\cdots,\quad \boldsymbol{Q}_k=\boldsymbol{A}_k+\boldsymbol{A}\boldsymbol{Q}_{k-1},\cdots,$$
$$\boldsymbol{Q}_{m-1}=\boldsymbol{A}_{m-1}+\boldsymbol{A}\boldsymbol{Q}_{m-2},\quad \boldsymbol{R}_0=\boldsymbol{A}_m+\boldsymbol{A}\boldsymbol{Q}_{m-1},$$

于是引理 2 中第一式是成立的，类似可证第二式也成立.

**定理 1 的证明** 先证必要性. 设 $\boldsymbol{A}=\boldsymbol{P}\boldsymbol{B}\boldsymbol{P}^{-1}$，其中 $\boldsymbol{P}$ 可逆，则

$$\lambda\boldsymbol{E}-\boldsymbol{A}=\boldsymbol{P}(\lambda\boldsymbol{E}-\boldsymbol{B})\boldsymbol{P}^{-1},$$

因此 $\boldsymbol{A}$ 与 $\boldsymbol{B}$ 的特征矩阵等价.

再证充分性. 设有可逆的 $\lambda$-矩阵 $\boldsymbol{P}(\lambda)$，$\boldsymbol{Q}(\lambda)$ 使

$$\boldsymbol{P}^{-1}(\lambda)(\lambda\boldsymbol{E}-\boldsymbol{A})=(\lambda\boldsymbol{E}-\boldsymbol{B})\boldsymbol{Q}(\lambda),\tag{9.2}$$
$$(\lambda\boldsymbol{E}-\boldsymbol{A})\boldsymbol{Q}^{-1}(\lambda)=\boldsymbol{P}(\lambda)(\lambda\boldsymbol{E}-\boldsymbol{B}).\tag{9.3}$$

根据引理 2，

$$\boldsymbol{P}(\lambda)=(\lambda\boldsymbol{E}-\boldsymbol{A})\boldsymbol{V}(\lambda)+\boldsymbol{P}_0,\tag{9.4}$$
$$\boldsymbol{Q}(\lambda)=\boldsymbol{U}(\lambda)(\lambda\boldsymbol{E}-\boldsymbol{A})+\boldsymbol{Q}_0,\tag{9.5}$$

其中 $\boldsymbol{P}_0$，$\boldsymbol{Q}_0$ 为数字矩阵.

由式(9.2)和式(9.5)有

$$(\lambda\boldsymbol{E}-\boldsymbol{B})\boldsymbol{Q}_0=[\boldsymbol{P}^{-1}(\lambda)-(\lambda\boldsymbol{E}-\boldsymbol{B})\boldsymbol{U}(\lambda)](\lambda\boldsymbol{E}-\boldsymbol{A}).\tag{9.6}$$

因为上式左端关于 $\lambda$ 的次数不超过 1，所以右端第 1 个因子必是数字矩阵，再比较两端 $\lambda$ 的系数可知

$$\boldsymbol{Q}_0=\boldsymbol{P}^{-1}(\lambda)-(\lambda\boldsymbol{E}-\boldsymbol{B})\boldsymbol{U}(\lambda),\tag{9.7}$$

将其代入式(9.6)，有

$$(\lambda\boldsymbol{E}-\boldsymbol{B})\boldsymbol{Q}_0=\boldsymbol{Q}_0(\lambda\boldsymbol{E}-\boldsymbol{A}).\tag{9.8}$$

下面证明 $\boldsymbol{Q}_0$ 可逆. 由式(9.7)，有

$$\boldsymbol{E}=\boldsymbol{P}(\lambda)\boldsymbol{Q}_0+\boldsymbol{P}(\lambda)(\lambda\boldsymbol{E}-\boldsymbol{B})\boldsymbol{U}(\lambda).$$

将式(9.3)、式(9.4)代入上式，并化简，有

$$\boldsymbol{P}_0\boldsymbol{Q}_0+(\lambda\boldsymbol{E}-\boldsymbol{A})[\boldsymbol{V}(\lambda)\boldsymbol{Q}_0+\boldsymbol{Q}^{-1}(\lambda)\boldsymbol{U}(\lambda)]=\boldsymbol{E}.$$

比较两边 $\lambda$ 的系数，知 $\boldsymbol{V}(\lambda)\boldsymbol{Q}_0+\boldsymbol{Q}^{-1}(\lambda)\boldsymbol{U}(\lambda)=\boldsymbol{O}$，从而 $\boldsymbol{P}_0\boldsymbol{Q}_0=\boldsymbol{E}$，即 $\boldsymbol{Q}_0$ 可逆.

最后，由式(9.8)，

$$\lambda E - A = Q_0^{-1}(\lambda E - B)Q_0.$$

根据引理 1 知 $A$ 与 $B$ 相似,证明完毕.

## 9.5 Cayley-Hamilton 定理与最小多项式

### 9.5.1 Cayley-Hamilton 定理

设 $A$ 为 $n$ 阶方阵,其特征多项式为

$$f(\lambda)=|\lambda E-A|=\lambda^n+a_1\lambda^{n-1}+\cdots+a_{n-1}\lambda+a_n.$$

矩阵 $A$ 有如下一个重要的性质.

**定理 1(Cayley-Hamilton 定理)** 设 $A$ 是数域 $F$ 上的 $n$ 阶方阵,$f(\lambda)=|\lambda E-A|$,则 $f(A)=O$.

**【证】** 设 $J$ 是 $A$ 的 Jordan 标准形,且

$$A=PJP^{-1},\quad J=\operatorname{diag}(J_1,J_2,\cdots,J_s),$$

其中,

$$J_i=\begin{pmatrix}\lambda_i & 1 & & \\ & \lambda_i & \ddots & \\ & & \ddots & 1 \\ & & & \lambda_i\end{pmatrix}\quad (i=1,2,\cdots,s),$$

于是

$$f(\lambda)=|\lambda E-A|=|\lambda E-J|=(\lambda-\lambda_1)^{k_1}(\lambda-\lambda_2)^{k_2}\cdots(\lambda-\lambda_s)^{k_s},$$

从而,

$$\begin{aligned}
f(A)&=(A-\lambda_1 E)^{k_1}(A-\lambda_2 E)^{k_2}\cdots(A-\lambda_s E)^{k_s}\\
&=(PJP^{-1}-\lambda_1 E)^{k_1}(PJP^{-1}-\lambda_2 E)^{k_2}\cdots(PJP^{-1}-\lambda_s E)^{k_s}\\
&=P[(J-\lambda_1 E)^{k_1}(J-\lambda_2 E)^{k_2}\cdots(J-\lambda_s E)^{k_s}]P^{-1}\\
&=P\left[\begin{pmatrix}J_1-\lambda_1 E & & \\ & \ddots & \\ & & J_s-\lambda_1 E\end{pmatrix}^{k_1}\begin{pmatrix}J_1-\lambda_2 E & & \\ & \ddots & \\ & & J_s-\lambda_2 E\end{pmatrix}^{k_2}\right.\\
&\qquad\left.\cdots\begin{pmatrix}J_1-\lambda_s E & & \\ & \ddots & \\ & & J_s-\lambda_s E\end{pmatrix}^{k_s}\right]P^{-1}\\
&=P\begin{pmatrix}A_1 & & \\ & \ddots & \\ & & A_s\end{pmatrix}P^{-1},
\end{aligned}$$

其中 $E_i$ 是 $k_i$ 阶单位矩阵$(i=1,2,\cdots,s)$,

$$A_i=(J_i-\lambda_1 E_i)^{k_1}\cdots(J_i-\lambda_i E_i)^{k_i}\cdots(J_i-\lambda_s E_i)^{k_s}.$$

因为

$$(\boldsymbol{J}_i-\lambda_i\boldsymbol{E}_i)^{k_i}=\begin{pmatrix}0&1&&\\&0&\ddots&\\&&\ddots&1\\&&&0\end{pmatrix}_{k_i\times k_i}^{k_i}=\boldsymbol{O},$$

所以，$\boldsymbol{A}_i=\boldsymbol{O}(i=1,2,\cdots,s)$，故 $f(\boldsymbol{A})=\boldsymbol{O}$.

关于特征多项式的 Cayley-Hamilton 定理在矩阵和线性变换的研究中有重要应用. Hamilton在 1853 年首先证明了复二阶矩阵情形. Cayley 在 1858 年声称这个结论对于三阶矩阵也是成立的，但是他并没有给出证明. 一般性的证明是 Frobenius 在 1878 年给出的. 下面给出 Cayley-Hamilton 定理的经典证明.

设矩阵 $\boldsymbol{A}$ 的特征多项式为

$$f(\lambda)=|\lambda\boldsymbol{E}-\boldsymbol{A}|=\lambda^n+a_1\lambda^{n-1}+\cdots+a_{n-1}\lambda+a_n.$$

又设 $\boldsymbol{B}(\lambda)$ 为 $\lambda\boldsymbol{E}-\boldsymbol{A}$ 的伴随矩阵，$\boldsymbol{B}(\lambda)$ 的元素都是行列式 $|\lambda\boldsymbol{E}-\boldsymbol{A}|$ 的元素的代数余子式，且均为 $\lambda$ 的次数不超过 $n-1$ 的多项式，故有常数矩阵 $B_0,B_1,\cdots,B_{n-1}$ 使

$$\boldsymbol{B}(\lambda)=\lambda^{n-1}\boldsymbol{B}_0+\lambda^{n-2}\boldsymbol{B}_1+\cdots+\lambda\boldsymbol{B}_{n-2}+\boldsymbol{B}_{n-1}.$$

因为 $\boldsymbol{B}(\lambda)(\lambda\boldsymbol{E}-\boldsymbol{A})=|\lambda\boldsymbol{E}-\boldsymbol{A}|\boldsymbol{E}$，所以

$$(\lambda^{n-1}\boldsymbol{B}_0+\lambda^{n-2}\boldsymbol{B}_1+\cdots+\lambda\boldsymbol{B}_{n-2}+\boldsymbol{B}_{n-1})(\lambda\boldsymbol{E}-\boldsymbol{A})=(\lambda^n+a_1\lambda^{n-1}+\cdots+a_{n-1}\lambda+a_n)\boldsymbol{E},$$

比较两端 $\lambda$ 的同次幂系数得

$$\begin{cases}\boldsymbol{E}=\boldsymbol{B}_0,\\ a_1\boldsymbol{E}=\boldsymbol{B}_1-\boldsymbol{B}_0\boldsymbol{A},\\ \qquad\cdots\cdots\cdots\\ a_{n-1}\boldsymbol{E}=\boldsymbol{B}_{n-1}-\boldsymbol{B}_{n-2}\boldsymbol{A},\\ a_n\boldsymbol{E}=-\boldsymbol{B}_{n-1}\boldsymbol{A}.\end{cases}$$

分别用 $\boldsymbol{A}^n,\boldsymbol{A}^{n-1},\cdots,\boldsymbol{A},\boldsymbol{E}$ 右乘上式中第 1 式，第 2 式，…，第 $n+1$ 式，然后相加可得

$$\boldsymbol{A}^n+a_1\boldsymbol{A}^{n-1}+\cdots+a_{n-1}\boldsymbol{A}+a_n\boldsymbol{E}=\boldsymbol{O},$$

亦即 $f(\boldsymbol{A})=\boldsymbol{O}$.

**【例 1】** 设矩阵 $\boldsymbol{A}=\begin{pmatrix}-1&1&0\\-4&3&0\\1&0&2\end{pmatrix}$.

(1)计算 $\boldsymbol{A}^7-\boldsymbol{A}^5-19\boldsymbol{A}^4+28\boldsymbol{A}^3+6\boldsymbol{A}-4\boldsymbol{E}$；

(2)求 $\boldsymbol{A}^{-1}$.

**【解】** 矩阵 $\boldsymbol{A}$ 的特征多项式为 $f(\lambda)=|\lambda E-A|=\lambda^3-4\lambda^2+5\lambda-2$.

(1)令 $g(\lambda)=\lambda^7-\lambda^5-19\lambda^4+28\lambda^3+6\lambda-4$，需计算 $g(\boldsymbol{A})$. 由带余除法有

$$g(\lambda)=(\lambda^4+4\lambda^3+10\lambda^2+3\lambda-2)f(\lambda)-3\lambda^2+22\lambda-8.$$

根据 Cayley-Hamilton 定理，$f(\boldsymbol{A})=\boldsymbol{O}$，于是

$$g(\boldsymbol{A})=-3\boldsymbol{A}^2+22\boldsymbol{A}-8\boldsymbol{E}=\begin{pmatrix}-21&16&0\\-64&43&0\\19&-3&24\end{pmatrix}.$$

(2)根据 $f(\boldsymbol{A})=\boldsymbol{A}^3-4\boldsymbol{A}^2+5\boldsymbol{A}-2\boldsymbol{E}=\boldsymbol{O}$，有 $\boldsymbol{A}\left[\frac{1}{2}(\boldsymbol{A}^2-4\boldsymbol{A}+5\boldsymbol{E})\right]=\boldsymbol{E}$. 由此，

$$A^{-1}=\frac{1}{2}(A^2-4A+5E)=\begin{pmatrix}3&-1&0\\4&-1&0\\-\frac{3}{2}&\frac{1}{2}&\frac{1}{2}\end{pmatrix}.$$

## 9.5.2 最小多项式

**定义 1** 设 $A$ 是 $n$ 阶方阵，$\varphi(\lambda)$ 为一多项式，如果 $\varphi(A)=O$，则称 $\varphi(\lambda)$ 是矩阵 $A$ 的零化多项式(annihilator)；$A$ 的所有的零化多项式中次数最低的首一多项式称为 $A$ 的最小多项式(minimal polynomial)，记为 $m_A(\lambda)$.

Cayley-Hamilton 定理表明任何方阵 $A$ 的特征多项式 $f(\lambda)=|\lambda E-A|$ 就是 $A$ 的一个零化多项式. 此外，对于任一多项式 $p(\lambda)$，它与 $f(\lambda)$ 的乘积 $p(\lambda)f(\lambda)$ 满足

$$p(A)f(A)=O,$$

从而 $p(\lambda)f(\lambda)$ 也是 $A$ 的零化多项式，由此可知矩阵 $A$ 有任意多的零化多项式，且最小多项式一定存在. 下面讨论最小多项式的唯一性及表示.

**定理 2** 矩阵 $A$ 的最小多项式整除 $A$ 的任一零化多项式. 特别的，$A$ 的最小多项式整除特征多项式 $f(\lambda)=|\lambda E-A|$，即

$$m_A(\lambda)\mid f(\lambda).$$

**【证】** 设 $\varphi(\lambda)$ 是 $A$ 的零化多项式. 由带余除法

$$\varphi(\lambda)=m_A(\lambda)q(\lambda)+r(\lambda),$$

其中 $r(\lambda)$ 若不为零，则其次数比 $m_A(\lambda)$ 低. 把 $A$ 代入上式，得

$$O=\varphi(A)=m_A(A)q(A)+r(A)=r(A),$$

即 $r(\lambda)$ 是 $A$ 的零化多项式. 如果 $r(\lambda)\neq 0$，则与 $m_A(\lambda)$ 是次数最低的零化多项式矛盾. 因此 $r(\lambda)=0$，即 $m_A(\lambda)\mid\varphi(\lambda)$.

**推论 1** $A$ 的最小多项式是唯一的.

**【证】** 设 $m_1(\lambda)$ 与 $m_2(\lambda)$ 都是矩阵 $A$ 的最小多项式，则由定理 2，$m_1(\lambda)$ 与 $m_2(\lambda)$ 可以互相整除，从而 $m_1(\lambda)$ 是 $m_2(\lambda)$ 的常数倍. 又因为最小多项式的首项系数为 1，因此 $m_1(\lambda)=m_2(\lambda)$.

定理 2 已经表明最小多项式是特征多项式的因式. 下面的结果进一步表明最小多项式与特征多项式的关系.

**定理 3** 矩阵 $A$ 的最小多项式 $m_A(\lambda)$ 与特征多项式 $f(\lambda)=|\lambda E-A|$ 有相同的根(重数可以不同).

**【证】** 因为 $m_A(\lambda)\mid f(\lambda)$，所以 $m_A(\lambda)$ 的根一定是 $f(\lambda)$ 的根. 现在只需要证明：如果 $\lambda_0$ 是 $f(\lambda)$ 的根，则它也是 $m_A(\lambda)$ 的根. 事实上，由于 $\lambda_0$ 是 $f(\lambda)$ 的根，那么它也是 $A$ 的特征值，从而有非零向量 $\xi$，使 $A\xi=\lambda_0\xi$.

设 $m_A(\lambda)=\lambda^m+c_{m-1}\lambda^{m-1}+\cdots+c_1\lambda+c_0$，则

$$\begin{aligned}0=m_A(A)\xi&=(A^m+c_{m-1}A^{m-1}+\cdots+c_1A+c_0E)\xi\\&=A^m\xi+c_{m-1}A^{m-1}\xi+\cdots+c_1A\xi+c_0\xi\end{aligned}$$

$$= (\lambda_0^m + c_{m-1}\lambda_0^{m-1} + \cdots + c_1\lambda_0 + c_0)\boldsymbol{\xi}$$
$$= m_A(\lambda_0)\boldsymbol{\xi}.$$

由于$\boldsymbol{\xi} \neq \mathbf{0}$,因此$m_A(\lambda_0)=0$,即$\lambda_0$是$m_A(\lambda)$的根.

定理 3 给出了求矩阵的最小多项式的方法. 设$\boldsymbol{A}$的特征多项式为

$$f(\lambda) = |\lambda\boldsymbol{E} - \boldsymbol{A}| = (\lambda - \lambda_1)^{k_1}(\lambda - \lambda_2)^{k_2}\cdots(\lambda - \lambda_s)^{k_s},$$

其中重数满足

$$1 \leqslant l_i \leqslant k_i \quad (i = 1,2,\cdots,s).$$

**【例 2】** 设$\boldsymbol{A}=\begin{pmatrix} 3 & -3 & 2 \\ -1 & 5 & -2 \\ -1 & 3 & 0 \end{pmatrix}$,求$\boldsymbol{A}$的最小多项式$m_A(\lambda)$.

**【解】** $f(\lambda)=|\lambda\boldsymbol{E}-\boldsymbol{A}|=(\lambda-2)^2(\lambda-4)$,由此$m_A(\lambda)$只能为

$$(\lambda-2)(\lambda-4)\text{或}(\lambda-2)^2(\lambda-4),$$

因为$(\boldsymbol{A}-2\boldsymbol{E})(\boldsymbol{A}-4\boldsymbol{E})=\boldsymbol{O}$,所以$m_A(\lambda)=(\lambda-2)(\lambda-4)$.

**【例 3】** 设$k$阶 Jordan 块$\boldsymbol{J}=\begin{pmatrix} a & 1 & & \\ & a & \ddots & \\ & & \ddots & 1 \\ & & & a \end{pmatrix}$,求$\boldsymbol{J}$的最小多项式$m_J(\lambda)$.

**【解】** $f(\lambda)=|\lambda\boldsymbol{E}-\boldsymbol{J}|=(\lambda-a)^k$. 由于

$$(\boldsymbol{J} - a\boldsymbol{E})^{k-1} = \begin{pmatrix} 0 & \cdots & 0 & 1 \\ 0 & \cdots & 0 & 0 \\ \vdots & & \vdots & \vdots \\ 0 & \cdots & 0 & 0 \end{pmatrix} \neq \boldsymbol{O},$$

所以$\boldsymbol{J}$的最小多项式为$(\lambda-a)^k$.

下面讨论最小多项式与不变因子的关系.

首先,有如下的结论:

**定理 4** 相似的矩阵有相同的最小多项式.

**【证】** 设$\boldsymbol{A}$与$\boldsymbol{B}$满足$\boldsymbol{A}=\boldsymbol{P}\boldsymbol{B}\boldsymbol{P}^{-1}$,其中$\boldsymbol{P}$可逆. 由于对任一多项式$\varphi(\lambda)$,有

$$\varphi(\boldsymbol{A})=\boldsymbol{P}\varphi(\boldsymbol{B})\boldsymbol{P}^{-1},$$

从而$\varphi(\boldsymbol{A})=\boldsymbol{O}$,当且仅当$\varphi(\boldsymbol{B})=\boldsymbol{O}$,即$\boldsymbol{A}$与$\boldsymbol{B}$有相同的零化多项式. 由此也有相同的最小多项式.

特别的,如果$\boldsymbol{J}$是$\boldsymbol{A}$的 Jordan 标准形,则

$$m_A(\lambda)=m_J(\lambda).$$

注意定理 4 的逆命题不真. 例如

$$\begin{pmatrix} 1 & & \\ & 1 & \\ & & 2 \end{pmatrix} \text{与} \begin{pmatrix} 1 & & \\ & 2 & \\ & & 2 \end{pmatrix}$$

有相同的最小多项式$(\lambda-1)(\lambda-2)$,但是这两个矩阵不相似.

**引理 1** $\boldsymbol{A}$ 是一个准对角阵

$$\boldsymbol{A}=\begin{pmatrix}\boldsymbol{A}_1 & \\ & \boldsymbol{A}_2\end{pmatrix},$$

设 $m_1(\lambda),m_2(\lambda)$ 分别是 $\boldsymbol{A}_1,\boldsymbol{A}_2$ 的最小多项式,则 $\boldsymbol{A}$ 的最小多项式为 $m_1(\lambda)$ 与 $m_2(\lambda)$ 的最小公倍式.

这里称 $m_1(\lambda)$ 与 $m_2(\lambda)$ 的最小公倍式,是指能够同时被 $m_1(\lambda)$ 与 $m_2(\lambda)$ 整除的次数最低的首一的多项式.

**【证】** 设 $m(\lambda)$ 为 $m_1(\lambda)$ 与 $m_2(\lambda)$ 的最小公倍式. 首先

$$m(\boldsymbol{A})=\begin{pmatrix}m(\boldsymbol{A}_1) & \\ & m(\boldsymbol{A}_2)\end{pmatrix}=\boldsymbol{O},$$

因此 $m(\lambda)$ 是 $\boldsymbol{A}$ 的零化多项式,从而可以被 $\boldsymbol{A}$ 的最小多项式 $m_A(\lambda)$ 整除,即

$$m_A(\lambda)\mid m(\lambda).$$

其次,因为

$$\boldsymbol{O}=m_A(\boldsymbol{A})=\begin{pmatrix}m_A(\boldsymbol{A}_1) & \\ & m_A(\boldsymbol{A}_2)\end{pmatrix},$$

所以 $m_A(\boldsymbol{A}_1)=\boldsymbol{O}$, $m_A(\boldsymbol{A}_2)=\boldsymbol{O}$, 因此 $m_1(\lambda)\mid m_A(\lambda)$, $m_2(\lambda)\mid m_A(\lambda)$, 即 $m_A(\lambda)$ 是 $m_1(\lambda)$ 与 $m_2(\lambda)$ 的公倍式,从而

$$m(\lambda)\mid m_A(\lambda),$$

故 $m(\lambda),m_A(\lambda)$ 可以互相整除. 又因为 $m(\lambda)$ 是首一的,所以 $m(\lambda)=m_A(\lambda)$.

该结论可推广到多个方阵组成的准对角阵的情形:

如果 $\boldsymbol{A}=\begin{pmatrix}\boldsymbol{A}_1 & & & \\ & \boldsymbol{A}_2 & & \\ & & \ddots & \\ & & & \boldsymbol{A}_s\end{pmatrix}$, $\boldsymbol{A}_i$ 的最小多项式为 $m_i(\lambda)(i=1,2,\cdots,s)$, 则 $\boldsymbol{A}$ 的最小多项式为 $m_1(\lambda),m_2(\lambda),\cdots,m_s(\lambda)$ 的最小公倍式.

**【例 4】** 设

$$\boldsymbol{A}=\begin{pmatrix}2 & 1 & & & & \\ 0 & 2 & & & & \\ & & 2 & & & \\ & & & -3 & 1 & \\ & & & 0 & -3 & \\ & & & & & -3\end{pmatrix},$$

求 $\boldsymbol{A}$ 的最小多项式.

**【解】** 写矩阵为准对角阵 $\boldsymbol{A}=\mathrm{diag}(\boldsymbol{J}_1,\boldsymbol{J}_2,\boldsymbol{J}_3,\boldsymbol{J}_4)$, 其中

$$\boldsymbol{J}_1=\begin{pmatrix}2 & 1\\ 0 & 2\end{pmatrix},\quad \boldsymbol{J}_2=(2),\quad \boldsymbol{J}_3=\begin{pmatrix}-3 & 1\\ 0 & -3\end{pmatrix},\quad \boldsymbol{J}_4=(-3),$$

它们的最小多项式分别为 $(\lambda-2)^2,\lambda-2,(\lambda+3)^2,\lambda+3$, 于是 $\boldsymbol{A}$ 的最小多项式为

$$m_J(\lambda)=(\lambda-2)^2(\lambda+3)^2.$$

例 4 中的矩阵 $\boldsymbol{A}$ 是 Jordan 标准形，它的 Jordan 块的最小多项式正好是它们各自的初等因子，而 $\boldsymbol{A}$ 的最小多项式正好包含初等因子的最高次幂. 因此，我们有下面的结论：

**定理 5** $n$ 阶方阵 $\boldsymbol{A}$ 的最小多项式是 $\boldsymbol{A}$ 的第 $n$ 个不变因子 $d_n(\lambda)$.

**【证】** 设 $\boldsymbol{A}$ 的 Jordan 标准形 $\boldsymbol{J}=\mathrm{diag}\,(\boldsymbol{J}_1,\boldsymbol{J}_2,\cdots,\boldsymbol{J}_s)$，则 $\boldsymbol{A}$ 或 $\boldsymbol{J}$ 的最小多项式为 $m_1(\lambda)$，$\cdots$，$m_s(\lambda)$ 的最小公倍式，其中 $m_i(\lambda)$ 是 Jordan 块 $\boldsymbol{J}_i$ 的最小多项式，$i=1,2,\cdots,s$. 因为 $\boldsymbol{J}_i$ 的最小多项式也是它的唯一的初等因子，所以 $m_1(\lambda),m_2(\lambda),\cdots,m_s(\lambda)$ 是 $\boldsymbol{A}$ 的全部初等因子. 又因为初等因子中一次因式的最高次幂出现在 $\boldsymbol{A}$ 的第 $n$ 个不变因子 $d_n(\lambda)$ 中，所以 $m_1(\lambda),m_2(\lambda)$，$\cdots$，$m_s(\lambda)$ 的最大公倍式等于 $d_n(\lambda)$，即 $m_A(\lambda)=d_n(\lambda)$.

下面我们用矩阵的不变因子、初等因子及最小多项式来刻画矩阵对角化的条件.

设 $n$ 阶复方阵 $\boldsymbol{A}$ 相似于对角阵 $\boldsymbol{\Lambda}=\mathrm{diag}\,(\lambda_1,\lambda_2,\cdots,\lambda_n)$，则 $\boldsymbol{\Lambda}$ 也是 $\boldsymbol{A}$ 的 Jordan 标准形，且 Jordan 标准形中每一个 Jordan 块都是 1 阶矩阵，对应的初等因子都是一次因式. 于是我们证明了下面的结论：

**定理 6** 复方阵 $\boldsymbol{A}$ 与对角阵相似的充分必要条件是 $\boldsymbol{A}$ 的初等因子都是一次因式.

根据初等因子是由不变因子分解因式而来的事实，又有如下的结论：

**定理 7** 复方阵 $\boldsymbol{A}$ 与对角阵相似的充分必要条件是 $\boldsymbol{A}$ 的不变因子都没有重根.

因为矩阵 $\boldsymbol{A}$ 最后一个不变因子 $d_n(\lambda)$ 即为 $\boldsymbol{A}$ 的最小多项式，所以也有：

**定理 8** 复方阵 $\boldsymbol{A}$ 与对角阵相似的充分必要条件是 $\boldsymbol{A}$ 的最小多项式没有重根.

**【例 5】** 证明：设方阵 $\boldsymbol{A}$ 满足 $\boldsymbol{A}^k=\boldsymbol{E}$，$k$ 是某个正整数，则 $\boldsymbol{A}$ 可对角化.

**【证】** 由 $\boldsymbol{A}^k=\boldsymbol{E}$ 知 $\varphi(\lambda)=\lambda^k-1$ 是 $\boldsymbol{A}$ 的零化多项式，因为

$$[\varphi(\lambda),\varphi'(\lambda)]=(\lambda^k-1,k\lambda^{k-1})=1,$$

所以 $\varphi(\lambda)$ 无重根. 又因为 $\boldsymbol{A}$ 的最小多项式 $m_A(\lambda)$ 是 $\lambda^k-1$ 的因式，所以 $m_A(\lambda)$ 也没有重根. 故根据定理 8 知 $\boldsymbol{A}$ 可对角化.

**【例 6】** 证明：设 $n$ 阶方阵 $\boldsymbol{A}$ 满足 $\boldsymbol{A}^2=\boldsymbol{A}$，则 $\boldsymbol{A}$ 相似于对角阵 $\boldsymbol{\Lambda}=\begin{pmatrix}\boldsymbol{E}_r & \boldsymbol{O}\\ \boldsymbol{O} & \boldsymbol{O}\end{pmatrix}$，其中 $r=\mathrm{rank}\boldsymbol{A}$.

**【证】** 由 $\boldsymbol{A}^2=\boldsymbol{A}$ 知 $\lambda^2-\lambda=(\lambda-1)\lambda$ 是 $\boldsymbol{A}$ 的零化多项式，它没有重根，从而 $\boldsymbol{A}$ 的最小多项式也无重根，故 $\boldsymbol{A}$ 可对角化.

又 $\boldsymbol{A}$ 的特征值只能是 0 或 1，则 $\boldsymbol{A}$ 相似于下面的对角阵

$$\boldsymbol{\Lambda}=\mathrm{diag}\,(1,1,\cdots,1,0,\cdots,0),$$

而 $\mathrm{rank}\boldsymbol{\Lambda}=\mathrm{rank}\boldsymbol{A}=r$，所以 $\boldsymbol{\Lambda}=\mathrm{diag}(\boldsymbol{E}_r,\boldsymbol{O})$.

练习

# 习题 9

1. 求下列矩阵的不变因子.

(1) $A=\begin{pmatrix} -1 & & & \\ & -2 & & \\ & & 1 & \\ & & & 2 \end{pmatrix}$；(2) $A=\begin{pmatrix} a & -b_1 & & & \\ & a & -b_2 & & \\ & & a & \ddots & \\ & & & \ddots & -b_{n-1} \\ & & & & a \end{pmatrix}$ $(b_1b_2\cdots b_{n-1}\neq 0)$；

(3) $A=\begin{pmatrix} -1 & 1 & 0 \\ -4 & 3 & 0 \\ 1 & 0 & 2 \end{pmatrix}$；(4) $A=\begin{pmatrix} 0 & 0 & 0 & \cdots & 0 & -a_n \\ 1 & 0 & 0 & \cdots & 0 & -a_{n-1} \\ 0 & 1 & 0 & \cdots & 0 & -a_{n-2} \\ \vdots & \vdots & \vdots & & \vdots & \vdots \\ 0 & 0 & 0 & \cdots & 0 & -a_2 \\ 0 & 0 & 0 & \cdots & 1 & -a_1 \end{pmatrix}$.

2. 在复数域中求下列矩阵的 Jordan 标准形.

(1) $\begin{pmatrix} 1 & -1 & 2 \\ 3 & -3 & 6 \\ 2 & -2 & 4 \end{pmatrix}$；(2) $\begin{pmatrix} 3 & 7 & -3 \\ -2 & -5 & 2 \\ -4 & -10 & 3 \end{pmatrix}$；(3) $\begin{pmatrix} 3 & 0 & 8 \\ 3 & -1 & 6 \\ -2 & 0 & -5 \end{pmatrix}$；

(4) $\begin{pmatrix} 4 & 5 & -2 \\ -2 & -2 & 1 \\ -1 & -1 & 1 \end{pmatrix}$；(5) $\begin{pmatrix} 3 & 1 & & \\ -4 & -1 & & \\ & & 2 & 1 \\ & & -1 & 0 \end{pmatrix}$；(6) $\begin{pmatrix} 1 & 2 & 3 & 4 \\ 0 & 1 & 2 & 3 \\ 0 & 0 & 1 & 2 \\ 0 & 0 & 0 & 1 \end{pmatrix}$.

3. 求下列 $\lambda$-矩阵的 Smith 标准形.

(1) $\begin{pmatrix} \lambda-2 & -1 & 0 \\ 0 & \lambda-2 & -1 \\ 0 & 0 & \lambda-2 \end{pmatrix}$；　　(2) $\begin{pmatrix} \lambda^2+\lambda & 0 & 0 \\ 0 & \lambda & 0 \\ 0 & 0 & (\lambda+2)^2 \end{pmatrix}$；

(3) $\begin{pmatrix} \lambda & -1 & 0 & 0 \\ 0 & \lambda & -1 & 0 \\ 0 & 0 & \lambda & -1 \\ 5 & 4 & 3 & \lambda+2 \end{pmatrix}$；　　(4) $\begin{pmatrix} 0 & 0 & 1 & \lambda+2 \\ 0 & 1 & \lambda+2 & 0 \\ 1 & \lambda+2 & 0 & 0 \\ \lambda+2 & 0 & 0 & 0 \end{pmatrix}$.

4. 设 $A(\lambda)$是一个 $4\times 5$ 实系数 $\lambda$-矩阵，已知 $A(\lambda)$的秩为 3，全部初级因子为：

$$\lambda,\lambda+1,(\lambda+1)^2,(\lambda^2+1)^2,(\lambda^2+1)^3.$$

求 $A(\lambda)$的 Smith 标准形.

5. 设 $A$ 是一个 8 阶方阵，它的 8 个不变因子为

$$1,1,1,1,1,\lambda+1,\lambda+1,(\lambda+1)^2(\lambda-2)(\lambda+3)^3,$$

求 $A$ 的所有的初级因子及 $A$ 的 Jordan 标准形.

6. 证明：分块对角阵 $\begin{pmatrix} \boldsymbol{A}_1 & & & \\ & \boldsymbol{A}_2 & & \\ & & \ddots & \\ & & & \boldsymbol{A}_s \end{pmatrix}$ 与 $\begin{pmatrix} \boldsymbol{A}_{i_1} & & & \\ & \boldsymbol{A}_{i_2} & & \\ & & \ddots & \\ & & & \boldsymbol{A}_{i_s} \end{pmatrix}$ 相似，其中 $i_1, i_2, \cdots, i_s$ 是 $1, 2, \cdots, s$ 的任何一个排列.

7. 利用 Cayley-Hamilton 定理证明：任意可逆矩阵 $\boldsymbol{A}$ 的逆矩阵 $\boldsymbol{A}^{-1}$ 都可以表示为 $\boldsymbol{A}$ 的多项式.

8. 设 $\boldsymbol{A}=\begin{pmatrix} 1 & -1 \\ 2 & 5 \end{pmatrix}$. 证明：$\boldsymbol{B}=2\boldsymbol{A}^4-12\boldsymbol{A}^3+19\boldsymbol{A}^2-29\boldsymbol{A}+37\boldsymbol{E}$ 是可逆矩阵，并求 $\boldsymbol{B}^{-1}$ 表示成 $\boldsymbol{A}$ 的多项式.

9. 求 $\boldsymbol{A}=\begin{pmatrix} 2 & 2 & -1 \\ -1 & -1 & 1 \\ -1 & -2 & 2 \end{pmatrix}$ 的最小多项式.

10. 设矩阵 $\boldsymbol{A}$ 的特征多项式为 $f(\lambda)=|\lambda\boldsymbol{E}-\boldsymbol{A}|=(\lambda-2)^2(\lambda-3)^2$.

(1) 给出 $\boldsymbol{A}$ 的所有可能的最小多项式；

(2) 给出 $\boldsymbol{A}$ 的所有可能的 Jordan 标准形.

11. 证明：若 $n$ 阶方阵 $\boldsymbol{A}$ 满足 $\boldsymbol{A}^2-5\boldsymbol{A}=-6\boldsymbol{E}$，则 $\boldsymbol{A}$ 相似于对角阵.

12. 设 $\boldsymbol{A}$ 为 3 阶矩阵，满足 $\boldsymbol{A}^2=\boldsymbol{E}$，求 $\boldsymbol{A}$ 的可能的 Jordan 标准形.

13. 已知 $n$ 阶方阵 $\boldsymbol{A}$ 满足 $\boldsymbol{A}^2=\boldsymbol{A}$，且秩为 $r$，

(1) 求 $\boldsymbol{A}$ 的 Jordan 标准形；

(2) 计算 $|2\boldsymbol{E}-\boldsymbol{A}|$.

14. 已知 $\boldsymbol{A}=\begin{pmatrix} -1 & -2 & 6 \\ -1 & 0 & 3 \\ -1 & -1 & 4 \end{pmatrix}$，

(1) 求可逆矩阵 $\boldsymbol{P}$，使 $\boldsymbol{A}=\boldsymbol{P}\boldsymbol{J}\boldsymbol{P}^{-1}$，其中 $\boldsymbol{J}$ 是 $\boldsymbol{A}$ 的 Jordan 标准形；

(2) 计算 $\boldsymbol{A}^k$.

# 10 欧氏空间

在第7章中，我们讨论了线性空间，这是一个非常基本的代数集合. 在这一章中我们将从几何的角度来讨论一种特殊的线性空间，这就是内积空间.

## 10.1 内积和欧氏空间的定义及其性质

几何中最基本的几何图形是三角形，尤其是直角三角形. 我们虽然将线性空间称之为向量空间，但是我们必须指出的是向量空间其实并不具有几何特性，因为线性空间中并不能提供构成三角形的基本要素，譬如向量的长度和角度的概念. 因此，我们必须在线性空间中引入一种新的概念，这就是内积，利用内积就可以定义向量的长度和向量的角度，从而就可以研究几何问题了. 当然，这时的线性空间我们要给它一个新的名称，那就是内积空间.

**定义1** 设 $V$ 是实数域 $\mathbf{R}$ 上的线性空间. 如果在 $V$ 内定义二元实值函数 $(\boldsymbol{\alpha},\boldsymbol{\beta})$，它满足：

① 对称性：$(\boldsymbol{\alpha},\boldsymbol{\beta})=(\boldsymbol{\beta},\boldsymbol{\alpha})$；

② 关于向量加法的线性性质：$(\boldsymbol{\alpha}+\boldsymbol{\beta},\boldsymbol{\gamma})=(\boldsymbol{\alpha},\boldsymbol{\gamma})+(\boldsymbol{\beta},\boldsymbol{\gamma})$；

③ 关于数量乘法的线性性质：$(k\boldsymbol{\alpha},\boldsymbol{\beta})=k(\boldsymbol{\alpha},\boldsymbol{\beta})$；

④ 正定性：$(\boldsymbol{\alpha},\boldsymbol{\alpha})\geqslant 0$，而且等号成立当且仅当 $\boldsymbol{\alpha}=\mathbf{0}$.

这里 $\boldsymbol{\alpha},\boldsymbol{\beta},\boldsymbol{\gamma}$ 是 $V$ 中的任意向量，$k$ 是任意实数，则称二元函数 $(\boldsymbol{\alpha},\boldsymbol{\beta})$ 为向量 $\boldsymbol{\alpha}$ 与 $\boldsymbol{\beta}$ 的内积(inner product)，称 $V$ 是这个内积下的欧氏空间(Euclidean space).

下面我们给出一些例子.

**【例1】** 在 $\mathbf{R}^n$ 中，对于任意两个向量 $\boldsymbol{\alpha}=(x_1,x_2,\cdots,x_n)^{\mathrm{T}}$，$\boldsymbol{\beta}=(y_1,y_2,\cdots,y_n)^{\mathrm{T}}$，定义

$$(\boldsymbol{\alpha},\boldsymbol{\beta})=x_1y_1+x_2y_2+\cdots+x_ny_n.$$

可以验证这样定义的二元实值函数满足定义1，从而 $(\boldsymbol{\alpha},\boldsymbol{\beta})$ 是内积，$\mathbf{R}^n$ 在此内积下构成一个欧氏空间.

需要指出的是，内积的定义以公理化的形式表述，这表明对于同一个实线性空间可以定义不同的内积，从而同一个实线性空间可以在不同的内积下构成不同的欧氏空间. 譬如，对于 $\mathbf{R}^n$ 上的任意两个向量 $\boldsymbol{\alpha},\boldsymbol{\beta}$(形式如上)，可以定义

$$\langle\boldsymbol{\alpha},\boldsymbol{\beta}\rangle=d_1x_1y_2+d_2x_2y_2+\cdots+d_nx_ny_n,$$

其中 $d_i>0, i=1,2,\cdots,n$. 可以验证 $\langle\boldsymbol{\alpha},\boldsymbol{\beta}\rangle$ 也是内积，从而 $\mathbf{R}^n$ 在此内积下可以构成另一个欧氏空间.

**【例2】** 在 $\mathbf{R}^{m\times n}$ 中，对于任意两个矩阵 $\boldsymbol{A}=(a_{ij})_{mn}$，$\boldsymbol{B}=(b_{ij})_{mn}$，定义

$$(\boldsymbol{A},\boldsymbol{B})=\sum_{i=1}^{m}\sum_{j=1}^{n}a_{ij}b_{ij},$$

根据定义 1，可以验证$(\boldsymbol{A},\boldsymbol{B})$是线性空间 $\mathbf{R}^{m\times n}$ 上的内积，从而 $\mathbf{R}^{m\times n}$ 是这个内积下的欧氏空间.

**【例 3】** 在线性空间 $C[a,b]$上，对于任意两个函数 $f(x),g(x)$，定义

$$(f,g)=\int_a^b f(x)g(x)\mathrm{d}x,$$

可以验证，$C[a,b]$在上面定义的内积下构成欧氏空间.

根据定义 1 中①至③，易知内积具有下列性质：

$$(\boldsymbol{\alpha},\boldsymbol{\beta}+\boldsymbol{\gamma})=(\boldsymbol{\alpha},\boldsymbol{\beta})+(\boldsymbol{\alpha},\boldsymbol{\gamma}),$$
$$(\boldsymbol{\alpha},k\boldsymbol{\beta})=k(\boldsymbol{\alpha},\boldsymbol{\beta}).$$

**定义 2** 非负实数 $\sqrt{(\boldsymbol{\alpha},\boldsymbol{\alpha})}$ 称为向量 $\boldsymbol{\alpha}$ 的**长度**(length)或**范数**(norm)，记为 $|\boldsymbol{\alpha}|$ (或 $\|\boldsymbol{\alpha}\|$). 长度为 1 的向量称为**单位向量**.

如果 $\boldsymbol{\alpha}\neq\mathbf{0}$，则 $\dfrac{1}{|\boldsymbol{\alpha}|}\boldsymbol{\alpha}$ 是一个单位向量. 把 $\boldsymbol{\alpha}$ 变为 $\dfrac{1}{|\boldsymbol{\alpha}|}\boldsymbol{\alpha}$ 称为把 $\boldsymbol{\alpha}$ 单位化.

**定理 1(Cauchy-Schwartz 不等式)** 对于欧氏空间 $V$ 的任意向量 $\boldsymbol{\alpha},\boldsymbol{\beta}$，有

$$|(\boldsymbol{\alpha},\boldsymbol{\beta})|\leqslant|\boldsymbol{\alpha}|\cdot|\boldsymbol{\beta}|, \tag{10.1}$$

且等号成立当且仅当 $\boldsymbol{\alpha}$ 与 $\boldsymbol{\beta}$ 线性相关.

**【证】** 当 $\boldsymbol{\beta}=\mathbf{0}$ 时，式(10.1)显然成立，以下设 $\boldsymbol{\beta}\neq\mathbf{0}$. 令 $t$ 是一实数，根据定义 1 ④ 知，不论 $t$ 取何值，都有

$$(\boldsymbol{\alpha}+t\boldsymbol{\beta},\boldsymbol{\alpha}+t\boldsymbol{\beta})\geqslant 0, \tag{10.2}$$

即

$$|\boldsymbol{\alpha}|^2+2(\boldsymbol{\alpha},\boldsymbol{\beta})t+|\boldsymbol{\beta}|^2t^2\geqslant 0.$$

于是上式左端关于变量 $t$ 的 2 次多项式的判别式小于 0，即

$$4|(\boldsymbol{\alpha},\boldsymbol{\beta})|^2-4|\boldsymbol{\alpha}|^2|\boldsymbol{\beta}|^2\leqslant 0. \tag{10.3}$$

由此得式(10.1)成立.

当 $\boldsymbol{\alpha},\boldsymbol{\beta}$ 线性相关时，式(10.1)中等号显然成立. 反过来，如果式(10.1)中等号成立，则式(10.3)中等号成立，这表明式(10.2)中等号亦成立，再根据内积的正定性知 $\boldsymbol{\alpha}+t\boldsymbol{\beta}=0$，即 $\boldsymbol{\alpha},\boldsymbol{\beta}$ 线性相关.

对于向量的范数，有如下基本性质.

**命题 1** 设 $V$ 是欧氏空间，则：

① $|\boldsymbol{\alpha}|\geqslant 0$，等号成立当且仅当 $\boldsymbol{\alpha}=\mathbf{0}$；

② $|k\boldsymbol{\alpha}|=|k|\cdot|\boldsymbol{\alpha}|$；

③ $|\boldsymbol{\alpha}+\boldsymbol{\beta}|\leqslant|\boldsymbol{\alpha}|+|\boldsymbol{\beta}|$.

这里 $\boldsymbol{\alpha},\boldsymbol{\beta}$ 是 $V$ 中任意向量，$k$ 是任意实数.

**【证】** ① 与② 可由定义 1 直接得到. 对于③，根据 Cauchy-Schwartz 不等式，有

$$|\boldsymbol{\alpha}+\boldsymbol{\beta}|^2=(\boldsymbol{\alpha}+\boldsymbol{\beta},\boldsymbol{\alpha}+\boldsymbol{\beta})$$

$$
\begin{aligned}
&=|\boldsymbol{\alpha}|^2+2(\boldsymbol{\alpha},\boldsymbol{\beta})+|\boldsymbol{\beta}|^2\\
&\leqslant|\boldsymbol{\alpha}|^2+2|\boldsymbol{\alpha}|\cdot|\boldsymbol{\beta}|+|\boldsymbol{\beta}|^2\\
&=(|\boldsymbol{\alpha}|+|\boldsymbol{\beta}|)^2.
\end{aligned}
$$

现在给出欧氏空间 $V$ 中向量夹角的定义. 对于 $V$ 中的两个非零向量 $\boldsymbol{\alpha},\boldsymbol{\beta}$，由 Cauchy-Schwartz 不等式，

$$\left|\frac{(\boldsymbol{\alpha},\boldsymbol{\beta})}{|\boldsymbol{\alpha}|\cdot|\boldsymbol{\beta}|}\right|\leqslant 1,$$

因此，有

**定义 3** 欧氏空间 $V$ 中两个非零向量 $\boldsymbol{\alpha},\boldsymbol{\beta}$ 的夹角 $\measuredangle(\boldsymbol{\alpha},\boldsymbol{\beta})$ 定义为

$$\measuredangle(\boldsymbol{\alpha},\boldsymbol{\beta})=\arccos\frac{(\boldsymbol{\alpha},\boldsymbol{\beta})}{|\boldsymbol{\alpha}|\cdot|\boldsymbol{\beta}|}.$$

于是，任意的两个非零向量的夹角总介于 0 与 $\pi$ 之间. 零向量与其他向量的夹角被认为是不确定的.

**定义 4** 如果 $(\boldsymbol{\alpha},\boldsymbol{\beta})=0$，则称向量 $\boldsymbol{\alpha}$ 与 $\boldsymbol{\beta}$ 正交(orthogonal)，记为 $\boldsymbol{\alpha}\perp\boldsymbol{\beta}$.

当 $\alpha,\beta$ 都是非零向量时，如果 $\boldsymbol{\alpha}$ 与 $\boldsymbol{\beta}$ 正交，则它们的夹角为 $\frac{\pi}{2}$，反之亦然. 零向量与任何向量正交.

高维欧氏空间中有如下的勾股定理.

**定理 2(勾股定理或毕达哥拉斯定理)** 如果 $\boldsymbol{\alpha}\perp\boldsymbol{\beta}$，则

$$|\boldsymbol{\alpha}+\boldsymbol{\beta}|^2=|\boldsymbol{\alpha}|^2+|\boldsymbol{\beta}|^2.$$

**【证】**

$$|\boldsymbol{\alpha}+\boldsymbol{\beta}|^2=(\boldsymbol{\alpha}+\boldsymbol{\beta},\boldsymbol{\alpha}+\boldsymbol{\beta})=(\boldsymbol{\alpha},\boldsymbol{\alpha})+2(\boldsymbol{\alpha},\boldsymbol{\beta})+(\boldsymbol{\beta},\boldsymbol{\beta})=|\boldsymbol{\alpha}|^2+|\boldsymbol{\beta}|^2.$$

## 10.2 标准正交基及欧氏空间的同构

这一节我们将讨论欧氏空间的结构. 首先，观察欧氏空间 $\mathbf{R}^n$. 已知向量组 $\boldsymbol{\varepsilon}_1=(1,0,\cdots,0)^{\mathrm{T}},\boldsymbol{\varepsilon}_2=(0,1,\cdots,0)^{\mathrm{T}},\cdots,\boldsymbol{\varepsilon}_n=(0,\cdots,0,1)^{\mathrm{T}}$ 是 $\mathbf{R}^n$ 的一组基，显然这组基都是单位向量，两两正交，且对于任一向量 $\boldsymbol{\alpha}=(x_1,x_2,\cdots,x_n)^{\mathrm{T}}$，可以唯一表示成

$$\boldsymbol{\alpha}=x_1\boldsymbol{\varepsilon}_1+x_2\boldsymbol{\varepsilon}_2+\cdots+x_n\boldsymbol{\varepsilon}_n,$$

$\boldsymbol{\varepsilon}_i$ 前的系数 $x_i=(\boldsymbol{\alpha},\boldsymbol{\varepsilon}_i)$. 由此可见，$\mathbf{R}^n$ 的这组基的形态很好. 下面我们考虑一般的欧氏空间有类似性态的基.

**定义 1** 欧氏空间 $V$ 中一组非零向量，如果它们两两正交，则称之为正交向量组.

不难验证，

**命题 1** 正交向量组是线性无关的.

**【证】** 设 $\boldsymbol{\alpha}_1,\boldsymbol{\alpha}_2,\cdots,\boldsymbol{\alpha}_s$ 是正交向量组. 令

$$k_1\boldsymbol{\alpha}_1+k_2\boldsymbol{\alpha}_2+\cdots+k_s\boldsymbol{\alpha}_s=\mathbf{0}.$$

用 $\boldsymbol{\alpha}_i(i=1,2,\cdots,s)$与上式两端做内积，并注意向量两两正交，有

$$\begin{aligned}&(k_1\boldsymbol{\alpha}_1+k_2\boldsymbol{\alpha}_2+\cdots+k_s\boldsymbol{\alpha}_s,\boldsymbol{\alpha}_i)\\=&k_1(\boldsymbol{\alpha}_1,\boldsymbol{\alpha}_i)+\cdots+k_{i-1}(\boldsymbol{\alpha}_{i-1},\boldsymbol{\alpha}_i)+k_i(\boldsymbol{\alpha}_i,\boldsymbol{\alpha}_i)+k_{i+1}(\boldsymbol{\alpha}_{i+1},\boldsymbol{\alpha}_i)+\cdots+k_s(\boldsymbol{\alpha}_s,\boldsymbol{\alpha}_i)\\=&k_i(\boldsymbol{\alpha}_i,\boldsymbol{\alpha}_i)=k_i\mid\boldsymbol{\alpha}_i\mid^2\\=&(\boldsymbol{0},\boldsymbol{\alpha}_i)=0.\end{aligned}$$

因为 $\boldsymbol{\alpha}_i$ 非零，所以 $k_i=0$，从而向量组 $\boldsymbol{\alpha}_1,\boldsymbol{\alpha}_2,\cdots,\boldsymbol{\alpha}_s$ 线性无关.

下面介绍格拉姆-施密特正交化方法(Gram-Schmidt orthogonalization process)，该方法可以将线性无关的向量组变为与之等价的正交向量组.这一方法体现在下面的结论中.

**定理 1** 设 $\boldsymbol{\alpha}_1,\boldsymbol{\alpha}_2,\cdots,\boldsymbol{\alpha}_s$ 是欧氏空间 $V$ 的一线性无关的向量组，令

$$\begin{aligned}\boldsymbol{\beta}_1&=\boldsymbol{\alpha}_1,\\\boldsymbol{\beta}_2&=\boldsymbol{\alpha}_2-\frac{(\boldsymbol{\alpha}_2,\boldsymbol{\beta}_1)}{(\boldsymbol{\beta}_1,\boldsymbol{\beta}_1)}\boldsymbol{\beta}_1,\\\boldsymbol{\beta}_3&=\boldsymbol{\alpha}_3-\frac{(\boldsymbol{\alpha}_3,\boldsymbol{\beta}_1)}{(\boldsymbol{\beta}_1,\boldsymbol{\beta}_1)}\boldsymbol{\beta}_1-\frac{(\boldsymbol{\alpha}_3,\boldsymbol{\beta}_2)}{(\boldsymbol{\beta}_2,\boldsymbol{\beta}_2)}\boldsymbol{\beta}_2,\\&\cdots\cdots\\\boldsymbol{\beta}_s&=\boldsymbol{\alpha}_s-\sum_{i=1}^{s-1}\frac{(\boldsymbol{\alpha}_s,\boldsymbol{\beta}_i)}{(\boldsymbol{\beta}_i,\boldsymbol{\beta}_i)}\boldsymbol{\beta}_i,\end{aligned}\tag{10.4}$$

则 $\boldsymbol{\beta}_1,\boldsymbol{\beta}_2,\cdots,\boldsymbol{\beta}_s$ 为正交向量组，且它与向量组 $\boldsymbol{\alpha}_1,\boldsymbol{\alpha}_2,\cdots,\boldsymbol{\alpha}_s$ 等价.

**【证】** 将式(10.4)变为

$$\begin{aligned}\boldsymbol{\alpha}_1&=\boldsymbol{\beta}_1,\\\boldsymbol{\alpha}_2&=\boldsymbol{\beta}_2+\frac{(\boldsymbol{\alpha}_2,\boldsymbol{\beta}_1)}{(\boldsymbol{\beta}_1,\boldsymbol{\beta}_1)}\boldsymbol{\beta}_1,\\\boldsymbol{\alpha}_3&=\boldsymbol{\beta}_3+\frac{(\boldsymbol{\alpha}_3,\boldsymbol{\beta}_1)}{(\boldsymbol{\beta}_1,\boldsymbol{\beta}_1)}\boldsymbol{\beta}_1+\frac{(\boldsymbol{\alpha}_3,\boldsymbol{\beta}_2)}{(\boldsymbol{\beta}_2,\boldsymbol{\beta}_2)}\boldsymbol{\beta}_2,\\&\cdots\cdots\\a_s&=\boldsymbol{\beta}_s+\sum_{i=1}^{s-1}\frac{(\boldsymbol{\alpha}_s,\boldsymbol{\beta}_i)}{(\boldsymbol{\beta}_i,\boldsymbol{\beta}_i)}\boldsymbol{\beta}_i,\end{aligned}$$

由此可以形式上写为

$$(\boldsymbol{\alpha}_1,\boldsymbol{\alpha}_2,\cdots,\boldsymbol{\alpha}_s)=(\boldsymbol{\beta}_1,\boldsymbol{\beta}_2,\cdots,\boldsymbol{\beta}_s)\begin{pmatrix}1&*&\cdots&*\\&1&\ddots&\vdots\\&&\ddots&*\\&&&1\end{pmatrix},$$

因为等式右端的矩阵可逆，所以 $\boldsymbol{\beta}_1,\boldsymbol{\beta}_2,\cdots,\boldsymbol{\beta}_s$ 线性无关，且与 $\boldsymbol{\alpha}_1,\boldsymbol{\alpha}_2,\cdots,\boldsymbol{\alpha}_s$ 等价.

**定义 2** 在 $n$ 维欧氏空间 $V$ 中，由 $n$ 个正交向量组成的基称为正交基(orthogonal basis)；由单位向量组成的正交基称为标准正交基(orthonormal basis).

设 $\boldsymbol{\varepsilon}_1,\boldsymbol{\varepsilon}_2,\cdots,\boldsymbol{\varepsilon}_n$ 是 $V$ 的一组标准正交基，则

$$(\boldsymbol{\varepsilon}_i,\boldsymbol{\varepsilon}_j)=\boldsymbol{\delta}_{ij},$$

这里 $\boldsymbol{\delta}_{ij}=\begin{cases}1 & \text{if} \quad i=j \\ 0 & \text{if} \quad i\neq j\end{cases}$ 是 Kronecker 符号.

**定理 2** 任何 $n$ 维欧氏空间都存在标准正交基.

**【证】** 设 $\boldsymbol{\alpha}_1,\boldsymbol{\alpha}_2,\cdots,\boldsymbol{\alpha}_n$ 是欧氏空间 $V$ 的一组基. 首先用 Gram-Schmidt 正交化方法将它化为正交向量组 $\boldsymbol{\beta}_1,\boldsymbol{\beta}_2,\cdots,\boldsymbol{\beta}_n$. 因为它与 $\boldsymbol{\alpha}_1,\boldsymbol{\alpha}_2,\cdots,\boldsymbol{\alpha}_n$ 等价，所以 $\boldsymbol{\beta}_1,\boldsymbol{\beta}_2,\cdots,\boldsymbol{\beta}_n$ 是 $V$ 的正交基. 然后将 $\boldsymbol{\beta}_1,\boldsymbol{\beta}_2,\cdots,\boldsymbol{\beta}_n$ 单位化，即

$$\boldsymbol{\gamma}_i=\frac{\boldsymbol{\beta}_i}{|\boldsymbol{\beta}_i|}\quad(i=1,2,\cdots,n),$$

于是 $\boldsymbol{\gamma}_1,\boldsymbol{\gamma}_2,\cdots,\boldsymbol{\gamma}_n$ 即为 $V$ 的一组标准正交基.

**【例 1】** 对于 $\mathbf{R}^3$ 中任意向量 $\boldsymbol{\alpha}=(x_1,x_2,x_3)^{\mathrm{T}},\boldsymbol{\beta}=(y_1,y_2,y_3)^{\mathrm{T}}$，定义内积

$$(\boldsymbol{\alpha},\boldsymbol{\beta})=x_1y_1+2x_2y_2+3x_3y_3,$$

求 $\mathbf{R}^3$ 在此内积下的一组标准正交基.

**【解】** 取 $\mathbf{R}^3$ 的一组基 $\boldsymbol{\varepsilon}_1=(1,0,0)^{\mathrm{T}},\boldsymbol{\varepsilon}_2=(0,1,0)^{\mathrm{T}},\boldsymbol{\varepsilon}_3=(0,0,1)^{\mathrm{T}}$. 显然 $\boldsymbol{\varepsilon}_1,\boldsymbol{\varepsilon}_2,\boldsymbol{\varepsilon}_3$ 是正交向量组，现只需将它们单位化即可. 令

$$\boldsymbol{\alpha}_1=\frac{\boldsymbol{\varepsilon}_1}{|\boldsymbol{\varepsilon}_1|}=\boldsymbol{\varepsilon}_1=(1,0,0)^{\mathrm{T}},$$

$$\boldsymbol{\alpha}_2=\frac{\boldsymbol{\varepsilon}_2}{|\boldsymbol{\varepsilon}_2|}=\frac{1}{\sqrt{2}}\boldsymbol{\varepsilon}_2=(0,\frac{1}{\sqrt{2}},0)^{\mathrm{T}},$$

$$\boldsymbol{\alpha}_3=\frac{\boldsymbol{\varepsilon}_3}{|\boldsymbol{\varepsilon}_3|}=\frac{1}{\sqrt{3}}\boldsymbol{\varepsilon}_3=(0,0,\frac{1}{\sqrt{3}})^{\mathrm{T}},$$

即为 $\mathbf{R}^3$ 在所定义的内积下的一组标准正交基.

利用标准正交基，向量的坐标分量可以用内积表示. 具体的，

**定理 3** 设 $\boldsymbol{\varepsilon}_1,\boldsymbol{\varepsilon}_2,\cdots,\boldsymbol{\varepsilon}_n$ 是 $n$ 维欧氏空间 $V$ 的一组标准正交基，则 $V$ 中的任何向量 $\boldsymbol{\alpha}$，都可以唯一表示为

$$\boldsymbol{\alpha}=(\boldsymbol{\alpha},\boldsymbol{\varepsilon}_1)\boldsymbol{\varepsilon}_1+(\boldsymbol{\alpha},\boldsymbol{\varepsilon}_2)\boldsymbol{\varepsilon}_2+\cdots+(\boldsymbol{\alpha},\boldsymbol{\varepsilon}_n)\boldsymbol{\varepsilon}_n. \tag{10.5}$$

**【证】** 设

$$\boldsymbol{\alpha}=x_1\boldsymbol{\varepsilon}_1+x_2\boldsymbol{\varepsilon}_2+\cdots+x_n\boldsymbol{\varepsilon}_n,$$

将此式左右两端与 $\boldsymbol{\varepsilon}_i(i=1,2,\cdots,n)$ 做内积，可得

$$(\boldsymbol{\alpha},\boldsymbol{\varepsilon}_i)=(\sum_{j=1}^{n}x_j\boldsymbol{\varepsilon}_j,\boldsymbol{\varepsilon}_i)=\sum_{j=1}^{n}x_j(\boldsymbol{\varepsilon}_j,\boldsymbol{\varepsilon}_i)=x_i.$$

这里式(10.5)中 $\boldsymbol{\alpha}$ 的表达式称为向量 $\boldsymbol{\alpha}$ 的傅里叶(Fourier)展开，其中 $\boldsymbol{\alpha}$ 在基 $\boldsymbol{\varepsilon}_1,\boldsymbol{\varepsilon}_2,\cdots,\boldsymbol{\varepsilon}_n$ 下的坐标分量 $(\boldsymbol{\alpha},\boldsymbol{\varepsilon}_i)$，称为 $\boldsymbol{\alpha}$ 的傅里叶系数. 将这种思想应用到函数空间上，就可以得到微积分中傅里叶级数理论.

**定理 4** 设 $\boldsymbol{\varepsilon}_1,\boldsymbol{\varepsilon}_2,\cdots,\boldsymbol{\varepsilon}_n$ 是欧氏空间 $V$ 的一组标准正交基，$V$ 的向量 $\boldsymbol{\alpha},\boldsymbol{\beta}$ 在这组基下的坐标分别为

$$\boldsymbol{X}=(x_1,x_2,\cdots,x_n)^{\mathrm{T}},\boldsymbol{Y}=(y_1,y_2,\cdots,y_n)^{\mathrm{T}},$$

则

$$(\boldsymbol{\alpha},\boldsymbol{\beta})_V=x_1y_1+x_2y_2+\cdots+x_ny_n=(\boldsymbol{X},\boldsymbol{Y})_{\mathbf{R}^n}$$

这里等式中第一个内积是 $V$ 中的内积，第二个内积是 $\mathbf{R}^n$ 中的内积. 由此，有了标准正交基后，向量的内积可用它们的坐标来计算.

【证】 $(\boldsymbol{\alpha},\boldsymbol{\beta})_V = \left(\sum_{i=1}^{n} x_i\boldsymbol{\varepsilon}_i, \sum_{j=1}^{n} y_j\boldsymbol{\varepsilon}_j\right) = \sum_{i=1}^{n}\sum_{j=1}^{n} x_i y_j(\boldsymbol{\varepsilon}_i,\boldsymbol{\varepsilon}_j) = \sum_{i=1}^{n} x_i y_i = (\boldsymbol{X},\boldsymbol{Y})_{\mathbf{R}^n}$.

现在我们讨论标准正交基之间的关系.

**定理 5** $n$ 维欧氏空间中，标准正交基到标准正交基的过渡矩阵是正交矩阵.

【证】 设 $\boldsymbol{\varepsilon}_1,\boldsymbol{\varepsilon}_2,\cdots,\boldsymbol{\varepsilon}_n$ 与 $\boldsymbol{\alpha}_1,\boldsymbol{\alpha}_2,\cdots,\boldsymbol{\alpha}_n$ 是 $V$ 的两组标准正交基，$\boldsymbol{P}$ 是基 $\boldsymbol{\varepsilon}_1,\boldsymbol{\varepsilon}_2,\cdots,\boldsymbol{\varepsilon}_n$ 到基 $\boldsymbol{\alpha}_1,\boldsymbol{\alpha}_2,\cdots,\boldsymbol{\alpha}_n$ 的过渡矩阵，即

$$(\boldsymbol{\alpha}_1,\boldsymbol{\alpha}_2,\cdots,\boldsymbol{\alpha}_n)=(\boldsymbol{\varepsilon}_1,\boldsymbol{\varepsilon}_2,\cdots,\boldsymbol{\varepsilon}_n)\boldsymbol{P},$$

于是 $\boldsymbol{P}$ 的第 $j$ 列 $\boldsymbol{Y}_j$ 是 $\boldsymbol{\alpha}_j$ 在标准正交基 $\boldsymbol{\varepsilon}_1,\boldsymbol{\varepsilon}_2,\cdots,\boldsymbol{\varepsilon}_n$ 下的坐标，$j=1,2,\cdots,n$. 根据定理 4，

$$(\boldsymbol{Y}_i,\boldsymbol{Y}_j)=(\boldsymbol{\alpha}_i,\boldsymbol{\alpha}_j)=\boldsymbol{\delta}_{ij}\quad(i=1,2,\cdots,n),$$

由此表明矩阵 $\boldsymbol{P}$ 是正交矩阵.

**定理 6** $n$ 维欧氏空间 $V$ 中，设 $\boldsymbol{\varepsilon}_1,\boldsymbol{\varepsilon}_2,\cdots,\boldsymbol{\varepsilon}_n$ 是 $V$ 的一组标准正交基，向量组 $\boldsymbol{\alpha}_1,\boldsymbol{\alpha}_2,\cdots,\boldsymbol{\alpha}_n$ 满足

$$(\boldsymbol{\alpha}_1,\boldsymbol{\alpha}_2,\cdots,\boldsymbol{\alpha}_n)=(\boldsymbol{\varepsilon}_1,\boldsymbol{\varepsilon}_2,\cdots,\boldsymbol{\varepsilon}_n)\boldsymbol{P},$$

则 $\boldsymbol{\alpha}_1,\boldsymbol{\alpha}_2,\cdots,\boldsymbol{\alpha}_n$ 是 $V$ 的标准正交基当且仅当 $\boldsymbol{P}$ 为正交矩阵.

【证】 必要性即为本节定理 5，只需证明充分性. 因为 $\boldsymbol{P}$ 的第 $j$ 列 $\boldsymbol{Y}_j$ 是 $\boldsymbol{\alpha}_j$ 在标准正交基 $\boldsymbol{\varepsilon}_1,\boldsymbol{\varepsilon}_2,\cdots,\boldsymbol{\varepsilon}_n$ 下的坐标，$j=1,2,\cdots,n$，由于 $\boldsymbol{P}$ 为正交矩阵，根据本节定理 4，有

$$(\boldsymbol{\alpha}_i,\boldsymbol{\alpha}_j)=(\boldsymbol{Y}_i,\boldsymbol{Y}_j)=\boldsymbol{\delta}_{ij}\quad(i=1,2,\cdots,n),$$

上式表明 $\boldsymbol{\alpha}_1,\boldsymbol{\alpha}_2,\cdots,\boldsymbol{\alpha}_n$ 是 $V$ 的标准正交基.

最后，我们讨论欧氏空间之间的同构. 已知数域 $F$ 上的 $n$ 维线性空间都与 $F^n$ 同构，欧氏空间也有类似的结论. 但是考虑到欧氏空间有内积的运算，因而欧氏空间的同构与线性空间的同构有所区别.

**定义 3** 设 $V$ 和 $W$ 是两个欧氏空间，$\sigma$ 是 $V$ 到 $W$ 的一个一一映射，如果 $\sigma$ 满足：

① $\sigma(\boldsymbol{\alpha}+\boldsymbol{\beta})=\sigma(\boldsymbol{\alpha})+\sigma(\boldsymbol{\beta})$；

② $\sigma(k\boldsymbol{\alpha})=k\sigma(\boldsymbol{\alpha})$；

③ $[\sigma(\boldsymbol{\alpha}),\sigma(\boldsymbol{\beta})]=(\boldsymbol{\alpha},\boldsymbol{\beta})$.

其中 $\boldsymbol{\alpha},\boldsymbol{\beta}$ 是 $V$ 中任意向量，$k$ 是任意实数，则称 $\sigma$ 是 $V$ 到 $W$ 的一个同构映射(isomorphism)；如果存在 $V$ 到 $W$ 的同构映射，则称欧氏空间 $V$ 与 $W$ 是同构的(isomorphic).

和线性空间的同构一样，欧氏空间的同构关系也具有反身性、对称性和传递性.

**定理 7** 任何 $n$ 维欧氏空间 $V$ 都与 $\mathbf{R}^n$ 同构.

【证】 设 $\boldsymbol{\varepsilon}_1,\boldsymbol{\varepsilon}_2,\cdots,\boldsymbol{\varepsilon}_n$ 是 $V$ 的一组标准正交基，则对于 $V$ 的每一个向量 $\boldsymbol{\alpha}$，都有唯一的坐标 $\boldsymbol{X}=(x_1,x_2,\cdots,x_n)^{\mathrm{T}}\in\mathbf{R}^n$ 与之对应，由此定义了 $V$ 到 $\mathbf{R}^n$ 的映射 $\sigma$，即

$$\sigma: V\rightarrow\mathbf{R}^n;\quad \sigma:\boldsymbol{\alpha}\mapsto\sigma(\boldsymbol{\alpha})=\boldsymbol{X}\in\mathbf{R}^n.$$

易验证 $\sigma$ 满足定义 3 的①② . 根据本节定理 4，

$$[\sigma(\boldsymbol{\alpha}),\sigma(\boldsymbol{\beta})]=(\boldsymbol{\alpha},\boldsymbol{\beta}),$$

其中 $\sigma(\boldsymbol{\alpha}),\sigma(\boldsymbol{\beta})$ 分别为 $\boldsymbol{\alpha},\boldsymbol{\beta}$ 在基 $\boldsymbol{\varepsilon}_1,\boldsymbol{\varepsilon}_2,\cdots,\boldsymbol{\varepsilon}_n$ 下的坐标，由此验证了定义 3 的③．因此 $\sigma$ 是 $V$ 到 $\mathbf{R}^n$ 的同构映射，$V$ 与 $\mathbf{R}^n$ 同构.

由定理 7 可得：

**定理 8** 两个有限维欧氏空间同构的充分必要条件是它们的维数相同.

## 10.3 正交补与最小二乘法

欧氏空间的子空间对于原空间的内积仍然构成一个欧氏空间. 作为子空间而言，7.3 节中关于子空间的结论在这里仍然成立. 这一节将讨论欧氏空间的正交关系及其应用.

### 10.3.1 正交补

**定义 1** 设 $W$ 与 $W'$ 是欧氏空间 $V$ 的两个非空子集，$\boldsymbol{\alpha}$ 是 $V$ 的一个向量，如果 $\boldsymbol{\alpha}$ 与 $W$ 的任一向量正交，则称 $\boldsymbol{\alpha}$ 与 $W$ 正交；如果 $W'$ 的每一个向量都与 $W$ 正交，则称 $W'$ 与 $W$ 正交.

**定理 1** 设 $\boldsymbol{\alpha}$ 是欧氏空间 $V$ 的一个向量，$W$ 是 $V$ 的一个非平凡子空间，$\boldsymbol{\varepsilon}_1,\boldsymbol{\varepsilon}_2,\cdots,\boldsymbol{\varepsilon}_r$ 是 $W$ 的一组基，则 $\boldsymbol{\alpha}\perp W$ 当且仅当 $\boldsymbol{\alpha}\perp\boldsymbol{\varepsilon}_i,i=1,2,\cdots,r$.

**【证】** 设 $\boldsymbol{\alpha}\perp W$，则根据定义 1 可知 $\boldsymbol{\alpha}\perp\boldsymbol{\varepsilon}_i,i=1,2,\cdots,r$. 反之，设 $\boldsymbol{\alpha}\perp\boldsymbol{\varepsilon}_i$，对于 $W$ 的任一个向量 $\boldsymbol{\beta}$，有 $\boldsymbol{\beta}=k_1\boldsymbol{\varepsilon}_1+\cdots+k_r\boldsymbol{\varepsilon}_r$，则

$$(\boldsymbol{\alpha},\boldsymbol{\beta})=(k_1\boldsymbol{\varepsilon}_1+\cdots+k_r\boldsymbol{\varepsilon}_r,\boldsymbol{\beta})=k_1(\boldsymbol{\varepsilon}_1,\boldsymbol{\beta})+\cdots+k_r(\boldsymbol{\varepsilon}_r,\boldsymbol{\beta})=0,$$

从而 $\boldsymbol{\alpha}\perp W$.

**定义 2** 设 $W$ 是欧氏空间 $V$ 的一个非空子集，$V$ 中与 $W$ 正交的所有向量组成的集合称为 $W$ 的正交补(orthogonal complement)，记为 $W^{\perp}$，即

$$W^{\perp}=\{\boldsymbol{\alpha}\in V\mid(\boldsymbol{\alpha},\boldsymbol{\beta})=0,\forall\boldsymbol{\beta}\in W\}.$$

**定理 2** 设 $W$ 是欧氏空间 $V$ 的一个非空子集，则 $W^{\perp}$ 是 $V$ 的一个线性子空间.

**【证】** 显然，$\mathbf{0}\in W^{\perp}$. 对于任意的 $\boldsymbol{\alpha}_1,\boldsymbol{\alpha}_2\in W^{\perp}$，$\boldsymbol{\beta}\in W$，$k\in\mathbf{R}$，有

$$(\boldsymbol{\alpha}_1+\boldsymbol{\alpha}_2,\boldsymbol{\beta})=(\boldsymbol{\alpha}_1,\boldsymbol{\beta})+(\boldsymbol{\alpha}_2,\boldsymbol{\beta})=0+0=0,$$

$$(k\boldsymbol{\alpha}_1,\boldsymbol{\beta})=k(\boldsymbol{\alpha}_1,\boldsymbol{\beta})=k0=0,$$

所以 $\boldsymbol{\alpha}_1+\boldsymbol{\alpha}_2,k\boldsymbol{\alpha}_1\in W^{\perp}$. 因此 $W^{\perp}$ 是 $V$ 的子空间.

**定理 3** 设 $W$ 是欧氏空间 $V$ 的一个有限维子空间，则 $V=W\oplus W^{\perp}$.

**【证】** 先证 $V=W+W^{\perp}$. 在 $W$ 中取一组标准正交基 $\boldsymbol{\varepsilon}_1,\boldsymbol{\varepsilon}_2,\cdots,\boldsymbol{\varepsilon}_r$，对于任意的 $\boldsymbol{\alpha}\in V$，令

$$\boldsymbol{\alpha}_1=(\boldsymbol{\alpha},\boldsymbol{\varepsilon}_1)\boldsymbol{\varepsilon}_1+\cdots+(\boldsymbol{\alpha},\boldsymbol{\varepsilon}_r)\boldsymbol{\varepsilon}_r\in W,$$

$$\boldsymbol{\alpha}_2=\boldsymbol{\alpha}-\boldsymbol{\alpha}_1,$$

因为对于任意的 $i=1,2,\cdots,r$，有

$$(\boldsymbol{\alpha}_2,\boldsymbol{\varepsilon}_i)=(\boldsymbol{\alpha}-\boldsymbol{\alpha}_1,\boldsymbol{\varepsilon}_i)=(\boldsymbol{\alpha},\boldsymbol{\varepsilon}_i)-\Big[\sum_{j=1}^{r}(\boldsymbol{\alpha},\boldsymbol{\varepsilon}_j)\boldsymbol{\varepsilon}_j,\boldsymbol{\varepsilon}_i\Big]=(\boldsymbol{\alpha},\boldsymbol{\varepsilon}_i)-(\boldsymbol{\alpha},\boldsymbol{\varepsilon}_i)=0,$$

所以 $\boldsymbol{\alpha}_2 \perp \boldsymbol{\varepsilon}_i, i=1,\cdots,r$. 由此根据定理 1，$\boldsymbol{\alpha}_2 \perp W$，即 $\boldsymbol{\alpha}_2 \in W^{\perp}$. 由 $\boldsymbol{\alpha}=\boldsymbol{\alpha}_1+\boldsymbol{\alpha}_2$ 知 $V=W+W^{\perp}$.

再证 $W \cap W^{\perp}=\{\mathbf{0}\}$. 设 $\boldsymbol{\beta} \in W \cap W^{\perp}$，则显然有$(\boldsymbol{\beta},\boldsymbol{\beta})=0$，从而 $\boldsymbol{\beta}=\mathbf{0}$. 因此有

$$V=W \oplus W^{\perp}.$$

**推论 1** 设 $W$ 是 $n$ 维欧氏空间 $V$ 的子空间，则

$$\dim W+\dim W^{\perp}=n.$$

下面的结论揭示了正交补的构成.

**定理 4** 设 $\boldsymbol{\varepsilon}_1,\cdots,\boldsymbol{\varepsilon}_r,\boldsymbol{\varepsilon}_{r+1},\cdots,\boldsymbol{\varepsilon}_n$ 是欧氏空间 $V$ 的一组正交基，且 $\boldsymbol{\varepsilon}_1,\cdots,\boldsymbol{\varepsilon}_r$ 是 $V$ 的子空间 $W$ 的一组基，则 $\boldsymbol{\varepsilon}_{r+1},\cdots,\boldsymbol{\varepsilon}_n$ 是 $W$ 的正交补 $W^{\perp}$ 的一组正交基.

**【证】** 令 $S=\operatorname{Span}\{\boldsymbol{\varepsilon}_{r+1},\cdots,\boldsymbol{\varepsilon}_n\}$，显然 $S \subset W^{\perp}$，下面证 $W^{\perp} \subset S$. 任取 $\boldsymbol{\alpha} \in W^{\perp}$，则 $\boldsymbol{\alpha}$ 可由 $V$ 的基 $\boldsymbol{\varepsilon}_1,\cdots,\boldsymbol{\varepsilon}_r,\boldsymbol{\varepsilon}_{r+1},\cdots,\boldsymbol{\varepsilon}_n$ 表示

$$\boldsymbol{\alpha}=k_1\boldsymbol{\varepsilon}_1+\cdots+k_r\boldsymbol{\varepsilon}_r+k_{r+1}\boldsymbol{\varepsilon}_{r+1}+\cdots+k_n\boldsymbol{\varepsilon}_n,$$

对于 $i=1,2,\cdots,r$，用 $\boldsymbol{\varepsilon}_i$ 与上式两端做内积，得

$$(\boldsymbol{\alpha},\boldsymbol{\varepsilon}_i)=\left(\sum_{j=1}^{n}k_j\boldsymbol{\varepsilon}_j,\boldsymbol{\varepsilon}_i\right)=k_i(\boldsymbol{\varepsilon}_i,\boldsymbol{\varepsilon}_i).$$

因为 $\boldsymbol{\varepsilon}_i \in W, i=1,2,\cdots,r$，所以$(\boldsymbol{\alpha},\boldsymbol{\varepsilon}_i)=0$，从而根据上式知 $k_i=0$，$i=1,\cdots,r$. 于是

$$\boldsymbol{\alpha}=k_{r+1}\boldsymbol{\varepsilon}_{r+1}+\cdots+k_n\boldsymbol{\varepsilon}_n,$$

即表明 $\boldsymbol{\alpha} \in S$，从而 $W^{\perp} \subset S$.

**【例 1】** 在 $\mathbf{R}^4$ 中，$\boldsymbol{\alpha}_1=(1,1,2,1)^{\mathrm{T}},\boldsymbol{\alpha}_2=(1,0,0,-1)^{\mathrm{T}}$，$\mathbf{R}^4$ 的子空间 $W=\operatorname{Span}\{\boldsymbol{\alpha}_1,\boldsymbol{\alpha}_2\}$，求 $W^{\perp}$.

**【解】** 方法一：注意到 $\boldsymbol{\alpha}_1,\boldsymbol{\alpha}_2$ 正交，下面将 $\boldsymbol{\alpha}_1,\boldsymbol{\alpha}_2$ 扩充为 $\mathbf{R}^4$ 的正交基，取 $\boldsymbol{\alpha}_3=(0,1,0,0)^{\mathrm{T}},\boldsymbol{\alpha}_4=(0,0,1,0)^{\mathrm{T}}$，则对它们进行 Gram-Schmidt 正交化过程，注意到 $\boldsymbol{\alpha}_2,\boldsymbol{\alpha}_3,\boldsymbol{\alpha}_4$ 两两正交，有

$$\begin{aligned}
\boldsymbol{\beta}_1&=\boldsymbol{\alpha}_1=(1,1,2,1)^{\mathrm{T}},\\
\boldsymbol{\beta}_2&=\boldsymbol{\alpha}_2=(1,0,0,-1)^{\mathrm{T}},\\
\boldsymbol{\beta}_3&=\boldsymbol{\alpha}_3-\frac{(\boldsymbol{\alpha}_3,\boldsymbol{\beta}_1)}{(\boldsymbol{\beta}_1,\boldsymbol{\beta}_1)}\boldsymbol{\beta}_1=-\frac{1}{7}(1,-6,2,1)^{\mathrm{T}},\\
\boldsymbol{\beta}_4&=\boldsymbol{\alpha}_4-\frac{(\boldsymbol{\alpha}_4,\boldsymbol{\beta}_1)}{(\boldsymbol{\beta}_1,\boldsymbol{\beta}_1)}\boldsymbol{\beta}_1=-\frac{1}{7}(2,2,-3,2)^{\mathrm{T}},
\end{aligned}$$

则 $W^{\perp}=\operatorname{Span}\{\boldsymbol{\beta}_3,\boldsymbol{\beta}_4\}$.

方法二：$W^{\perp}$ 由 $\mathbf{R}^4$ 中与 $\boldsymbol{\alpha}_1,\boldsymbol{\alpha}_2$ 正交的所有向量组成，向量$(\boldsymbol{x}_1,\boldsymbol{x}_2,\boldsymbol{x}_3,\boldsymbol{x}_4)^{\mathrm{T}}$ 与 $\boldsymbol{\alpha}_1,\boldsymbol{\alpha}_2$ 正交的充分必要条件为

$$\begin{cases}x_1+x_2+2x_3+x_4=0,\\ x_1-x_4=0.\end{cases}$$

取此方程组的一组基础解系为

$$\boldsymbol{\eta}_1=(0,-2,1,0)^{\mathrm{T}},\boldsymbol{\eta}_2=(1,-2,0,1)^{\mathrm{T}},$$

则 $\mathbf{R}^4$ 中任一个与 $\boldsymbol{\alpha}_1,\boldsymbol{\alpha}_2$ 正交的向量都是 $\boldsymbol{\eta}_1,\boldsymbol{\eta}_2$ 的线性组合，因此 $W^{\perp}=\operatorname{Span}\{\boldsymbol{\eta}_1,\boldsymbol{\eta}_2\}$.

在几何中，一点到一平面(或一直线)上所有点的距离以垂线为最短. 下面将这种思想推广到欧氏空间中.

根据定理 3，如果 $W$ 是欧氏空间 $V$ 的一个有限维子空间，则 $V$ 可以分解为 $W$ 以及其正交补 $W^{\perp}$ 的直和，即 $V=W\oplus W^{\perp}$. 于是 $V$ 中的每个向量 $\boldsymbol{\alpha}$ 能唯一分解为

$$\boldsymbol{\alpha}=\boldsymbol{\alpha}_1+\boldsymbol{\alpha}_2,\boldsymbol{\alpha}_1\in W,\boldsymbol{\alpha}_2\in W^{\perp}.$$

因此有 $V$ 上的线性变换 $P:\boldsymbol{\alpha}\mapsto\boldsymbol{\alpha}_1$，称线性变换 $P$ 为 $V$ 在 $W$ 上的**正交投影**(orthogonal projection)；称 $\boldsymbol{\alpha}_1$ 为 $\boldsymbol{\alpha}$ 在 $W$ 上的**正交投影**.

**定理 5** 设 $W$ 是欧氏空间 $V$ 的一个子空间. 对于 $\boldsymbol{\alpha}\in V$，$\boldsymbol{\alpha}_1\in W$ 是 $\boldsymbol{\alpha}$ 在 $W$ 上的正交投影，则对 $W$ 中任一向量 $\boldsymbol{\beta}$，都有 $|\boldsymbol{\alpha}-\boldsymbol{\alpha}_1|\leqslant|\boldsymbol{\alpha}-\boldsymbol{\beta}|$.

**【证】** 如图 10.1 所示，设 $\boldsymbol{\alpha}_1$ 是 $\boldsymbol{\alpha}$ 在 $W$ 上的正交投影，则对于 $W$ 中的任意向量 $\boldsymbol{\beta}$，有

$$(\boldsymbol{\alpha}-\boldsymbol{\alpha}_1)\perp(\boldsymbol{\alpha}_1-\boldsymbol{\beta}).$$

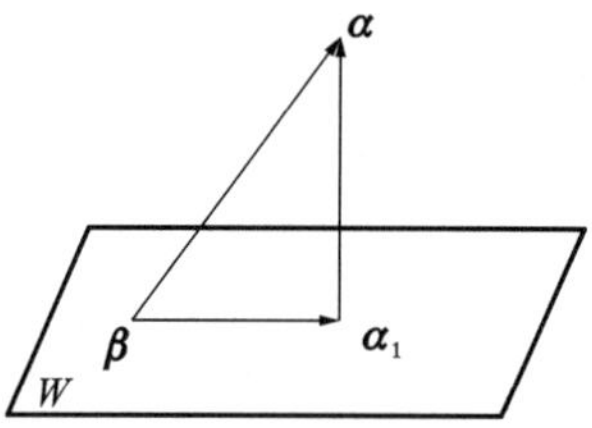


**图 10.1 证明示意图**

由勾股定理，

$$|\boldsymbol{\alpha}-\boldsymbol{\alpha}_1|^2+|\boldsymbol{\alpha}_1-\boldsymbol{\beta}|^2=|\boldsymbol{\alpha}-\boldsymbol{\beta}|^2,$$

所以 $|\boldsymbol{\alpha}-\boldsymbol{\alpha}_1|\leqslant|\boldsymbol{\alpha}-\boldsymbol{\beta}|$，对于所有的 $\boldsymbol{\beta}\in W$ 都成立.

## 10.3.2 最小二乘法

现在我们给出正交投影在最小二乘法中的应用.

在许多实际问题中，两个变量 $x,y$ 之间的关系是线性的，即满足等式 $y=ax+b$. 为确定系数 $a,b$，需要做实验，得到一些实验数据：

$$(x_1,y_1),(x_2,y_2),\cdots,(x_s,y_s).$$

由于实验误差，这些点并非都落在一直线上，如图 10.2 所示.

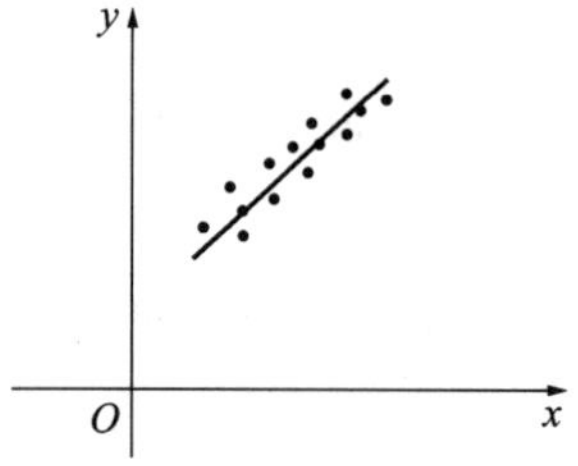


**图 10.2 实验数据分布**

于是方程组

$$y_i=ax_i+b\quad(i=1,2,\cdots,s)$$

无解. 为此，我们考虑实验数据到直线距离偏差的平方总和

$$\delta=\sum_{i=1}^{s}|y_i-ax_i-b|^2,$$

我们希望找到两个数 $a,b$ 使得上述平方和 $\delta$ 最小，进而得到近似的线性关系.

下面我们将这一问题推广到一般的线性方程组：

$$\begin{cases} a_{11}x_1+a_{12}x_2+\cdots+a_{1s}x_s=b_1, \\ a_{21}x_1+a_{22}x_2+\cdots+a_{2s}x_s=b_2, \\ \cdots\cdots\cdots \\ a_{n1}x_1+a_{n2}x_2+\cdots+a_{ns}x_s=b_n, \end{cases} \tag{10.6}$$

方程组(10.6)可能无解. 我们设法寻找方程组(10.6)的近似解 $\boldsymbol{X}^0=(x_1^0,x_2^0,\cdots,x_s^0)^{\mathrm{T}}$，使

$$\delta=\sum_{i=1}^{n}(a_{i1}x_1^0+a_{i2}x_2^0+\cdots+a_{is}x_s^0-b_i)^2 \tag{10.7}$$

最小，这样的近似解称为最小二乘解(least square solution)，这样的问题称为最小二乘问题.

下面利用正交投影来解决最小二乘问题，并给出最小二乘解所满足的代数条件. 令

$$\boldsymbol{A}=\begin{pmatrix} a_{11} & a_{12} & \cdots & a_{1s} \\ a_{21} & a_{22} & \cdots & a_{2s} \\ \vdots & \vdots & & \vdots \\ a_{n1} & a_{n2} & \cdots & a_{ns} \end{pmatrix}, \boldsymbol{B}=\begin{pmatrix} b_1 \\ b_2 \\ \vdots \\ b_n \end{pmatrix}, \boldsymbol{X}=\begin{pmatrix} x_1 \\ x_2 \\ \vdots \\ x_s \end{pmatrix}, \boldsymbol{Y}=\begin{pmatrix} \sum_{j=1}^{s}a_{1j}x_j \\ \sum_{j=1}^{s}a_{2j}x_j \\ \vdots \\ \sum_{j=1}^{s}a_{nj}x_j \end{pmatrix}=\boldsymbol{AX},$$

于是式(10.7)可用向量的长度表示为 $\delta=|\boldsymbol{Y}-\boldsymbol{B}|^2$. $\delta$ 为 $\mathbf{R}^n$ 中向量 $\boldsymbol{Y}-\boldsymbol{B}$ 的长度(或者 $\boldsymbol{Y}$ 与 $\boldsymbol{B}$ 的距离)的平方. 设 $\boldsymbol{A}$ 的列向量组为 $\boldsymbol{\alpha}_1,\boldsymbol{\alpha}_2,\cdots,\boldsymbol{\alpha}_s$，则

$$\boldsymbol{Y}=\boldsymbol{AX}=x_1\boldsymbol{\alpha}_1+x_2\boldsymbol{\alpha}_2+\cdots+x_s\boldsymbol{\alpha}_s\in \mathrm{Span}\,\{\boldsymbol{\alpha}_1,\boldsymbol{\alpha}_2,\cdots,\boldsymbol{\alpha}_s\}.$$

记 $W=\mathrm{Span}\,\{\boldsymbol{\alpha}_1,\boldsymbol{\alpha}_2,\cdots,\boldsymbol{\alpha}_s\}$，则最小二乘问题就是寻找 $\boldsymbol{X}^0=(x_1^0,x_2^0,\cdots,x_s^0)^{\mathrm{T}}$，使得 $\boldsymbol{AX}^0\in W$ 与 $\boldsymbol{B}$ 的距离比 $W$ 中任意其他向量与 $\boldsymbol{B}$ 的距离短. 根据本节定理 5，当 $\boldsymbol{Y}=\boldsymbol{AX}^0$ 是 $\boldsymbol{B}$ 在 $W$ 上的正交投影时可以满足距离最短这一条件，由此 $\boldsymbol{B}-\boldsymbol{AX}^0\in W^{\perp}$，而 $\boldsymbol{B}-\boldsymbol{AX}^0$ 垂直于 $W$ 的充分必要条件是 $(\boldsymbol{B}-\boldsymbol{AX}^0,\boldsymbol{\alpha}_i)=0, i=1,2,\cdots,s$，这里的内积是 $\mathbf{R}^n$ 上的内积，写成矩阵乘积形式为

$$\boldsymbol{\alpha}_i^{\mathrm{T}}(\boldsymbol{B}-\boldsymbol{AX}^0)=\boldsymbol{0}\quad(i=1,2,\cdots,s).$$

再用分块矩阵 $\boldsymbol{A}^{\mathrm{T}}=\begin{pmatrix} \boldsymbol{\alpha}_1^{\mathrm{T}} \\ \boldsymbol{\alpha}_2^{\mathrm{T}} \\ \vdots \\ \boldsymbol{\alpha}_s^{\mathrm{T}} \end{pmatrix}$，上式可写成 $\begin{pmatrix} \boldsymbol{\alpha}_1^{\mathrm{T}} \\ \boldsymbol{\alpha}_2^{\mathrm{T}} \\ \vdots \\ \boldsymbol{\alpha}_s^{\mathrm{T}} \end{pmatrix}(\boldsymbol{B}-\boldsymbol{AX}^0)=\boldsymbol{A}^{\mathrm{T}}(\boldsymbol{B}-\boldsymbol{AX}^0)=\boldsymbol{O}$，即

$$\boldsymbol{A}^{\mathrm{T}}\boldsymbol{AX}^0=\boldsymbol{A}^{\mathrm{T}}\boldsymbol{B}.$$

于是方程组(10.6)的最小二乘解 $\boldsymbol{X}^0$ 是下列方程组的解

$$\boldsymbol{A}^{\mathrm{T}}\boldsymbol{Ax}=\boldsymbol{A}^{\mathrm{T}}\boldsymbol{B}. \tag{10.8}$$

无论方程(10.6)有解与否，方程组(10.8)一定有解. 事实上，因为

$$R(\boldsymbol{A}^{\mathrm{T}}\boldsymbol{A},\boldsymbol{A}^{\mathrm{T}}\boldsymbol{B})=R[\boldsymbol{A}^{\mathrm{T}}(\boldsymbol{A},\boldsymbol{B})]\leqslant R(\boldsymbol{A}^{\mathrm{T}})=R(\boldsymbol{A}^{\mathrm{T}}\boldsymbol{A}),$$
$$R(\boldsymbol{A}^{\mathrm{T}}\boldsymbol{A},\boldsymbol{A}^{\mathrm{T}}\boldsymbol{B})\geqslant R(\boldsymbol{A}^{\mathrm{T}}\boldsymbol{A}),$$

所以 $R(\boldsymbol{A}^{\mathrm{T}}\boldsymbol{A},\boldsymbol{A}^{\mathrm{T}}\boldsymbol{B})=R(\boldsymbol{A}^{\mathrm{T}}\boldsymbol{A})$，从而方程组(10.8)有解.

**【例 2】** 根据力学中的胡克定律，一个均匀弹簧的长度 $x$ 是所加力 $y$ 的线性函数 $y=kx+a$，其中 $k$ 是弹簧系数. 现有一弹簧长为 6.7 cm，在弹簧上分别加上 1 N，2 N，3 N 的力，测得弹簧相应的长度分别为 7.6 cm，8.7 cm，10.4 cm. 求这个弹簧的弹性系数 $k$.

**【解】** 弹性系数 $k$ 和常数 $a$ 满足方程

$$\begin{cases}6.7k+a=0,\\7.6k+a=1,\\8.7k+a=2,\\10.4k+a=3,\end{cases}$$

这个方程无解. 我们来求它的最小二乘解，令

$$\boldsymbol{A}=\begin{pmatrix}6.7&1\\7.6&1\\8.7&1\\10.4&1\end{pmatrix},\boldsymbol{B}=\begin{pmatrix}0\\1\\2\\3\end{pmatrix},\boldsymbol{X}=\begin{pmatrix}k\\a\end{pmatrix},$$

求得 $\boldsymbol{A}^{\mathrm{T}}\boldsymbol{A}=\begin{pmatrix}286.5&33.4\\33.4&4\end{pmatrix},\boldsymbol{A}^{\mathrm{T}}\boldsymbol{B}=\begin{pmatrix}56.2\\6\end{pmatrix}$，则 $\boldsymbol{A}^{\mathrm{T}}\boldsymbol{A}\boldsymbol{X}=\boldsymbol{A}^{\mathrm{T}}\boldsymbol{B}$ 为

$$\begin{cases}286.5k+33.4a=56.2,\\33.4k+4a=6,\end{cases}$$

解之得最小二乘解为(计算结果保留两位小数)

$$\boldsymbol{X}^0=\begin{pmatrix}k\\a\end{pmatrix}\approx\begin{pmatrix}0.80\\-5.19\end{pmatrix},$$

故弹性系数约为 0.80 N/cm.

## 10.4 正交变换

在第 7 章中，我们已经知道线性空间中的线性变换可以保持向量的加法以及比例不变，这一节中我们考虑欧氏空间中的线性变换，除了上述的两个性质保持不变之外，我们还希望能够保持向量的长度与角度不变. 譬如，平面几何中的图形的全等关系，这种思想推广到欧氏空间上就是本节要讨论的正交变换的概念.

**定义 1** 设 $T$ 是欧氏空间 $V$ 上的线性变换，如果 $T$ 保持向量的内积不变，即对 $V$ 中的任意向量 $\boldsymbol{\alpha},\boldsymbol{\beta}$，有

$$(T(\boldsymbol{\alpha}),T(\boldsymbol{\beta}))=(\boldsymbol{\alpha},\boldsymbol{\beta}),$$

则称 $T$ 是 $V$ 上的正交变换(orthogonal transformation).

由于向量的长度 $|\boldsymbol{\alpha}|$ 和两个向量 $\boldsymbol{\alpha},\boldsymbol{\beta}$ 的夹角 $\measuredangle(\boldsymbol{\alpha},\boldsymbol{\beta})$ 是由内积定义的，

$$|\boldsymbol{\alpha}|=\sqrt{(\boldsymbol{\alpha},\boldsymbol{\alpha})},\cos\measuredangle(\boldsymbol{\alpha},\boldsymbol{\beta})=\frac{(\boldsymbol{\alpha},\boldsymbol{\beta})}{|\boldsymbol{\alpha}|\cdot|\boldsymbol{\beta}|},$$

因此，保持内积不变就保持了向量的长度与角度不变，这是因为

$$|T(\boldsymbol{\alpha})|=\sqrt{(T(\boldsymbol{\alpha}),T(\boldsymbol{\alpha}))}=\sqrt{(\boldsymbol{\alpha},\boldsymbol{\alpha})}=|\boldsymbol{\alpha}|,$$

$$\cos\measuredangle(T(\boldsymbol{\alpha}),T(\boldsymbol{\beta}))=\frac{(T(\boldsymbol{\alpha}),T(\boldsymbol{\beta}))}{|T(\boldsymbol{\alpha})|\cdot|T(\boldsymbol{\beta})|}=\frac{(\boldsymbol{\alpha},\boldsymbol{\beta})}{|\boldsymbol{\alpha}|\cdot|\boldsymbol{\beta}|}=\cos\measuredangle(\boldsymbol{\alpha},\boldsymbol{\beta}).$$

**定理 1** 设 $T$ 是 $n$ 维欧氏空间 $V$ 上的一个线性变换.下面的三个条件都是 $T$ 为正交变换的充分必要条件：

① $T$ 保持向量的长度不变，即对于 $V$ 的每一个向量 $\boldsymbol{\alpha}$，都有 $|T(\boldsymbol{\alpha})|=|\boldsymbol{\alpha}|$；

② 如果 $\boldsymbol{\varepsilon}_1,\boldsymbol{\varepsilon}_2,\cdots,\boldsymbol{\varepsilon}_n$ 是 $V$ 的一组标准正交基，则 $T(\boldsymbol{\varepsilon}_1),T(\boldsymbol{\varepsilon}_2),\cdots,T(\boldsymbol{\varepsilon}_n)$ 也是 $V$ 的一组标准正交基；

③ $T$ 在 $V$ 的任一组标准正交基下的矩阵是正交矩阵.

**【证】** ① 必要性由前面的分析知，下面证充分性. 设 $T$ 保持长度不变，则对任意的向量 $\boldsymbol{\alpha},\boldsymbol{\beta}$，有

$$(T(\boldsymbol{\alpha}),T(\boldsymbol{\alpha}))=(\boldsymbol{\alpha},\boldsymbol{\alpha}),(T(\boldsymbol{\beta}),T(\boldsymbol{\beta}))=(\boldsymbol{\beta},\boldsymbol{\beta}),$$
$$(T(\boldsymbol{\alpha}+\boldsymbol{\beta}),T(\boldsymbol{\alpha}+\boldsymbol{\beta}))=(\boldsymbol{\alpha}+\boldsymbol{\beta},\boldsymbol{\alpha}+\boldsymbol{\beta}),$$

于是上面最后一式展开，有

$$(T(\boldsymbol{\alpha}),T(\boldsymbol{\alpha}))+(T(\boldsymbol{\beta}),T(\boldsymbol{\beta}))+2(T(\boldsymbol{\alpha}),T(\boldsymbol{\beta}))=(\boldsymbol{\alpha},\boldsymbol{\alpha})+(\boldsymbol{\beta},\boldsymbol{\beta})+2(\boldsymbol{\alpha},\boldsymbol{\beta}),$$

由此，有 $(T(\boldsymbol{\alpha}),T(\boldsymbol{\beta}))=(\boldsymbol{\alpha},\boldsymbol{\beta})$. 因此 $T$ 是正交变换.

② 必要性. 设 $\boldsymbol{\varepsilon}_1,\boldsymbol{\varepsilon}_2,\cdots,\boldsymbol{\varepsilon}_n$ 是 $V$ 的一组标准正交基，因为 $T$ 是正交变换，所以

$$(T(\boldsymbol{\varepsilon}_i),T(\boldsymbol{\varepsilon}_j))=(\boldsymbol{\varepsilon}_i,\boldsymbol{\varepsilon}_j)=\boldsymbol{\delta}_{ij}\quad(i,j=1,2,\cdots,n),\tag{10.9}$$

因此 $T(\boldsymbol{\varepsilon}_1),T(\boldsymbol{\varepsilon}_2),\cdots,T(\boldsymbol{\varepsilon}_n)$ 是 $V$ 的标准正交基.

充分性. 设 $T$ 把标准正交基 $\boldsymbol{\varepsilon}_1,\boldsymbol{\varepsilon}_2,\cdots,\boldsymbol{\varepsilon}_n$ 映射成标准正交基 $T(\boldsymbol{\varepsilon}_1),T(\boldsymbol{\varepsilon}_2),\cdots,T(\boldsymbol{\varepsilon}_n)$，则式(10.9)成立. 对 $V$ 中的任意向量 $\boldsymbol{\alpha},\boldsymbol{\beta}$，

$$\boldsymbol{\alpha}=x_1\boldsymbol{\varepsilon}_1+x_2\boldsymbol{\varepsilon}_2+\cdots+x_n\boldsymbol{\varepsilon}_n,\boldsymbol{\beta}=y_1\boldsymbol{\varepsilon}_1+y_2\boldsymbol{\varepsilon}_2+\cdots+y_n\boldsymbol{\varepsilon}_n,$$

则

$$T(\boldsymbol{\alpha})=x_1T(\boldsymbol{\varepsilon}_1)+x_2T(\boldsymbol{\varepsilon}_2)+\cdots+x_nT(\boldsymbol{\varepsilon}_n),T(\boldsymbol{\beta})=y_1T(\boldsymbol{\varepsilon}_1)+y_2T(\boldsymbol{\varepsilon}_2)+\cdots+y_nT(\boldsymbol{\varepsilon}_n),$$

于是

$$(T(\boldsymbol{\alpha}),T(\boldsymbol{\beta}))=x_1y_1+x_2y_2+\cdots+x_ny_n=(\boldsymbol{\alpha},\boldsymbol{\beta}),$$

因此 $T$ 是正交变换.

③ 必要性. 设 $\boldsymbol{\varepsilon}_1,\boldsymbol{\varepsilon}_2,\cdots,\boldsymbol{\varepsilon}_n$ 是 $V$ 的一组标准正交基，根据② 知，$T(\boldsymbol{\varepsilon}_1),T(\boldsymbol{\varepsilon}_2),\cdots,T(\boldsymbol{\varepsilon}_n)$ 也是 $V$ 的一组标准正交基. 记 $\boldsymbol{A}$ 是 $T$ 在基 $\boldsymbol{\varepsilon}_1,\boldsymbol{\varepsilon}_2,\cdots,\boldsymbol{\varepsilon}_n$ 下的矩阵，即

$$[T(\boldsymbol{\varepsilon}_1),T(\boldsymbol{\varepsilon}_2),\cdots,T(\boldsymbol{\varepsilon}_n)]=(\boldsymbol{\varepsilon}_1,\boldsymbol{\varepsilon}_2,\cdots,\boldsymbol{\varepsilon}_n)\boldsymbol{A}.$$

因为 $T(\boldsymbol{\varepsilon}_i)$ 在基 $\boldsymbol{\varepsilon}_1,\boldsymbol{\varepsilon}_2,\cdots,\boldsymbol{\varepsilon}_n$ 下的坐标为矩阵 $\boldsymbol{A}$ 的第 $i$ 列 $\boldsymbol{Y}_i(i=1,2,\cdots,n)$，所以根据 10.2节定理 4，有

$$(\boldsymbol{Y}_i,\boldsymbol{Y}_j)=(T(\boldsymbol{\varepsilon}_i),T(\boldsymbol{\varepsilon}_j))=\boldsymbol{\delta}_{ij}\quad(i,j=1,2,\cdots,n),$$

因此，矩阵 $\boldsymbol{A}$ 是正交矩阵.

充分性. 设 $T$ 在一组标准正交基 $\boldsymbol{\varepsilon}_1,\boldsymbol{\varepsilon}_2,\cdots,\boldsymbol{\varepsilon}_n$ 下的矩阵是正交矩阵 $\boldsymbol{A}$，即

$$[T(\boldsymbol{\varepsilon}_1),T(\boldsymbol{\varepsilon}_2),\cdots,T(\boldsymbol{\varepsilon}_n)]=(\boldsymbol{\varepsilon}_1,\boldsymbol{\varepsilon}_2,\cdots,\boldsymbol{\varepsilon}_n)\boldsymbol{A}.$$

根据 10.2 节定理 6 可知 $T(\boldsymbol{\varepsilon}_1),T(\boldsymbol{\varepsilon}_2),\cdots,T(\boldsymbol{\varepsilon}_n)$ 也是 $V$ 的一组标准正交基，因此由② 知 $T$ 是正交变换.

下面我们给出正交变换的两个例子.

【例 1】 设 $V=\mathbf{R}^2$,绕原点 $O$ 旋转 $\theta$ 角的变换(如图 10.3 所示),它在基 $\boldsymbol{\varepsilon}_1=(1,0)^{\mathrm{T}}$,$\boldsymbol{\varepsilon}_2=(0,1)^{\mathrm{T}}$ 下的矩阵是

$$\mathbf{A}=\begin{pmatrix}\cos\theta & -\sin\theta \\ \sin\theta & \cos\theta\end{pmatrix}.$$

因为矩阵 $\mathbf{A}$ 为正交矩阵,所以 $T$ 为 $\mathbf{R}^2$ 上的正交变换,称为旋转(rotation)变换.

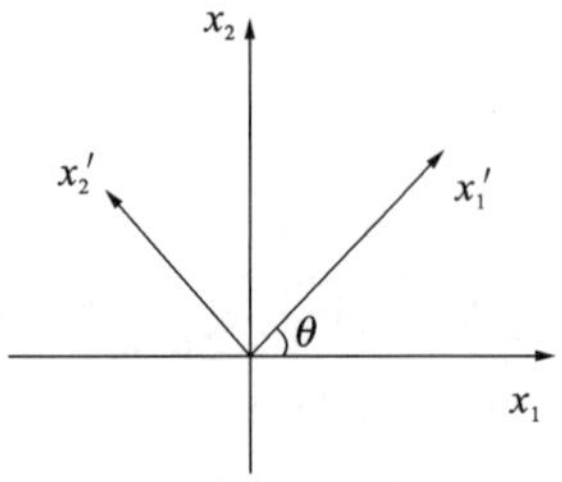


图 10.3 例 1 示图

【例 2】 设 $V=\mathbf{R}^2$,将每一个向量沿 $x_1$ 轴方向镜射(reflection)$T$(如图 10.4 所示).它在基 $\boldsymbol{\varepsilon}_1=(1,0)^{\mathrm{T}}$,$\boldsymbol{\varepsilon}_2=(0,1)^{\mathrm{T}}$ 下的矩阵是

$$\mathbf{A}=\begin{pmatrix}1 & 0 \\ 0 & -1\end{pmatrix}.$$

因为 $\mathbf{A}$ 是正交矩阵,所以 $T$ 是线性变换,称之为镜射变换.

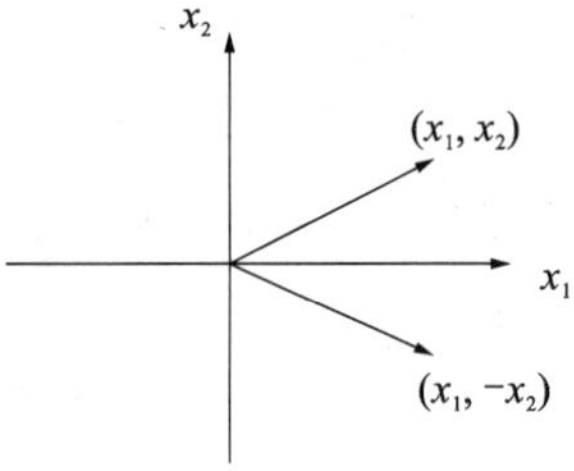


图 10.4 镜射

正交矩阵的行列式为 1 或 −1.对应正交矩阵的行列式等于 1 的正交变换称为第一类正交变换;行列式等于 −1 的正交变换称为第二类正交变换.旋转变换是第一类正交变换,而镜射变换是第二类正交变换.

## 10.5 复内积空间(酉空间)

在前面的章节中,我们讨论了实内积空间(或欧氏空间).注意到欧氏空间所涉及的数域是实数域 **R**.下面我们考虑复数域 **C** 中的线性空间,在其上定义内积,这个线性空间称为复内积空间,也称为酉空间.

**定义 1** 设 $V$ 是复数域 **C** 上的线性空间.如果在 $V$ 内定义二元复值函数 $(\boldsymbol{\alpha},\boldsymbol{\beta})$,其满足:

① 共轭对称性:$(\boldsymbol{\alpha},\boldsymbol{\beta})=\overline{(\boldsymbol{\beta},\boldsymbol{\alpha})}$;

② 关于向量加法的线性性质:$(\boldsymbol{\alpha}+\boldsymbol{\beta},\boldsymbol{\gamma})=(\boldsymbol{\alpha},\boldsymbol{\gamma})+(\boldsymbol{\beta},\boldsymbol{\gamma})$;

③ 关于数量乘法的线性性质:$(k\boldsymbol{\alpha},\boldsymbol{\beta})=k(\boldsymbol{\alpha},\boldsymbol{\beta})$;

④ 正定性:$(\boldsymbol{\alpha},\boldsymbol{\alpha})\geqslant 0$,且等号成立当且仅当 $\boldsymbol{\alpha}=\mathbf{0}$.

其中 $\boldsymbol{\alpha},\boldsymbol{\beta},\boldsymbol{\gamma}$ 是 $V$ 的任意向量,$k$ 是任意实数,则称二元函数 $(\boldsymbol{\alpha},\boldsymbol{\beta})$ 为向量 $\boldsymbol{\alpha}$ 与 $\boldsymbol{\beta}$ 的内积,称 $V$ 是这个内积下的复内积空间,也称为酉空间(unitary space).

下面我们给出一些例子.

【例 1】 在 $\mathbf{C}^n$ 中,对于任意两个向量 $\boldsymbol{\alpha}=(x_1,x_2,\cdots,x_n)^{\mathrm{T}}$,$\boldsymbol{\beta}=(y_1,y_2,\cdots,y_n)^{\mathrm{T}}$,定义

$$(\boldsymbol{\alpha},\boldsymbol{\beta})=x_1\,\overline{y_1}+x_2\,\overline{y_2}+\cdots+x_n\,\overline{y_n},$$

可以验证这样定义的二元实值函数满足定义 1,从而 $(\boldsymbol{\alpha},\boldsymbol{\beta})$ 是内积,$\mathbf{C}^n$ 为此内积下的酉空间.

【例 2】 设 $C([a,b];\mathbf{C})$ 是闭区间 $[a,b]$ 上复值连续函数全体所形成的线性空间,对其中的任意函数 $f(x)$,$g(x)$,定义

$$(f,g)=\int_a^b f(x)\,\overline{g(x)}\,\mathrm{d}x,$$

可以验证 $(f,g)$ 为内积,从而 $C([a,b];\mathbf{C})$ 为此内积下的酉空间.

酉空间和欧氏空间的定义决定了这两者是类似的，绝大部分特性一致，但在一些细节上需要注意它们的区别. 例如欧氏空间上，有

$$(\boldsymbol{\alpha},k\boldsymbol{\beta}) = k(\boldsymbol{\alpha},\boldsymbol{\beta}),$$

但是在酉空间上

$$(\boldsymbol{\alpha},k\boldsymbol{\beta}) = \overline{k}(\boldsymbol{\alpha},\boldsymbol{\beta}).$$

我们可以将欧氏空间的概念和结论平行推及酉空间. 下面给出相关的一些概念和结论. 以下设 $V$ 为酉空间，$\boldsymbol{\alpha},\boldsymbol{\beta}\in V$.

① 定义 $V$ 上向量 $\boldsymbol{\alpha}$ 的范数为 $|\boldsymbol{\alpha}|=\sqrt{(\boldsymbol{\alpha},\boldsymbol{\alpha})}$，则此范数也满足范数的本性性质.

② $V$ 上向量 $\boldsymbol{\alpha}$ 和 $\boldsymbol{\beta}$ 的夹角 $\measuredangle(\boldsymbol{\alpha},\boldsymbol{\beta})$ 定义为

$$\measuredangle(\boldsymbol{\alpha},\boldsymbol{\beta}) = \arccos\frac{|(\boldsymbol{\alpha},\boldsymbol{\beta})|}{|\boldsymbol{\alpha}||\boldsymbol{\beta}|}.$$

③ 若 $(\boldsymbol{\alpha},\boldsymbol{\beta})=0$，则称 $\boldsymbol{\alpha}$ 与 $\boldsymbol{\beta}$ 正交，记为 $\boldsymbol{\alpha}\perp\boldsymbol{\beta}$.

④ 有限维酉空间 $V$ 中任一线性无关的向量组均可应用 Gram-Schmidt 正交化过程得到一个正交向量组；任一正交向量组均可扩充为酉空间 $V$ 的正交基；有限维酉空间必定存在标准正交基.

⑤ 记 $\boldsymbol{A}^H=\overline{\boldsymbol{A}^{\mathrm{T}}}$ 为矩阵 $\boldsymbol{A}$ 的共轭转置. 若矩阵 $\boldsymbol{A}\in\mathbf{C}^{n\times n}$ 满足

$$\boldsymbol{A}^H\boldsymbol{A}=\boldsymbol{A}\boldsymbol{A}^H=\boldsymbol{E},$$

则称 $\boldsymbol{A}$ 为酉矩阵. 有限维酉空间的两组标准正交基之间的过渡矩阵为酉矩阵，正交矩阵即为酉矩阵.

⑥ 设 $T$ 为 $n$ 维酉空间 $V$ 上的线性变换，若 $(T(\boldsymbol{\alpha}),T(\boldsymbol{\beta}))=(\boldsymbol{\alpha},\boldsymbol{\beta})$，则称 $T$ 为酉变换. 酉变换与正交变换具有类似的性质.

⑦ 设 $T$ 为 $n$ 维酉空间 $V$ 上的线性变换，则以下条件彼此等价：

i. $T$ 为酉变换；

ii. $T$ 在 $V$ 上保持向量范数不变，即 $|T\boldsymbol{\alpha}|=|\boldsymbol{\alpha}|$；

iii. $T$ 在 $V$ 的标准正交基下的矩阵为酉矩阵；

iv. $T$ 把标准正交基映射为标准正交基，即如果 $\boldsymbol{\varepsilon}_1,\boldsymbol{\varepsilon}_2,\cdots,\boldsymbol{\varepsilon}_n$ 为 $V$ 的标准正交基，则 $T\boldsymbol{\varepsilon}_1,T\boldsymbol{\varepsilon}_2,\cdots,T\boldsymbol{\varepsilon}_n$ 也为 $V$ 的标准正交基.

## 习题 10

练习

1. 设 $\boldsymbol{A}=(a_{ij})$ 是一个 $n$ 阶正定矩阵，

$$\boldsymbol{\alpha}=(x_1,x_2,\cdots,x_n)^{\mathrm{T}},\boldsymbol{\beta}=(y_1,y_2,\cdots,y_n)^{\mathrm{T}},$$

在 $\mathbf{R}^n$ 中定义二元实值函数 $(\boldsymbol{\alpha},\boldsymbol{\beta})=\boldsymbol{\alpha}^{\mathrm{T}}\boldsymbol{A}\boldsymbol{\beta}$.

(1)证明在这个定义之下，$\mathbf{R}^n$ 成为欧氏空间；

(2)具体写出这个空间中的 Cauchy-Schwartz 不等式.

2. 设 $\boldsymbol{\varepsilon}_1,\boldsymbol{\varepsilon}_2,\cdots,\boldsymbol{\varepsilon}_n$ 是欧氏空间 $V$ 的一组基，证明：

(1)如果 $\boldsymbol{\alpha}\in V$ 使得 $(\boldsymbol{\alpha},\boldsymbol{\varepsilon}_i)=0$ $(i=1,2,\cdots,n)$，那么 $\boldsymbol{\alpha}=\boldsymbol{0}$；

(2)如果 $\boldsymbol{\alpha}_1,\boldsymbol{\alpha}_2\in V$，对任一 $\boldsymbol{\beta}\in V$ 有 $(\boldsymbol{\alpha}_1,\boldsymbol{\beta})=(\boldsymbol{\alpha}_2,\boldsymbol{\beta})$，那么 $\boldsymbol{\alpha}_1=\boldsymbol{\alpha}_2$.

3. 设 $\boldsymbol{\varepsilon}_1,\boldsymbol{\varepsilon}_2,\cdots,\boldsymbol{\varepsilon}_n$ 是欧氏空间 $V$ 的一组基，矩阵

$$A=\begin{pmatrix}(\boldsymbol{\varepsilon}_1,\boldsymbol{\varepsilon}_1) & (\boldsymbol{\varepsilon}_1,\boldsymbol{\varepsilon}_2) & \cdots & (\boldsymbol{\varepsilon}_1,\boldsymbol{\varepsilon}_n)\\ (\boldsymbol{\varepsilon}_2,\boldsymbol{\varepsilon}_1) & (\boldsymbol{\varepsilon}_2,\boldsymbol{\varepsilon}_2) & \cdots & (\boldsymbol{\varepsilon}_2,\boldsymbol{\varepsilon}_n)\\ \vdots & \vdots & & \vdots\\ (\boldsymbol{\varepsilon}_n,\boldsymbol{\varepsilon}_1) & (\boldsymbol{\varepsilon}_n,\boldsymbol{\varepsilon}_2) & \cdots & (\boldsymbol{\varepsilon}_n,\boldsymbol{\varepsilon}_n)\end{pmatrix}$$

称为基 $\boldsymbol{\varepsilon}_1,\boldsymbol{\varepsilon}_2,\cdots,\boldsymbol{\varepsilon}_n$ 的度量矩阵. 证明：度量矩阵是正定矩阵.

4. 设 $\boldsymbol{\varepsilon}_1,\boldsymbol{\varepsilon}_2,\cdots,\boldsymbol{\varepsilon}_n$ 与 $\boldsymbol{\alpha}_1,\boldsymbol{\alpha}_2,\cdots,\boldsymbol{\alpha}_n$ 是欧氏空间 $V$ 的两组基，它们的度量矩阵分别是 $\boldsymbol{A}$ 和 $\boldsymbol{B}$. 试证明：$\boldsymbol{A}$ 与 $\boldsymbol{B}$ 合同.

5. 证明标准正交基 $\boldsymbol{\varepsilon}_1,\boldsymbol{\varepsilon}_2,\cdots,\boldsymbol{\varepsilon}_n$ 的度量矩阵是对角矩阵.

6. 设 $\boldsymbol{\varepsilon}_1,\boldsymbol{\varepsilon}_2,\boldsymbol{\varepsilon}_3$ 是 3 维欧氏空间 $V$ 的一组标准正交基，试证明：

$$\boldsymbol{\alpha}_1=\frac{2}{3}\boldsymbol{\varepsilon}_1+\frac{2}{3}\boldsymbol{\varepsilon}_2+\frac{1}{3}\boldsymbol{\varepsilon}_3,\boldsymbol{\alpha}_2=\frac{2}{3}\boldsymbol{\varepsilon}_1-\frac{1}{3}\boldsymbol{\varepsilon}_2-\frac{2}{3}\boldsymbol{\varepsilon}_3,\boldsymbol{\alpha}_3=\frac{1}{3}\boldsymbol{\varepsilon}_1-\frac{2}{3}\boldsymbol{\varepsilon}_2+\frac{2}{3}\boldsymbol{\varepsilon}_3$$

也是 $V$ 的一组标准正交基.

7. 设 $\boldsymbol{\varepsilon}_1,\boldsymbol{\varepsilon}_2,\boldsymbol{\varepsilon}_3,\boldsymbol{\varepsilon}_4,\boldsymbol{\varepsilon}_5$ 是 5 维欧氏空间 $V$ 的一组标准正交基，$V_1=\mathrm{Span}\{\boldsymbol{\alpha}_1,\boldsymbol{\alpha}_2,\boldsymbol{\alpha}_3\}$，其中

$$\boldsymbol{\alpha}_1=\boldsymbol{\varepsilon}_1+\boldsymbol{\varepsilon}_5,\boldsymbol{\alpha}_2=\boldsymbol{\varepsilon}_1-\boldsymbol{\varepsilon}_2+\boldsymbol{\varepsilon}_4,\boldsymbol{\alpha}_3=2\boldsymbol{\varepsilon}_1+\boldsymbol{\varepsilon}_2+\boldsymbol{\varepsilon}_3,$$

求 $V_1$ 的一组标准正交基.

8. 在 $\mathbf{R}[x]_4$ 中定义内积为 $(f,g)=\int_{-1}^{1}f(x)g(x)\mathrm{d}x$，求 $\mathbf{R}[x]_4$ 的一组标准正交基(由基 $1,x,x^2,x^3$ 出发做正交化).

9. 求齐次线性方程组 $\begin{cases}x_1-2x_2+3x_3-4x_4=0,\\ x_1+5x_2+3x_3+3x_4=0\end{cases}$ 的解空间 $W$，并写出 $V$ 在 $\mathbf{R}^4$ 中的正交补 $W^{\perp}$.

10. 设 $V$ 是一 $n$ 维欧氏空间，$\boldsymbol{\alpha}\neq\boldsymbol{0}$ 是 $V$ 中一固定向量.

(1)证明：$V_1=\{\boldsymbol{x}\mid(x,\boldsymbol{\alpha})=0,\boldsymbol{x}\in V\}$ 是 $V$ 的一子空间；

(2)证明：$\dim V_1=n-1$.

11. 设 $\boldsymbol{\eta}$ 是欧氏空间中一单位向量，定义 $T(\boldsymbol{\alpha})=\boldsymbol{\alpha}-2(\boldsymbol{\eta},\boldsymbol{\alpha})\boldsymbol{\eta}$. 证明：

(1)$T$ 是正交变换，这样的正交变换称为镜面反射；

(2)$T$ 是第二类正交变换.

12. 在 $\mathbf{R}^n$ 中，对任一向量 $\boldsymbol{\alpha}\in\mathbf{R}^n$，定义 $\boldsymbol{H\alpha}=(\boldsymbol{E}-2\boldsymbol{\omega}\boldsymbol{\omega}^{\mathrm{T}})\boldsymbol{\alpha}$，其中 $\boldsymbol{E}$ 为 $n$ 阶单位矩阵；$\boldsymbol{\omega}$ 是 $\mathbf{R}^n$ 中单位列向量. 证明：$\boldsymbol{H}$ 是 $\mathbf{R}^n$ 上的正交变换. 这样的变换称之为 Householder 变换.

13. 设欧氏空间 $V$ 上的线性变换 $T$ 满足$(T\boldsymbol{\alpha},\boldsymbol{\beta})=(\boldsymbol{\alpha},T\boldsymbol{\beta})$，$\forall\boldsymbol{\alpha},\boldsymbol{\beta}\in V$，则 $T$ 在任一组标准正交基下的矩阵都是实对称阵. 这样的线性变换称之为对称变换.

14. 设 $V$ 是有限维欧氏空间，$T$ 是 $V$ 的正交变换，记

$$V_1=\{\boldsymbol{\alpha}\in V\mid T(\boldsymbol{\alpha})=\boldsymbol{\alpha}\},V_2=\{\boldsymbol{\alpha}-T(\boldsymbol{\alpha})\mid\boldsymbol{\alpha}\in V\},$$

试证明：$V_1,V_2$ 都是 $V$ 的子空间，并且 $V=V_1\oplus V_2$.

15. 设欧氏空间 $V$ 上的线性变换 $T$ 满足$(T\boldsymbol{\alpha},\boldsymbol{\beta})=-(\boldsymbol{\alpha},T\boldsymbol{\beta})$，$\forall\boldsymbol{\alpha},\boldsymbol{\beta}\in V$，则 $T$ 在任一组标准正交基下的矩阵 $\boldsymbol{A}$ 是反对称的，即 $\boldsymbol{A}^{\mathrm{T}}=-\boldsymbol{A}$. 这样的线性变换称之为反对称变换.

16. 求下列方程组的最小二乘解

$$\begin{cases}x_1+x_2+x_3=1,\\ 2x_1+4x_2+x_3=1,\\ x_1+3x_2=1.\end{cases}$$

# 参考文献

[1] FINE B,ROSENBERGER G. The Fundamental Theorem of Algebra[M]. Berlin:Springer,1997.

[2] LEON S J,DE PILLIS L G. Linear Algebra with Applications[M]. 10th ed. New York:Pearson Education Inc, 2021.

[3] LAY D C,LAY S R,MCDONALD J J. Linear Algebra and Its Applications[M]. 6th ed. New York :Pearson Education Inc,2020.

[4] HORN R A,JOHNSON C R. Matrix Analysis[M]. 2th ed. Cambridge :Cambridge University Press,2012.

[5] 王萼芳,石生明.高等代数[M].5版.北京:高等教育出版社,2019.

[6] 丘维声.高等代数[M].2版.北京:清华大学出版社,2020.

[7] 谢启鸿,姚慕生.高等代数学[M].4版.上海:复旦大学出版社,2022.

[8] 蓝以中.高等代数简明教程[M].3版.北京:北京大学出版社,2023.

[9] 杨子胥. 高等代数习题解[M].修订版.山东:山东科学技术出版社,2001.

[10] 樊启斌.高等代数典型问题与方法[M].北京:高等教育出版社,2021.

[11] 朱富海,陈智奇.高等代数与解析几何[M].北京:科学出版社,2018.

[12] 孟道骥.高等代数与解析几何[M].北京:科学出版社,2014.

[13] 同济大学数学科学学院.线性代数[M].7版.北京:高等教育出版社,2023.

[14] 吴传生.线性代数[M].4版.北京:高等教育出版社,2020.

[15] 丁南庆,刘公祥,纪庆忠,等.高等代数[M].北京:科学出版社,2021.

[16] 张贤达.矩阵分析与应用[M].2版.北京:清华大学出版社,2022.

[17] 杨明,刘先忠.矩阵论[M].2版.武汉:华中科技大学出版社,2005.